NASA 탄생과 우주탐사의 비밀

Outer Space Exploration

NASA and the Incredible Story of Human Spaceflight

edited by John Logsdon

NASA 탄생과 우주탐사의 비밀

존 록스돈 편저 | 황진영 옮김

OUTER SPACE EXPLORATION

NASA and the Incredible Story of Human Spaceflight

한울
아카데미

차례

한국어판 머리말

이 책의 영문판에서 나는 미국이 민간 우주 프로그램을 시작할 때부터 도널드 트럼프Donald Trump 대통령의 임기까지 생산된 문서들을 설명했다. 그중 특히 미국의 유인 우주비행 프로그램을 강조했다. 여기서 그 내용을 반복하지는 않겠다. 지난 세기 인간의 가장 흥미진진한 업적 가운데 하나인 유인 우주탐사에 매료된 한국의 독자들에게 영감을 주었으면 한다.

한국어판 머리말에서는 이 책의 내용이 한국의 우주 프로그램이나 정책 상황과 어떻게 관련될 수 있는지에 대한 나의 이해를 간략히 성찰하려고 한다. 물론 나는 한국의 문화, 역사, 정치, 경제, 미래의 열망 그리고 이것들과 우주와의 관련성에 대해 전문가가 아니다. 하지만 수년 전에 두 차례에 걸쳐 한국을 방문했고, 그 뒤로도 간헐적으로 한국에서 우주 정책을 담당하는 사람들과 접촉하며 한국의 우주 문제에 대해 잘 알고 있다는 점을 덧붙이고 싶다.

내가 보기에 이 책에서 한국과 가장 직접적으로 관련된 부분은 제1장 '우주탐사를 위한 준비'다. 이 장에 실린 문서들은 1950년대 중반 미국이 우주 활동을 시작할 때와 1957년 인류의 첫 인공위성인 소련의 스푸트니크Sputnik 1호의 성공과 마주쳤을 때 미국 내부에서 벌어진 논쟁을 추적한다. 앞으로 한국이 우주에서 존재감을 확보하고자 할 때 제1장에 실린 논쟁 사항은 한국에게 좋은 참고가 될 수 있다.

미국의 우주 프로그램에서 국제 협력은 언제나 중요한 요소였다. 미국의 첫 번째 위성 프로그램은 국제지구물리관측년IGY: International Geophysical Year 동안의 미국 과학계와 국제 과학계의 협력의 일환이었다. 미국 과학계는 국제지구물리관측년 기간 중 지구 대기 및 우주 근방과 관련된 다양한 과학적 질문들을 수집하기 위한 위성의 발사를 제안했다. 장비를 궤도에 올려놓으면서 새롭고 흥미로운 과학적 가능성이 생겨났고, 과학자들은 새로운 데이터를 획득하는 데 성공했다. 미국의 초기 우주개발과 관련된 계획 중 많은 부분이 과학계에서 나왔다는 것은 놀라운 일이 아니다.

과학위성 발사에 필요한 로켓은 분명히 군사 시스템으로서 중요한 것이며, 궤도에서 데이터를 수집하는 것에는 국가 안보와 관련된 정보가 포함될 수 있다. 따라서 인공위성을 개발할지 결정은 드와이트 아이젠하워Dwight Eisenhower 대통령과 그의 보좌관들에게 중요한 문제였다. 이들은 1955년에 과학위성 프로그램을 승인했다. 이들은 이 프로그램으로 지상의 국경에 구애받지 않고 다른 나라의 상공을 비행할 수 있을 만큼 높은 고도로 물체를 날려 보내는 국가의 권리를 확보할 수 있다고 인식했다. 이 권리는 미국의 정보위성 프로그램의 토대가 되었으며, 이 프로그램은 미국의 지도자들에게 세계 곳곳의 국가 안보와 관련된 정보를 제공하고 있다.

즉, 과학적 우주 활동과 국가 안보적 우주 활동 간의 상호 연관성은 미국이 우주 프로그램을 시작할 때부터 존재했다. 지역 안보 이슈가 있고 우주탐사를 열망하는 과학 공동체를 보유한 오늘날 한국의 상황도 마찬가지일 것이다.

1957년 말 소련이 첫 번째 스푸트니크를 발사하자 미국의 지도자들은 우주 능력의 전략적 중요성을 분명히 인식하게 되었다. 아이젠하워 백악관과 의회는 먼저 미국 정부 안에서 우주 정책을 관리할 최선의 방안에 대해 논의했다. 몇 달간의 논쟁 끝에 백악관은 군사 및 국가 안보적 우주 활동을 다루는 조직과 과학적 우주 활동을 다루는 조직을 별도로 두기로 결정했다. 당시의 문서들을 통해 해당 결정의 이면에 깔린 사고에 대한 통찰력을 배울 수 있다. 국가 안보와 관련된 우주 기구는 적절한 수준으로 기밀을 유지하며 운영할 수 있었고,

과학적 우주 활동을 수행할 새로운 민간 기구는 전 세계 국가들과 함께 개방적이고 협력적인 프로그램을 진행하는 역할을 맡았다.

1958년 4월 아이젠하워 대통령은 기존의 정부 기관의 덩치를 키워 민간 우주개발을 맡기기보다 대통령에게 직접 보고하는 새로운 정부 기관의 창설을 제안했다. 의회가 대통령의 제안을 논의하고 승인하자 1958년 10월 1일 미국 항공우주청NASA: National Aeronautics and Space Administration(이하 NASA)•이 운영을 시작했다. 미국의 민간 우주 기관이 연구·개발·운영 분야에서 경쟁하는 더 큰 부처 안에 있는 대신에 독립적인 정부 기관으로서 대통령에게 직접 보고할 수 있는 것은 1958년 이후 NASA가 다양한 목표와 관심사에 충분히 기여하는 배경이 되어왔다. 한국이 우주와 관련된 연구·개발에 투자해 충분한 이익을 얻고 우주 활동 분야에서 주요 참여국이 되고자 한다면, 무엇보다 독립된 우주 관련 정부 조직을 창설해야 한다고 생각한다.

일단 NASA를 만들고 나자 이 신생 조직이 무엇을 할지에 대한 결정이 필요했다. 아이젠하워 대통령은 재정적인 보수주의자였고, 민간 우주 활동에 많은 돈을 쓰고 싶어 하지 않았다. NASA는 우주에 관심을 갖게 된 비정부 과학계와 관계를 설정해야 했다. NASA는 그저 비정부 과학 공동체가 정의한 연구 프로그램을 수행할 것인가? 아니면 이들의 조언을 토대로 어떤 프로젝트를 수행하고 어떤 연구를 지원할지 스스로 결정할 것인가? NASA는 가능한 대안 중 두 번째를 택했고, 오늘날 우리가 보는 것은 과학적 성취와 우주 능력의 배양에 대한 NASA의 놀라운 기록이다. NASA가 이룬 성취 가운데 일부는 통신위성과 지구관측위성처럼 우주 응용 분야에 귀중한 기초가 되었다(항법위성과 위치정보위성은 국방부 프로그램을 통해 개발되었다).

• NASA는 한국에서 일반적으로 '항공우주국'으로 번역된다. 그러나 대한민국 정부조직법상의 '국'으로 오해되는 부분이 있어 이 책에서는 Space Agency 개념에서 '청'으로 옮겼다. 다만 미국의 NASA는 대통령 직속의 정부 조직으로 통상 '부' 산하의 외청으로 있는 한국의 '청' 개념보다 상위 조직이다 _ 옮긴이.

NASA를 만들 때 발생한 그다음 논쟁은 인간을 궤도로 보내는 일의 주도적 역할을 국방부에게 맡길지 여부였다. 제2장 '첫걸음'에 실린 문서들은 NASA가 미국 공군과 몇 달간의 경쟁 끝에 어떻게 이 임무의 주역이 되었는지를 보여준다. 현재에도 미국, 러시아, 중국만이 인간을 궤도로 올려 보내는 능력을 보유하고 있다. 한국이 독자적으로 유인 우주비행 프로그램을 위한 막대한 투자를 감행하기란 쉽지 않다. 지금까지 한국인 중에서는 지난 2008년 이소연 씨만이 우주를 경험했다. 한국은 미래 우주개발 계획을 세울 때 미국, 러시아, 중국 중 한 곳과 제휴해 지속 가능한 우주비행 프로그램을 만들 수 있다. 아니면 궤도 접근이 가능한 민간 상업 회사들 중 하나로부터 유인 발사 서비스를 구매할 수도 있다.

과학적 발견, 광범위한 군사 및 안보적 필요, 경제와 시민사회에 대한 구체적 이익은 우주개발 계획을 시작할 때부터 정부가 우주개발에 투자하는 중요한 이유다. 우주개발 프로그램을 야심 차게 수행하는 이러한 가시적 이유들의 밑바탕에는 새로운 곳을 탐험하려는 인간의 욕망이 있다. 이러한 욕망은 유인 우주 미션과 로봇 우주 미션 모두에게 지속적으로 동기를 부여해 왔다. 이 동기는 이 책에 실린 베르너 폰브라운Wernher von Braun과 일론 머스크Elon Musk와 같은 선각자들의 제안에서 찾을 수 있다. 1961년 존 F. 케네디John F. Kennedy 대통령은 수 세기에 걸친 탐험을 향한 꿈과 당시의 정치 현실에 대한 반응을 결합해서 미국이 "이번 10년 안에" 인간을 달에 보낼 것이라고 선언했다. 이것은 제3장 '하나의 작은 발걸음, 하나의 거대한 도약'에 잘 나타나 있다. 1972년 12월 아폴로Apollo 계획이 낳은 마지막 우주선이 달을 떠나자 리처드 닉슨Richard Nixon 대통령은 "이번 세기에 인간이 달 위를 걷는 것은 이번이 마지막일 수 있다"라고 예측했다.

닉슨의 관찰은 정확했다. 내가 이 글을 쓰고 있는 2021년 현재 닉슨의 예측 이후 반세기가 흐르도록 다시 달에 간 사람은 없었다. 유인 우주비행의 미래는 아폴로 계획의 마지막 미션 이후 수년 동안 논의되어 왔다. 미국은 우주왕복선

Space Shuttle을 개발했고, 15개 나라로 구성된 국제우주정거장ISS: International Space Station의 가장 중요한 파트너다. 그동안 미국의 몇몇 대통령은 지구 궤도 너머로 유인 우주탐사를 재개하자고 제안했다. 달이나 화성으로의 항해가 유력한 목적지로 제시되었다. 그러나 이 제안들은 성공에 필요한 정치적·재정적 지원을 얻지 못했다. 2017년 트럼프 대통령은 NASA를 향해 "태양계를 넘어 인류의 팽창을 가능하게 하고 새로운 지식과 기회를 지구로 다시 가져오기 위해 상업 파트너 및 국제 파트너들과 함께 혁신적이고 지속 가능한 탐사 프로그램을 이끌어달라"고 지시한 바 있다. 조지 H. W. 부시George H. W. Bush 대통령은 이 지시가 "장기간의 우주탐사와 우주 이용을 위해 1972년 이후 처음으로 달에 미국의 우주비행사를 다시 귀환시키려는 첫 단추"라고 평가했다. 이번에 우리는 우리의 깃발을 꽂고 발자국을 남길 뿐만 아니라 언젠가 다른 많은 세계로 나아가게 될 궁극적인 임무를 위한 기반을 구축할 것이다.

트럼프의 지시에 따라 NASA는 아르테미스Artemis 계획을 시작했다. 이 계획은 2020년대 초 달 탐사를 목표로 한다. 지구촌의 여러 나라들에게 동참을 요청하는 초대장이 발송되었다. 이미 한국은 아르테미스 협정에 서명했다. 이 프로젝트는 향후 수년 안에 달에 도달하고 자체 발사체를 시험하는 것을 목표로 과학적인 노력을 시작했다. 내가 보기에 한국이 지금처럼 이 길을 꾸준히 걷는다면 언젠가 세계 최고의 우주 국가 중 하나가 될 것이다. 내가 이 책에서 재조명한 미국 우주탐사의 역사가 우주에서 한국의 유망한 미래에 대한 토론에 도움이 되기를 바란다.

존 록스돈John Logsdon

옮긴이 머리말

나는 한국항공우주연구원에 재직하는 중에 2019년 미국 조지 워싱턴 대학교 엘리엇 국제관계대학Elliott School of International Affairs 소속의 우주정책연구소Space Policy Institute에 1년 동안 방문 학자로 다녀올 기회가 있었다. 우주정책연구소는 미국의 우주 정책 분야에서 독보적인 기관이다. 이 책의 편저자인 존 록스돈 교수가 이 연구소의 초대 소장이었고, 바로 직전 소장인 스콧 페이스Scott Pace 교수는 트럼프 행정부에서 재건된 국가우주위원회National Space Council(부통령이 위원장을 맡는다)의 초대 사무총장을 지냈다. 나는 우주정책연구소에서 미국의 우주 정책을 접했고, 그 과정에서 록스돈 교수의 이 귀중한 책과 만나게 되었다.

그동안 우주에 대한 수많은 보고서와 자료를 읽어왔지만 이 책에서처럼 '공식 문서'를 통해 살아 있는 우주 정책을 접한 적은 없다. 이 책은 록스돈 교수가 NASA와 연구 과제 계약을 맺고 미국의 우주 역사를 수집해 정리한 역작이다. 이 책은 일곱 권짜리 시리즈로 된 '미지를 향한 탐사: 문서로 보는 미국의 민간 우주 프로그램 역사Exploring the Unknown: Selected Documents in the History of the U.S. Civil Space Program'(1995~2008)를 일반 독자들을 위해 한 권의 책으로 재편집한 것이다. 나는 1년간 연구 연가의 기회를 제공해 준 한국항공우주연구원에 보답하고 대한민국의 우주 발전에 도움이 되고자 이 책을 번역해 국내에 소개하기로 마음먹었다.

이 책에는 정말 놀라운 이야기들이 숨어 있다. 미소 간 우주 경쟁 속에서 소련을 추월해 세계 최고의 우주개발 국가가 된 미국의 지나온 과정이 마치 정지된 역사의 스냅사진처럼 잘 발굴되고 보존되어 있다. 여기에는 미국 정부의 공식 문서, 대통령, 부통령, NASA 청장 등 정부 최고위층의 육성이 담긴 회의록, 이들 사이에서 오간 편지, 중요한 언론 기사 등이 망라되어 있다. 그저 재미난 이야기에 그치는 것이 아니라 진짜 '역사'가 고스란히 담겨 있다.

몇 개의 사례를 들고 싶다. 미국 우주개발의 아버지 격인 베르너 폰브라운은 인류 최초의 인공위성인 소련의 스푸트니크 1호가 지구 궤도에 올라가기도 전인 1954년에 이미 유인 화성 탐사에 대해 매우 구체적으로 이야기했다. 놀랍게도 그 내용의 상당 부분은 오늘날 사실로 확인되고 있다.

우주개발 초기부터 미국이 보여주는 모습은 놀라움의 연속이다. 우주 공간의 군사적 이용이 향후 중요하게 되리라고 확신하지만 적어도 표면적으로는 국제지구물리관측년 프로그램을 통해 과학위성의 발사를 추진하며 우주개발에 임하는 미국의 평화적 이미지를 구축한 모습이 그렇다. 소련이 스푸트니크 1호를 발사하고 이 인공위성이 미국의 상공을 자유로이 오갔지만, 미국은 이에 의도적으로 침묵함으로써 '우주 공간의 자유freedom of space' 원칙을 관습법으로 만들었다. 우주개발 경쟁에서 소련에게 선수를 빼앗기자 NASA를 만들고 관련된 수많은 정부 조직들의 이해관계를 조정해 가는 미국 대통령의 결단도 주목할 만하다. 우주의 중요성을 강조하며 대통령이 직접 위원장을 맡는 국가항공우주위원회NASC: National Aeronautics and Space Council를 만든 일은 또 어떠한가. 미국 최초의 우주인이 지구 궤도를 돌며 다른 나라의 상공을 지날 때 그가 해야 할 발언과 하지 말아야 할 발언을 세심히 검토한 일화, 존 F. 케네디 대통령이 라이스 대학교에서 행한 아폴로 계획에 대한 감동적인 연설과 백악관에서 벌어진 치열한 토론, 닐 암스트롱Neil Armstrong의 "인간에게는 하나의 작은 발걸음, 인류에게는 하나의 거대한 도약"이라는 발언이 나온 과정, 최초로 우주로 나간 영장류인 햄Ham 이야기와 동물 보호에 관한 세심한 지침 등이 상세한 문서로 남아 있다. 여담이지만 인류 최초로 달에 다녀온 암스트롱은 한국전쟁 때 전투기 조종사로 참전해 무려 78번의 임무를 수행했고 그중 한 번은 격추되었다가 구조된 적도 있다. 버즈 올드린Buzz Aldrin도 한국전쟁에서 미그기 두 대를 격추한 전쟁 영웅으로 우리와 깊은 인연을 가지고 있다.

우리에게 너무나도 유명한 케네디 대통령의 아폴로 계획은 사실 전임 드와이트 아이젠하워 대통령 때 기획되었지만 이를 현실화해 역사에 이름을 남긴 대통령은 케네디였다. 아폴로 계획의 달 비행과 착륙 방식은 NASA 지도부와 외부 전문가 그룹의 당초 계획과 달리 이들과 의견이 달랐던 NASA 소속 전문가의 하극상에 가까운 문제 제기와 치열한 논쟁에 따라 변경되었다.

유인 달 탐사 사업은 처음에 미국이 소련에게 공동으로 추진하자고 제안했지만 거부당했다. 반대로 국제우주정거장 사업은 러시아가 미국에 먼저 제안하며 공동 사업이 되었다. 아폴로 11호의 성공적 귀환을 믿으면서도 발생할 수 있는 재앙적 결과에 대비해 준비되었던 (그렇지만 다행히 발표되지 않은) 대통령 성명서의 문안은 우주탐사가 가져다주는 성공의 의미만큼 큰 감동을 이 책의 독자들에게 안겨줄 것이다.

이 책 곳곳에서 숨 쉬고 있는 미국 정책 결정권자들의 우주개발에 대한 고뇌와 결단의 과정을 읽으며 가슴 떨리는 감동과 미래를 위한 열정을 되새긴다. 우주개발은 단순히 과학기술의 발전만이 아니라 미래를 향한 꿈과 희망, 국력과 국격의 과시, 국가 안보를 위한 전략적 대비, 미래 신산업과 우주 자원에 대한 기반 구축 등 여러 중요한 요소를 고려해야 한다. 미국의 역대 대통령들은 이러한 우주개발의 중요성을 끊임없이 강조했고, 그 결과 오늘날 미국은 막대한 경제적 부와 세계 지도 국가로서의 위치를 구가하고 있다. 우주 분야에 몸담은 사람으로서 한없이 부러운 모습이다.

하지만 미국이라고 우주개발 과정에서 실패가 없었겠는가? 1967년 아폴로 1호는 발사대에서 발생한 화재로 승무원 세 명이 모두 질식사했다. 1986년 우주왕복선 챌린저Challenger호와 2003년 컬럼비아Columbia호는 공중에서 폭발하며 각각 승무원 일곱 명이 전원 사망하는 사고를 겪었다. 우리가 잘 아는 1970년 아폴로 13호는 지구로부터 20만 마일 밖에서 우주선 안의 산소 탱크가 폭발하는 사고로 사투 끝에 태평양으로 살아 귀환했다. 2007년과 2014년에는 우주 관광 회사인 버진 갤러틱Virgin Galactic이 민간 우주여행을 위한 우주선 시험비행을 하던 중 폭발로 세 명의 엔지니어와 비행사가 사망하는 등 우주탐사 과정에서 비극적인 실패는 수도 없이 많다. 그러나 이러한 실패 속에서도 미국은 결코 포기하지 않았고 국민적 애도 속에서도 새로운 도전 의지를 이어나갔다. 지구의 중력을 벗어나는 것은 매우 어려운 일이지만 인간의 의지를 꺾지는 못했다. 인류 최초의 인공위성이 궤도로 올라간 지 60여 년이 지났다. 놀랍게도 스페이스 XSpace X를 설립한 미국의 일론 머스크는 2050년까지 100만 인구의 화성 식민지 건설 계획을 발표한 바 있다. 인간은 꿈꾸고 그 꿈은 성공과 실패를 거듭하면서 실현되고 있다.

대한민국의 우주개발 역사도 어언 30여 년이 경과되었다. 이미 인공위성 분야에서는 세계 수준의 위성을 만드는 능력을 갖고 있고, 세계 시장으로 위성을 수출하는 기업도 생겨났다. 국제적인 비확산 체제MTCR: Missile Technology Control Regime(미사일 기술 통제 체제)에 따라 해외 기술과 부품 수입이 불가능한 우주 발사체 분야에서도 2013년 나로호가 성공한 데 이어 2021년에는 1.5톤급 인공위성을 지구 저궤도LEO: Low Earth Orbit에 쏘아 올릴 수 있는 누리호의 시험 발사가 있었다. 2022년에는 우리도 우주선을 달 궤도에 보낼 예정이다.

이러한 성과와 함께 세계는 뉴 스페이스New Space라는 새로운 물결 속에서 민간 기업이 주도하는 상업 우주개발 시대가 열리고 있다. 미국을 비롯한 주요 국가들은 평화 영역이었던 우주를 지구의 육상, 해상, 공중에 이은 새로운 전장 영역으로 설정하고 우주군 양성 등 국방 우주를 강화하고 있다. 그뿐만 아니라 미국을 중심으로 아폴로 계획 이후 중단되었던 유인 달 탐사 사업에 박차를 가하고 있다. 유럽, 러시아, 중국, 일본, 인도 등도 앞다투어 달과 화성 탐사를 추진하는 등 미래 우주 자원의 쟁탈 시대를 향해 주도면밀하게 나아가고 있다. 우리도 많은 발전을 이루었지만 세계는 더 빠르게 변하고 있는 것이다.

주요 국가들은 우주개발의 중요성을 일찌감치 인식하고 있다. 이 책에서 집중적으로 다루는 미국의 NASA를 제외하더라도, 러시아 연방우주청Roscosmos: Russian Federal Space Agency, 중국 국가항천청CNSA: National Space Administration of China, 프랑스 국립우주연구센터CNES: Centre National d'études Spatiales, 독일 항공우주센터DLR: Deutsches Zentrum für Luft- und Raumfahrt, 인도 우주부Department of Space, 일본 우주개발전략본부Strategic Headquarter for National Space Policy 등 각국은 우주 사업만을 전담하는 우주 조직을 만들어 국가의 백년대계를 수립하고 전략적인 우주개발을 추진하고 있다.•

이제는 대한민국도 우주개발을 전담하는 정부 조직을 만들어 범국가적 차원에서 민·군 협력, 부처 간 역할 조정과 중복 방지, 전략적 국제 협력 사업에의 참여, 민간 우주 산업의 육성에 나서야 한다.

앞서 밝혔듯이 이 책은 미국의 우주개발 착수, NASA의 탄생, 그 뒤의 우주개발과 우주탐사의 역사가 고스란히 담겨 있다. 이 책이 출간되는 2022년에는 대한민국에 새 정부가 출범할 예정이다. 새 정부에서 대한민국의 우주 정책을 수립하는 데 이 책이 도움이 되기를 진심으로 바란다.

책을 번역하는 과정이 이렇게 어려울 줄 미처 몰랐다. 이 책을 번역하는 데 용기를 주고 도움을 주었던 많은 분들에게 감사한다. 특히 미국 워싱턴 D.C.에서 연구 연가를 보내던 중에 만나 함께 책을 읽으며 문장을 다듬고 조언해준 ≪서울신문≫의 이제훈 기자, 한국항공우주연구원의 전 우주인사업단장 최기혁 박사, 누리호 엔진 개발 책임자였던 김진한 박사에게 감사를 드린다. 아울러 어려움과 갈등이 있을 때마다 늘 옆에서 용기를 주었던 아내 오선영에게도 감사를 드린다.

황진영

• 프랑스와 독일은 특별법을 만들어 연구 개발 센터에 우주청의 기능을 위임하고 있다.

머리말

미국의 우주 프로그램에 대해 수십만 건의 문서가 작성되었다. 말 그대로 수톤에 달한다. 이 문서들은 국내 정치, 국제 정치, 군사적 갈등뿐만 아니라 우리 내부의 깊은 곳에서 우리 자신보다 더 위대한 일을 성취하려는 비상한 열망이 담긴 이야기를 들려준다. 즉, 천지창조의 거대한 미스터리를 캐내려는 것이다. 그 이야기가 모두 여기에 있다. 인류의 우주 역사를 형성한 100개가 넘는 문서들이다. 이 작은 발걸음으로 인류는 우주비행 종족species이 되었다. 앞으로 더 많은 변화가 있을 것이다.

돌이켜 보면 분명해 보일지 모르나 우주비행이 시작되었을 때 나는 달에 가장 먼저 도착하는 우주 프로그램이 어느 나라의 것이 될지 몰랐다. 그리고 인류가 우주로 진출함으로써 세계가 얼마나 심오하게 변화하게 될지도 몰랐다. 이 책에서 존 록스돈은 여러 원본 자료들을 이용해 우리를 플로리다주 해안에서 우주의 가장 깊은 곳까지 여행하게 한다. 여러분은 유리 가가린Yury Gagarin의 비행 전까지 인간은 우주에서 생존할 수 없다고 믿었다는 것을 알고 있는가? 여러분은 달 표면을 처음 밟은 이들이 입국 신고서를 작성했다는 것을 알고 있는가? 그들은 결국 며칠 동안 국외에 있었던 셈이다. 리처드 닉슨이 대통령 재선을 위해 우주왕복선 프로그램을 이용했다는 것을 알고 있는가? 1993년 미국과 러시아의 우주정거장 프로그램을 통합하자고 제안한 이가 러시아 쪽 우주 지도자였다는 것을 알고 있는가? 그 증거가 이 책에 실린 공식 문서들에 담겨 있다.

우주탐사 이야기는 일련의 전환점과 정책 결정으로 특징지어진다. 이러한 결정은 문서화가 충분히 잘되어 있지만, 주요 문서를 찾는 일은 쉽지 않다. 이것을 록스돈 박사가 해냈다. 그는 우주 역사의 대가다. 그는 인류가 우주에서 활동하는 데 무엇이 영향을 주었고, 중요한 일들이 왜 일어났는지 열쇠를 쥐고 있는 수만 종의 문서를 알고 있는 세계 최고의 권위자다. 지금까지 우주탐사의 역사에서 가장 중요한 사건은 달에 인간이 처음으로 착륙한 것이다. 닐 암스트롱은 이것을 "인간에게는 하나의 작은 발걸음, 인류에게는 하나의 거대한 도약"이라고 불렀다. 그러나 나의 견해로는 다음에 있을 우주에서의 위대한 업적은 달 착륙을 그들 시대의 위대한 업적이자 미래를 향한 작은 발걸음으로 만들 것임을 믿어 의심치 않는다.

이 책에 실린 문서들은 소련이 인류 최초의 인공위성인 스푸트니크를 우주 궤도에 올림으로써 세계가 바뀌었음을 보여준다. 인류는 무한한 개척지가 될 수 있는 곳을 접근하고 통제하기 위해 경쟁하기 시작했다.

미국은 NASA를 만들었고 우주 경쟁이 시작되었다. 우주탐사를 놓고 처음부터 대통령의 행정부 안에는 과학 자체가 목적인 세력과 우주에서의 전략적·지정학적 목적을 달성하려는 세력 간에 갈등과 긴장감이 감돌았다. 오늘날에는 상업 우주 회사들이 성장하면서 이러한 긴장감은 새로운 방식으로 나타날 것이다. 앞으로 최선책을 찾는 데 이 책의 문서들이 도움이 되기를 바란다.

달에 가려는 경쟁이 한창일 때 NASA 예산은 오늘날의 10배였다. NASA는 그 돈으로 달 암석을 채취해 가져왔다. 이것으로 우리는 달의 나이, 지구의 나이, 달의 기원에 대해 확고한 지식을 갖게 되었다. 우주비행사들이 장갑을 낀 채 탐사한 모든 종류의 지질학적 증거는 달이 지구에서 유래한 커다란 덩어리로 만들어졌다는 결론을 내리게 했다. 우리의 달은 한 번 녹은 지구의 지각으로 이루어져 있다. 이것은 심오한 통찰력이다. 이것으로 우리는 오래된 질문에 대한 해답을 얻었다. 우리 모두는 어디서 왔는가?

그러나 솔직히 이것은 누군가가 달 표면에 발을 올려놓기 전에 찍은 사진 한 장에 비하면 희미하다. 아폴로 8호가 남긴 이미지는 '지구가 떠오르는Earth rise' 사진이라고 불리게 되었다. 이 이미지는 지구상의 모든 사람이 우주의 암흑 속에서 우리 지구를 바라볼 수 있도록 바꾸어놓았다. 이 책에 실린 문서들은 아폴로 8호를 달에 보내기로 한 결정이 어떻게 이루어졌는지 보여준다. 하지만 이 사진을 찍기 위해 전문 사진작가가 아닌 인간 탐험가가 필요했을까? 바위를 모으기 위해 인간을 달에 보낼 필요가 있었을까? 소련도 일련의 무인 로봇들을 통해 같은 일을 수행해 냈다. 하지만 달을 향한 소련의 미션은 거의 기억되지 않지만 달 표면을 걸었던 12명의 미국인들은 인류 역사에 남을 자격이 있다. 이 책에 실린 1961년 문서를 보면 "세계의 상상력을 사로잡는 것은 단순한 기계가 아니라 인간이다"라고 쓰여 있다. 반면에 우리의 우주관은 우주선이 차가운 어둠과 다른 세계의 표면을 조용히 질주하며 찍은 놀라운 이미지들로 인해 측정할 수 없을 정도로 향상되었다. 훗날 인간 탐험가들이 화성 표면에 부츠를 신고 착륙한 뒤에 우리의 우주관은 어떤 모습이 될까? 우리는 그 전에 화성에 보냈던 고귀한 로봇들을 기억할 수 있을까?

여러분이 직접 읽고 스스로 판단하기를 바란다. 달을 향한 위대한 업적을 달성한 뒤에 미국의 우주 프로그램은 후퇴했다. 더 멀리 더 깊이 우주 속으로 나아가기보다 더 많은 지구상의 미션, 더 정확히 말하자면 지구 바로 위의 대기권 미션으로 방향이 바뀌었다. 우주왕복선 프로그램은 수천 명의 우주 전문가가 참여했지만, 결국은 비용도 많이 들고 안전하게 운항하기도 힘든 우주선이 되었을 뿐이다. 수백 명의 우주비행사가 지구 저궤도의 진공 속을 여행했지만, 허블 우주망원경Hubble Space Telescope을 제외하고 과학적으로 새로운 것은 그리 많이 나오지 않았다. 허블 우주망원경은 우리가 우주의 기원, 빅뱅, 해왕성과 명왕성 너머의 천체들을 이해하는 데 도움을 주었다. 이 망원경은 인류에게 수천 장의 천체 이미지를 제공했다. 비록 허블 우주망원경은 결함이 있는 거울과 함께 발사되었으나 다행히 우주비행사들이 수리할 수 있도록 설계되었기 때문에 정상적으로 임무를 수행할 수 있었다.

어떤 사람들은 만약 우주 경쟁에 사용된 동일한 자금이 지구상의 기술적 문제들을 해결하기 위해 사용되었다면 무엇을 성취했을지 하는 의문을 제기한다. 이 책에 제시된 역사를 연구해 보면 공정한 질문이 아님을 알 수 있다. 기록에 따르면 NASA는 경쟁하기 위해 만들어졌고 냉전 체제하의 경쟁은 놀라운 기술 발전으로 이어졌다. 우리는 다섯 개 이상의 독립적인 통신 시스템, 현저하게 정확한 내비게이션, 비상 상황을 알리고 우리의 건강을 추적하고 우리를 즐겁게 해주는 끝없이 다양한 소프트웨어 애플리케이션을 제공하는 휴대용 장치를 가지고 있다. 이 모든 것이 우주에서 지구로 내려온 것이다.

과학 외에도 우주왕복선 프로그램과 국제우주정거장이 외교에 크게 기여했다는 사실을 안다면 아마도 여러분은 놀랄 것이다. 지상에서 수백 해리* 상공을 날았던 캐나다, 이탈리아, 일본, 스웨덴, 영국의 우주비행사들보다 더 큰 영웅은 없다. 미국의 우주 계획이 남긴 유산은 기술적인 것보다 정치적인 것이지만 그럼에도 매우 현실적이며 중요하다.

NASA가 주로 지구 저궤도를 비행하도록 방향을 바꾸기 얼마 전에 NASA와 그 밖의 과학계 종사자들은 지구 밖에 무엇이 있는지, 집에서 얼마나 멀리 있는지, 탐사하기가 얼마나 더 어려운지 보고 싶어 했다. 1960년대에 이미 화성 탐사를 동시에 추진했다. 최초의 화성 탐사선은 달에 가기 위해 만들었던 레인저Ranger 우주선을 개조한 것이다. 동일한 디자인의 매리너Mariner 4호는 우리에게 다른 세계의 첫 사진을 보내주었다.

이어서 과학자들과 기술자들은 두 대의 우주선을 제안하고 성공적으로 비행해 화성에 부드럽게 착륙할 수 있었다. 첫 번째 사진은 빛의 속도로 세계를 돌았다. 인류는 처음으로 우리 행성에 이웃이 있음을 보았다. 바위투성이의 표면을 가진 세계는 우리 고향인 지구와 크게 다르지 않았다. 화성의 경이로운

* 해리(海里)는 바다나 공중에서 거리를 나타내는 단위로 1해리는 1852미터다 _ 옮긴이.

자연 모습은 전 세계의 우주 기관들, 특히 NASA가 우리 태양계에 있는 화성과 그 밖의 행성들을 맹렬하게 탐사하도록 동기를 부여했고, 60년도 더 전에 베르너 폰브라운이 기술한 붉은 행성의 표면으로 인간이 여행하는 '지평선상의 목표'를 설정하도록 했다. 그 뒤를 일론 머스크 같은 선각자들이 잇고 있다.

오늘날 지구상에서는 우주로의 경주가 시작된 이래 수많은 정책 입안자들이 직면했던 문제와 씨름하는 우리 자신을 발견한다. 미국은 수백 대의 군용 위성과 수십 개의 기상위성을 보유하고 있다. 미국 의원들은 자기 지역구로 예산을 보내 우주 하드웨어 생산 라인을 가동시키고 궤도에 올려놓기 위해 경쟁하고 있다. 하지만 과거와 달리 지금은 민간 기업들이 추진하는 상업 우주탐사에 관심이 쏠리고 있다. 로켓 부스터, 캡슐, 지원 장비를 정부가 아닌 민간에서 찾고 있다. 블루 오리진Blue Origin, 시에라 네바다 코퍼레이션Sierra Nevada Corporation, 스페이스 X, 버진 갤럭틱과 같은 회사들은 과학이 아닌 탐험과 궁극적으로 유인 기지를 만들기 위해 사람과 물자를 우주로 보내고 싶어 한다.

우리가 탐험할 때 두 가지 일이 일어난다. 우리는 확실히 새로운 것을 발견한다. 하지만 훨씬 더 중요한 것은 우리가 모험을 한다는 사실 자체다. 이러한 회사, 리더, 인력을 움직이는 것은 모험이라는 약속이다. 이 책을 읽으며 긴장감을 느꼈으면 좋겠다. 우리의 지성과 자금이 어떤 곳에서 가장 잘 활용될 수 있을지 고민해 보기를 바란다. 우리는 탐험을 위해 탐험을 하는가? 아니면 우주선이 제공할 수 있는 통신, 감시, 예측 능력을 위해서 하는가?

군을 위한 우주가 다른 무엇보다 중요한 것인가? 우주 관련 정부 기관, 하드웨어와 전문 기술을 판매하는 기업, 비범한 신흥 기업의 리더들 간에 곧 공감대가 모아질 것이다. 이 단계에서 도출된 역사적 통찰이 관련된 모든 당사자가 최선의 방법을 모색하는 데 도움이 되기를 바란다.

다른 세계에 대한 발견의 약속은 우주를 위해 우리가 하는 모든 것(기술, 고용, 순수한 과학 탐구)을 가치 있게 한다. 만약 우리가 언젠가 다른 세상에 생명이 존재했다는 증거를 발견한다면 여기에 쏟았던 모든 희생과 함께 폐소, 유로,

엔, 위안, 루피, 루블의 한 푼 한 푼들과 중간 관리자들과 가졌던 수없이 많았던 회의 시간이 가치가 있을 것이다. 우리는 화성이나 유로파Europa(지구보다 바닷물이 두 배나 많은 목성의 위성)에서 여전히 살아 있는 어떤 것을 발견하게 될지도 모른다. 이것은 우리 각자가 우주와 우리의 관계를 바라보는 시각을 바꿀 것이다. 이러한 발견이 이루어지면 지구의 시민으로서 여러분과 나는 역사의 일부가 될 것이다. 우리는 니콜라우스 코페르니쿠스Nicolaus Copernicus, 아이작 뉴턴Isaac Newton, 갈릴레오 갈릴레이Galileo Galilei와 유사한 발견을 할 수 있는 지적 능력과 자금을 지원할 것이다.

우리 모두가 어떻게 이러한 발견의 길로 들어섰는지를 이해하기 위해, 이 책을 열고 그동안 록스돈 박사가 펼쳐 보인 우주 역사에 대한 연구와 이해를 통해 미래를 보도록 하자.

빌 나이Bill NYE

들어가는 말

역사적 실제 행위와 직접 관련된 문서들을 통해 미국의 우주여행 이야기를 전하는 이 책은 반세기 이상을 미국의 우주 프로그램 역사와 함께한 내 경험과 삶의 일부다. 지난 반세기 중에서 내 기억 속에 가장 인상 깊게 남은 날부터 시작하고자 한다.

1969년 7월 16일 이른 아침에 나는 케네디 우주센터KSC: Kennedy Space Center의 발사 운용 점검 빌딩 앞에 서 있었다. 달로 떠나는 닐 암스트롱, 버즈 올드린, 마이클 콜린스Michael Collins를 기다리는 수백여 명의 군중 가운데 한 사람이었다. 몇 시간 뒤에, 정확하게는 오전 9시 32분에 나는 케네디 우주센터의 카운트다운 시계 앞에서 세 명의 우주인이 새턴Saturn V 로켓에 실려 우주로 날아오르는 모습을 바라보았다. 그때 나는 역사가 만들어지는 현장에 내가 있음을 알고 있었고, 이미 이 일을 기록하는 작업에 착수해 있었다.

인간이 처음으로 다른 천체에 착륙하는 여정에 내가 함께하는 잊을 수 없는 경험을 하게 된 것은 "이번 10년 안에(1960년대 안에)" 미국인을 달에 보내고 안전하게 지구로 귀환시키겠다고 한 1961년 존 F. 케네디 대통령의 결정을 내 정치학 박사 학위논문 주제로 정했기 때문이었다. 1969년 7월 중반 논문은 사실상 완성 단계였고, 매사추세츠 공과대학교 출판사에서 『달로 가는 결정: 아폴로 계획과 국가적 이해Go to the Moon: Project Apollo and the National Interest』(1970)라는 제목으로 출판 승인을 앞두고 있던 상황이었다. 당시 나는 이 논문을 준비하면서 NASA 히스토리 오피스NASA History Office와 밀접하게 협력하고 있었고, 이를 계기로 역사적인 발사의 순간에 초대되는 영광을 누리게 된 것이다.

이 논문은 뉴욕 대학교에서의 박사과정 연구의 정점이었고, 우주 관련 주제는 언제나 내 연구 논문의 중심이었다. 1960년대 미국의 우주개발 노력은 나의 박사과정 프로그램의 핵심인 국제 관계 및 해외 정책의 모든 면을 담고 있었기 때문이었다. 1962년 3월 1일 나는 미국 최초로 지구를 주회한 우주인 존 글렌John Glenn이 뉴욕 맨해튼 거리를 행진하는 퍼레이드를 보며 우주 프로그램에 매료되어 갔다.* 머큐리Mercury 계획과 제미니Gemini 계획 등 지구 궤도로의 초기 우주여행은 나에게 가장 흥분되는 일이었다. 다시 돌아가서 나는 케네디 대통령이 '새로운 대양'이라고 이야기한 인류 최초의 우주여행인 아폴로 계획의 진전을 밀접하게 추적하고 있었다.

나는 이런 개인적 기록으로 이 책을 시작하기로 결정했다. 왜냐하면 이 책의 내용은 우주 활동, 특히 유인 우주탐사에 대한 나의 지속적인 관심을 반영하고 있기 때문이다. 1969년 7월 오전 아폴로 11호가 발사대 39A를 박차고 떠오를 때까지만 해도 나는 우주 정책과 우주 역사에 길고 긴 나의 경력을 헌신하게 될 것이라고 생각하지 못했다.

1987년 나는 조지 워싱턴 대학교 엘리엇 국제관계대학 소속의 연구와 대학원 교육과정으로 우주정책연구소를 설립했다. 우주정책연구소가 처음 맡은 큰 연구 중 하나가 NASA 히스토리 오피스와의 계약이었다. NASA의 수석 역사학자인 실비아 크래머Sylvia Kraemer는 미국의 민간 우주 프로그램 전개에 중요한 문서들을 정리한 참고 자료를 만들겠다는 아이디어를 갖고 있었다. 1989년 나는 우주정책연구소의 대표 책임자가 되어 공개경쟁으로 이 역사적 문서 작업을 준비하는 과제를 수주했다. 당초 계획은 두 권의 책자로 만드는 것이었다.

---

* 미국 최초로 우주로 준궤도비행에 성공한(1961년 5월 5일) 우주인은 앨런 셰퍼드(Alan Shepard)이고, 지구 주회에 성공한(1962년 2월 20일) 최초의 우주인은 존 글렌이다 _ 옮긴이.

초기 버전을 준비하는 팀을 구성하는 일에 상당한 시간이 들었고 결과적으로 1995년까지 작업을 완성하지 못했다. 그러던 중에 NASA의 수석 역사학자가 크래머에서 로저 라니우스Roger Launius로 교체되었다. 라니우스 박사와 그의 후임인 스티브 딕Steve Dick과 일하면서 우주정책연구소는 모두 일곱 권으로 구성된 '미지를 향한 탐사: 문서로 보는 미국의 민간 우주 프로그램 역사'를 출간하게 되었다. 이 시리즈는 NASA와 우주정책연구소의 수많은 공헌자들의 작업을 대표하며 이들의 이름은 각각의 책에 명시했으나, 그 수가 너무 많아 이 책에서는 다시 언급하지 않는다. 이 일곱 권의 시리즈는 일반 독자가 읽기에는 너무 방대해 한 권의 펭귄 클래식판으로 압축하는 계기가 되었다.*

1958년 NASA 설립과 1960년 미국 우주 정책의 발표를 통해 드와이트 아이젠하워 대통령은 무인·유인의 우주탐사를 포괄하는 미국 민간 우주 프로그램의 토대를 만들었다. 그러나 1960년 우주 정책 발표에서 보듯이 "유인 우주비행과 탐사야말로 진정한 우주 정복을 대표한다"라고 명시하고 있다. 이 책에서 수집되고 정리된 문서에는 인간이 처음 지구를 벗어나는 초기 단계부터 12명의 우주인이 달의 표면을 걷는 단계를 거쳐 오늘날 유인 우주비행이 지구 주변의 국제우주정거장으로 한정되는 그동안의 흐름이 반영되었다. 책의 후반에는 인간을 다시 한 번 심우주에, 아마도 다시 달을 거쳐 궁극적으로는 화성에 보내려는 미국의 유인 우주비행 프로그램 계획에 집중했다. 이 작업의 목표는 미국인을 우주로 올려 보낸 '몇몇의 작은 발걸음들'을 추적하는 것이다.

1961년 5월 8일 달 착륙을 미국의 국가 목표로 권고하는 회의록에서 제임스 웹James Webb NASA 청장과 로버트 맥너마라Robert McNamara 국방부 장관은 "우주에서 세계의 상상력을 사로잡는 것은 기계가 아닌 인간"이라고 설파했다. 이러한 관찰은 내 관점에서도 여전히 유효하다. 겨우 560여 명의 인간만이 지구 궤도와 그 너머를 여행했고, 이들의 경험은 여전히 우주 활동에서 가장 흥미진

---

* 이 시리즈는 http://history.nasa.gov/series95.html에서 볼 수 있다.

진한 부분이다. 태양계를 탐사하고 우주의 신비를 조사하는 무인우주선은 그동안 놀랄 만한 영상과 혁신적인 과학적 결과를 만들어왔다. 그럼에도 인간이 우주여행을 떠나 직접 확인한 것이야말로 부인할 수 없는 진정한 성과다.

이 책의 대부분은 '미지를 향한 탐사' 시리즈 중 1권 『우주탐사를 위한 조직Organizing for Exploration』과 7권 『유인 우주 프로그램: 머큐리, 제미니, 아폴로 계획Human Space Flight: Projects Mercury, Gemini and Apollo』에서 발췌했다. 책을 적당한 크기로 만들고자 많은 분량을 삭제했다. 삭제된 부분은 '***'로 표기했다. '미지를 향한 탐사' 시리즈에는 다른 곳에서 쉽게 구할 수 있는 자료는 포함되지 않았지만, 나는 이 책에 미국 대통령 공개 자료에서 얻을 수 있는 대통령의 핵심적인 연설과 성명서는 포함했다. 특히 이 책의 제4장에 아폴로 계획 이후의 유인 우주비행과 관련 문서를 추가했다. 이 자료들 중에 일부는 내가 쓴 『아폴로 이후?: 리처드 닉슨과 미국의 우주계획After Apollo?: Richard Nixon and the American Space Program』(2015)에서 인용했고, 그 밖의 것은 내가 지난 35년 동안 진행 중인 우주 정책 결정에 대한 연구들에서 가져왔다.

이 책은 참고 자료로서가 아닌 1차 자료에 담긴 우주를 향한 미국의 축적된 이야기를 담고자 했기에 문서에 포함된 원본 정보를 제공하지 않는다. 미국이 우주에서 무엇을 해야 할지를 결정하는 사람들과 그 결정을 실행하는 사람들의 생각을 직접 소개하는 것은 나뿐만 아니라 독자들에게도 매력적인 일이라고 생각한다.

과학적 발견, 국제 경쟁, 국가 안보, 국력, 국가의 자부심에서 상업적 이익과 사회적 혜택에 이르기까지 우주로 가는 이유는 많다. 이러한 이론적 근거는 주요 문서에 반영되어 있고 반세기 이상 미국의 우주 계획에 영향을 주었다. 이들을 지탱한 것은 미국이 인간 활동의 새로운 무대로 우주를 탐구할 때 주도적 역할을 맡겠다는 비전이었다고 생각한다. 21세기에도 그 비전이 지속될지는 아직 알 수 없지만, 나는 그러하기를 바란다.

'미지를 향한 탐사' 시리즈를 한 권의 모음집으로 만들자는 아이디어를 제시해 준 펭귄 출판사의 샘 라임Sam Raim에게 특별한 감사를 드린다. 샘은 처음부터 끝까지 나를 격려했으며, 프로젝트를 계획하고 완료할 때까지 지켜봐 주었다. 출판을 위한 문서를 준비하는 일을 도와준 조지 워싱턴 대학교 학생 리아나 셔먼Liana Sherman과 내 동료 앨리슨 레뉴Allyson Reneau에게도 감사드린다. 또한 '미지를 향한 탐사'의 머리말과 이 책의 편집 노트를 쓰고 가끔 직접 자료를 인용해 준 라니우스 박사에게도 감사를 전한다.

존 록스돈

NASA의 우주탐사 자료 사진

자료 사진 1 **머큐리-레드스톤 3호(프리덤 7호)의 발사 모습**(관련 페이지 139쪽)

머큐리-레드스톤 3호는 머큐리 계획에 따른 미국 최초의 유인우주선이다(1961년 5월 5일 촬영).
자료: 미국 NASA 홈페이지(https://images.nasa.gov/details-6414825).

자료 사진 2 **우주비행사 앨런 셰퍼드의 모습**(관련 페이지 146쪽)

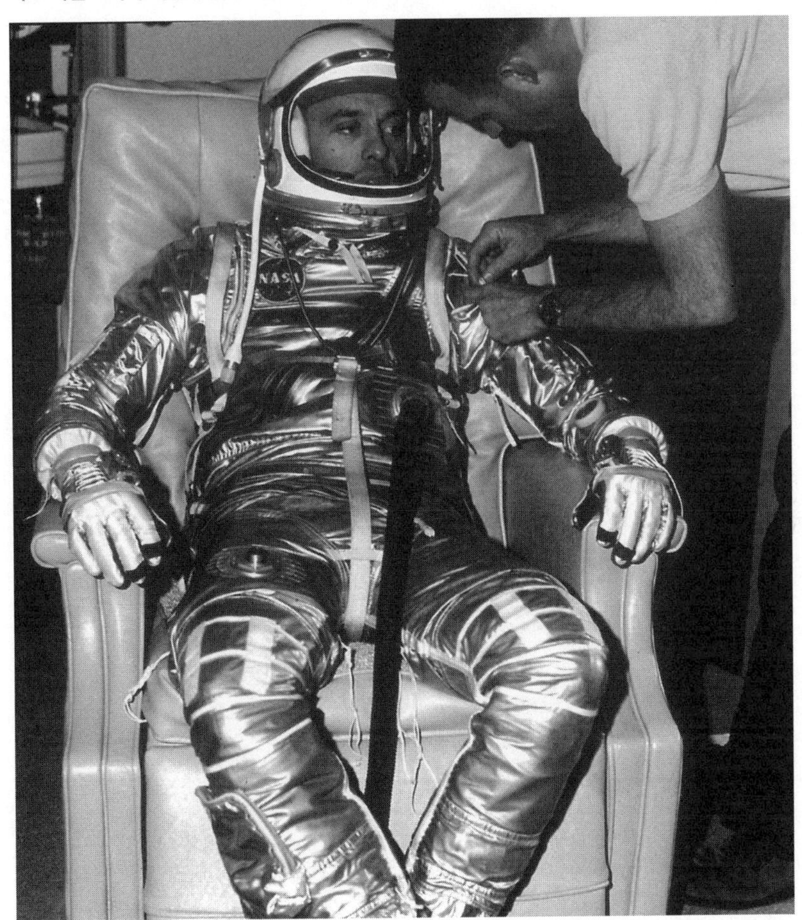

미국 최초의 우주인 타이틀은 우주비행사 앨런 셰퍼드가 차지했다. 그는 머큐리-레드스톤 3호를 타고 우주 준궤도비행에 성공했다(1961년 5월 5일 촬영).
자료: https://images.nasa.gov/details-9248359.

자료 사진 3 **제미니 7호에서 찍은 제미니 6A호의 모습**(관련 페이지 188쪽)

인류 최초의 우주 랑데부는 제미니 6A호와 제미니 7호가 수행했다. 선회비행 중인 제미니 7호 근처에서 제미니 6A호가 선체를 움직이며 랑데부 미션에 성공했다(1965년 12월 15일 촬영).
자료: https://www.nasa.gov/multimedia/imagegallery/image_feature_709.html.

자료 사진 4 **케네디의 "긴급한 국가적 필요" 연설**(관련 페이지 217쪽)

존 F. 케네디 대통령은 의회 양원 합동 회의 연설에서 미국이 "이번 10년 안에" 인간을 달에 착륙시킬 것이라고 선언했다(1961년 5월 25일 촬영).
자료: https://www.nasa.gov/centers/marshall/history/gallery/kennedy.html#.YdurJGjP1hF.

자료 사진 5 달에서 본 '지구가 떠오르는' 사진(관련 페이지 277쪽)

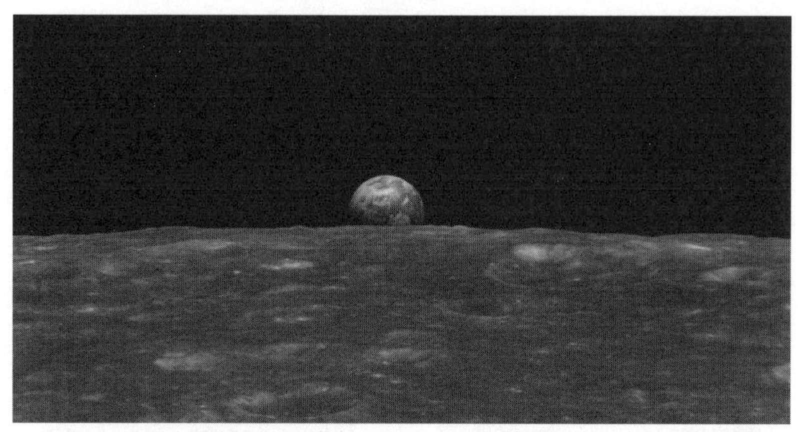

아폴로 8호의 비행 중 우주비행사 윌리엄 앤더스가 찍은 '지구돋이' 사진이다(1968년 12월 24일 촬영).
자료: https://images.nasa.gov/details-GSFC_20171208_Archive_e001282.

자료 사진 6 달을 밟은 인간의 발자국(관련 페이지 292쪽)

인류 최초로 달에 간 아폴로 11호의 우주비행사 버즈 올드린의 발자국이다(1969년 7월 21일 촬영).
자료: https://www.nasa.gov/centers/marshall/history/apollo11_140718.html.

자료 사진 7 **아폴로 11호와 인류의 첫 달 착륙**(관련 페이지 292쪽)

아폴로 11호의 우주비행사 버즈 올드린이 미국 성조기 옆에서 포즈를 취하고 있다. 동료 우주비행사 닐 암스트롱이 찍은 사진이다(1969년 7월 21일 촬영).

자료: https://images.nasa.gov/details-as11-40-5874.

자료 사진 8 **우주왕복선 컬럼비아호의 첫 발사 모습**(관련 페이지 358쪽)

컬럼비아호는 우주로 나간 최초의 우주왕복선이다. 컬럼비아호의 첫 비행은 지구 궤도를 도는 시험비행의 성격을 띠었다(1981년 4월 12일 촬영).
자료: https://images.nasa.gov/details-8111969.

자료 사진 9 **국제우주정거장의 전경**(관련 페이지 404쪽)

국제우주정거장은 인류가 우주에 마련한 전례 없는 과학기술의 실험장이다. 미국과 러시아를 비롯해 16개 국가가 참여하고 있다.
자료: https://images.nasa.gov/details-9802667.

자료 사진 10 **퍼서비어런스의 상상화**(관련 페이지 424쪽)

퍼서비어런스(Perseverance)는 화성 탐사 로버다. 주된 임무는 화성 표면의 지질학적 탐사이며, 생명체가 존재했을 가능성이 높은 지역을 탐사한다.
자료: https://images.nasa.gov/details-PIA23719.

프롤로그

—

수 세기에 걸친 꿈

인간이 수천 년 동안 별 사이를 항해하는 꿈을 꾸어왔지만, 이 이야기는 로켓 추진을 사용해 우주선을 지구 궤도 진입 속도로 가속시키는 개념이 등장한 20세기 초반에 시작되었다. 20세기 초부터 세 명의 선구자, 즉 러시아제국의 콘스탄틴 치올코프스키Konstantin Tsiolkovsky, 제1차 세계대전 이후 독일의 헤르만 오베르트Herman Oberth, 미국의 로버트 고더드Robert Goddard가 로켓의 이론적 연구를 수행했다. 그중 고더드만이 1926년 최초의 액체 추진 로켓을 발사하면서 이론을 실제 실험으로 연결 짓는 데 성공했다. 다른 로켓 엔지니어링 작업은 민간 자금을 지원받은 마니아 그룹들이 수행했다. 1931년 2월 로켓을 성공적으로 발사한 독일의 로켓 협회인 우주선여행협회VfR: Verein für Raumschiffahrt가 이 마니아 그룹들 중 하나다. 우주선여행협회의 초기 멤버 중에는 프로이센의 젊은 귀족 베르너 폰브라운이 있었다. 소련에서는 1931년에 창설된 정부 후원 로켓 추진 연구를 위한 그룹GIRD: Group for the Study of Reactive Motion이 로켓 연구의 초기 핵심 집단이었는데, 이들은 1933년 최초의 액체연료로켓을 발사했다. GIRD의 창립자 중 한 사람이 소련 우주 프로그램의 '최고 디자이너'가 된 세르게이 코롤료프Sergei Korolyov였다. 미국에서는 또 다른 열성 그룹이었던 미국행성간협회The American Interplanetary Society(훗날 미국로켓협회)가 로켓엔진의 지상 테스트에 집중해 1930년대 로켓 연구를 수행했다. 나중에 캘리포니아 공과대학교의 구겐하임 항공연구소GALCIT: Guggenheim Aeronautical Laboratory가 미국 육군부의 자금을 지원받아 로켓엔진 개발 연구를 수행했다.

미국과 유럽의 로켓 개발 과정을 바꾼 것은 제2차 세계대전이었다. 미국의 구겐하임 항공연구소는 1943년 제트추진연구소JPL: Jet Propulsion Laboratory로 개명되었다. 전쟁 중에는 비행기의 이륙을 지원하기 위해 소형 로켓 모터 연구에 초점을 맞추었다. 반면에 소련에서는 코롤료프가 1938년부터 1944년까지 감옥과 강제수용소에 갇히는 바람에 전쟁 중에는 로켓 연구가 거의 진전을 보지 못했다. 제1차 세계대전이 끝나고 베르사유 조약에 따라 독일은 군사 무기 개발이 금지되었으나, 당시 로켓은 전쟁 도구로 간주되지 않았기에 이 조약이 로켓 개발까지 영향을 주지는 않았다. 1932년 독일군은 20세의 폰브라운을 고용해 군용 로켓 분야에 투입했다. 1933년 아돌프 히틀러Adolf Hitler가 정권을 잡았을 때 폰브라운은 독일군에서 일하고 있었다. 그는 첫 번째 탄도미사일인 V-2 Vengeance Weapon-2 로켓을 개발한 팀을 이끌었다. V-2는 1942년 10월 처음 시험 발사되었으며, 1944년 9월부터 1945년 5월에 전쟁이 끝날 때까지 유럽과 영국의 목표물에 3000개 이상이 발사되었다. 폰브라운은 비록 나치 정권에서 일한 것은 사실이나, 자기의 주된 연구는 어디까지나 언젠가 우주여행을 가능하게 하는 로켓 개발에 있었다고 주장했다.

제2차 세계대전의 끝이 가까워오면서 폰브라운과 로켓 팀의 주요 동료들은 소련군 대신 미군에 항복하고자 전쟁으로 파괴된 독일을 가로질러 그들의 비밀 기지가 있던 발트해 연안의 페네뮌데로 향했다. 그들은 1945년 5월 3일 항복했다. 그해 6월에 폰브라운과 그의 동료들은 미군의 로켓 연구를 위해 미국으로 이동했다. 이들은 1946년부터 1950년까지 텍사스주 엘패소 근처에 있었으며, 앨라배마주 헌츠빌의 육군 탄도미사일국ABMA: Army Ballistic Missile Agency의 본거지인 레드스톤 아스널로 배치되었다. 그곳에서 폰브라운은 독일군과 나치 정권에 협력했다는 죄를 사면받고 기관의 개발 운영 부서장이 되어 로켓 연구를 담당했다.

폰브라운이 헌츠빌에서 진행한 연구는 먼 목표에 핵탄두를 발사할 수 있는 미사일을 개발하는 것이었다. 1950년대에 해군과 새로 만들어진 공군은 대륙간탄도미사일ICBM: Intercontinental Ballistic Missile 연구를 후원했다. 소위 냉전이라고 불린 미소 간 경쟁의 출현과 함께 원거리에서 핵탄두를 전달하는 능력은 미국과 소련 간의 지정학적 경쟁에서 우위를 점할 수 있는 핵심 능력으로 여겨졌다. 소련에서도 1944년 석방되어 소련 우주 연구의 리더가 된 코롤료프가 강력한 로켓을 개발하기 위해 많은 노력을 기울였다. 소련의 핵탄두는 미국의 핵탄두보다 훨씬 무거웠기에 소련은 미국이 개발한 것보다 더 강력한 대륙간탄도미사일이 필요했다. 두 나라 모두 우주 궤도로 사람을 올린 것은 개량된 대륙간탄도미사일이었다.

군사용으로 강력한 로켓이 개발되면서 우주선을 발사하고 곧 인간을 지구 궤도 이상으로 발사하는 것이 기술적으로 가능해졌다. 그와 동시에 그 가능성은 대중문화의 일부가 되었다. 역사학자 로저 라니우스는 "베른Jules Verne과 웰스Herbert George Wells의 꿈은 고더드와 오베르트의 개척적인 로켓과 그 뒤의 기술 발전과 결합해 새로운 우주 시대의 가능성을 만들어냈다"라고 언급했다. 우주여행의 미래를 위한 대변인으로 등장한 이는 히틀러의 수하에서 벗어난 지 불과 몇 년 되지 않은 폰브라운이었다. 라니우스는 "대단한 로켓 엔지니어, 독일의 망명자, 잘생긴 귀족, 카리스마적 리더의 배경"을 가진 폰브라운이 "우주비행의 효과적인 홍보자"가 되었다고 적었다.

1951년 10월 미국 뉴욕 자연사박물관의 헤이든 천체관은 "우주여행에 관한 최초의 연례 심포지엄"을 주최했다. 참석자들 중에는 ≪콜리어Collier≫의 편집장 고든 매닝Gordon Manning이 있었다. ≪콜리어≫는 ≪라이프Life≫, ≪더 새터데이 이브닝 포스트The Saturday Evening Post≫, ≪룩Look≫과 함께 당시 대중이 이용했던 주요한 정보 매체 중 하나였다. 매닝과 그의 동료들은 자신들의 잡지에 우주여행에 관한 시리즈 기사를 게재하기로 결정한 것에 깊은 인상을 받았다. 이 시리즈는 코넬리우스 라이언Cornelius Ryan 기자가 작성했으며, 미국 최고의 사상가들을 우주의 잠재력이라는 주제로 끌어들였다. 이 시리즈의 여덟 개 기사는 1952년 3월 22일부터 1954년 4월 30일까지 게재되었다. 이 기사는 여러 작가, 특히 체슬리 보네스텔Chesley Bonestell이 극적으로 묘사했다. 이 시리즈의 초기 기사는 1950년대 초의 냉전 환경을 반영해 우주의 통제를 위한 소련과 미국 간의 경쟁을 다룬 것이었다.

다음에 소개하는 두 문서는 우주탐사와 관련해 가장 널리 알려진 토론 가운데 하나다. 하나는 ≪콜리어≫의 편집자들이 이 시리즈를 소개하는 글이고, 다른 하나는 폰브라운의 글이다. 폰브라운의 글은 100여 년 뒤에 초기 인류가 화성 미션을 수행하는 것을 다루었는데 미래에 대한 추측으로 가득 차 있다. ≪콜리어≫ 기사는 1950년대 중반 월트 디즈니Walt Disney에서 제작한 텔레비전 시리즈와 함께 폰브라운을 우주 문제에 관한 가장 유명한 인물로 만들었으며, 유인 우주여행이 곧 현실이 될 것이라는 대중의 기대를 불러일으켰다.

≪콜리어≫의 편집자들은 시리즈 머리글에서 우주에서의 미래에 대한 장밋빛 비전보다 냉전 상대인 소련과 치렀던 국가 안보와 글로벌 리더십 경쟁의 시급함을 강조하며 '우주 정복'을 중시했다. 우주 활동의 비전적 측면도 거론되기는 하지만 잡지 편집자들에게 보다 높은 우선순위는 분명히 우주 능력과 국력 간의 관계였다. 우주여행은 수 세기의 꿈일지 몰라도 이것을 가능하게 하는 것은 지구에서의 경쟁이었다.

문서 01

"우리는 무엇을 기다리는가?"•

다음 페이지에서 ≪콜리어≫는 그동안 전국의 잡지를 통해 출판되었던 가장 중요한 과학 심포지엄 중 하나를 제시한다. 그것은 인간의 우주 정복의 필연성에 관한 이야기다.

당신이 읽을 것은 공상과학소설이 아니다. 그것은 심각한 사실이다. 더구나 서방이 '우주 우위'를 확보하기 위해서는 미국이 지금 당장 장기적인 개발 프로그램에 착수해야 한다는 긴급 경고다. 만약 우리가 하지 않는다면 다른 누군가가 할 것이다. 그 다른 누군가는 아마도 소련이 될 것이다.

미국의 과학자들과 마찬가지로 소련의 과학자들도 이제는 인간이 지구 대기권 훨씬 너머에서 거주하고 일하는 인공위성이나 '우주정거장'을 건설할 수 있다는 결론에 도달했다. 과거에 이 과제를 달성하는 최초의 국가가 지구를 통

• 1952년 3월 22일 ≪콜리어≫ 편집자들이 작성했다.

제할 것이라고 정확하게 말한 바 있다. 모스크바의 군사 기획자들이 이 분야의 군사적 가능성을 간과하리라고 가정하는 것은 무리다.

우주정거장 설치는 실제로 세계를 정복할 수 있다. 두 번째 달처럼 고정된 궤도상에서 지구 주위를 휩쓸면서 하늘을 나는 이 인공 섬은 유도미사일을 발사하는 플랫폼으로 사용할 수 있다. 핵탄두로 무장한 레이더 유도 제어 발사체는 지표면의 모든 목표물을 정밀하게 겨냥할 수 있다.

게다가 엄청난 속도와 비교적 작은 크기 때문에 이것들을 요격하는 일은 거의 불가능하다. 즉, 우주에 최초로 정거장을 건설하는 나라가 어디든 이들은 다른 나라가 따라하는 것을 막을 수 있다는 것이다.

우리는 미국과 마찬가지로 소련에서도 광범위한 유도미사일과 로켓 프로그램이 진행되고 있음을 알고 있다. 최근 소련은 거대한 우주 발사체 개발에 대한 연구를 암시했다. 소련 최고 과학자 중 하나이자 '붉은 군대' 포병학교의 일원인 미하일 티혼라보프Mikhail Tikhonravov 박사는 소련의 과학 발전에 근거해 그러한 로켓을 만들 수 있고 우주정거장 건설도 확실히 가능함을 알게 되었다고 밝혔다. 소련 기술자들은 지금도 그러한 우주 발사체와 우주선의 특성을 정확하게 계산할 수 있으며, 이 분야에서 소련의 성과는 서구의 수준과 동등하다고 덧붙였다.

우리는 슬프게도 소련의 과학자와 기술자들을 결코 과소평가해서는 안 된다는 것을 이미 배웠다. 이들은 예상했던 것보다 몇 년 일찍 원자폭탄을 생산했다. 한국의 전장에서 우리의 공중 우위는 특정 고도에서 우리보다 훨씬 빠른 것으로 입증된 우수한 미그 15 전투기의 도전을 받고 있다. 소련이 실제로 우주 우위를 확보하기 위한 주요 프로젝트에 착수했다고 여겨지지는 않지만, 미국의 과학자들은 해당 분야의 기본 지식이 이미 지난 20년 동안 이용 가능했다고 지적한다.

이 분야에서 지금 미국은 무엇을 하고 있는가? 1948년 12월 제임스 포레스털James Forrestal 국방부 장관은 '인공위성 프로그램'의 존재를 언급했다. 그러나 유능한 군사 관측통들의 의견으로는 이것은 예비 연구에 지나지 않았다. 그리고 지금 알려진 바로는 더 이상의 진전은 이루어지지 않았다. ≪콜리어≫는 다음과 같은 질문을 하는 것이 정당하다고 느낀다. 우리는 무엇을 기다리는가?

우리는 우수한 과학자와 기술자들을 보유하고 있으며 산업적 우위를 누리고 있다. 우리에게는 창의적인 천재가 있다. 그렇다면 왜 우리는 원자폭탄 개발만큼 중요한 우주 프로그램의 개발에는 착수하지 않았는가? 이 문제는 사실상 동일하다.

원자폭탄 덕분에 미국은 제2차 세계대전 이후에 시간을 벌 수 있었다. 윈스턴 처칠Winston Churchill은 1949년 보스턴에서 이렇게 연설했다. "미국의 손에 있는 원자폭탄의 억제력이 없었다면 유럽은 언젠가 공산화되었을 것이며 런던은 폭격당했을 것입니다." 우주정거장도 마찬가지라고 말할 수 있다. 대기권 너머에 서구의 손으로 설치될 영구적인 우주정거장은 세계가 원하는 평화에 대한 가장 큰 희망이 될 것이다. 어떤 나라도 '우주 파수꾼(우주정거장)'의 끊임없이 지켜보는 눈이 있음을 안다면 전쟁 준비에 임하지 못할 것이다. 그들이 어디에 있든 철의 장막은 끝장이다.

게다가 우주정거장의 건설은 인류에게 새로운 시대의 시작을 의미한다. 처음으로 하늘 위의 탐사가 가능해지고 우주의 위대한 비밀이 밝혀질 것이다.

맨해튼 프로젝트라는 원자폭탄 프로그램이 시작되었을 때 아무도 실제로 그러한 무기를 만들 수 있는지 알지 못했다. 원자 에너지에 관한 유명한 '스미스Smyth 보고서'는 우리에게 과학자들 중에서도 이 프로젝트의 성공에 심각하고 근본적인 의심을 품었던 사람이 많았음을 알려준다. 그것은 20억 달러의 기술적 도박이었다.

우주 프로그램은 그렇지 않다. 거대한 로켓을 만들 수 있고 우주정거장을 만들 수 있다는 주장을 의심하는 과학자는 없다. 우리 엔지니어들은 로켓 우주선과 우주정거장에 대한 기술적 사양을 바로 확인할 수 있다. 설계 기능도 자세히 설명할 수 있다. 필요한 것은 약 10년간의 시간, 돈, 권위뿐이다.

개발비는 40억 달러로 추산된다. 한국전쟁이 발발한 이래 우리가 거의 540억 달러를 군사 무기의 재무장에 썼음을 생각하면 세계 평화를 보장하는 기구를 만들기 위한 40억 달러의 비용은 무시해도 될 정도다.

베르너 폰브라운이 ≪콜리어≫ 기사 시리즈에 쓴 세 편의 에세이는 첫째, 지구 위 1000마일 이상의 궤도에 떠 있는 바퀴 모양을 한 우주정거장에 대한 개념, 둘째, 달로의 여행에 대한 설명, 셋째, 화성에 가기 위한 계획을 다루고 있다. 그는 인간이 달로 여행할 수 있다고 자신했지만, 화성으로의 항해를 위해서는 미해결 장애물들이 수없이 쌓여 있음을 잘 알고 있었다. 따라서 폰브라운은 초기 화성 미션을 미래 100년 뒤에, 때때로 21세기 중반에 두었다. 그가 1954년 구상한 다음의 화성 미션 개념을 보면 승무원이 70명 필요하다(그가 남녀 혼성 승무원 체제를 생각했다는 흔적은 없다). 70명의 승무원이 화성 여행을 하기 위해서는 10개의 우주선이 필요할 것이다. 폰브라운은 '언젠가' 화성 여행이 실현되리라고 확신했다.

문서 02

"우리가 화성에 갈 수 있을까?"•

화성으로 떠나는 첫 번째 인간들은 집 안의 모든 것을 깔끔하게 정리해 두고 가는 편이 좋겠다. 이들은 2년 반 이상 지구로 돌아오지 못할 것이다. 화성 여행의 어려움은 엄청나다. 25만 5000마일 길이의 거대한 호arc를 따라 떠나는 이 여행은 시간당 수천 마일을 이동하는 로켓 우주선을 타고도 8개월이 걸릴 것이다. 탐험가들은 1년 이상 이 거대한 적색 행성에서 살아야 하며 이 행성이

• 베르너 폰브라운과 코넬리우스 라이언 기자의 대담 기사다. 1954년 4월 30일 ≪콜리어≫에 실렸다.

지구로 귀환하는 데 유리한 위치에 도달할 때까지 기다려야 할 것이다. 70명의 개척자 대원들이 다시 지구에 발을 들여놓기까지 8개월이 더 걸릴 것이다. 그 기간 동안 이들은 수많은 위험과 긴장에 노출될 것이고, 이들 중 일부는 지금의 지식으로는 예측할 수 없는 것이다.

인간은 화성에 갈 것인가? 나는 그럴 것이라고 확신하지만 준비하기까지는 한 세기 이상이 걸릴 것이다. 그때쯤 과학자와 엔지니어들은 행성 간 비행의 신체적·정신적 어려움과 다른 행성에 간 생명체가 겪을 위험에 대해 더 많이 알게 될 것이다. 그 정보 중 일부는 ≪콜리어≫의 이전 호에서 기술한 것처럼 지구 위 우주정거장의 설치(망원경 시야가 지구 대기로 흐려지지 않을 위치)와 그 뒤의 달 탐사를 통해 알게 될 것이며 향후 25년 정도 소요될 것이다.

이미 지금도 과학은 화성 탐사에 필요한 연료량을 1톤 단위까지 상세히 기술할 수 있다. 태양계를 지배하는 법칙에 대한 우리의 지식은 매우 정확해서 천문학자들은 1초의 몇 분의 1까지 태양의 일식을 예측할 수 있다. 우주과학자들은 우주선이 화성에 도달해야 하는 정확한 속도나 행성 궤도에 적절한 시간에 정확히 올라타게 하는 코스나 우주선에서 사용될 착륙법, 이륙법, 그 밖의 조종법 등을 알 수 있다. 우리는 이러한 계산을 통해 여행에 적합한 화학 로켓 연료를 이미 가지고 있다.

향후 100년 동안 보다 나은 추진제가 등장할 것이다. 미래의 과학적 진보는 의심의 여지없이 이 기사에서 언급된 많은 엔지니어링 개념을 쓸모없게 만들 것이다. 그럼에도 오늘날 알려진 관점으로 화성으로의 비행 문제를 상상해 볼 수 있다. 가령 이 탐험에 약 70명의 과학자와 승무원이 필요하리라고 가정할 수 있다. 이 탐사대를 위해 거대한 우주선 10대가 필요하며 우주선당 무게는 4000톤 이상이다. 우주선의 규모가 어느 정도는 되어야 안전하다는 이유도 있고, 지구를 떠나 약 31개월 동안 생존하기 위해서는 수 톤의 연료, 과학 장비, 식량, 산소, 물 등이 필요하기 때문이다.

이 모든 정보는 과학적으로 계산할 수 있다. 문제는 인간에게는 이러한 과학적인 계산자를 들이댈 수 없다는 점이다. 인간의 행동은 미지의 영역이고 이러한 약점 탓에 화성 탐사는 당장이 아닌 먼 미래의 프로젝트가 된다. 70명의 탐험가들은 그들 이전에 아무도 알지 못했던 위험과 스트레스를 견뎌야 한다. 긴 항해를 시작하기 전에 이러한 어려움 중 일부는 완화되거나 적어도 보다 잘 이해되어야 한다.

여행 기간 중에 몇 달 동안 탐사대원들은 무중력상태가 된다. 인체가 장기간의 무중력상태를 견딜 수 있을까? 약 1000마일 떨어진 지상과 지구의 우주정거장 사이를 비행하는 로켓의 승무원들은 곧 중력의 부재에 익숙해지겠지만, 몇 시간 이내에 이상한 느낌을 경험하게 될 것이다. 장기간의 무중력은 또 다른 이야기가 될 것이다.

중력이 미치는 힘과 싸우는 데 익숙한 근육은 우주 공간에서 여러 달 동안 사용되지 않을 경우 오랫동안 누워 있거나 깁스를 하고 있는 이들의 근육처럼 위축될 수 있다. 화성 탐사대원들은 이러한 상황 탓에 심각한 장애를 겪을 수 있다. 미탐사 행성에서 가혹한 작업 일정을 감당해야 하기에 이들은 행성에 도착했을 때 신체적으로 강하게 준비되어 있어야 한다.

이러한 문제는 우주선 안에서 해결해야 한다. 어떤 정교한 스프링 운동기가 해답일 수 있다. 아니면 로켓 우주선이 우주를 여행할 때 선체가 회전하도록 설계해 중력의 대체물로 쓸 수 있는 충분한 원심력을 생성하는 방법도 있다. 이 원심력은 일종의 합성 중력으로 작용할 것이다.

근육 위축이 야기하는 위험보다 훨씬 나쁜 것은 우주 광선의 위험이다. 원자폭탄이 파열될 때 발생하는 보이지 않는 방사선처럼 인체 깊이 침투하는 원자 입자에 과다하게 노출되면 실명, 세포 손상, 암을 유발할 수 있다.

과학자들은 지구와 가까운 우주 복사의 강도를 측정했다. 이들은 광선이 우리의 대기에서 해를 끼치지 않고 소멸한다는 사실을 알게 되었다. 이들은 또한 인간이 방사선에 과다 노출되는 위험 없이 달까지 안전하게 모험할 수 있다고 추론했다. 그러나 달까지는 비교적 짧은 여행이다. 몇 달 동안 계속해서 우주 광선에 노출된 사람들은 어떻게 될까? 실제 우주여행에서 우주 광선으로부터 실질적인 수준으로 보호해 줄 만한 물질은 없다. 우주공학자들은 선실 벽을 몇 피트 두께의 납으로 만들 수도 있지만, 이것은 우주선의 무게를 수백 톤 증가시킬 것이다. 보다 현실적인 계획은 2~3피트 두께의 액체연료 탱크로 선실을 둘러싸 보호하는 방식일지도 모른다.

최선의 방법은 인간의 독창성에 의존하는 것이다. 화성 탐험을 위해 이륙할 준비가 되었을 때, 그러니까 아마도 2000년대 중반이면 연구자들은 인간이 비교적 오랫동안 방사선을 견디게 해주는 약물을 완성할 것이다. 지구로 정보를 보내는 장치가 장착된 무인 로켓은 아마도 우리의 자매 위성으로의 첫 번째 길을 열고 여정의 수많은 미스터리를 없애는 데 도움이 될 것이다.

* * *

과학은 궁극적으로 우주 광선, 유성과 그 밖의 자연 공간 현상에 따른 문제를 해결할 것이다. 그러나 인간은 여전히 '자기 자신'이라는 큰 위험에 직면하게 될 것이다. 사람은 숨을 쉬어야 하며 다양한 질병으로부터 자신을 보호해야 한다. 인간은 즐거워야 하고 여러 측면에서 여전히 모호한 심리적 위험으로부터 보호되어야 한다.

과학은 어떻게 2년 반 동안 우주선 선실과 화성 주거지에 합성된 대기를 제공할 것인가? 사람은 밀폐된 공간에서 며칠이나 몇 주 동안은 별 어려움 없이 산소를 보충하고 이산화탄소와 다른 불순물을 배출할 수 있다. 잠수함 기술자들은 오래전에 이러한 문제를 해결했다. 그러나 잠수함은 잠시 잠수한 뒤에 올라와 오염된 공기를 내뿜는다. 고고도 가압 항공기는 자동으로 신선한 공기를 들여오고 오염된 공기를 배출하는 메커니즘을 가지고 있다.

우주나 화성에는 인간이 숨 쉴 만한 공기가 없다. 붉은 행성을 방문하는 사람들은 몇 달 동안은 버틸 만큼 충분한 산소를 가지고 다녀야 한다.

사람이 너무 가까이 밀착해 거주할 때

그 기간 동안 탐사대원들은 거주하고 일하며 모든 신체 기능을 로켓 선실이나 가압된 이동식 화성 주택 안의 비좁은 영역에서 유지할 것이다(나는 화성에 처음 방문한 사람들은 팽창할 수 있는 구형spherical 캐빈과 30피트 넓이의 트랙터 섀시를 장착할 수 있으리라고 생각한다). 산소가 풍부해도 그 거처의 대기는 분명히 문제를 일으킬 것이다.

작은 오두막 안에서 대원들은 씻고, 개인적인 역할을 수행하고, 땀을 흘리고, 기침을 하고, 요리를 하고, 쓰레기를 만들 것이다. 이러한 모든 활동은 지구 대기권에서처럼 합성 공기에 독소를 뿜어낼 것이다.

미국의 일반 가정에서는 일상생활 동안 29개가 넘는 독성 물질이 생성된다. 그중에는 인체 노폐물도 있고 요리에서 나오는 것도 있다. 계란을 튀기면 불에 탄 지방이 아크롤레인acrolein이라는 강력한 자극 물질을 분비한다. 지구상에서는 그 양이 무시할 정도로 적어 공기 중에서 거의 순식간에 소멸한다. 그러나 화성 탐사 중에 제공될 개인적 공간에서는 아주 미세한 양의 아크롤레인도 위험할 수 있다. 이것을 공기 중에서 제거하는 방법이 없다면 공기조절 장치를 통해 계속해서 순환할 것이다. 요리하는 중에 나오는 독성 물질 외에도 엔지니어링 장비, 유압 오일, 플라스틱, 차량의 금속은 대기를 오염시킬 만한 증기를 방출할 것이다.

이 문제를 어떻게 해야 할까? 지금 당장 답을 가진 사람은 없다. 하지만 화학 필터를 쓰고 공기조절 장치를 통과할 때 공기를 냉각하고 정화해 인간이 살기에 안전한 합성 대기를 만들 수 있으리라는 데 조금의 의심도 없다.

인간이 만든 공기의 불순물을 제거하는 것 외에 몇 가지 물질을 첨가하는 것도 필요할 수 있다. 인간은 지구 대기의 불순물을 마시며 살아왔기 때문에 불순물이 전혀 없는 깨끗한 공기에서는 되레 문제가 생길지도 모른다. 화성 탐사가 시작되었을 때쯤 과학자들은 합성 공기에 먼지, 연기, 기름의 흔적을, 어쩌면 요오드나 소금도 추가하기로 결정할지 모른다.

나는 우리가 화성으로 가는 비행의 모든 물리적 문제를 해결할 기본 지식을 가지고 있거나 가지게 될 것이라고 확신한다. 하지만 인간의 심리적인 문제는 어떨까? 30개월 이상 당신 거실의 두 배 정도 되는 공간에서 많은 사람들과 함께 갇혀 지낸다면 사람은 제정신을 유지할 수 있을까?

외부 세계와 완전히 분리된 채 12명의 사람과 작은 방을 공유해 보자. 몇 주 뒤에 자극이 쌓이기 시작한다. 몇 달이 지난 뒤에, 특히 방의 입주자를 무작위로 선정한다면 누군가가 곤경에 빠질 수 있다. 작은 매너의 차이, 가령 손가락 마디를 꺾으며 소리 내는 버릇, 코를 푸는 방법, 투덜대는 방식, 말, 몸짓 등은 살인도 초래할 만한 긴장과 증오를 불러일으킬 수 있다. 지구에서 수백만 마일 떨어진 우주선에 있다고 상상해 보라. 당신은 매일 같은 사람들을 본다. 지구는 당신에게 모든 것을 의미하지만 하늘에서는 그저 밝은 별 중 하나일 뿐이다. 지구로 다시 돌아올지도 확신할 수 없다. 우주선의 모든 소음은 고장을, 모든 충돌은 유성 충돌을 의미한다. 누군가 문제를 일으킨다고 해도 원정을 취소하고 지구로 돌아올 수는 없다. 문제를 일으킨 이도 당신과 함께 가야 한다.

심리적 문제는 아마도 8개월간 이어지는 두 번의 비행 동안 최악일 것이다. 화성에서는 할 일도 많고 볼거리도 많을 것이다. 확실히 화성에서도 어떠한 문제가 있을 것이다. 상당한 공간적 구속도 따를 것이다. 풍경은 매우 단조롭고 알려지지 않은 위험에 대한 두려움이 탐사대원들을 떠나지 않을 것이다. 따라서 고장이 발생할 가능성이 있는 매우 복잡한 프로세스에 대한 지식이 집으로 돌아가는 데 필요할 것이다. 크리스토퍼 콜럼버스Christopher Columbus가 이끈 선원들은 탐사대원들이 화성에서 직면하게 될 문제와 거의 같은 문제에 직면했다. 15세기의 선원들은 심리적 긴장을 느꼈지만 아무도 미치지는 않았다.

그러나 콜럼버스는 아메리카 대륙에 도착하기 위해 단지 10주 만을 여행했을 뿐이다. 이들도 8개월의 항해는 견뎌내지 못했을 것이다. 화성에 가는 여행자들은 이 기나긴 기간을 견뎌야 하며, 심리학자들은 의심할 여지없이 탐사대원들의 사기를 유지하기 위해 세심한 계획을 세워야 한다.

탐사대는 지구와 지속적으로 무선통신을 할 것이다(기나긴 거리 탓에 아마도 텔레비전 전송은 없을 것이다). 라디오 프로그램은 지루함을 덜어주는 데 도움이 될 것이지만 전송 전에 방송이 검열될 가능성이 있다. 가령 탐사대원들의 고향이 거대한 홍수를 겪었다거나 하는 소식에 사람이 어떻게 반응할지 알 길이 없다. 그런 소식을 듣는 것은 당사자에게 아무런 도움이 되지 않고 문제만 만들지 모른다.

라디오방송 외에도 개별 우주선들은 무선전송 사진을 송수신할 수 있을 것이다. 우주선 사이를 오가는 영화들도 있을 것이다. 이들 자료는 아마도 공간을 절약하기 위해 마이크로필름 형태로 운반될 것이다. 여기에 수시로 인턴십 방문, 강의, 승무원 순환 등은 단조로움을 해소하는 데 도움이 될 것이다. 또 다른 가능성이 있는데 그것은 환상적이기는 하지만 간단히 언급할 가치가 있다. 왜냐하면 그것이 실용적일 수 있음을 시사하는 몇몇 실험이 있기 때문이다. 화성 탐사대원들은 긴 항해 중에 실제로 동면할 수도 있다. 프랑스 의사들은 매우 어려운 수술에서 환자들에게 짧은 시간 동안에 일종의 인공동면을 유도해 왔다. 이 과정은 체온을 낮춘 뒤에 모든 정상적인 신체 과정의 속도를 늦추는 것을 포함한다. 화성 탐사대에서는 그러한 절차가 더 긴 기간에 걸쳐 일어나는데, 이를 통해 심리적인 문제를 상당 부분 해결하고 여행 중에 소모되는 식량도 급격히 줄일 수 있다. 만약 인공동면이 성공한다면 탐사대원들은 화성을 탐험하는 시련 앞에서 최상의 신체 상태를 유지하게 될 것이다.

앞으로 10년이나 15년 뒤에 화성 탐사가 계획된다면 아무도 여행 중에 겪을 문제의 해결책으로 동면을 진지하게 고려하지 않을 것이다. 하지만 우리는 지금으로부터 100년 뒤에 있을 항해에 대해 이야기하고 있다. 나는 프랑스의 실험이 결실을 맺는다면 동면도 실제로 고려될 수 있다고 믿는다.

마지막으로 화성 항해의 심리적 문제와 물리적 문제를 모두 단순화시킬 공학적인 발전이 하나 있었다. 과학자들은 우주 공간에서만 유용한 새로운 연료를 연구하고 있는데 이 연료는 매우 경제적이어서 우주선이 훨씬 더 빠른 속도를 낼 수 있을 것이다. 이것은 여행 시간을 단축하거나 개별 우주선의 무게를 가볍게 하거나 또는 둘 다에 사용될 수 있다. 4개월이나 6개월간의 화성 비행은 8개월간 지속되는 여행보다 분명히 심리적 위험도 훨씬 적을 것이다. 어쨌든 화성 탐사대원들은 아주 조심스럽게 선발되어야 한다. 과학자들은 정기 우주비행을 위해 신체적·정신적·감성적으로 자격을 얻을 만한 사람이 6000명당 한 명 정도가 될 것이라고 추정한다. 그렇다면 이러한 자질과 화성을 탐사하는 데 필요한 과학적 배경을 갖춘 사람을 70명이나 찾을 수 있을까? 나는 가능할 것으로 확신한다.

지금부터 한 세기쯤 뒤의 어느 날 로켓 함대가 화성을 향해 이륙할 것이다. 이 여행은 10척의 우주선이 적도 상공의 지구에서 1000마일 떨어진 우주 궤도상에서 발사될 것이다(지표면에서 직접 떠나려면 엄청난 힘과 엄청난 양의 연료가 필요하다. 지구 중력으로부터 약 1000마일 떨어진 우주 궤도에서 화성 항해를 시작하는 쪽이 비교적 연료가 적게 들 것이다). 궤도에서 조립된 화성행 우주선은 거대한 덩치의 철골 구조물처럼 보일 것이며, 바깥쪽에는 추진제 탱크가 달려 있고, 꼭대기에는 거대한 선실이 자리 잡고 있을 것이다. 이 중 세 개에는 어뢰 모양을 한 뾰족한 기수nose와 커다란 날개가 있다. 이는 분리해 향후 사용을 위해 측면에 고정시킨다. 뾰족한 기수는 나중에 화성에 착륙하는 유일한 차량인 착륙선 역할을 한다. 10척의 우주선이 지구로부터 5700마일 떨어진 위치에 도달하면 탐사대는 로켓 모터를 정지하고 거기서부터는 동력 없이 화성을 향해 항해할 것이다.

8개월 뒤에 탐사대는 화성 궤도에 진입할 것이고, 화성 표면의 600마일 정도 위에서 다시 우주로 돌진하는 것을 막기 위해 속도를 조절할 것이다. 탐사대는 화성으로 직행하는 대신에 여기서 중간 단계를 밟는다. 그 이유는 첫째, (분리 가능한 어뢰 모양의 앞부분 노즈 세 개를 제외한) 우주선의 나머지 부분은 화성 대기권 비행에 적합한 유연한 형체가 아니고, 둘째, 지구로 돌아오는 데 필요한 (우주선 화물의 대부분을 구성하는) 연료를 화성 표면까지 전부 가지고 내려갔다가 다시 올라오는 것을 피하는 쪽이 보다 경제적이기 때문이다.

화성 지표 600마일 위의 궤도에 도달해 무인 로켓으로 화성 대기를 탐사한 뒤에 세 개의 착륙선 중 첫 번째를 조립한다. 어뢰 모양의 앞부분이 분리되어 로켓 비행기의 동체가 된다. 날개와 착륙 스키 세트가 부착되고 착륙선은 화성 표면을 향해 발사된다.

첫 번째 비행선의 착륙은 행성의 눈 덮인 극지와 매끄러운 표면을 찾기 위해 비교적 확실한 지점을 골라 이루어질 것이다. 착륙한 뒤에 선발대는 트랙터와 보급품을 내리고 풍선 모양의 거주 공간을 부풀리고 원정대의 주요 기지가 세워질 화성 적도(과학자들이 가장 많이 조사하고 싶어 하고 지내기에도 가장 적합한 곳)로의 4000마일의 육로 여행을 시작한다. 화성의 적도에 도착한 선발대는 나머지 두 개의 로켓 비행선이 착륙하기 위한 활주로를 건설할 것이다(첫 번째 착륙선은 화성의 극지에 버려진다).

화성 탐사대는 모두 15개월 동안 이 행성에 남아 있을 것이다. 그것은 긴 시간이지만, 과학이 화성에 대해 알고 싶어 하는 모든 것을 배우기에는 여전히 너무 짧은 시간이다.

마침내 화성과 지구가 하늘에서 서로를 향해 회전하기 시작하면 귀환 여행의 마지막 적절한 순간에 화성의 적도에서 두 척의 착륙선은 날개와 착륙 장비를 꼬리에 묶고 화성 위 600마일 궤도로 다시 발사될 것이다.

인류 최초의 화성 탐험가들은 이 붉은 행성에서 어떤 신기한 정보를 가지고 돌아올까? 아무도 모른다. 지금 살고 있는 누군가가 알게 될 것이라고도 생각하지 않는다. 지금 확실하게 말할 수 있는 모든 것은 화성 여행은 가능해질 것이며 언젠가 이루어질 것이라는 것이다.

제1장

—

우주탐사를 위한 준비

1950년대 베르너 폰브라운을 비롯한 몇몇 사람들이 우주여행이 가까이 왔다는 대중의 기대를 불러일으키는 동안에 미국 정부는 미국을 우주여행 국가로 만들기 위한 초기 조치들을 취하고 있었다. 핵무기 발사를 위한 강력한 탄도미사일의 개발이 진행되었다. 이들 미사일이 우주 발사 로켓으로 전환되고 곧이어 인간이 궤도에 진입하는 것은 시간문제였다.

그러나 우주에 가장 먼저 간 나라는 미국이 아니다. 1957년 10월 4일 소련이 최초의 인공위성 스푸트니크 1호를 발사했을 때 미국의 위상은 심각하게 타격을 입었다. 이 사건은 많은 사람들, 특히 미국의 언론과 의회의 사람들에게 소련이 과학·기술·공학·사회 체제에서 우월하다는 증거로 받아들여졌다. 그러나 아이젠하워 행정부는 스푸트니크 1호의 성공에 그리 크게 놀라지는 않았다. 드와이트 아이젠하워와 그의 동료들은 우주에서 다른 우선순위를 가지고 있었다. 대통령과 그의 동료들은 진주만공격을 직접 경험한 이들로서 소련군의 기습 공격의 위험을 최소화하는 것이 최우선 관심사였다. 소련을 들여다보면서 그들의 군사기지, 핵 시설, 미사일 시설, 폭격기 등의 위치와 개수를 파악해야 하는 필요성이 대륙 규모의 전략적 정찰 수요를 창출했다. 소련 영토 상공으로 항공 비행을 하고 카메라를 탑재한 기구氣球를 보내는 일(이 중 후자는 유용한 정보를 거의 제공하지 못했다)은 당시에 전략 정찰에 이용할 수 있는 유일한 수단이었으나 국제법상으로는 금지되어 있었다.

아이젠하워 행정부는 이 문제로 고심했고 이를 해결하기 위해 대공미사일 공격의 피해를 입지 않는 고고도 정찰기 U-2를 취역하는 등 여러 다른 접근법을 취했다. 또 다른 접근법은 소련 상공에 띄워 유용한 정보를 가져오는 인공위성의 개발을 승인하는 것이었다. 미국 공군은 1954년 WSWeapon System-117L로 불리는 정찰위성 프로그램의 예비 설계에 착수했다. 이것은 정부가 승인한 최초의 우주 프로그램이었다. 비록 당시에는 확실하지 않았지만 위성은 항공 정찰이 갖는 위험성을 극복할 수 있는 것으로 이해되었다. 첫째, 재래식 항공 방위력은 위성을 궤도에서 격추하거나 파괴할 위험성이 없었다. 둘째, 한 나라의 위성이 우주에서 다른 나라의 영토를 비행하는 것이 합법인지 아닌지 국제법상 명확하지 않았고 전례도 없었다. 우주 공간의 자유, 즉 다른 나라의 영토 위로 위성이 비행하는 것에 대한 수용 가능성과 합법성을 확립하는 것은 미국의 중대한 국가 안보 문제였다.

한편 이러한 국방의 우려가 정부 안에서 논의될 무렵 미국 과학계는 독자적으로 1957년 7월부터 1958년 12월까지 운영될 국제지구물리관측년 동안 과학기술위성을 발사하기 위한 제안서를 준비하고 있었다. 국제지구물리관측년은 땅, 바다, 대기, 우주 환경을 포함하는 지구 전체를 연구하는 주요한 국제적 노력이었다. 국제 과학계는 연구에 협력하고 그 결과를 공유할 계획이었으며, 미국과 소련을 포함해 67개국이 참가하기로 되어 있었다. 미국 과학자들에게 궤도를 도는 과학위성은 제2차 세계대전 이후에 중단되었던 고고도 기구와 과학로켓을 사용한 대기권 상층에 대한 연구를 자연스럽게 확장시킨 것이었다.

미국 국립과학재단National Science Foundation은 국립과학원의 과학위성 제안을 승인했다. 그러나 국가 안보에 미치는 크나큰 영향 때문에 위성 프로그램은 미국 정부 최고위층의 승인이 필요했다. 따라서 국가안전보장회의NSC: National Security Council 보고서인 NSC 5520「미국 과학위성 프로그램에 관한 정책 초안Draft Statement of Policy on U.S. Scientific Satellite Program」은 1955년 5월 20일 과학위성 프로그램의 승인을 위한 근거로 기술적 이득, 국격에 대한 중요성, 그리고 가장 중요한 우주 공간의 자유에 대한 국제법적 선례 확립 등 다양한 이유를 서술했다. 이것은 비밀 프로그램이 아니며 획득한 과학 자료는 국제지구물리관측년을 계기로 국제적으로 공유될 것이기에 위성의 평화적 목적이 강조될 것이다. 이러한 이유로 인해 위성이 자국의 상공을 비행하는 것에 대해 다른 나라들도 항의하기 어려워질 것이다. 국제법적 선례가 정해지면 정찰위성에 대한 법적 개방이 이루어질 것이다. 유효한 과학적 이익은 똑같이 유효한 국가 안보 이익을 위한 편리한 보호막을 제공할 것이다. 과학은 미군이 철의 장막 뒤를 들여다보고 미국의 국가 안보를 강화할 수 있는 환경을 조성할 것이다. 미국의 민간 우주 프로그램 안에 포함된 미국의 과학적 이해와 국가 안보 간의 얽힌 관계는 처음부터 미국이 쏟은 우주개발 활동의 일부였다.

문서 01

NSC 5520, 「미국의 과학위성 프로그램에 관한 정책 초안」*

일반적 고려 사항

① 미국은 가까운 시일 안에 지구 궤도에 소형 과학위성을 성공적으로 구축할 수 있는 기술적 능력을 가지고 있다고 생각된다. 국방부의 최근 연구에 따르면 기존의 로켓을 이용해 5~10파운드의 소형 과학위성을 지구 궤도로 발사할 수 있다. 이러한 프로그램에 착수하기로 신속히 결정할 경우 미국은 아마도 1957~1958년에 위성을 발사할 수 있을 것이다.

② 대통령 과학자문위원회PSAC: President's Science Advisory Committee의 기술 역량 패널 보고서에 따르면 안보 목적의 정보 활용을 위해 지구 궤도를 도는 초소형 위성 프로그램을 즉각 추진할 것과 무기 기술이 최근 빠르게 발전하고 있다는 관점에서 우주 공간의 자유에 관한 국제법의 원칙과 관행에 대한 재검토가 이루어져야 한다고 권고했다.

③ 소련 정부는 소련과학아카데미Soviet Academy of Sciences의 천문위원회가 행성 간 통신을 위한 상설 고위급 부처 간 위원회를 설립했다고 1955년 4월 16일 발표했다. 이제 소련 최고의 과학자 그룹이 위성 프로그램을 수행하는 것으로 보인다. 소련과학아카데미는 3년마다 행성 간 통신 분야에서 뛰어난 업적을 낸 자에게 치올코프스키Tsiolkovsky 금메달을 수여한다고 1954년 9월 발표했다.

---

* 1955년 5월 20일 국가안전보장회의에서 작성했다.

④ 소형 과학위성을 통해 얻을 수 있는 몇 가지 실질적인 이득이 있다. 실제 궤도 강하 패턴에 대한 세심한 관찰과 분석으로 극한의 고도에서 공기저항에 대한 많은 정보와 함께 지구의 모양과 중력장에 대한 세밀한 정보를 얻을 것이다. 이 위성은 전리층의 총이온 함량을 직접적이고 지속적으로 측정할 것이다. 이 중요한 발견들은 국방 통신과 미사일 연구에 즉시 적용될 것이다. 대형 계측위성이 구축되면 다른 종류의 많은 과학 데이터를 얻을 수 있다.

⑤ 미국 합동참모본부는 안보 목적의 정보 활용을 위해 대형 감시위성이 필요하다고 강력하게 주장했다. 소형 과학위성에는 감시 장비를 탑재할 수 없어 직접적인 정보 탐지 잠재력은 없지만, 대형 정찰위성의 개발을 향한 기술적 발판이 될 것이며 소형 과학위성 프로그램이 대형 감시위성의 개발을 방해하지 않는 한 이 목적에 도움이 될 것이다.

⑥ 인공위성의 첫 발사에 성공한 국가는 상당한 위신과 심리적 이익을 얻을 것이다. 이러한 첨단 기술의 시현과 대륙간탄도미사일 기술과의 명백한 연관성은, 특히 소련이 최초로 인공위성을 구축한다면 공산주의의 위협에 저항하기 위한 자유세계 국가들의 정치적 결단에 중요한 영향을 미칠 수 있다. 게다가 소형 과학위성은 우주 공간의 자유 원칙을 시험할 것이다. 이 원칙의 의미는 미국 행정부의 각 부처에서 연구되고 있으며, 국제법상 인공위성의 발사에 장애물이 없다는 예비 연구 결과가 나와 있다.

⑦ 위성이 통과하는 모든 국가에 위성이 적극적인 군사적 공격의 위협이 되지 않음을 강조해야 한다. 대형 위성은 지상 목표물에 유도미사일을 발사하는데 사용될 수 있다고 생각할지 모르지만 이것은 결코 위성의 목적에 적합하지 않다. 위성에서 떨어진 물건은 궤도를 따라 날아갈 것이기 때문에 위성의 바로 아래 목표물을 향해 폭탄을 떨어뜨릴 수는 없다.

⑧ 미국은 1957년 7월부터 1958년 12월까지의 국제지구물리관측년을 위해 많은 과학 프로그램에 적극적으로 협력하고 있다. 국제지구물리관측년을 위해 미국 국가위원회는 국제지구물리관측년 기간 중에 과학위성을 발사하고자

미국 정부에게 지원을 요청했다. 국제지구물리관측년은 과학위성 프로그램을 통해 전 세계의 지구물리 관측 프로그램과 결합할 수 있는 훌륭한 기회를 제공한다. 미국은 소형 과학위성을 발사해 국제지구물리관측년의 전반적인 성과를 배가하고 과학적 명성과 함께 군사 무기 시스템이나 정보 분야의 연구·개발에서 이익을 동시에 추구할 수 있다. 미국은 위성 발사의 평화적 목적을 강조해야 하지만 프로젝트가 진전됨에 따라 미국이 다음과 같은 선택을 하더라도 다른 나라들이 편견을 갖지 않도록 주의해야 한다. 첫째, 국제지구물리관측년 절차상 어려움이 발생할 경우 국제지구물리관측년 프로젝트와 별도로 진행한다. 둘째, 타당하고 바람직한 경우 대규모 감시위성의 발사를 목표로 하는 군사위성 프로그램을 계속 진행한다.

⑨ 국방부가 예비 설계 연구와 초기 핵심 부품 개발을 즉시 시작하면 1955년 말이 되기 전에 충분한 확신을 얻을 수 있을 것이다. 국제지구물리관측년 기간 동안 소형 과학위성에 대한 국제지구물리관측년 프로젝트의 요청에 응답이 가능하리라고 본다. 위성 자체와 궤도에 관한 많은 정보는 공개 정보이지만 발사 수단은 대외비가 된다.

⑩ 소형 과학위성을 위한 프로그램은 국방부에서 이미 진행 중인 미사일 프로그램을 통해 개발될 수 있다. 1957~1958년 동안 소형 과학위성이 개발될 수 있다는 합리적인 확신을 제공하기 위해서는 2000만 달러 규모의 예산이 필요하다고 추정된다.

실행 과정

⑪ 이 프로그램이 정찰 능력과 추가적 연구를 위한 대형 관측위성 연구를 중단할 것이라는 편견이나 다른 주요한 국방 프로그램을 실질적으로 지연시키지 않을 것이라는 전제하에 1958년까지 소형 과학위성의 발사 능력을 개발하는 프로그램을 국방부에서 개시한다.

⑫ 평화적 목적을 강조하기 위해 국제지구물리관측년과 같은 국제적 후원 하에 소형 과학위성을 발사하되, 다음과 같은 방식으로 추진되도록 노력한다.

- 위성과 관련 프로그램 분야에서 미국의 행동의 자유를 유지한다.
- 미국의 위성 프로그램과 관련 연구·개발 프로그램을 지연시키거나 방해하지 않는다.
- 과학위성의 발사 수단과 관련된 비공개 정보의 보안을 지킨다.
- 위성이 자국의 궤도를 통과하게 될 국가의 사전 동의가 포함되지 않도록 조치해 우주 공간의 자유 원칙이 위태롭지 않도록 한다.

이 성명서는 1955년 5월 26일 국가안전보장회의에서 승인되어 사실상 미국의 첫 번째 국가 우주 정책이 되었다.

민간 과학계가 개발하고, 국립과학재단이 자금을 지원하며, 개조된 과학 로켓인 바이킹Viking으로 발사될 해군연구소NRL: Naval Research Laboratory의 소형 과학위성 개발 제안이 1955년 9월 9일 미국의 국제지구물리관측년에 대한 우주 공헌 사업으로 선정되었다. 프로젝트명은 뱅가드Vanguard 계획이었으며, 첫 발사는 1957년 말이나 1958년 초로 예상되었다. 뱅가드는 경쟁 제안 형식으로 선정되었다. 이미 미국 육군은 1956년 말이나 1957년 초에 베르너 폰브라운과 그의 팀이 개발한 로켓으로 위성을 발사할 수 있는 잠재력을 보유하고 있었다. 육군 탄도미사일국의 제안은 프로젝트 오비터Orbiter라고 불렸다. 그러나 아이젠하워 행정부는 과학적인 정당성 없이 국제지구물리관측년이 시작되기도 전에 미군이 탄도미사일로 위성을 발사하면 소련 측에서 도발적 행동으로 판단해 항의할 수 있다고 판단했다. 아울러 우주 공간의 자유 원칙을 확립하는 데도 부정적인 영향을 줄 것으로 판단했다. 또한 나치 독일에서 일했던 폰브라운과 그의 팀이 미국의 업적에 결정적 영웅이 되어서는 안 된다는 고려도 있었다. 대통령은 우주 공간의 자유 원칙을 확립하는 것이 첫 번째 인공위성 발사 국가가 되는 것보다 중요하다고 판단했다. 육군은 해군의 뱅가드 계획이 선정된 것에 항의했지만 소용이 없었다. 하지만 이러한 미국 정부의 고려는 소련의 행동을 제약하지 않았다. 그 덕분에 소련 우주 프로그램의 '최고 설계자'인 세르게이 코롤료프와 그의 동료들이 인공위성을 우주로 보낸 첫 번째 그룹이 되었다. 1957년 10월 4일 소련은 지구 궤도를 도는 인류의 첫 위성을 발사했다. 코롤료프가 지칭한 이 "단순한 위성"은 명백히 첫 번째 위성 발사 경쟁에서 미국을 이기기 위한 것이었다. 소련은 이 인공위성을 '스푸트니크' 또는 '동료 여행자fellow traveler'라고 불렀다. 공산당 신문 ≪프라우다Pravda≫에 1957년 10월 5일 게재되고, 공식 뉴스 매체인 타스TASS 통신을 통해 짤막하게 보도되며 이 위성 발사는 '새로운 사회주의 건설'의 성공과 연결되었다.

문서 02

"첫 번째 위성 발사 발표"•

몇 년 동안 소련은 인공위성 개발에 관한 과학적 연구와 실험적 설계 작업을 수행했다. 언론에 이미 보도된 것처럼 소련은 국제지구물리관측년의 과학 연구 프로그램의 하나로 최초의 위성 발사가 실현되도록 계획했다. 과학 연구 기관과 설계국이 매우 집중적으로 작업한 결과 세계 최초의 인공위성이 만들어졌다. 1957년 10월 4일 소련은 최초의 인공위성을 성공적으로 발사했다. 예비 데이터에 따르면 로켓은 위성을 초당 약 8000미터의 궤도 속도로 쏘아 올렸다. 현재 위성은 지구 주위를 타원형 궤도로 돌고 있으며, 쌍안경이나 망원경 같은 매우 간단한 광학 기기로 뜨고 지는 태양광 속에서 인공위성의 비행을 볼 수 있다. 직접 관측으로 보완된 계산에 따르면 현재 위성은 지표면 위 고도 900킬로미터까지 이동할 것이다. 위성이 지구를 완전히 한 바퀴 도는 시간은 1시간 35분이고 적도면에 대한 궤도의 경사각은 65도다. 10월 5일에 이 위성

• 1957년 10월 5일 ≪프라우다≫에 실렸다.

은 오전 1시 46분과 6시 42분에 모스크바 지역을 통과할 것이다. 모스크바 시간 10월 4일 소련이 발사한 첫 인공위성의 후속 이동 소식은 방송국에서 정기적으로 보도할 것이다. 이 위성은 지름이 58센티미터이고 무게는 83.6킬로그램이다. 20.005와 40.002메가사이클(메가헤르츠, 각 파장은 약 15미터와 7.5미터)의 주파수에서 지속적으로 신호를 방출하는 무선 송신기 두 대를 장착했다. 송신기의 출력은 광범위한 무선 아마추어들에게 신뢰성 있는 신호 수신을 제공한다. 신호는 약 0.3초간의 전신 펄스와 같은 시간의 신호 정지의 형태를 가진다. 한 주파수의 신호는 다른 주파수의 신호 정지 동안에 전송된다. 소련 곳곳에 배치된 과학 수신소에서 위성을 추적하고 궤도 요소를 결정하고 있다. 공기가 희박한 대기 상층부의 밀도가 정확히 알려져 있지 않기에 현재 위성의 수명이나 대기 밀도가 높은 층으로 재진입하는 지점에 대한 데이터는 없다. 계산에 따르면 엄청난 속도로 인해 위성은 마지막에 수십 킬로미터 고도에 위치한 밀도가 높은 대기층으로 진입하며 불타버릴 것이다. 일찍이 19세기 말에 러시아 제국의 뛰어난 과학자 콘스탄틴 치올코프스키가 로켓을 이용한 우주비행의 가능성을 과학적으로 입증한 바 있다. 인류 최초의 인공위성 발사는 세계 과학과 문화에 가장 중요한 공헌이다. 그렇게 높은 곳에서 이루어진 과학 실험은 우주 공간의 특성을 배우고 태양계 행성 중 하나인 지구를 연구하는 데 매우 중요하다. 소련은 국제지구물리관측년에 인공위성을 몇 개 더 발사할 것을 제안한다. 이 후속 위성들은 더 커지고 무거워질 것이며 과학 연구 프로그램을 수행하는 데 쓰일 것이다. 인공위성은 행성 간 여행의 길을 열어줄 것이다. 분명히 우리의 동시대인들은 새로운 사회주의자들의 자유롭고 양심적인 노동으로 인류가 어떻게 이 대담한 꿈을 현실로 만드는지 목격할 것이다.

다른 나라 상공에 대한 비행의 합법성은 갑자기 더는 문제가 되지 않았다. 미국은 스푸트니크가 미국 영토의 상공을 비행하는 데 항의하지 않았다. 국제법적 선례가 만들어졌다. 이제 미국은 정찰위성 프로그램을 개발해 소련 내부를 관찰할 수 있는 수단을 얻게 되었다.

미국 공화당과 의회는 스푸트니크의 발사로 지구의 절반이나 떨어진 거리의 나라로부터 미국이 직접적으로 위협받을 수 있다는 사실에 큰 충격을 받았다. 아이젠하워 행정부는 소련에서 최초의 인공위성 발사가 임박했음을 알고 있었고, 그러한 사건에 대한 대중의 반응에 대해서도 어느 정도 생각하고 있었다. 그러나 1957년 10월 4일 실제 발사가 있자 소련이 성취한 안보의 함축성에 대한 대중의 우려는 미국 행정부가 예상한 수준을 뛰어넘었다. 언론과 의회에서 위기 분위기가 폭발했다. 대통령은 스푸트니크의 발사 성공에 긴급히 대응해야 한다는 데 동의하지 않았지만, 정치적으로 일련의 신속한 조치를 취할 수밖에 없었다.

스푸트니크 1호의 발사 나흘 뒤에 존 포스터 덜레스John Foster Dulles 국무부 장관은 제임스 해거티James Hagerty 백악관 공보비서관에게 이 사건이 그다지 위협적이지 않다고 규정해 대중을 안심시키자고 제안했다. 베르너 폰브라운을 포함한 독일 로켓 팀의 핵심 인력은 제2차 세계대전이 끝날 무렵 미국에 항복했지만, 덜레스는 소련의 위성 발사 성공을 소련에서 일하고 있는 독일 출신 엔지니어들의 성공으로 돌렸다. 덜레스 장관의 다음의 성명서 초안은 보도 자료로 이어지지 않았지만, 그 내용은 소련의 성공에 대한 미국 행정부의 '공식' 반응과 대통령의 1957년 10월 9일 기자회견 내용의 핵심을 이루었다.

문서 03

"소련 위성에 관한 성명서"의 초안•

소련의 인류 첫 번째 인공위성 발사는 상당히 중요한 기술적·과학적 사건이다. 그러나 그 중요성을 과장해서는 안 된다. 여기에 근본적인 과학적 발견은

• 1957년 10월 8일 존 포스터 덜레스 국무부 장관이 작성했다.

없으며 인류에게 위성의 가치는 오랫동안 의문이 될 것이다. 소련이 이 프로젝트에서 처음으로 성공한 것은 그들이 과학 훈련에 우선순위를 부여하고 1945년 이래 특히 미사일과 우주개발을 강조해 왔기 때문이다. 이 분야에서는 독일인들이 주요한 진전을 보였는데, 독일의 우주 연구와 실험 기지인 페네뮌데의 자산, 인력, 재료 등 연구 성과는 제2차 세계대전 종전과 함께 소련에게 넘어갔다. 소련은 평화로운 시기에는 가능하지 않을 정도의 자원과 노력을 이 분야의 발전에 집중했다. 사회 구성원 모두의 활동과 자원을 조정할 수 있는 독재 사회는 종종 놀라운 성과를 낼 수 있다. 그렇지만 이것이 자유가 최선의 방법이 아니라는 이야기는 아니다. 미국은 우주개발에 소련과 같은 정도로 우선순위를 두지는 않았지만 소홀히 하지도 않았다. 이미 미사일로 우주 공간을 활용할 수 있는 능력을 갖추었고, 지난 2년간 질서 정연하게 개발해 온 프로그램에 따라 국제지구물리관측년에 인공위성을 발사할 계획이다. 미국은 소련의 과학자들이 성취한 평화로운 업적을 환영한다. 그들의 노력이 불러온 갈채가 소련이 평화적인 노선을 따라 발전하고 소련 국민들의 정신적·물질적 복지를 풍요롭게 만들도록 격려하기를 희망한다. 우주와 관련해 현재 일어나고 있는 일은 미국과 그 밖의 자유세계 국가들이 제시한 세계 군축 소위원회 제안을 그 어느 때보다 중요하게 한다. 나는 1957년 8월 28일 백악관 성명을 통해 "우주 공간을 군사적 목적이 아닌 평화적 목적으로만" 이용하기 위한 연구 그룹을 설립하자고 강조했던 런던 제안을 상기하고자 한다.

드와이트 아이젠하워 대통령의 군사보좌관 앤드루 굿패스터Andrew Goodpaster 장군은 소련의 스푸트니크 1호 발사 뒤에 대통령과 그의 최고국가안보보좌관들 사이에서 진행된 첫 토론에 대한 다음의 회의록을 작성했다. 참석자 가운데 우주 문제에 가장 정통한 도널드 쿼리스Donald Quarles 국방부 부차관보가 논의를 주도했다. 대통령은 우주에 먼저 가는 문제에 대해 전혀 의식하지 않았지만, 동시에 미국이 소련의 도전에 응해야 한다는 점을 인식했다.

문서 04

"대통령과의 회의록"[*]

회의는 도널드 퀄스 장관[**]이 인공위성을 다룬 주제에 대해 국방부에서 준비한 제안서(1957년 10월 7일 작성)를 검토하는 것으로부터 시작했다. 그는 대통령과 함께 사본을 남겼다. 퀄스는 10월 4일 소련의 발사는 명백하게 대성공을 거두었다고 보고했다.

대통령은 퀄스에게 레드스톤Redstone 로켓을 사용했다면 미국이 몇 달 전에 인공위성을 궤도에 올릴 수 있었다는 내용에 대해 물었다. 그는 레드스톤을 사용했다면 1년 또는 그 전에 미국이 인공위성을 궤도에 올릴 수 있었다는 데 의심의 여지가 없다고 했다. 그러나 대통령 과학자문위원회는 인공위성을 국방용도의 개발과는 별도로 진행하는 것이 낫다고 생각했다. 그 이유는 첫째, 위성의 평화적 성격을 강조하려는 것이었고, 둘째, 외국 과학자들이 미국의 군사로켓에 접근하는 것을 막기 위해서였다. 퀄스는 육군이 명령을 내리면 넉 달 뒤에 위성을 쏘아 올릴 수 있다고 본다고 보고했다. 이것은 뱅가드 계획의 예상일보다 한 달 빠른 것이었다. 대통령은 이 정보가 의회에 알려지면 그들은 왜 이런 조치가 취해지지 않았는지 묻게 될 것이라고 했다. 그러나 그는 미국의 프로그램이 국제지구물리관측년에 연계되어 있고, 모든 과학자가 이 위성을 볼 수 있으려면 군사기밀로 분류되어서는 안 되기에 타이밍은 그렇게 중요하지 않았다고 상기했다. 퀄스는 육군의 계획에는 미사일의 일부 수정이 필요하다는 점을 지적했다. 그는 이어 소련은 의도하지 않았겠지만, 국제 우주 공간의 자유라는 원칙을 확립하는 데서 그들이 우리에게 좋은 방향을 제시했을지도 모른다고 덧붙였다. 대통령은 우리에게 도달하는 소련 위성의 신호로 소련이 어

---

* 1957년 10월 8일 앤드루 굿패스터 대통령 군사보좌관이 작성했다.

** 이 시기 도널드 퀄스의 실제 직책은 국방부 부차관보(deputy Secretary)다. 하지만 회의록 원문에는 'Secretary Quarles'로 표기되어 있어 이를 그대로 옮겼다 _ 옮긴이.

떤 종류의 정보를 파악할 수 있는지 물었다. 퀄스는 레이더 방향 탐지기를 통해 미사일의 위치를 파악하는 단순한 전파 신호라고 설명했다. 대통령은 5년 앞을 내다볼 것을 요청하며 정찰위성에 대해 물었다. 퀄스는 공군이 이 분야에 관한 연구 프로그램을 갖고 있다고 하면서, 이 프로젝트에 대해 전반적으로 설명했다. 셔먼 애덤스Sherman Adams 주지사는 소련과 달리 미국은 이것을 긴급 프로그램으로 생각한 적이 없었다는 네이선 퍼시Nathan Pusey 박사의 말을 상기시켰다. 우리는 과학 지식을 개발하고 전달하고자 노력하고 있었다. 대통령은 우리가 지금 접근 방식을 갑작스럽게 변화시키려고 한다면 우리가 추진해 온 태도가 거짓이 되어버릴 것이라고 생각했다. 퀄스는 이러한 변화가 국방부 내에 업무 긴장을 유발할 것이라고 했다. 윌리엄 할러데이William Holaday는 육군의 레드스톤 로켓을 이용해 해군 프로그램을 뒷받침하는 연구를 할 계획이라고 밝혔다. 소련의 요청에 관한 논의가 있었는데, 소련의 위성 중 하나에 미국의 장비를 탑재할지에 관한 것이었다. 그는 이것을 위한 준비가 되어 있다고 했다. 몇몇 사람들은 미국 장비에 소련이 기술 정보를 빼낼 만한 부품들이 포함되어 있다고 지적했다.

소련에 대응하기 위한 첫 걸음으로 미국은 위성을 궤도에 진입시켜야 했다. 1957년 12월 6일 해군 뱅가드 계획에 따른 첫 발사는 텔레비전 카메라 앞에서 굴욕적인 실패로 끝났다. 육군은 스푸트니크 이후 승인받았던 위성 발사에 대한 야심을 포기한 적이 없었으며, 1958년 1월 31일 베르너 폰브라운의 주피터Jupiter C 로켓(개조된 레드스톤 중거리 탄도미사일)을 사용해 익스플로러Explorer 1호를 궤도에 성공적으로 안착시켰다.

스푸트니크 1호의 성공 이후 4개월이 지난 1958년 2월까지 미국은 스푸트니크에 대한 최선의 대응법을 고르지 못했다. 새로운 우주 기관이 만들어질 가능성이 있었다. 그러나 그 책임, 형태, 위치는 정해지지 않았다. 새로운 기관을 군사적 성격으로 할지 민간 성격으로 할지의 문제는 의회에서 대통령, 부통령, 그 밖의 백악관 관리들과 공화당 지도자 간의 회의에서 논의되었다. 대통령이 새로 임명한 제임스 킬리언James Killian 과학기술특별보좌관과 리처드 닉슨 부통령은 별도의 민간 우주청을 옹호했으며, 대통령은 어떤 조직적 경로를 따를지 결정하지 못했다. 또한 소련이 달성한 업적과 경쟁하기 위해 미국이 긴급 우주 프로젝트를 수행해야 할지에 대해서도 회의적이었다.

문서 05

"법적 리더십 회의, 보충 노트"*

새로운 우주 조직을 국방부 안에 설치할지 (현재 계류 중인 국방 예산 법안에 제시된 대로) 아니면 독립기관으로 설치할지에 대한 의문이 제기되었다. 대통령은 본질적으로 중복을 피해야 한다고 생각했으며, 현재의 우선순위는 국방이기에 국방부에 두려는 것처럼 보였다. 그러나 대통령은 비군사적 부문은 국방부가 비군사적 과학 그룹의 요청을 받아 시행하는 운영 기관이 될 수도 있다고 생각했다. 가령 국립과학재단이 진행하는 평화로운 연구는 어떤 식으로든 제약을 받아서는 안 된다.

리처드 닉슨 부통령은 국방과 완전히 분리된 기관이 우주에서의 비군사적 연구를 추진하는 쪽이 미국이 세계적 지지를 받는 데 더 유리하다고 생각했다. 제임스 킬리언 박사도 부통령처럼 국방과 평화 두 측면의 상대적 관심과 활동에 대한 추가적 판단이 필요하다고 보았다. 달 탐사 가능성에 대한 논의도 있었다. 킬리언 박사는 달 탐사가 소련이 다음에 추진할 목록에 오를지 모른다고 생각했다. 그는 미국이 뒤늦게 달 탐사를 강행해야 하는지에 대해 약간 의구심을 갖고 있었지만, 그 문제는 대통령 과학자문위원회가 진행 중인 광범위한 조사를 통해 충분히 논의될 것이다. 킬리언 박사는 미국이 1960년에 달 탐사선

* 1958년 2월 4일 아서 미니치(Arthur Minnich)가 작성했다.

사업을 착수하거나 1959년에 긴급 프로그램으로 추진할 수도 있다고 생각했다. 그러나 르베레트 솔턴스톨Leverett Saltonstall 상원 의원은 만약 강력히 추진한다면 1958년에 이 계획을 추진할 수 있을 것이라는 말을 들었다.

* * *

대통령은 이러한 우주 프로젝트에 이성의 법칙을 적용해야 한다는 확고한 견해를 가지고 있었다. 아직 국가 안보에 별 가치가 없는 값비싼 프로젝트에 자금을 무제한 투입할 수는 없다는 것이었다. 대통령은 평화적 용도의 원자력 선박Atomic peace ship 사업을 위해 엄청나게 노력했지만, 의회는 그것이 매우 가치 있는 사업임에도 승인하지 않았던 일을 회상했다. 그리고 대통령은 미국에게 적어도 지금은 달에 적이 없기 때문에 달을 공격하는 능력보다는 (핵탄두를 실은) 좋은 레드스톤을 갖는 편이 낫다고 생각했다.

윌리엄 노랜드William Knowland 상원 의원은 심리적 요인을 감안할 때 달 탐사선을 서두르는 문제에 대해 충분하지 않다고 생각했다. 그는 우리의 대규모 상호 안보 프로그램의 영향을 무력화시키는 스푸트니크의 위력적인 영향을 상기시켰다. 만약 미국이 가까운 시기에 충분히 달 탐사를 할 수 있다면 추진해야 한다고 말했다. 대통령은 이미 개발되었거나 거의 준비를 마친 미사일로 달성할 수 있다면 계속 진행하는 편이 좋다고 생각했다. 하지만 큰 비용 투자에 대한 충분한 고려 없이 그저 그런 화려한 공연에 전력을 기울이고 싶지는 않았다. 또 어떤 기관이 책임을 질지에 대해 명확한 결정이 필요했다.

부통령은 '평화적인' 연구 프로젝트를 위한 별도의 기관을 설립하자는 아이디어로 돌아갔다. 군대는 군사적 가치가 없는 일들과는 명확히 분리되어야 하기 때문이다. 대통령은 국방부가 현재 모든 하드웨어를 갖추고 있기에 불가피하게 관련될 것이라고 생각했으나 더 이상의 중복을 원하지는 않았다. 그는 새로 설립될 기관이 최종적으로 거대한 우주부Department of Space가 되는 상황도 배제하지 않았다.

아이젠하워 행정부도 우주 시대를 위해 미국의 정부 조직을 재구성하기 시작했다. 1957년 11월 3일 소련이 개 라이카Laika를 태운 대형 스푸트니크 2호를 발사하자 내놓은 첫 번째 조치는 백악관에 대통령 과학자문관과 저명한 과학자들로 구성된 대통령 과학자문위원회를 동시에 창설하는 것이었다. 대통령 과학자문위원회의 초기 과제 중에 하나는 우주 활동에 대한 이론적 근거를 검토하고, 우주 시대에 맞는 정부 조직 체계를 어떻게 구성할지 권고하는 것이었다. 다양한 대안을 숙고한 끝에 세 개의 우주 활동 경로가 개발되었다. 그 중 하나에는 군사 우주 활동이 포함되었다. 1958년 2월 7일 이런 활동은 국방부 안에 신설된 고등연구계획국ARPA: Advanced Research Projects Agency(이하 ARPA)• 에 할당되었다. 드와이트 아이젠하워는 모든 군사적 우주 활동에 대한 권한을 가진 새로운 기관을 설립하면서 우주 임무에 대한 치열한 상호 경쟁이 막아지기를 희망했다. 같은 날 승인된 또 다른 경로는 코로나CORONA라는 이름의 소련 관측용 최고 비밀 전략 정찰 프로그램이었다. 이 프로그램은 광학 정찰위성인 WS-117L 사업의 하나에 기반한 것으로 우주 궤도에서 촬영한 필름을 떨어뜨려 공중에서 회수하는 것이었다. 코로나 프로그램의 관리는 U-2 스파이 항공기 프로그램과 유사하게 미국 중앙정보국CIA: Central Intelligence Agency과 공군 팀에 할당되었다. 이 팀은 이후 미국 국가정찰국NRO: National Reconnaissance Office의 핵심이 되었다. 대안을 면밀히 검토한 뒤에 선택한 세 번째 경로는 별도의 민간 우주 프로그램을 만들어 과학과 탐험 활동에 초점을 맞추고, 공개적 방식으로 진행되며, 이를 관리하기 위해 새로운 민간 우주 기관을 설립해 국제 협력을 개방하는 것이었다. 스푸트니크의 여파 속에서 진행된 논쟁과 결정에 근거해 미국 정부의 우주 프로그램은 60여 년이 지난 오늘날에도 여전히 존재

• 아이젠하워 대통령이 소련의 스푸트니크 1호 발사에 대응하기 위해 국방부 산하에 설립한 기관이다. 1972년 국방고등연구계획국(DARPA: Defense Advanced Research Projects Agency)으로 개명했으며 국가 안보를 위한 혁신적인 기술 개발에 주력한다. 1969년 인터넷의 원형인 아파넷(ARPAnet) 등을 개발했다 _ 옮긴이.

하는 민간, 국방, 정보의 세 개 분야로 나뉘었다는 데 주목할 필요가 있다. 미국이 별도의 민간 우주 기구를 만들기로 결정한 데는 여러 이유가 있다. 당초 아이젠하워 대통령은 우주 프로그램의 일차적인 초점은 군사와 정보 임무이며, 별도의 민간 기관이 필요하지 않을 수 있다고 판단했다. 그러나 그는 곧 민간 우주 프로그램이 우주의 과학적 측면은 물론 국내외의 관찰자들 모두에게 중요하다고 확신하게 되었다. 소련의 프로그램이 폐쇄적이고 군국주의적 성격을 띠는 것과 대조해서 미국의 우주 프로그램은 개방적이고 과학적이며 평화적임을 보여줄 수 있었다. 더욱이 미국 과학계는 미군이 예산과 우선순위 결정을 내릴 때 최선의 이익에 바탕을 두고 있다고 믿지 않았다. 대통령도 동의했다. 게다가 군사 통제하의 과학 프로그램으로는 우주과학에 대한 국제 협력의 가능성이 지나치게 제한될 것이다. 마지막으로 미국의 우주 활동에 민간인의 얼굴을 내세운다면 대통령의 일차 목표인 소련에 대한 전략적 정보를 얻고자 하는 것을 감추는 데도 도움이 될 것이다.

민간 우주 기관의 요구 조건이 결정되자 이것을 어떻게 조직할지가 그다음 문제가 되었다. 군사적 선택이 배제되면서 세 가지 주요 대안이 검토되었다. 첫 번째는 완전히 처음부터 새로운 정부 기관을 만드는 것이었다. 이것은 법 제정, 자금 조달, 조직화, 새 시설 건설에 너무 많은 시간이 필요했다. 두 번째는 민간 우주 활동을 원자력위원회AEC: Atomic Energy Commission를 확장해 배정하는 것이었다. 그러나 원자력위원회는 우주 관련 프로그램에 대한 경험이 거의 없었으며, 민간 우주 활동은 현재의 중요한 국가 안보 기능을 방해할 것이다. 결국 국가항공자문위원회NACA: National Advisory Committee for Aeronautics(이하 NACA)의 확장이 최상의 솔루션이라는 데 모두 동의했다. NACA는 로켓이나 우주 경험과 기능을 광범위하게 갖추고 있지는 않았지만 좋은 요소를 많이 갖고 있었다. 일단 NACA는 국방부 소속이 아니었다. NACA는 제1차 세계대전 때부터 비행 기술을 연구해 왔으며, 군이나 산업계와의 협업을 성공적으로 관리해 온 역사를 가지고 있었다. 미국 전역에 광범위한 연구 시설을 보유했으며, 종합적이고 충분히 근거 있는 우주 프로그램의 예비 제안서를 제시했다. 1958년 3월 초까지 NACA에 기반을 둔 우주 기관의 창설 초안이 마련되었다.

다음의 「대통령 보고」는 미국의 국가적 우주개발을 위해 정부 조직을 어떻게 잘 조직할지에 대한 논의를 결집한 것이다. 이 보고서는 NACA를 기반으로 새로운 민간 우주 기구를 만들겠다는 아이젠하워 대통령의 결정 근거가 되었다.

문서 06

「'민간 우주 프로그램 조직'에 대한 대통령님께 드리는 보고」*

문제 제기

대통령님도 아시다시피 예산 증액과 상당한 숫자의 과학자, 엔지니어, 기술자의 고용이 포함된 사려 깊은 미국의 민간 우주 프로그램이 곧 제시된다.

우리 위원회는 퍼시벌 브런디지Percival Brundage 예산국Bureau of the Budget 국장과 제임스 킬리언 대통령 과학기술특별보좌관과 함께 새로운 프로그램을 수행하기 위한 집행 조직을 구성하는 방법도 고려했다. 이 비망록에는 공동 연구의 결과와 권장 사항이 포함되어 있다. 비망록에는 첫째, 민간 우주 프로그램을 위한 정부 조직을 설립할 때 고려해야 할 몇 가지 요소를 논의하고, 둘째, 조직 형태를 권고하며, 셋째, 필요한 임시 조치를 담았다. 또한 대안적 조직 구성의 장점과 단점에 대한 요약도 첨부했다.

현재까지 논의된 바에 따르면 공격적인 우주 프로그램은 일반적인 과학 지식의 발전과 미국의 국제적 위신을 보호하는 형태로 중요한 민간 이익을 창출

* 1958년 3월 5일에 제임스 킬리언 보좌관, 퍼시벌 브런디지 예산국 국장, 넬슨 록펠러(Nelson Rockefeller) 대통령 조직자문위원장이 작성했다. 이 보고서 안에는 「대체 기관의 구성의 장·단점 요약」이 첨부되어 있다.

할 것이다. 이러한 혜택은 우주의 군사적 이용이 실현 가능함을 입증하는 데도 도움이 될 것이다.

장기적 조직의 설립

우주탐사에 대한 민간의 관심이 중요하기 때문에 이 분야의 연방 프로그램을 위한 장기적 조직은 민간의 통제를 받아야 한다. 이러한 민간 지배는 공공 및 국제 관계에 대한 고려에서도 제시되었다. 그러나 민간 통제에는 미사일, 미사일 방어, 정찰위성, 군사 통신과 무기 시스템, 우주 기술과 관련된 무기 시스템이나 직접적인 군사적 요건은 포함하지 않는다. 우리는 민간 우주 조직에 대한 다양한 접근법을 고려했다. 이러한 대안 중 하나가 실용적인 해결책을 제공한다는 결론에 도달했다.

권고 ① 민간 우주개발의 리더십은 강화되고 재지정된 NACA에 둘 것을 권장한다.

NACA는 1958년 1월 16일 채택된 결의안에서 국가 우주 프로그램은 국방부, NACA, 국립과학아카데미, 국립과학재단, 대학, 연구 기관, 산업체 등과 함께 협력해 시행할 것을 제안했다. 또한 우주선 개발, 우주 현상과 우주 기술에 관한 과학 연구에 필요한 운영은 NACA의 능력 범위 안에서 수행할 것을 권고했다. 현재 NACA는 기존 프로그램의 확대와 보완 연구 시설의 추가를 제안할 것으로 예상되는 프로그램을 만들고 있다.

주요 민간 우주 기관으로서 NACA를 선호하는 요인

① NACA는 대규모 과학자와 엔지니어(약 7500명의 인력 중 약 2000명이 이 범주에 속한다) 및 대규모 연구 시설(3억 달러 규모의 실험실과 테스트 시설이다)을 보

유한 연방 연구 기관이다. 연구 프로그램을 확장해 최소한의 지연으로 우주 문제에 대한 연구를 강화할 수 있으며 이러한 활동을 위한 제도적 환경을 제공할 수 있다.

② NACA의 항공 연구는 우주비행과 관련된 기술적 문제에 점점 더 관여하고 있으며, 현재 시설 구축 프로그램은 우주 연구에 유용하도록 설계되었다. 로켓엔진(첨단 화학 추진제를 포함한다)에 대해 연구했으며, 지구 대기 중 또는 지구 대기에 고속으로 돌입할 때 마찰열의 영향을 견딜 수 있는 재료와 디자인을 개발했다. 또한 다단계 로켓을 발사하고, 해·공군과 함께 지구 대기권을 넘어 비행할 수 있는 X-15 유인 극초음속 비행기를 개발할 때 리더십을 발휘했다.

③ NACA에 민간 우주 프로그램에 대한 주도적 책임이 부여되지 않는다면, 향후 역할은 항공기와 미사일 연구에 국한될 것이다. NACA의 현재 활동 가운데 일부는 축소되어야 하며, 현재 작업 중 많은 부분에서 필수적인 발전 경로가 막히게 될 것이다. 그러한 상황에서 NACA는 가장 상상력이 풍부하고 유능한 과학·공학 인력을 유치하고 유지하기 어려울 것이며, 기관 임무의 모든 측면에서 어려움을 겪을 수 있다. 더욱이 현재 NACA가 수행하고 있는 미사일과 고성능 항공기 연구와 우주비행체 프로젝트 간에 실질적인 경계를 정의하는 것이 가능할지도 의문이다.

④ NACA는 국방부와 긴밀하게 협력한 오랜 역사를 가지고 있다. 이러한 협력은 다양한 형식으로 이루어졌다. 일반적으로 공식 계약 방식은 거의 없었다. NACA의 역할이 우주 프로그램까지 확대된다면 향후 새로운 관계 설정 문제가 발생할 수 있지만, 수년에 걸쳐 쌓아온 존중과 민·군 협력의 전통은 민간 우주 기관과 국방부 사이의 마찰을 최소화하는 데 큰 자산이 될 것이다.

⑤ NACA는 국방부를 위해 많은 일을 해왔지만 민간 기관으로 널리 알려져 있다. 우주 프로그램은 민간 주도가 바람직하며 NACA는 이 요구 사항을 충족한다.

대체 기관 구성의 장·단점 요약

1) NACA의 감독하에 민간 협력 업체에 의뢰해 민간 우주 프로그램을 수행

우리가 권장하는 조직 형태는 민간 기관인 NACA를 선택해 우주비행체 개발과 시험을 담당하는 민간 기업 연구소와의 계약을 감독하도록 하는 것이다. 이것은 원자력위원회가 대부분의 연구에서 하는 형식이다. 또한 이것은 국방부가 미사일 개발에서 이용해 온 방식이기도 하다.

장점 일부 과학자들은 정부의 급여·행정 통제를 우회하는 수단으로 계약 운영을 선호한다. 선정된 민간 기업의 연구 조직을 이용하면서 NACA는 감독 역량을 유지하게 될 것이다.

단점 이러한 접근 방식은 주로 공무원으로 구성된 연구소를 통해 연구를 수행하는 전통적인 NACA 관행과 상충한다. 즉, 민간 연구소가 촉박한 일정에 맞추어 작업을 수행해 줄 것이라는 확신을 가질 수 없다. 민간 기업 연구소가 누리는 커다란 유연성은 앞서 기술한 법률의 개정을 통해 NACA에게도 제공될 수 있다.

결론 이 대안으로부터는 어떠한 실질적인 이득도 얻지 못할 것이다. 우주 연구 프로그램을 실행할 때 NACA가 계약 권한을 어느 정도까지 사용할지를 자체적으로 결정하도록 하는 편이 나을 것이다. 물론 NACA는 사실상 연구 계약을 상당히 광범위하게 사용하지만 선택적으로 사용할 것으로 가정한다.

2) 국방부의 활용

최근의 '보충군사건설승인법Supplemental Military Construction Authorization Act'은 국방부 장관에게 1년 동안 대통령이 지정한 우주 프로젝트를 수행할 권한을 부여한다. 이 경우 장관 또는 그의 지명자는 무기 시스템 및 군사 요건과 직접 관련된 미사일과 그 밖의 우주 프로젝트를 진행할 수 있는 영구적인 권한을 부여받는다.

장점 현재 국방부는 미사일과 위성 작업의 대부분을 수행하고 있다. 직접 고용 또는 계약직으로 일하는 많은 과학자와 엔지니어들을 보유하고 있다. 국방부는 당분간 실증demonstration 목적으로 우주비행체에 대한 작업을 계속해야만 한다. NACA와 공동 작업하고 시설을 활용한 경험이 있는 만큼 NACA에서 이 프로그램을 수행하는 것이 가능하리라고 보인다.

단점 국방부는 법률적 관점으로나 세계적 관점으로나 군사 기관이다. 우주 프로그램을 산하에 두는 것은 프로그램의 군사적 목적을 강조하는 것으로 해석될 수 있다. 우주 프로그램은 국방부의 중심 임무와는 거의 무관한 것으로 보이며, 우주 활동의 비군사적 측면이 소홀히 다루어질 위험이 있다. 국방부는 이미 군사적 책임이 과중한 만큼 민간 기능과 중복되는 것을 피할 수 있도록 주의를 기울여야 한다. 국제적 민간 우주 문제에서 다른 국가들과 협력하는 것이 더 어려워질 수 있다. 그리고 국방부에 부적절한 기능을 부여하지 않고도 추천된 기관의 책임하에 적절하게 민·군 협력을 추구할 수 있다.

결론 적어도 가까운 미래에는 우주 프로그램에서 군사적 중요성은 제한적이다. 일반적인 과학 목표가 군사적 우선순위에 종속되어서는 안 되기 때문에 우주 조직을 민간 기관의 주도로 하는 것이 필수적이다.

3) 원자력위원회의 이용

우주탐사를 위한 비행체 개발을 원자력위원회에 허가하는 의회 법안들이 현재 계류 중이다. 이 법안 중에는 클린턴 앤더슨Clinton Anderson 상원 의원이 발의한 S.3117과 앨버트 고어Albert Gore 상원 의원이 발의한 S.3000이 있다. 이러한 제안의 정당성은 원자력위원회가 이미 원자력 추진 제트기와 로켓엔진을 개발하는 역할을 수행하고 있다는 데 있다.

장점 원자력위원회는 과학 연구·개발 프로젝트를 지휘하는 능력을 가진 민간 기관이다. 연구 계약을 관리하고 군사 기관과 협력한 경험이 있으며, 현재 궁극적으로 우주비행체를 추진하는 데 사용될 수 있는 핵 로켓엔진을 개발하는 임무를 맡고 있다.

단점　원자력위원회는 주로 단일 형태의 에너지 사용과 관련 있다. 하지만 우주비행체의 주요 동력원은 원자력 에너지가 아니라 화학 추진제가 될 것이다. 또한 위원회는 우주비행체의 설계, 제작, 테스트의 대부분 측면에서 경험이나 역량이 거의 없다.

결론　원자력위원회는 우주 분야에서 공헌할 부분이 있다. 그러나 그 부분은 원자력발전이 우주에서 실용적으로 적용되는 문제로 제한되어야 한다. 이러한 측면에서 우리 위원회의 입장을 이미 원자력위원회 위원장에게 전달했다.

4) 과학기술부의 신설

최근에 휴버트 험프리Hubert Humphrey, 존 매클렐런John McClellan, 랠프 야보로Ralph Yarborough 상원 의원은 과학기술부를 신설하기 위한 법안을 제출했다. 이 법안은 국립과학재단, 특허청, 산업부 기술서비스국, 국가표준원, 원자력위원회, 스미스소니언 협회의 특정 부서의 기능을 포함하거나 이관받는 새로운 실행 부처의 신설을 제안한다. 장관은 또한 기초 연구를 위한 연구소를 설립할 수 있는 권한을 부여받을 것이다.

장점　제안된 부처는 민간에 의한 우주 프로그램 관리 환경을 제공할 것이다. 우주 프로그램과 그 밖의 과학 활동을 부처의 지위에서 대통령의 권위와 접근성을 활용할 수 있을 것이다.

단점　제안된 부처는 의회 논의 과정에서 논란이 많을 것이며, 민간 우주 프로그램에 대한 책임을 맡기 위해 필요한 시점에 설립될 것이라는 보장도 없다. 과학 자체만으로도 실행 부처를 구성하기 위한 건실한 기반을 제공할 것 같지 않다.

결론　가까운 장래에 제안된 조직 개편이 승인되고 기능할 가능성은 거의 없을 것이다. 설령 부처가 만들어진다 해도 우주 프로그램에 높은 우선순위를 설정하지 못할 수도 있다.

아이젠하워 행정부는 이러한 조직적 조치와 병행해 새로운 우주 기관이 착수할 초기 프로그램을 고려해 종합적인 정책의 틀 안에 포함시켰다. 대통령 과학자문위원회는 미국의 우주 프로그램의 적절한 방향과 속도에 대해 평가했다. 이 위원회의 구성원들이 저명한 과학자였던 것만큼 위원회는 우주 프로그램의 과학적 측면을 지나치게 강조했다. 1958년 3월 26일 대통령의 지지하에 위원회는 우주 활동의 중요성을 설명하는 다음의 보고서를 발표했다. 위원회는 다른 분야의 과학 활동이 우주 분야로 방향을 전환하거나 자원이 이동하는 것을 방지하기 위해 미국의 우주개발 속도를 적절히 조절할 것을 권고했다.

문서 07

「우주에 대한 소개」•

국가 우주 프로그램을 수행하는 주된 이유는 무엇인가? 우주과학과 탐사에서 얻을 수 있는 것은 무엇인가? 미국의 우주 프로그램과 연방 정부의 운영에 대한 건전한 정책 결정을 내릴 때 알고 이해하는 데 도움이 될 과학적 법칙, 사실, 기술적 수단은 무엇인가? 이 문서는 이러한 질문에 대한 간략하고 입문적인 답변을 제공한다.

우주 기술 발전의 중요성, 긴급성, 불가피성을 주는 네 가지 요소를 구분할 필요가 있다. 첫째, 탐구하고 발견하려는 강한 충동, 즉 과거에 다른 어떤 인간도 가지 않았던 곳으로 인간을 인도하는 호기심의 추동력이다. 지표면의 대부분은 이제 탐사되었고, 인간은 그다음 목표로 우주탐사에 눈을 돌리고 있다.

둘째, 우주 기술의 개발에는 국방의 목적이 있다. 우리는 우리의 안전을 위협하는 데 우주가 사용되지 않기를 바란다. 하지만 만약 우주가 군사적 목적으로 쓰인다면, 우주를 이용해 우리 자신을 방어할 준비가 되어 있어야 한다.

• 1958년 3월 26일 대통령 과학자문위원회에서 작성했다.

셋째, 국격의 요인이 있다. 미국의 우주 기술이 강해지고 대담해질수록 전 세계인들 사이에서 미국의 위신이 높아진다. 미국의 과학, 기술, 산업, 군사력에 대한 자신감도 더해줄 것이다.

넷째, 우주 기술은 과학 관측과 실험을 위한 새로운 기회를 제공한다. 지구, 태양계, 우주에 대한 지식과 이해를 높여줄 것이다.

우리의 우주 프로그램이 어떤 성격이 될지를 결정하려면 이 네 가지 목적을 모두 고려해야 한다. 이 문서는 주로 과학적 탐구를 목적으로 하는 우주 활용을 다루지만 우리는 다른 세 목표의 중요성도 충분히 인식하려고 한다.

실제로 초장거리 로켓에 대한 군사적 탐구는 인간이 새로운 위성을 궤도에 쉽게 올려놓을 수 있게 해주었다. 머지않아 달과 인근 행성을 탐험하기 위한 장치를 보낼 수 있을 정도로 강력한 새로운 수단을 제공할 것이다. 이런 식으로 처음에는 순수하게 군사적 사업이었던 것이 금세기에 들어 10년 전까지만 해도 소수의 사람이 꿈꾸어 왔던 흥미로운 탐험의 시대를 열어주었다.

결과가 비용을 정당화할 것인가?

우주탐사를 위한 로켓엔진은 이미 존재하거나 아니면 군사적인 필요로 개발되는 중에 있기 때문에, 이러한 로켓을 쓰기 위해 추가되는 과학 연구비가 터무니없이 크지는 않을 것이다. 그래도 비용이 적지는 않을 것이다. 이는 과학자들과 일반 대중(누가 비용을 지불할 것인지)에게 중요한 의문을 제기한다. 지구상에는 아직 해답을 찾지 못한 과학적인 질문과 문제들이 너무 많다. 그런데 왜 새로운 질문과 문제들을 지상도 아닌 우주까지 나가 찾아야 할까? 그 결과가 어떻게 비용을 정당화할 수 있는가?

물론 과학적 연구가 사전에 엄격한 원가계산을 따랐던 적은 없다. 그 문제에 대해서는 어떤 종류의 탐색도 없었다. 그러나 우리가 과학적 연구에서 교훈을 배운 것이 하나 있다면, 그것은 우리 인간이 살아 있고 무한히 호기심이 있다는 사실을 증명한다는 점과 더불어 연구와 탐험이 놀라운 보상을 제공한다는 점이다.

그리고 우리 모두는 탐험가와 과학자들이 우리가 살고 있는 우주에 대해 무엇을 배웠는지 알고 있기에 더 풍요롭게 느낀다. 우리가 생각해야 하는 것은 위성을 발사하고 로켓을 우주로 보내는 것의 가치다.

* * *

과학적 기회는 너무 많고 아주 매혹적이어서 분명히 많은 나라의 과학자들이 참여하기를 원할 것이다. 아마도 국제지구물리관측년은 앞으로 수년, 수십 년 동안 우주에 대한 국제 탐사의 모델을 제안할 것이다. 〈표 1-1〉은 이 검토에서 언급된 과학과 기술적 목표 중 일부가 달성될 수 있는 대략적인 순서를 제시한다.

아직 노력 규모에 대해 불확실성이 너무 많기 때문에 일정표는 구체적인 연도로 구분하지 않다. 〈표 1-1〉에서는 다양한 유형의 우주 조사와 목표들을 초기, 후기, 그 이후, 먼 미래라는 비교적 넓은 시간대를 기준으로 간단하게 나열했다.

결론적으로 우리는 두 가지를 관찰했다. 우주에서 진행하는 연구는 과학에 새로운 기회를 제공하지만, 그렇다고 지구에서 진행하는 과학의 중요성을 감소시키지는 않는다. 우주의 많은 비밀은 지구상의 실험실에서 발견될 것이다. 우리의 과학, 기술, 국가 복지의 발전은 우리가 평시에 수행하는 과학 프로그램의 속도를 늦추기보다 더욱 빨라진 속도로 진행해야 한다고 요구한다. 다른 과학적 활동에 대한 우리의 노력을 약화시키는 대가로 우주과학을 추구하는 것은 국익에 도움이 되지 않는다. 우리가 과학기술의 모든 분야에서 균형 잡힌 국가적 노력의 일환으로 우주과학과 기술에 대한 국가 프로그램을 계획한다면 이런 일은 일어나지 않을 것이다.

우리의 두 번째 관찰은 기술적 고려에 따른 것이다. 현재로서는 우주 기술

표 1-1 우주탐사에 따른 과학기술의 달성 일정표

시간대	우주에서 진행할 조사와 목표
초기	① 물리학 ② 지구물리학 ③ 기상학 ④ 최소한의 달 접촉 ⑤ 실험적 통신 ⑥ 우주 생리학
후기	① 천문학 ② 광범위한 통신 ③ 생물학 ④ 과학적 달 조사 ⑤ 최소한의 행성 접촉 ⑥ 유인 궤도비행
그 이후	① 자동화된 달 탐사 ② 자동화된 행성 탐사 ③ 인간의 달 탐사 및 귀환
그리고 먼 미래	유인 행성 탐사

에 사용되는 로켓과 그 밖의 장비들은 능력의 한계를 감안해 적용되어야 한다. 즉, 장비 고장과 일정의 불확실성을 예상해야 한다는 것이다. 그러므로 미래의 우주 활동에 대해 예측하거나 선언할 때는 신중하고 겸손해야 한다. 조용하지만 실행은 대담한 것이 현명하다.

아이젠하워 행정부는 국가안전보장회의 메커니즘을 통해 정부 활동의 다양한 영역에서 국가 정책 성명서를 작성했다. 이러한 성명서들은 대개 대외비로 분류되었는데, 정부의 내부 생각을 반영하도록 했으며 여러 정부 기관들에게 정책 지침을 제공하려는 것이다. 스푸트니크 1호의 여파로 국가 우주 정책에 대한 일련의 성명서가 만들어졌다. 일반적으로 이 성명서들은 소련과 '우주'에서 경쟁하려는 미국의 긴급한 우주 프로그램의 필요성에 대해 회의적이었던 드와이트 아이젠하워 대통령의 견해보다는 우주 활동의 잠재적인 영향에 대해 보다 긍정적인 것들이었다.

의회가 NASA를 만들자는 아이젠하워 대통령의 1958년 4월 제안을 검토하고 있던 1958년 6월에 첫 번째 정책 성명이 나왔다. 우주에서 소련이 확보한 정치적·안보적 영향력을 인정함에 따라 국가안전보장회의에서 내놓은 NSC 5814 「미국의 우주정책U.S. Policy on Outer Space」은 소련이 달성한 우주 업적의 중요성을 최소화하려고 했던 아이젠하워 행정부의 공개 발언과는 어조가 매우 다르다. 또한 이 보고서는 우주탐사의 비기술적 영향에 대한 초기 논의로 유명하다.

문서 08

NSC 5814, 「미국의 우주 정책」•

서문

미국의 우주 정책에 대한 이 성명서는 예비적인 것이다. 왜냐하면 우주 전체의 의미에 대한 인간의 이해는 아직 예비 단계에 불과하기 때문이다. 인간이 우주의 새로운 차원에 대해 보다 많이 이해해 나가고 있기 때문에 우주탐사와 탐색의 장기적 결과는 앞으로 국내외의 정치·사회 제도에 근본적인 영향을 미치게 될 것이다.

아마도 즉각적이고 예측 가능한 미래에 미국이 직면하게 될 가장 냉엄한 사실들은 다음과 같다. 첫째, 소련이 우주에서 과학적이고 기술적인 업적에서 미국과 자유세계를 앞섰고, 이는 세계의 상상력과 감탄을 불러일으켰다. 둘째, 소련이 우주탐사에서 현재의 우월성을 유지한다면, 미국의 위신과 리더십을 훼손하는 수단으로 그 우월성을 이용할 수 있을 것이다. 셋째, 소련이 우주에서 현저하게 우월한 군사력을 먼저 달성한다면, 중·소 블록에게 유리한 힘의 불균형이 초래되고 미국의 안보에 군사적 위협이 될 수 있다.

미국의 안보를 위해 우리는 상당한 자원과 노력을 기울여 이러한 도전에 대응해야 한다.

일반 고려 사항

미국 안보에서 우주의 중요성

① 인간의 마음은 그 어떤 상상적 개념보다도 외계의 신비를 탐구하려는 생

• 1958년 6월 20일 국가안전보장회의에서 작성했다.

각에 자극을 받는다.

② 이러한 탐구를 통해 인간은 시야를 넓히고, 지식을 더하며, 지구상의 생활 방식을 향상시키기를 희망한다. 이미 인류는 앞으로의 탐사를 통해 확실한 과학적·군사적 가치를 얻을 수 있다고 확신하고 있다. 인류는 이러한 분야를 넘어 여전히 발견해야 할 새로운 위대한 가치가 존재한다고 믿을 것이다.

③ 우주를 탐구하는 기술적 능력은 미지를 탐구하는 기회가 주는 자극을 넘어 깊은 심리적 함의를 가지고 있다. 인간, 지구, 태양계, 우주에 관한 근본적인 진리의 발견 가능성을 암시하면서 우주탐사는 지구에 얽매인 관심사를 초월해 인간 내부의 깊은 통찰력에 호소한다. 따라서 우주를 탐구하는 방식과 이를 사용하는 용도는 특이하고 특별한 의미를 갖는다.

④ 인간이 우주를 정복하는 시작 단계는 기술에 치중되었고, 국가적인 경쟁으로 특징지어졌다. 그 결과 우주에서의 성취를 과학, 군사 능력, 산업 기술에서의 리더십이나 총체적인 통솔력과 동일시하려는 경향을 나타냈다.

⑤ 소련이 대형 지구 위성의 발사를 연이어 성공시키면서 미국의 과학·군사 능력의 수월성에 대한 사람들의 믿음에 크게 영향을 미쳤다. 사람들의 이러한 심리적 반응은 미국, 동맹국, 공산주의 블록, 중립국, 기타 국가와 미국의 관계에 영향을 미친다.

⑥ 국가적 경쟁이 이어지고 소련이 성취한 초기 성공과 뒤따른 추가적인 성공에 따라 그들은 우주 능력에서 지속적으로 리더십을 확보하고 있다. 이 분야에서 비교할 만한 미국의 업적이 없는 상황과 대조되며 미국의 전반적인 리더십에 대한 국민들의 신뢰가 심각하게 손상될 수 있다. 우주 기술 분야에서 강해지고 대담해진다는 것은 세계 각국 사이에 미국의 위신을 높여주고 미국의 과학, 기술, 산업, 군사력에 대한 자신감을 더해줄 것이다.

⑦ 우주개발의 고상한 특성은 평화적인 측면에서 국제 협력의 기회를 제공한다는 것이다. 어떤 나라들은 미국과 기꺼이 협력 협정을 체결할 것이다. 소련이 협조할지 여부는 아직 결정되지 않았다. 평화적인 목적임에도 불구하고

특정 분야에서 협력 결과가 군사적으로 적용될 수 있을 때에는 협력의 범위에서 제한될 수 있다.

* * *

유인 우주탐사

㉔ 새로운 영역을 탐험하려는 인간의 욕구를 만족시키는 것 외에도 유인 우주탐사는 미국의 국가 안보에 다음과 같은 이유로 중요하다.

- 비록 현재의 우주 연구들은 무인 탐사선만을 사용해도 만족스럽게 수행할 수 있지만, 인간의 판단력과 지략이 우주 공간의 잠재력을 충분히 이용하도록 요구할 때가 의심의 여지없이 올 것이다.
- 일반인에게는 유인 탐사가 진정한 우주 정복을 상징한다. 무인 실험은 세계인들에게 미치는 심리적 영향에서 유인 탐사와 비교할 수 없다.
- 소련이 다른 행성에 먼저 도착해 독점적 주권을 주장할 가능성을 무력화시키기 위해서라도 발견과 탐사가 필요할 수 있다.

㉕ 유인 우주여행의 첫 단계는 현재 연구·개발 중인 로켓과 부품을 사용해 수행할 수 있다. 그러나 인간이 달과 그 너머로 여행하는 것은 아마도 새로운 발사체와 장비의 개발을 필요로 할 것이다.

아이젠하워 행정부는 1958년 4월 2일 '국가항공우주법(안)'을 의회에 제출했다. 법안은 수정되어 통과되었고 같은 해 7월 29일 대통령이 서명했다. 상원 다수당 지도자인 린든 존슨Lyndon Johnson의 주장으로 우주법에 근거해 미국의 민간과 국가 안보 우주 활동을 조정하는 대통령 주재의 국가항공우주위원회를 만들었다. 우주법은 몇 년 뒤에 개정되었지만 미국의 우주 활동 목표에 대한 이 성명은 시간이 지난 뒤에도 변함없이 유지되었다.

문서 09

‘1958년 국가항공우주법(NASA 법)’[•]

지구 대기권 내·외부 비행 문제에 대한 연구와 그 밖의 목적을 위한 연구를 제공하기 위해 미국 상·하원이 소집한 의회에서 이 법을 제정한다.

1. 정책 선언과 정의

소제목

101조: 이 법은 ‘1958년 국가항공우주법’으로 한다.

정책과 목적 선언

102조: (a) 의회는 우주에서의 활동이 모든 인류의 이익을 위해 평화적인 목적에 헌신해야 한다는 것이 미국의 정책이라고 선언한다.

(b) 의회는 미국의 일반적인 복지와 안보를 위해 항공·우주 활동을 위한 적절한 준비가 필요하다고 선언한다. 또한 의회는 이러한 활동이 무기 시스템의 개발에 한정되거나 주로 관련된 활동을 제외하고는, 미국 정부가 후원하는 항공·우주 활동에 대한 통제는 민간 기관의 책임하에 실행될 것임을 선언한다. 단, 군사작전이나 국가 방어(효과적인 국가 방어에 필요한 연구·개발을 포함한다)는 국방부의 책임이며 국방부가 실행한다. 어떤 기관이 이 활동에 대한 책임과 방향을 가지는지에 대한 결정은 201조 (e)항에 따라 대통령이 정해야 한다.

(c) 미국의 항공·우주 활동은 다음 목적 중 하나 이상에 실질적으로 기여하도록 수행되어야 한다.

① 대기권과 우주에서의 현상에 대한 인간의 지식을 확장한다.

• 1958년 7월 29일 제정되었다.

② 항공·우주 비행체의 유용성, 성능, 속도, 안전, 효율성을 개선한다.

③ 과학 계기, 장비, 용품, 살아 있는 유기체를 우주로 운반할 수 있는 비행체를 개발하고 운영한다.

④ 평화롭고 과학적인 목적을 위해 항공·우주 활동의 이용과 관련해 얻을 수 있는 잠재적 이익, 기회, 문제점에 대한 장기적 연구를 확립한다.

⑤ 대기권 안팎의 평화로운 활동 수행을 위한 항공·우주 과학기술 분야와 활용 분야에서 미국의 리더로서 역할을 보존한다.

⑥ 군사적 가치나 중요성을 가진 국가 방위와 직접 관련된 연구 기관, 비군사적 항공·우주 활동을 지휘·통제하기 위해 설립된 민간 기관 등에 가치 있고 중요한 정보를 제공하도록 지원한다.

⑦ 이 법에 따라 수행한 작업과 결과를 평화적으로 적용할 때 다른 국가 및 국가 그룹과 협력한다.

⑧ 불필요한 노력, 시설, 장비의 중복을 피하기 위해 미국 내 관심 있는 모든 기관들 간의 긴밀한 협력을 통해 미국의 과학과 엔지니어링 자원을 가장 효과적으로 활용한다.

* * *

2. 항공·우주 활동의 조정

국가항공우주위원회

제201조: (a) 다음과 같이 구성되는 국가항공우주위원회를 설치한다.

① 대통령(위원회 회의를 주재한다).

② 국무부 장관.

③ 국방부 장관.

④ 항공우주청(NASA) 청장.

⑤ 원자력위원회 위원장.

⑥ 연방 정부의 부서와 기관 중 1인 이내에서 대통령이 임명한 위원.

⑦ 과학, 기술, 공학, 교육, 행정 또는 공공 업무 분야에서 뛰어난 개인 중에 업적만을 근거로 대통령이 임명한 3인 이하의 위원.

* * *

미국 항공우주청(NASA)

제202조: (a) 미국 항공우주청을 설립한다. 청장은 민간인으로, 대통령이 상원의 조언과 동의를 받아 임명하며, 연간 2만 2500달러의 급여를 받는다. 청장은 대통령의 감독과 지시에 따라 기관의 모든 권한을 행사하고 모든 의무의 이행을 책임지며, 모든 인사와 활동에 대한 권한과 통제권을 갖는다.

* * *

NASA는 1958년 10월 1일 출범했다. 사실 NASA는 1958년 초부터 ARPA의 임시 관리하에 있던 민간 프로젝트 대부분을 인수했다. 또한 NASA는 버지니아주 햄프턴의 랭글리 항공연구소Langley Aeronautical Laboratory, 캘리포니아주 마운틴뷰의 에임스 항공연구소Ames Aeronautical Laboratory, 델마버반도의 월롭스 로켓발사장Wallops Island rocket range, 오하이오주 클리블랜드의 루이스 비행추진 연구소Lewis Flight Propulsion Laboratory, 캘리포니아주 에드워즈 공군기지의 고속 비행 추진 시설 등 기존의 NACA 시설까지 인수했다. 메릴랜드주 그린벨트에 세우는 새 우주비행센터(로버트 고더드의 이름을 딴 고더드 우주비행센터Goddard Space Flight Center) 건설을 위한 자금이 제공되었으며, 이곳은 NASA 미션의 대부분을 맡는 운영 센터가 되었다. 해군 뱅가드 계획에 참여한 인력이 초기 핵심 인원으로 해군연구소에서 고더드로 이동했으며, 유인 우주비행 임무도 공군에서 NASA로 옮겨졌다. 또한 NASA는 육군이 캘리포니아 공과대학교의 제트추진연구소에서 보유한 최첨단 기능과 인력을 제공받았다. 제트추진연구소는 미국 최초의 위성을 개발한 최고의 엔지니어링 조직이다. 1959년 말에는 앨라배마주 헌츠빌의 육군 탄도미사일국에 속한 베르너 폰브라운의 독일 로켓 팀과 그 밖의 인원들도 육군 지도부의 반대에도 불구하고 NASA의 마셜 우주비행센터MSFC: Marshall Space Flight Center로 이관되었다.

케이스 테크놀로지 연구소Case Institute of Technology 사장인 키스 글레넌Keith Glennan이 초대 NASA 청장으로 선정되었다. 글레넌은 제2차 세계대전 전에는 주로 영화 산업에서 일했던 엔지니어였다. 그는 1950년부터 1952년까지 원자력위원회의 일원으로 워싱턴 D.C.에서 근무했다. 글레넌이 자신의 딸들을 위해 준비한 일기를 보면 그가 NASA에 어떻게 왔는지, 그의 앞에 놓인 과제에 대한 첫 인상과 그가 가진 철학이 어떤지 잘 나타나 있다.

문서 10

"NASA의 탄생"•

1958년 8월 7일 즉시 워싱턴 D.C.로 와달라는 제임스 킬리언의 전화를 받았을 때 나의 놀라움을 상상해 보라. 나는 바로 비행기를 타고 날아가 같은 날 저녁 킬리언의 아파트에서 그를 만났다. 그는 드와이트 아이젠하워 대통령을 대신해 내게 새로운 기관의 기관장을 맡아달라고 부탁하고자 보자고 했다는데, 물론 그 새로운 기관은 NASA였다. 그는 전에 보지 못했던 법안 사본을 건네주었다. 나는 그것을 다소 서둘러 읽었고, 즉시 민간 기관이 맡게 될 중요 프로그램에 대해 국방부가 가장 확실하게 이의를 제기하리라는 것과 내재된 갈등을 지적했다. 상당한 논의 끝에 나는 다음 날 아침 대통령과 만나기로 했다.

아이젠하워 대통령과의 만남은 간략하고 아주 명료했다. 그는 적절한 속도로 그러나 활기차게 추진될 프로그램을 개발하고 싶다고 말했다. 대통령은 미국의 과학과 기술 진보의 본질과 수준을 염려하는 것이 분명했지만 소련의 성

• 키스 글레넌 청장의 일기에서 발췌했다.

과에 대해서는 아무런 언급도 하지 않았다. 그는 킬리언의 조언에 의존하는 듯했다. 나는 그 문제를 고려해 며칠 안에 대통령에게 회답을 주기로 동의했다.

* * *

2~3일간 고민한 뒤에 나는 킬리언에게 전화해 만약 휴 드라이든Hugh Dryden NACA 위원장이 이 임명을 지지하고 나와 함께 부청장으로 일하는 데 동의한다면 제안을 수락하겠다고 말했다. 일들이 빠르게 움직이기 시작했다.

취임 선서는 8월 19일 워싱턴 D.C.에서 했다. 나는 이 새로운 기관에 나 자신을 헌신했다. 드라이든은 에이브 실버스타인Abe Silverstein과 예산에 대해 논의하자며 최고 운영자 몇 명을 불러들였다. 나는 워싱턴 에이전시의 예산 사이클을 설명하려고 하지 않을 것이다. 우리는 몇 달 전에 시작했어야 하는 예산안을 지금 짜려는 것이라고만 해도 충분하다. 직원들은 몇 주 안에 제출해야 하는 예산안을 놓고 나에게 승인을 요청하고 있었다. 이들이 6억 1500만 달러를 요구하자고 제안했을 때 나의 우려를 상상해 보라. 당시 내가 운영하던 케이스 연구소의 요구 예산이 600만 달러에서 700만 달러 정도였지만, 6억 1500만 달러에 대해 내가 크다는 느낌을 받았던 것 같지는 않다. 참모들은 NASA가 '운영 준비 완료'를 선언할 때 우리가 국방부 프로젝트에 할당된 인력과 자금을 함께 인계받는다고 했다. 우리는 1959년 회계연도(1958년 7월부터 1959년 6월까지)에 약 3억 달러를 받을 것으로 보인다. 나는 6억 1500만 달러의 가이드라인 수치를 써서 1960년 회계연도 예산을 승인했기에 그들의 주장은 설득력이 있었을 것이다. 이것은 내가 연방 정부에서 수행한 첫 번째 주요 활동 중 하나였다.

* * *

당시 나의 임명 일정을 되돌아보면 내가 일들을 똑바로 처리했는지 궁금하다. 나는 좋은 사람을 최고 간부로 임명하기 위해 많은 관심을 기울였고, 이 일에 꽤 많은 시간을 소비한 것 같다. 산업계 대표들, 국방부 고위 인사, 그 밖에 우리가 관계하는 다른 기관과의 회의가 거의 하루도 거르지 않고 있었다.

NACA에는 훌륭한 기술자가 많았지만, 그것은 워싱턴 현장에서 흔히 볼 수 있는 온실 속의 기관이었다. NACA는 유능한 인력으로 구성된 기관이었지만, 이들은 큰 프로젝트를 관리하는 데 필요한 깊이와 경험이 거의 없었다. 직원들은 향후 조직에 대해 상당히 고민했고, 이러한 계획은 우리가 일을 진행시키는 데 도움이 되었다. 더 많은 연구가 필요하고 좋은 사람들을 고용해야 한다는 것이 거의 즉각적으로 명백해졌다.

매사추세츠주의 한 섬으로 휴가를 갔을 때 생각했던 이 업무의 철학에 대해 이야기하겠다. 첫째, 정부가 너무 커지고 있다고 확신했기 때문에 연방 급여에 과도한 추가 부담을 피하기로 결정했다. 우리의 조직 구조는 NASA 직원들이 만들고 이들의 작업은 거의 '내부'에서 수행되었기에, 나는 기술직원의 사내 역량 강화에 대한 요구에 직면하리라는 것을 알았다. 메릴랜드주 벨츠빌에 이른바 '우주 관제 센터' 실험실 건설을 위한 예산이 승인되었다. 그러나 나는 대부분의 예산을 산업과 교육, 그 밖의 기관과 함께 사용해야 한다고 확신했다. 둘째, 로켓 추진 발사 시스템은 사실상 거의 처음부터 시작하는 것으로 보였다. 따라서 우리가 다루는 기술에 대해 더 많이 이해하며 첨단 기술을 만들어나가는 공격적인 프로그램을 시작해야 한다고 생각했다. 셋째, 성공적인 발사에 존재하는 선전적 가치를 간과하면 안 된다는 것은 분명해 보였다. 그러나 우리에게는 검증된 발사 시스템이 부족했기에 우리가 안고 있는 한계도 인정해야 했다. 당시 군사 미사일 프로그램은 이제 막 시험 단계에 도달한 상황이었다. 그것과 동일한 로켓 추진단을 우주 발사를 위한 '부스터 시스템'으로 쓰거나 발사 시스템으로 써야 했다. 넷째, 일의 본질상 우리는 탐구할 분야에 대해 우리 자신의 아이디어와 실현 가능하고 또 해야만 하는 속도에 따라 프로그램을 구성하는 것이 필요해 보였다. 이것은 우리가 확실한 성취로 향하지 않고 선전적인 목적으로 특정한 발사를 하는 것을 피해야 함을 의미했다. 다섯째, 우리는 닐 맥엘로이Neil McElroy 국방부 장관의 요청으로 1957년 10월 4일부터 NASA가 운영을 시작하는 시기 사이에 국방부의 ARPA가 시작한 프로젝트를 완수해야 하는 상황에 직면했다. 동시에 우리는 광범위한 과학기술 프로그램을 계획하고 이러한 모든 작업을 수행하도록 준비해야 한다.

* * *

NASA는 운영을 시작하며 미래를 향한 야심 찬 계획을 세웠다. 하지만 이러한 야망은 아이젠하워 행정부가 소련과의 냉전을 위해 개발한 전반적인 전략에 구속되었다. 그 전략은 미국을 세계 지도국으로 발전시키는 장기적인 경제, 군사, 국제, 사회·도덕적 목표를 추구하는 데 초점이 맞추어졌다. 그것은 넓은 전선에서 걸쳐 소련에게 지속적으로 압력을 가하겠다는 조치였지만, 핵전쟁을 불러올 만한 대립은 자제했다. 이 전략의 핵심 요소는 소련이 유발하는 모든 위기 상황에 일일이 대응하지 않는 것이었다. 따라서 아이젠하워는 스푸트니크와 초기 우주 경쟁을 놓고 워싱턴 D.C.의 수많은 정책 입안자들이 조성하는 위기감을 달가워하지 않았다. 다음의 비망록은 1960년 7월 1일에 시작되는 NASA의 1961년 회계연도 예산안에 대한 대통령의 1959년 질의에 대한 보고를 통해 그러한 마음을 담아냈다.

문서 11

"대통령과의 회의"•

대통령은 키스 글레넌 박사가 우주 활동을 위해 1961년 예산으로 약 8억 달러를 요구했다는 것을 들었다는 말로 시작했다. 대통령은 이것이 올해 예산에 비해 너무 크게 늘었다고 했고, 실제로 그는 연간 약 5억 달러의 다소 꾸준한

• 1959년 9월 29일 앤드루 굿패스터 준장이 작성했다. 이 회의에는 키스차카우스키 박사(대통령 과학자문위원회 자문관, 제임스 킬리언의 후임)가 참석했다.

비율의 프로그램이 이치에 맞는다고 생각한다고 말했다. 조지 키스차카우스키George Kistiakowsky 박사는 자신도 거의 같은 숫자를 생각했다고 하면서도, 이 액수는 소련과 심리적으로 경쟁하는 우주의 '화려한 쇼'를 위해서는 충분한 자금이 되지 못하는 반면에 다른 과학적 활동과 비교할 때 과학적 활동의 근거로 정당화하기에는 너무 큰 금액이라고 지적했다.

대통령은 우리가 우주 활동에서 엄선한 하나나 두 개 분야에서 경쟁해야 하며, 우리의 노력이 전반적으로 분산되어서는 안 된다고 강조했다. 그는 다른 나라들은 소련의 스푸트니크 성공에 미국처럼 반응하지 않는 모습을 보았다(사실 다른 나라에 가장 크게 영향을 미친 것은 미국의 히스테리였다). 미국조차 소련이 달의 표면에 충돌시킨 루니크Lunik에는 크게 반응하지 않았다.

대통령은 NASA가 육군 탄도미사일국(베르너 폰브라운의 독일 로켓 팀의 본거지)을 인수하니 예산이 절감되어야 하는데, 이것이 실제로는 NASA의 예산을 증가시키는 것처럼 보인다고 했다. 그는 글레넌 박사가 광범위한 프로젝트를 추진하려는 참모들로부터 벗어나 이 문제에 대해 이야기해야 하며 심리적 요인을 지나치게 강조하지 말 것을 권고했다. 대통령은 우리가 '유인 우주 프로젝트'를 맡아 그것에 집중해야 한다고 생각했다. 그는 미국이 하나 이상의 '지나치게 거대한 발사체' 프로젝트를 갖는 것이 별로 이치에 맞지 않는다고 덧붙였다. 오직 하나만 있어야 한다.

키스차카우스키 박사는 이것에 전적으로 동의한다고 했다. 그는 NASA에 육군 탄도미사일국을 통합한다면 전체적으로 예산을 절약할 수 있다고 지적했다. 대통령은 글레넌 박사와 진지한 대화가 필요하다고 거듭 강조했다. 그는 육군 탄도미사일국을 NASA로 옮겨야 하며 우리는 큰 프로젝트를 하나만 추진해야 한다고 생각했다. 우리의 집중은 정말 과학적인 노력이어야 한다. 심리적 분야에서는 하나의 프로젝트에 집중해야 하다. 대통령은 아마도 글레넌 박사가 심리적인 영향이 큰 프로젝트의 필요성을 과대평가하는 것 같다고 생각했다. 키스차카우스키 박사는 만약 글레넌 박사가 우주 활동을 충분히 빠르게 추진하지 않는다면 국방부가 대신할 것이라고 말했다고 전했다. 대통령은 우리도 허버트 요크Herbert York 박사(국방부 연구공학부장)와 대화해야 하며 결정을 내리기 위해 그를 부를 것을 요구했다. 대통령은 글레넌 박사, 휴 드라이든 박사, 키스차카우스키 박사, 요크 박사, 토머스 게이츠Thomas Gates 장관 등과 열흘쯤 뒤에 회의를 하겠다고 했다. 대통령은 우리가 건전한 국가 경제와 이 모든 프로젝트의 만족도를 함께 고려해야 한다고 강조했다. 대통령은 NASA가 너무 많은 대단위 프로젝트를 추진하는 등 비전을 너무 높게 설정하고 있다고 보았다.

NASA의 물리적 인프라 통합이 이루어지는 동안 NASA는 또한 자신의 미래를 위한 과정을 계획하느라고 바빴다. '1958년 국가항공우주법'은 NASA의 매우 일반적인 목적과 목표만을 정한 것이어서, NASA가 자체 의제를 개발할 수 있는 충분한 여지가 있었다. 이러한 상황을 해결하기 위해 1959년 12월까지 NASA는 첫 장기 계획을 수립했다. 이 계획은 궁극적으로 '달과 근처 행성의 유인 탐사'를 가능하게 하는 우주에서의 연구, 개발, 운영 프로그램을 요구했다. NASA가 만든 이 초기 10개년 계획은 NASA가 운영을 시작한 첫 해 동안 개발되었다. 그것은 로봇과 인간의 우주비행이라는 야심 찬 프로그램이었는데, 1970년 이후 언젠가 진행할 달을 향한 인간의 임무에서 절정에 달했다.

문서 12

「NASA의 장기 계획」*

1. 서론

항공·우주 활동에서 미국의 장기적인 국가 목표는 NASA를 설립하는 법안

---

* 1959년 12월 16일 NASA 프로그램 계획 및 평가 사무국이 작성했다.

표 1-2 **NASA의 초기 10개년 계획**

연도	NASA의 임무 목표
1960년	기상위성 첫 발사 수동 반사(passive reflector) 통신위성 첫 발사 스카우트(Scout) 발사체 첫 발사 토르-델타(Thor-Delta) 발사체 첫 발사 국방부의 아틀라스-아제나(Atlas-Agena) B 발사체 첫 발사 우주비행사 준궤도 첫 비행
1961년	달 충돌 우주선 첫 발사 아틀라스-센타우르(Atlas-Centaur) 발사체 첫 발사
1961~1962년	머큐리 계획에 따른 유인 우주비행
1962년	금성 및/또는 화성 인근으로 첫 발사
1963년	2단형 새턴 로켓 첫 발사
1963~1964년	달 착륙 통제용 무인우주선 첫 발사 궤도·전파 천문 관측위성 첫 발사
1964년	달 선회 무인우주선의 첫 발사 및 지구 복귀 무인 탐사선을 이용한 화성 및/또는 금성의 첫 정찰
1965~1967년	유인 선회비행과 영구적인 근지구 우주정거장으로 가는 프로그램 첫 발사
1970년 이후	유인 달 비행

에 전반적으로 명시되어 있다. 법률 용어를 좀 더 구체적인 용어로 해석하는 것은 NASA의 책임이다.

운영 측면에서 NASA의 목표는 지구 대기권 내·외부 모두를 평화적이며 과학적인 목적으로 탐색하고 활용하는 한편, 그와 동시에 국방부의 연구를 지원하는 것이다. 이러한 목표는 우주에서의 연구, 개발, 운영의 광범위하고 견실하게 착안된 프로그램을 통해서만 달성할 수 있다. 장기적으로 이러한 활동은 달과 지구 근처 행성의 유인 탐사를 목표로 하며, 이러한 탐사는 NASA 활동의 장기 목표로 볼 수 있다. 이러한 목표를 향한 안정적이고 빠른 진전을 보장하고자 NASA가 개발한 장기 계획이 〈표 1-2〉에 제시되어 있다.

NASA의 장기 계획이 수립되는 것과 동시에 민간 우주 프로그램의 목표가 무엇이어야 하는지에 대한 폭넓은 논의가 미국 정부 최고위층에서 진행되었다. 결국 토론은 두 가지 길로 접어들었다. 하나는 미국의 위신을 되찾기 위해 멋진 우주 업적 달성을 목표로 소련과 우주 경쟁을 벌이는 것이었다. 다른 하나는 과학적으로 정당화될 수 있는 목표에 초점을 맞추는 것이었는데, 그중 일부는 소련의 성공이 가져다준 충격을 딛고 미국이 기술적 리더십을 다시 구축하는 데 도움이 될 수도 있었다. 1960년 1월 아이젠하워 행정부는 이 두 가지 대안적 길의 균형을 맞추는 국가 우주 정책의 포괄적 성명을 발표했다.

1960년 1월 12일 국가항공우주위원회와 국가안전보장회의의 공동 회의를 통해 미국의 우주 정책에 관한 아이젠하워 행정부의 마지막 성명이 채택되어 1월 26일 대통령의 승인을 받았다. 이것은 과거의 국가안전보장회의 정책 성명들을 대체했다. 이 성명의 초안은 국가안전보장회의 명의로 회람되었지만 승인된 성명은 국가항공우주위원회 문서로 발표되었다. 이 문서는 1978년 5월 11일 지미 카터Jimmy Carter 대통령이 우주 정책 성명을 발표하기 전까지 미국의 국가 우주 정책에 대한 공식 성명 역할을 했다. 이 성명은 1960년 현재까지 우주 활동의 상태를 포괄적으로 보여주었으며, 향후 몇 년 동안 다루어야 할 많은 문제를 언급했는데 이는 나중에 놀랄 만큼 맞아들었다. 원래는 '비밀'로 분류되었으나 30여 년 뒤에 거의 완전히 기밀이 해제되었다.

이 정책은 미국이 국가 위신을 되찾기 위한 경쟁보다는 실질적인 성과에 우선순위를 두었다. 소련이 자신들의 위신을 고양하기 위해 아무런 제지도 받지 않고 우주를 이용하게끔 그대로 놔두는 것은 미국의 이익에 맞지 않는다고 인정했지만, 그것이 대통령 훈령은 아니었다. 하지만 제3장에서 보듯이 이러한 방침은 곧 바뀌었다.

문서 13

「미국의 우주 정책」*

일반적 고려 사항

정책의 범위

① 이 정책은 우주와 관련된 과학·민간·군사·정치 활동에 대한 미국의 이익과 관련이 있다. 과학 로켓, 인공위성, 발사체, 우주선, 우주탐사와 이용의 관계, 정치적·심리적 중요성 등을 다루고 있다. 우주 기술과 탄도미사일 기술의 연관성은 인정하지만 미국의 탄도미사일 정책은 이 정책에서 다루지 않는다. 또한 미사일 방어 시스템도 우주선(위성, 발사체 등을 포함한다)이 이러한 시스템과 관련해 사용되는 경우를 제외하고는 다루지 않는다.

미국 안보에 있어 우주의 중요성

② 우주는 새롭고 당당한 도전을 요구한다. 우주의 잠재력과 중요성은 아직 많은 부분에서 탐구되어야 한다. 하지만 국가 위신에 대한 상당히 광범위한 심리적 영향과 과학, 민간(공공), 국방, 국가 안보와 관련된 중요한 정치적 함의가 있다는 것은 분명하다.

③ 우주는 일반적으로 소련과 미국이 치열하게 경쟁하는 분야로 여겨졌다. 궤도에 첫 인공위성을 배치하고, 지구를 탈출하는 첫 우주탐사선을 발사해 달에 첫 '하드' 착륙을 성공하고, 달 뒷면의 첫 번째 영상을 얻는 등 우주에서 소련의 연이은 성공은 소련의 명성에 실질적이고 지속적인 이익을 안겨주었다. 미국은 더 많은 수의 인공위성을 발사했으며, 지구 탈출 속도를 달성한 우주탐사선도 발사했다. 이러한 미국의 활동은 과학적으로 중요한 많은 '최초'의 성

* 1960년 1월 26일 국가항공우주위원회에서 작성했다.

과를 얻었다. 그러나 소련이 발사한 우주선은 미국의 것보다 상당히 무거웠고 무게는 국제적으로 주요한 비교 대상이었다. 또한 소련은 실패를 대중에 공개하지 않고 감추는 체제상의 혜택을 누렸다.

④ 정치적·심리적 관점에서 소련이 우주에서 성취한 가장 중요한 요소는 그들이 자신들의 주장에 새롭게 신뢰성을 만들어냈다는 것이다. 소련의 주장은 한때 일반적으로 믿어지지 않았고, 가장 대담한 선전 주장조차 해외는 물론 미국에서도 액면 그대로 받아들여지지 않았다. 소련은 우주에서의 업적을 바탕으로 얻은 신용을 다음과 같은 목적으로 사용해 왔다.

- 스푸트니크와 달 충돌선 루니크 등 극히 짧은 기간 안에 위대한 결과를 만들어냈다는 점을 근거로 소련 체제의 우월성을 주장한다.
- 세계의 균형이 공산주의에 유리하게 바뀌었다고 주장한다.
- 공산주의가 미래의 물결이라고 주장한다.
- 소련은 기술적으로 강력하고 과학적으로 정교한 국가이며 대부분의 면에서 미국과 대등하고 일부에서는 우월하며 훨씬 더 빛나는 미래를 가졌다는 새로운 이미지를 창조한다.
- 소련이 서구만큼 과학적으로 진보하고 미사일 분야에서는 우월하며 모든 분야에서 양적으로 우월한 무기를 바탕으로 공산국가의 방대한 인력을 가졌다는 새로운 군사적 이미지를 창출한다.

⑤ 소련의 개발 활동은 이미 상당한 정도로 성공을 거두었다. 주목할 만한 우주에서의 성취, 특히 주요한 '최초' 타이틀들을 획득해 더 많은 이득을 얻을 것으로 예상할 수 있다.

⑥ 해외에서 미국의 위신을 회복하고, 미국의 우주 활동 범위와 규모에 대한 인식을 높이는 것에 상당한 진전이 있었다. 미국이 전반적인 과학과 기술 분야에서 여전히 앞서 있다고 대부분 생각하지만, 우주과학과 기술 분야에서는 반대로 소련이 앞서 있다고 대부분 간주한다. 세계의 지도자들과 대중은 미국이 소련을 추격catch-up할 것으로 예상하며, 더 나아가 소련이 달성한 우주 페이로

드payload(적재량) 등 소련의 성취와 등등하거나 능가하는 미국의 능력을 입증하리라고 기대한다. 그러한 기대를 충족시키지 못한다면 미국은 넘버 2second best라는 인식이 생겨, 현재 미국이 누리는 위신과 신뢰에 따른 부가적 혜택을 소련에 넘겨줄 수도 있다.

⑦ 일반인들은 유인 우주비행과 탐사가 진정한 우주 정복이고 우주 활동의 궁극적 목표라고 생각한다. 어떤 무인 실험도 세계인들에게 미치는 심리적 영향에서 유인 우주탐사를 대신할 수 없다. 소련이 더 일찍 출발했지만 미국만큼 유인 우주비행 프로그램에 중점을 두고 있다고 믿을 이유는 없다.

⑧ 우주탐사의 과학적 가치와 그에 따른 국가 위상의 상승효과가 입증되었다. 우주의 과학적 이용은 대부분의 지식 분야에서 필요한 기본 정보를 도출하는 것에 강력한 요인이다. 또한 우주 환경에 대한 지식의 폭과 정밀도가 클수록 그 잠재력을 활용하는 능력도 커진다.

⑨ 민간 분야에서 몇 가지 예상되는 인공위성의 응용 중에 통신과 기상은 국가 경제에 중요한 특별한 능력을 제공한다. 그 밖의 민간 분야에서도 인공위성의 잠재력이 앞으로 확인될 것이다.

⑩ 우주 공간의 군사적 활용에 대한 커다란 중요성은 이미 인정되었다. 하지만 우주 공간의 완전한 군사적 잠재력은 추가적 경험, 연구, 기술의 개발과 전략적 고려로 결정될 것이다. 우주 기술은 이러한 정보를 효과적이고 적시적으로 획득하지 못하는 잠재적 적에 관해 점점 더 필수적인 정보를 얻기 위한 예측 가능한 수단을 제공한다. 우주 기술은 비우주 기술을 보완하거나 확장하면서 다른 군사적 기능을 보다 효과적으로 달성하는 데 활용되고 있다. 또 우주 공간의 활용에 따라 우주 기술이 확대되면서 새로운 군사적 요구와 새로운 군사적 역량을 위한 기회가 구체화될 것이다.

⑪ 우주선은 중요하게 활용될 가능성이 있다. 군비 축소와 통제, 핵실험 중단, 기습 공격으로부터의 보호와 관련해 체결 가능한 국제 협약의 이행에 중요한 역할을 할 수 있다.

⑫ 우주 활동은 미국이 동맹국, 중립국, 공산주의 블록과 관계를 형성하는 데 새로운 기회와 문제를 제시한다. 이 새로운 분야에서 건전한 국제 관계를 확립하는 것은 국가 안보에 근본적으로 중요하다. 그러한 관계를 세우는 데 중요한 것은 모든 국가가 우주 공간을 탐색하고 사용하는 목적과 우주 활동을 수하기 위해 질서 있는 기반을 만드는 데 관심이 있다는 사실이다. 또한 많은 국가가 우주 활동의 다양한 측면에 직접 참여하고자 한다. 과학 연구, 일기예보, 통신 등 우주비행체의 응용에 대한 국제적 참여는 그러한 활동의 잠재력을 완전히 실현하는 데 필수적이다. 미국의 국제적 지위 개선은 우주의 평화로운 이용에 따른 혜택을 국제적으로 확대하는 일에 미국의 리더십을 보여주는 것으로 이루어질 수 있다. 특정 분야에서의 협정 결과가 평화로운 취지하에 도입되었지만, 향후 군사적 영향을 미칠 수 있을 경우 그러한 분야에서는 협정의 범위를 조절할 수 있다.

우주의 활용

총론

⑬ 우주에 대한 지식이 늘어갈수록 얻을 수 있는 이점도 더욱 분명해질 것이다. 현재 우주 활동은 기술 개발과 과학 탐사를 지향하고 있지만, 머지않아 국가 안보와 복지에 더 직접적으로 기여하고 국제적으로 혜택이 되는 시스템이 가동될 것으로 예상된다.

* * *

우주 기술의 운영 적용

⑱ 현재 군사용·민간용으로 초기 운용에 따른 효용을 기대할 만한 우주 기술의 활용은 모두 지구 궤도의 인공위성에 기초하고 있다. 이러한 응용이 궁극적으로 국방 프로그램이나 민간 경제에서 살아남으려면 몇 가지 기준 중 하나

를 충족해야 한다. 즉, 기존의 활동을 보다 효율적으로 운영하거나 새롭고 바람직한 활동을 창출해야 한다. 이러한 활용을 통해 이익을 얻을 것으로 기대되지만, 이 위성들의 군사적·경제적·정치적·사회적 함의는 아직 완전히 결정되지 않았다. 군사적 적용은 국방 용도로 규정한 요건을 충족시켜 군사력을 향상시키기 위해 설계되었으며, 작전 시스템으로 사용하고자 현재 개발되고 있다. 가장 빨리 이용될 것으로 예상되는 적용은 다음과 같다.

- 기상위성 시스템　동영상 촬영, 광학, 적외선 탐지기, 레이더와 같은 기술을 사용해 전 지구적 규모로 기상 데이터를 제공할 수 있다. 구름의 정도, 폭풍 위치, 강수량, 풍향, 열 균형, 수증기에 대한 정보는 폭풍 경보를 포함한 기상 예보를 개선할 것이다. 또한 농업, 산업, 운송 등 다양한 민간 활동에 유용하게 사용할 수 있다. 군사작전에 필요한 기상정보도 제공할 수 있다.
- 통신위성 시스템　기존의 전 세계 통신을 개선하고 확장할 수 있다. 그러한 시스템은 지휘, 통제, 지원을 목적으로 보다 효과적인 글로벌 군사 통신을 제공할 것이다. 보다 신속한 서비스, 메시지 용량 증가, 더 높은 신뢰성으로 민간 분야에도 활용될 것이다. 음성·영상 신호의 전 세계 직접 전송도 예상된다.
- 항법위성 시스템　정확한 위치 결정이 가능해져 육지, 해상, 항공 운송 수단에 글로벌 전천후 기능을 제공할 수 있다. 군사 분야의 경우 안전한 작전이 가능해질 것이다.

유인 우주비행과 탐사

⑳ 유인 우주비행은 앞서 언급한 여러 과학, 군사, 민간 용도의 효과적인 사용에 많은 것을 추가할 것이다. 사람을 궤도에 올리는 초기 단계를 포함해 유인 우주 활동이 수행되는 이유로는 여러 가지가 있다. 그중 가장 중요한 것은 다음과 같다.

- 일반 대중에게는 유인 우주비행과 탐사가 진정한 우주 정복을 상징한다.

어떤 무인 실험도 세계인들에게 미치는 심리적 영향에서 유인 탐사를 대신할 수는 없다.

• 우주 기술을 완전하게 이용하기 위해서는 많은 경우에 궁극적으로 인간의 판단, 의사결정 능력, 지략이 필요할 것이다.

게다가 유인 우주비행에는 인간 자신에 대한 과학 연구가 필요하다. 왜냐하면 우주에서 인간에 대한 심리적·생물학적 연구는 필수적이며 다른 대안이 없기 때문이다.

국제 원칙, 절차, 협정

㉑ 국가 정책과 국제 협정은 '영공air space'을 광범위하게 다루었고, 이 지역에 대한 국가의 주권을 명시적으로 주장했지만 영공의 상한선은 규정하지 않았다. '우주 공간outer space'이라는 용어도 허용된 정의가 없으며, 채택될 정의의 결과를 지금 완전히 예상할 수도 없다. 비록 임의의 정의가 특정 목적에 유용할 수 있지만, 현재 예측 가능한 우주의 법적 문제는 대부분 영공과 우주 사이에 정확한 경계선 없이 해결될 수 있을 것이다.

* * *

㉖ 미국과 소련 간에 벌어지는 억제되지 않은 우주 경쟁의 군사적 영향에 대해 세계인들이 빈번하고 날카롭게 우려하고 있다. 이러한 경쟁이 야기하는 위험을 제한하기 위해 국제 협정, 통제, 제한에 대한 관심이 일고 있다. 1957년 미국은 우주에서의 군비 통제 시스템에 대한 국제적 고려를 염두에 두고 우주로 가는 물체가 평화적 목적으로만 이용되도록 다국 간 기술 위원회가 수행하는 검사 시스템을 만들자고 최초로 제안했다. 게다가 미국은 다른 실질적인 군축 협상이 마무리되기를 기다리지 말고 일반적인 합의가 이루어진다면 이를 진행하자고 제안했다. 현재까지 이러한 연구를 진행하기 위한 다자간 합의가 이루

어지지는 않았다. 미국의 정책은 우주가 평화적인 목적으로만 이용될 수 있도록 하기 위해 필요한 통제와 검사의 범위를 결정하지 않았고, 이러한 통제 조치와 무기 협정의 다른 측면과의 관계에 관해서도 결정하지 않았다.

㉗ 천체의 탐사와 이용에는 별도의 고려가 필요하다. 미국을 포함해 어느 나라도 천체가 국가 주권으로 점유될 수 있는지, 만약 그렇다면 그러한 권리를 주장하기 위해 어떤 행동에 필요한지에 대해 별다른 입장을 밝히지 않았다. 만약 어떤 국가가 이러저러한 이유로 천체의 일부나 전체에 대해 배타적 권리를 주장한다면 심각한 문제가 발생할 것이 분명하다. 적절한 시기에 적절한 형태의 국제 협정이 필요할 수 있다.

㉘ 우주 물체의 운영도 모든 국가가 관심을 보이는 주제다. 우주 물체의 질서 있는 운영을 위한 기초를 국제적으로 추구하기 위해 다음과 같은 작업이 초기 조치로 필요하다. 첫째, 우주 물체의 식별과 등록, 둘째, 우주 물체로 인한 부상이나 손상에 대한 배상 책임, 셋째, 우주 물체의 무선 주파수 예약과 전송 종료와 관련된 문제, 넷째, 우주 물체와 항공기 간의 간섭 회피, 다섯째, 사고든 의도적이든 다른 나라의 영토로 우주 물체가 재진입하거나 착륙할 때의 문제다.

㉙ 포괄적인 우주 활동은 비록 몇몇 국가만이 할 수 있지만, 우주 활동 수행에 참여하는 것 정도는 많은 국가가 할 수 있다. 선택된 활동에 대한 적극적인 국제 협력은 여러 과학·경제·정치적 기회를 제공한다. 다양한 정부·비정부 협약을 통해 평화적 우주 이용에 대한 협력을 지속하고 확대해 간다면 모두를 위한 우주탐사와 활용을 주창해 온 미국의 위치도 더욱 강화될 것이다. 군사 용도로 우주 물체를 쓰는 경우에도 어느 정도의 국제 협력은 유용할 수 있다. 우주 활동에서 협력하기 위한 국제 협정이 미국의 안보에 전적으로 기여하는지 여부에 대한 결정이 필요할 수 있다.

㉚ 앞서 밝힌 문제와 관련해 유엔의 가장 적절한 역할은 두 가지다. 첫째, 우주탐사와 이용에서 국제 협력을 촉진하는 것이고, 둘째, 우주 활동으로부터 발

생하는 국제 문제를 다루는 협의와 합의를 위한 포럼의 제공이다. 향후 우주 활동의 전개에 따라 유엔에 의해서 또는 유엔의 후원으로 수행되는 추가 기능이 필요할 수 있다.

목적

㉛ 견고한 과학적·기술적 진보를 바탕으로 다음의 목적을 얻을 수 있도록 미국의 우주탐사와 이용을 위한 프로그램을 효과적으로 실시한다. 첫째는 우주 기술 활용의 장점과 적절한 국제 협력으로 얻을 수 있는 과학적 지식, 군사력, 경제적 능력, 정치적 지위의 향상이다. 둘째는 우주에서의 성공적인 성취로부터 오는 이점의 획득이다.

* * *

심리적 탐구

㊱ 소련이 우주 성취의 결과로 얻은 심리적 이점을 최소화하기 위해 소련과 비교해 명백하게 우위를 확보할 것으로 예상되는 하나 이상의 프로젝트를 미국의 우주 활동으로 선택한다. 전체 우주 프로그램 중에서 성과가 확실할 것으로 보이는 프로젝트들을 현재와 미래의 프로그래밍에서 강조한다.

㊲ 미국이 후원하는 활동과 성과로 확보 가능한 다른 자유세계 국가들의 관심과 열망을 최대한 파악한다.

㊳ 지속적으로 미국의 우주 활동을 활용하는 정보 프로그램을 개발한다. 특히 소련의 우주 활동이 가져다준 심리적 영향에 대응하고 미국의 우주 발전을 가장 유리한 관점에서 보여주는 프로그램을 개발한다.

* * *

제2장

—

첫걸음

NASA를 가동하려는 1958~1960년의 여러 조치들과 함께 NASA는 미국인을 우주로 보내려는 노력에도 본격적으로 착수했다. 새로 설립되는 NASA의 최우선 과제가 유인 우주비행 임무였지만, 반드시 NASA가 그 역할을 맡는다고 확정된 것은 아니었다. NASA의 전신인 NACA가 1950년대 초 유인 우주비행과 관련한 문제를 조사해 왔고, 스푸트니크 1호의 여파로 초기 유인 우주비행 프로그램을 위한 계획을 수립한 것도 사실이다. 하지만 우주비행의 주도적인 역할과 관련해서는 미국 공군이라는 확고한 경쟁자가 있었다. 공군은 맨 인 스페이스MISS: Man in Space Soonest(유인 우주) 프로그램을 제안했고, 워싱턴 D.C.의 관료들을 상대로 이 프로그램이 최우선 순위가 되게 열심히 뛰었다. 1958년 2월 드와이트 아이젠하워 대통령은 국방부 안의 ARPA에 미국의 모든 우주 임무를 맡겼다. ARPA는 유인 우주비행 임무를 다시 공군에 할당했다. NACA가 아이젠하워 대통령이 제안한 새로운 우주 기관이 되는 것이 확실해지기 전까지는 NACA는 유인 우주비행에서 공군의 보조 파트너가 될 것으로 보였다. 그러나 아이젠하워는 새로운 우주 기관에 대한 제안서를 의회에 보내면서 "군사 무기 시스템이나 군사작전 또는 이와 주로 관련된 프로그램을 제외한 모든 우주 프로그램은 새로운 기관이 책임을 질 것"이라고 못을 박았다.

인간의 우주비행이 "군사작전과 주로 연관되어 있는가?"에 대한 논란이 몇 달 동안 있었다. 공군은 우주비행은 단순히 군사 활동의 장으로서 대기권의 연장일 뿐이며, 따라서 우주에서의 활동은 공군의 임무에 포함되어 있다고 주장했다. 대기와 우주가 하나의 연속적인 매개체라는 것을 암시하기 위해 '항공우주Aerospace'라는 단어를 사용하기 시작했다. 공군의 견해를 반영한 다음의 양해 각서는 미국의 유인 우주비행 프로그램을 수립한 최초의 공식 문서다.

문서 01

「NACA와 공군의 귀환 가능한 유인위성 공동 프로젝트의 행동 원칙」•

① 귀환 가능한 유인위성manned satellite 시험선 프로젝트는 NACA와 공군이 공동으로 수행하되, 공군은 ARPA의 지시를 이행해야 한다. 이 프로젝트의 이행은 국가의 긴급한 일이다.

② 프로젝트의 목적은 다음과 같다.

- 가능한 한 이른 시일에 적절한 안전성을 갖는 유인 궤도비행을 달성한다.
- 궤도선 안에서 인간의 역량과 기능에 영향을 미치는 요소를 평가한다.
- 궤도를 선회하는 무기 시스템에서 인간이 가장 잘 수행할 수 있는 기능을 결정한다.

③ 이러한 목표를 가능한 한 빨리, 적은 비용으로 달성시키기 위해 NACA와 공군은 각각 전문화된 과학, 기술, 행정관리, 조직, 시설의 제공을 보장한다.

④ 프로젝트의 전체적인 기술 방향은 NACA 소장이 공군 개발 담당 부참모장의 조언과 도움을 받아 수행할 책임이 있다.

⑤ 프로젝트의 설계, 시공, 운용의 전반적인 자금 조달은 공군이 맡는다.

⑥ 프로젝트의 설계, 시공, 운용의 관리는 ④번 항목에 규정한 기술적 지침에 따라 공군이 수행한다. 인적 요소 분야에서는 공군의 광범위한 배경과 능력을 최대한 활용해야 한다.

⑦ 프로젝트의 설계, 건설은 유능한 산업체가 제시한 경쟁 제안을 평가한 뒤에 상호 합의한 계약(주계약에 추가하거나 하도급 계약과 함께)을 통해 달성한다. 제안 요청의 근거는 공군과 NACA에서 이미 진행 중인 연구를 기반으로 공군과 NACA가 공동으로 만든 것이다.

• 1958년 4월 29일 토머스 화이트(Thomas White) 공군참모총장과 휴 드라이든 NACA 위원장이 교환한 양해 각서다.

⑧ 비행은 NACA와 공군이 지시한 프로그램에 따라 NACA, 공군, 주협력 업체가 함께 실시한다. NACA는 비행 장치와 계획에 대한 최종 책임을 진다.

⑨ 공군 개발 담당 부참모장의 조언과 도움을 받아 NACA 위원장은 정기적으로 진행 상황 보고서를 작성하고, 전화 회의를 하며, 기밀 정보 보호를 위한 관련 법률과 행정 명령에 따라 기타 적절한 수단을 통해 프로젝트의 기술 정보와 결과를 배포할 책임이 있다.

아이젠하워 백악관의 예산국 국장인 모리스 스탠스Maurice Stans는 국방과 명확하게 관련되지 않은 분야에서는 NASA가 주도권을 행사하는 것이 대통령의 의도라고 지적하며 공군의 제안에 동의하지 않았다. NACA가 NASA로 전환하던 처음에는 우주비행 사업에서 보조적 역할에 그쳐야 한다고 보아 유인 우주 활동의 관리와 정책적 주도권이 군으로 넘어갔다. 하지만 1958년이 다가오면서 스탠스의 판단이 옳으며 백악관은 NASA가 주도하기를 원한다는 사실이 명백해졌다.

문서 02

「'우주' 프로그램에 대한 책임」•

대통령님이 보낸 1958년 4월 2일 자 편지를 보면 국방부 장관과 NACA 위원장이 국방부가 현재 진행 중이거나 계획한 '우주' 프로그램 중 어떤 것이 의회에 제안한 새로운 민간 우주청의 지휘하에 배치되어야 하는지를 검토하고 보고하도록 지시한 바 있다. 이 지침에는 "새로운 기관은 군사 무기 체계나 군사 작전에 특화되거나 주로 관련된 프로그램을 제외한 모든 우주 프로그램에 대

• 1958년 5월 10일 모리스 스탠스 예산국 국장이 작성해 드와이트 아이젠하워 대통령에게 제출했다.

해 책임을 질 것이다"라고 구체적으로 명시되어 있다.

공군과 NACA는 명확하지 않거나 즉각적인 군사 적용이 없는 우주 프로그램도 일부는 국방부의 책임으로 남을 것이라는 전제하에 합의에 도달한 것으로 보인다. 이 합의는 행정부가 의회에 제출한 법률의 기초가 되는 개념과 대통령의 지시에 정면으로 배치된다.

이 합의는 주로 국방부의 대표들이 언젠가 군사적인 의미가 생길 수 있다고 판단하는 경우 국방부가 프로그램에 대한 통제권을 유지하도록 만드는 결과물이다. NACA 대표들은 국방부가 받아들일 수 있는 최대치의 조건에 대해 합의해 주어야 할 의무가 있다고 느꼈던 듯하다.

구체적으로 국방부는 '인간'의 우주 배치와 관련된 모든 프로젝트와 100만 파운드의 추력 엔진 개발 건 등 일부 주요 프로젝트를 새로운 기관에 넘겨주려고 하지 않는다. 하지만 대통령 과학자문위원회의 검토에는 이 프로젝트들에 즉각적인 군사적 적용 가능성이 있다고 보지 않았다.

두 기관 간 합의의 효과는 주로 과학적 관심사를 가진 프로그램에 대한 책임을 두 기관 간에 나누는 것이다. 이것은 바람직하지 않고 불필요한 책임 분할이며 매우 비현실적이다. 명확한 구분선 없이 불필요한 중복만 있을 것이다. 예산국은 프로그램의 두 부분을 균형 있게 유지하려고 노력해야 하는 거의 절망적인 임무를 맡게 될 것이고, 특정 프로젝트에 관한 문제들은 계속해서 해결책을 찾아야만 할 것이다. 제안된 조정의 결과 총비용이 더 늘어나는 비효율적인 프로그램이 될 것이다.

문제가 되는 프로그램에 대한 책임과 통제는 지시 사항에서 고려한 대로 새 기관에 명확하게 할당하고, 국방부는 계획 수립이나 적절하다면 프로그램 지휘에 참여함으로써 군사적 이해관계가 반영되게끔 실질적인 조정을 해나가는 쪽이 비교적 간단할 것이다.

이 경우 귀하가 두 기관이 도달한 합의가 이전에 내린 지시의 취지에 부합하는지에 대해 예산국과 제임스 킬리언 박사에게 확인하도록 지시하는 것을 권장한다. 특히 의회에서 새로운 우주 기관의 설립에 대해 입법을 검토하는 단계에서 현재 제안된 합의는 발표를 미루는 것이 중요하다.

NACA의 맥심 파제Maxim Faget는 미국인을 태운 초기 우주선의 '최고 설계자'라고 할 만하다. 그가 ARPA 및 공군과 협력해 초기 유인 우주비행 프로그램을 계획하는 동안 공군과 NASA 중 어떤 기관이 이 프로그램을 관리해야 하는지에 대한 논의가 계속되었다.

문서 03

「휴 드라이든 박사에게 제출하는 보고」*

이 보고서는 지난 몇 주 동안 내가 ARPA와 논의한 내용을 점검하기 위해 제출하는 것이다.

1) 배경

① 1958년 5월 14일 나는 ARPA 담당자와 처음 연락했다. 당시에 NACA는 ARPA 소속의 새뮤얼 배트도르프Samuel Batdorf 박사와 함께 기술적인 관점에서 NACA와 ARPA 모두에게 적합한 맨 인 스페이스 프로그램을 준비해야 한다는 분위기였다. 내가 펜타곤을 처음 방문했을 때 ARPA에서는 어떤 일이 벌어질지에 대해 약간 다른 분위기였다. ARPA 책임자인 로이 존슨Roy Johnson의 요청으로 ARPA에서는 맨 인 스페이스 프로그램을 작성하고 이 프로그램을 가장 잘 관리할 수 있는 방법을 알려주는 패널을 구성했다는 것이었다. 약 일주일 전에 배트도르프 박사의 지도하에 ARPA 기술직원들로 구성된 패널이었다. 나는 이것이 ARPA의 여러 도전적 업무와 관련된 실무진 중 하나이며, 여러 다양한 패

* 1958년 6월 5일 NACA 소속의 맥심 파제가 작성했다.

널 위원들이 크게 중복되어 있다고 들었다. 따라서 맨 인 스페이스 프로그램 패널에서의 내 위치는 요크 박사의 초청에 따른 특별한 것이었다.

② 이 상황은 내 생각과 정확히 일치하지 않았기에 나는 내가 패널의 일원으로 있는 동안 나 자신은 NACA를 대표해서 참석하는 것이라고 생각하고 있다고 패널에게 말했다. 이렇게 해서 맨 인 스페이스 프로그램에 대한 직접 책임은 곧 설립될 민간 우주 기관에 부여될 가능성이 높다는 점을 상기시켰다. 따라서 나는 맨 인 스페이스 프로그램이 NASA가 수용할 수 있는 프로그램이어야 하고, 관리 책임은 최대한 어려움 없이 이전될 수 있어야 한다는 점에 관심을 기울였다. 나는 더 나아가 ARPA와 NACA 간에 최종 합의가 이루어진다면, 아마도 드라이든 박사, 요크 박사, 그리고 백악관에서 선정한 전문가들의 승인을 받아야 한다고 했다. 배트도르프 박사는 이에 동의하고 대부분 국방연구원IDA: Institute for Defense Analysis에서 근무하는 ARPA 직원 출신 패널들은 자문 역할만 맡는다고 했다.

2) 현재 현황

① 패널 작업이 거의 마무리되고 있다. 우리는 공군의 제안과 유사한 맨 인 스페이스 프로그램을 제안했다. 이 프로그램의 핵심 요소는 다음과 같다.

- 이 시스템은 콘베어-아틀라스Convair-Atlas 추진 시스템의 사용을 기반으로 한다. 아틀라스Atlas 로켓만으로 예상 성능이 잘 나오지 않는 경우 아틀라스 117L 시스템이 사용될 것이다.
- 맨 인 스페이스 프로그램에 따른 비행은 플로리다주 케이프커내버럴Cape Canaveral 공군미사일시험센터AFMTC: Air Force Missile Test Center의 '20번 발사대'에서 발사될 것이다.
- 역추진로켓은 궤도에서 돌아오기 위해 사용될 것이다.
- 캡슐은 (자체 동력이 없는) 탄도 타입이 사용될 것이다.
- 대기에 진입하는 동안 발생하는 공기역학적 열은 열을 흡수하거나 제거하

는 재료로 처리된다.

• 추적은 기존의 시스템이나 이미 계획된 시스템에서 주로 수행한다. 그중 가장 중요한 것은 제너럴 일렉트릭General Electric의 매우 정확한 무선-관성 유도 시스템Radio-Inertial Guidance System이다. 제너럴 일렉트릭의 시스템은 공군 미사일시험센터, 산살바도르, 호주, 캠프 쿡Camp Cook에 배치될 것이다.

• 궤도비행 승무원은 육해공군의 자원자 중에서 선발될 것이다. 승무원들은 항공 의료 훈련을 받을 수 있도록 충분한 시간을 갖고 선발될 것이다.

② 위원회는 맨 인 스페이스 프로그램에 즉시 착수할 것에 만장일치로 동의한다. 아직 ARPA와 NACA 간의 조정이 끝나지 않았지만 위원회는 이 국가적인 맨 인 스페이스 프로그램이 채택만 된다면 충분히 달성할 수 있다고 생각한다. ARPA는 프로그램을 시작하기 위해 현재 1000만 달러를 가지고 있는 것으로 보인다. 미래의 자금 조달과 관리는 현재의 법(안)의 결과에 달려 있다.

③ 위원회는 공군에게 NACA와 ARPA에게 프로그램의 집행 통제권을 부여하라고 권고한다. 이것은 NACA, ARPA, 협력 업체, 공군, 그리고 아마도 육군과 해군의 대표자들로 구성된 집행위원회를 설립해 달성할 수 있을 것이다.

* * *

휴 드라이든 NACA 위원장은 왜 새로운 NASA가 유인 우주비행을 위한 최고의 기관이 되어야 하는지에 대해 의견을 같이했다.

문서 04

「유인위성 프로그램」•

① 유인위성 프로그램의 현재 목표는 인간의 우주탐사와 유인위성의 군사

• 1958년 7월 18일 휴 드라이든 NACA 위원장이 작성해 제임스 킬리언 보좌관에게 제출했다.

적 응용에 대한 서곡으로 우주 환경에서 인간의 기본 능력을 확인하는 것이다. NASA와 국방부가 이 프로그램의 수행에 협력해야 하는 것은 분명하지만, 나는 프로그램의 책임과 방향이 NASA에 있어야 한다고 생각한다. 이러한 조치는 "우주에서의 활동은 모든 인류의 이익을 반영해 평화적인 목적을 위해 헌신하는 것이 미국의 정책"이라는 '1958년 국가항공우주법' 제102조의 정책 선언을 전 세계에 강조하는 것이다.

② NASA는 기존의 NACA를 통해 기술적 배경과 역량을 갖추고 있으며 정부의 기술적 지원하에 국방부의 협력과 참여에 대해 계속해서 책임을 진다. 수년간 NACA는 초고속 비행체의 안정화, 적절한 제어의 제공, 고온 구조설계, 재진입과 관련된 모든 문제 등을 연구하도록 했다. 보다 최근에 NACA의 연구 그룹들은 유인위성에 직접 적용하기 위한 문제들을 연구하고 있다. 이 프로그램의 인적 요인 문제는 NACA가 해·공군과 공동으로 연구해 온 X-15와 크게 다르지 않다. 그동안 NACA는 군의 협력을 받았고 또 필요한 기술적 역량을 결집시켜 왔다. 이 역량에는 유인위성 프로그램을 위해 추가적인 기술 지원을 제공하려는 NACA 실험실 소속의 열정적인 대규모 인력을 포함한다.

③ NASA에 유인위성 프로그램의 지휘를 부여하는 것은 대통령이 의회에 보낸 메시지와 이 회람의 부록에서 제시한 '1958년 국가항공우주법'의 관련 내용과 일치한다.

* * *

드와이트 아이젠하워가 1958년 8월 공식적으로 NASA에 우주비행 임무를 부여하며 이 논쟁은 끝났다. 키스 글레넌 NASA 청장은 신속하게 유인위성 프로젝트 계획을 승인했고, 10월 8일 버지니아주 햄프턴의 NASA 랭글리 연구센터에 이 프로젝트를 관리하는 우주임무그룹STG: Space Task Group을 만들었다. 우주임무그룹의 책임자는 NACA의 베테랑 엔지니어이자 관리자인 로버트 길루스Robert Gilruth였다. 랭글리 출신 35명과 오하이오주 클리블랜드의 NASA 루이스 연구센터 출신 10명이 우주임무그룹으로 합류했다. 이들은 최종적으로 이 프로젝트에 참여하는 1000여 명의 인원 중 핵심을 형성하게 된다.

새 프로젝트의 이름이 필요했다. NASA는 고대 로마신화에서 신들이 보내는 전령의 이름을 따서 '머큐리 계획'을 선택했다. NASA의 우주비행 개발 책임자 에이브 실버스타인은 이 명칭의 상징적 연관성에 주목했다. 1958년 12월 17일 글레넌은 노스캐롤라이나주의 키티 호크라는 작은 마을에서 라이트 Wright 형제의 첫 비행이 있은 지 55주년이 되는 해에 그 이름을 발표할 예정이었다. 마지막 순간에 NASA 본부의 유인 우주비행 책임자인 조지 로George Low가 우주임무그룹 책임자인 길루스를 대신해 그 이름을 바꾸려고 했지만 그 시도는 성공하지 못했다. 미국 최초의 우주비행은 머큐리 계획으로 역사에 기록되었다.

문서 05

「코드명 '머큐리 계획', 유인위성 프로젝트」*

① 이 유인위성 프로젝트는 공군의 맨 인 스페이스 프로그램과 유사하기 때문에 언론과 공개 토론에서 상당한 혼란이 존재한다.

② 유인위성 패널이 참여한 마지막 회의에서 유인위성 프로젝트를 머큐리 계획이라고 부르는 것이 제안되었다.

③ 코드명 머큐리 계획으로 채택하는 것을 권고한다.

* 1958년 11월 26일 에이브 실버스타인 NASA 우주비행 개발 책임자가 작성해 NASA 청장에게 제출했다.

문서 06

「유인위성 프로젝트명을 '머큐리 계획'에서 '아스트로노트 계획'으로」*

① 로버트 길루스는 '아스트로노트 계획Project Astronaut(우주인 계획)'이 '머큐리 계획'보다 유인위성 프로젝트에 훨씬 적합한 이름이라고 생각한다.

② 이 제안에 동의한다면 키스 글레넌 박사에게 즉시 알려야 한다. 현재 계획으로는 글레넌 박사가 12월 17일 정책 연설에서 '머큐리 계획'을 발표할 예정이다.

맥심 파제가 이끄는 우주임무그룹의 기술자들은 1958년 가을 머큐리 우주선을 설계하고 이를 제작할 협력 업체를 찾기 시작했다. 1958년 12월 NASA는 우주선 개발과 생산 계약을 원하는 회사들로부터 11개의 제안을 받았다. 그리고 1959년 1월 미주리주 세인트루이스에 본사를 둔 맥도넬McDonnell 항공을 머큐리 우주선의 주협력 업체로 선출했다.

머큐리 우주선을 타고 우주로 갈 사람의 유형을 파악하고 해당 조건을 갖춘 사람('연구 우주인'으로 지칭한다)을 선택하는 중요한 과제가 남아 있었다. 1958년 11월 NASA 랭글리 연구센터의 우주임무그룹에서 일하는 항공 컨설턴트들은 머큐리 우주선을 조종할 우주비행사들을 선발하는 예비 절차를 마련했다. 그들은 산업계와 군의 추천을 받은 150명의 남성을 추려냈다(이때 여성들은 신청 자격이 없었다). 이들은 다시 36명으로 좁혀져 광범위한 신체·심리 검사를 받게 되었다. 궁극적으로 12명의 남성이 훈련과 자격을 위해 선발되고, 이 중 6명이 비행에 투입될 계획이었다.

이 계획은 랭글리 연구센터장의 기술 자문인 찰스 돈런Charles Donlan이 이끌

---

* 1958년 12월 12일 NASA 본부의 유인 우주비행 책임자인 조지 로가 작성해 에이브 실버스타인 박사에게 제출했다.

었다. NACA의 전 시험비행사이자 랭글리의 유인위성실 책임자인 워런 노스 Warren North, 국립과학재단의 심리학자인 앨런 갬블Allen Gamble이 우주비행사 프로그램 지원자들을 위한 업무 사양을 작성했다. NASA는 처음에 해당 직책에 대해 공개경쟁을 계획하고 1958년 12월 22일 지원 요청서를 발표했다. 이미 글레넌이 '머큐리 계획'이라는 프로그램 이름을 발표했지만, 이 요청서에는 우주임무그룹이 선호하는 '아스트로노트 계획'이 사용되었다.

문서 07

NASA 프로젝트 A, 발표 1호, "연구 우주인 후보 신청 공고문"•

NASA 랭글리 연구센터에서 연구 우주인 후보를 모집한다. 자격 조건에 따라 최저 연봉은 8330달러에서 1만 2770달러다(GS-12에서 GS-15까지).

1. 아스트로노트 계획 설명

NASA가 유인위성 프로젝트를 관리하고 지휘한다. 이 프로젝트의 목표는 가능한 한 빨리 유인 우주비행선의 궤도비행과 귀환에 성공하고, 우주 환경에 노출된 인간의 능력을 조사하는 것이다. 이를 위해 탄도 유형의 재진입선을 선정했다. 탄도 형태의 재진입선은 가장 단순하고 신뢰할 수 있으며, 충분히 가벼워 개조 없이 대륙간탄도미사일 부스터에 장착할 수 있다. 위성은 24시간 동안 궤도에 머무를 수 있지만, 초기 비행은 지구 주위를 한두 번만 궤도비행하는 것으로 계획되어 있다.

사람이 없는 상태에서 전면적 운용도 가능하겠지만, 초기 단계에서는 우주비행사가 비행 중에 중요한 역할을 맡게 된다. 비행사들은 실내 환경을 모니터

• 1958년 12월 22일 NASA에서 공고했다.

링하고 필요한 조정을 함으로써 시스템의 신뢰성에 기여한다. 이들은 자신의 자세, 고도, 기타 계기 판독 값을 지속적으로 표기하며, 반응 제어장치를 작동시키고, 궤도에서 하강을 시작하는 기술을 배우게 된다. 이들은 통신 시스템 운영에 기여할 것이다. 또한 이들은 계기로는 불가능한 연구 관측을 할 것이다. 여기에는 생리학적·천문학적·기상학적 관측을 포함한다.

궤도비행은 충분히 역량을 강화한 뒤에 진행할 것이다. 가령 실물 크기의 캡슐은 궤도비행을 시도하기 전에 단·중거리 탄도비행으로 비행할 것이다. 신뢰할 만한 안전 시스템을 설계하고 개발하는 데 최대한 노력할 것이다. 유인 우주비행 단계는 새로운 연구용 항공기 개발의 일반적인 관행처럼 점진적으로 범위를 확대시켜 나갈 것이다.

2. 연구 우주인 후보의 임무

연구 우주인 후보는 세심하게 계획된 비행 전 훈련과 신체 조절 프로그램을 따를 것이다. 또한 이들은 과학적으로 성공적인 비행, 그리고 우주선과 탑승자의 안전한 복귀를 위해 아스트로노트 계획의 연구·개발 단계에 직접 참여할 것이다. 연구 우주인 후보의 임무는 크게 세 분야로 나뉜다.

① 훈련 세션과 규정된 기술 보고서를 학습하면서 이들은 유인 우주비행과 관련된 장비, 운영, 과학 실험에 대한 전문 지식을 습득할 것이다. 우선 이들은 다른 사람들이 개발한 개념과 장비에 대한 지식을 배운다. 그러고 나서 이들의 지식과 경험이 발전함에 따라 비행의 성공을 최대한 보장하기 위해 이들의 의견도 수렴할 것이다.

② 이들은 다음의 일들을 하도록 설계된 실험 조사에서 실험을 수행하는 동시에 관찰자 역할을 수행한다. 첫째, 무중력 또는 높은 중력가속도가 가해지는 상황에서 숙련도와 자신감을 발전시키는 일, 둘째, 프로그램을 지속하기 위해 신체적·정신적·정서적 적합성에 대한 보다 정확한 평가를 가능하게 하는 일,

셋째, 통신, 디스플레이, 비행체 제어, 환경제어, 우주비행과 관련된 기타 시스템의 최종 개발을 평가하고 가능하게 하는 필요한 지식을 끌어내는 데 도움이 되는 일이다.

③ 이들은 연구 팀, 연구 센터, NASA의 정기 프로그램에 대한 보조를 맡아 전문성이 필요한 하나 이상의 과학적·기술적 분야에서 특별 과제를 수행한다.

④ 이러한 과제에는 연구와 시험 또는 다른 프로그램에 대한 지시와 평가, 또는 이들의 특별한 능력을 이용하는 다른 작업이 포함될 수 있다.

이 연구·훈련 프로그램에 참여하는 지명자들은 최대 1년간의 연구 우주인 후보 기간을 포함해 3년간 NASA에 재직하게 된다. 초기 몇 달 동안 지명자 중 절반 정도가 연구 우주인으로 최종 선발된다. 이때 연구 우주인으로 선발되지 않은 지명자들에게는 급여나 그 밖의 발전 기회의 저하 없이 특별한 역량과 훈련이 필요한 다른 중요한 분야로 NASA에서 계속 일할 수 있는 선택권이 주어지며, 향후 비행을 위한 후보로 남을 수도 있다.

3. 자격 요건

1) 시민권, 성별, 나이

지원자는 미국 시민이어야 하며, 신청일 기준으로 만 25세부터 40세까지의 남성이어야 한다. 지원자는 신체 조건이 양호해야 하며, 신장이 5피트 11인치(180센티미터) 미만이어야 한다.

2) 기본 교육

지원자는 인가된 대학에서 4년 이상의 학사학위 과정을 성공적으로 이수했어야 한다. 물리학, 수학, 생물학, 의학, 심리 과학, 기타 적절한 공학 분야를 전공했거나, 그 밖에 다음과 같은 분야에서 석사 이상의 학위가 필요하다.

3) 전문직 경력 또는 대학원 연구

지원자는 이·공학이나 의학 학위 외에 다음과 같은 전문직, 대학원 또는 그와 동등한 경력이 있어야 한다.

① 물리학, 수학, 생물학, 심리 과학 중 어느 하나에서든 3년간의 업무 경력.

② 연구·개발 프로그램이나 조직에서 기술 또는 엔지니어링 업무를 3년간 수행한 경력.

③ 지휘관, 조종사, 항해사, 통신장교, 엔지니어 또는 그에 상응하는 기술직으로 항공기, 비행선, 잠수함을 3년간 운용한 경력.

④ 적절한 과학·공학 분야에서 박사학위 취득에 필요한 모든 요건과 추가적으로 6개월간 전문직을 수행한 경력.

⑤ 의사들의 경우 자격증, 인턴, 레지던트 경력 외에 임상·연구 업무를 6개월간 수행한 경력.

지원자의 경험이나 대학원 연구가 우주비행의 다양한 연구와 운영상의 문제와 관련성이 높을수록 우대될 것이다. NASA는 물리학, 생명과학, 기술을 포함하는 다양한 분야의 우주비행사 후보 팀을 선발하고 훈련시키기를 원한다.

4) 위험하고 엄격하며 스트레스가 많은 경험

지원자는 다음의 세 가지 필수 특성을 분명히 입증할 수 있는 실질적이고 상당한 경험을 가져야 한다. 첫째, 현대적인 연구 비행기의 시험비행에서 직면하는 위험 및 그와 비견되는 위험을 기꺼이 수용하려는 의지, 둘째, 엄격하고 가혹한 환경조건을 견딜 수 있는 능력, 셋째, 스트레스나 비상 상황에서 적절히 대응하는 능력이다.

이 세 가지 특성은 시험비행사, 실험용 잠수함의 승무원, 북극·남극 탐험가와 같은 특정한 직업 경력을 통해 입증할 수 있다. 아니면 전투나 군사훈련 등을 통해 입증할 수도 있다. 낙하산 점프, 등산, 심해 다이빙(스쿠버를 포함한다)은 직업이든 스포츠든 상관없이 높이, 깊이, 빈도, 지속 시간, 온도, 기타 환경

조건, 경험했던 비상사건에 따라 이러한 특성을 입증할 수도 있다. 또는 가속, 높거나 낮은 대기압, 이산화탄소와 산소 농도의 변화, 높거나 낮은 주변 온도 등과 같은 극한 환경조건을 겪은 테스트 관찰자로서의 경험으로 입증할 수도 있다. 그 밖에 다른 예를 많이 제시할 수 있다. 서로 다른 특성이 별도 유형의 경험으로 입증할 수도 있다.

다만 1950년 이전의 경험은 고려하지 않는다. 최소한 관련 경험 중 일부는 공고일로부터 1년 이내의 것이어야 한다. 이러한 세 가지 필수 특징을 가지고 있음을 증명하려는 지원자는 업무, 스포츠, 에피소드를 설명하는 사실 정보를 제출해야 한다.

* * *

5. 선택 프로그램

앞에서 설명한 지원서와 입증 자료에 대한 평가에 기초해 1959년 2월 15일 버지니아주 랭글리 필드Langley Field의 NASA 우주임무그룹에 보고하기 위해 지원자들을 초대할 것이다. 약 3주 동안 지원자들은 계획된 우주비행 훈련에 적합한지를 평가받기 위해 경쟁적인 기준으로 다양한 신체·정신 검사를 받게 된다. 여기에는 워싱턴 D.C.를 포함해 여러 지역으로의 여행이 포함될 것이며 감압실과 원심 가속기(원심분리기) 같은 장비가 사용된 시험과 항공기 비행도 포함될 것이다. 이러한 경쟁 테스트 프로그램을 마친 지원자들은 그들의 집과 직장으로 돌아갈 것이다.

2주에서 3주 동안 실험실과 기타 테스트 결과가 평가되고 최종적으로 일부 지원자가 연구 우주비행사 후보자로 선정될 것이다. 이들은 1959년 4월 1일쯤 랭글리 필드의 NASA 시설에서 근무를 통보받게 될 것이다. 이들(기혼자라면 이들의 가족까지 포함한다)에게는 여비와 이사비가 제공될 것이다.

6. 임명과 보수

연구 우주비행사 후보들은 미국 NASA 소속의 민간인 신분이다. 직무와 선정 과정의 특수성으로 인해 예외적으로 임명되며, 높은 수준의 보험과 퇴직 연금을 포함한 미국 공무원 시스템의 혜택과 보호를 받게 된다. 연구 우주비행사 후보들은 교육과 경험에 상응하는 수준에 따라 급여는 연간 8330달러에서 1만 2770달러의 범위 안에서 지급받는다. 이 분야에 능숙해지면 이들은 가장 숙련된 NASA 연구 조종사와 항공·우주 과학자들의 급여에 상응하는 연구 우주비행사 자격을 얻게 될 것이다.

드와이트 아이젠하워 대통령은 산업계와 군대에 우주비행사 지원을 요청하려던 계획을 곧 포기했다. 그 대신에 대통령은 군의 시험비행사들만 지원하도록 결정했다. 이것으로 모집 과정은 단순화되었고, 동시에 첫 번째 미국 우주비행사 집단은 남성만으로 구성되게 되었다. 왜냐하면 당시 군 시험비행사 중에 여성은 없었기 때문이다. 대통령의 지시 뒤에 NASA는 군 인사 기록을 검토하고, 초기 요구 조건을 만족시키는 남성 110명을 추려냈다. NASA는 이들 중 일부와 접촉하면서 엄격한 신체·정신 검사에 따라 32명을 선발했다. 머큐리 계획이 진행되면서 탈락자가 발생할 것을 감안해 당초 후보 숫자를 12명으로 하려고 했으나, 이들 32명의 수준이 매우 높아 NASA는 중간 과정 없이 바로 6명만 선발하는 것으로 바꾸었다. 육군 쪽의 지원자는 아무도 최종 후보에 들지 못했다. NASA는 자격을 갖춘 육군 장교가 있는지 알아보기 위해 조사를 한 번 더 가졌으나 결과는 같았다. 6명의 후보를 추려내느라고 고심하던 NASA는 마침내 해병대 1명, 해군 3명, 공군 3명 등 7명을 선발했다. 이들은 스콧 카펜터Scott Carpenter, 고든 쿠퍼Gordon Cooper, 존 글렌, 버질 거스 그리섬Virgil Gus Grissom, 월터 시라Walter Schirra, 앨런 셰퍼드, 도널드 디크 슬레이튼Donald Deke Slayton이었다. 이들은 미국 최초의 우주비행사로 '머큐리 7인Mercury Seven'

으로 알려지게 된다.

이렇게 선발된 우주비행사들은 1959년 4월 9일 NASA의 기자회견을 통해 소개되었다. 이들은 순식간에 유명 인사가 되었고 이들의 삶의 모든 것이 기삿거리가 되었다. 그러나 이 우주비행사들이 우주여행에서 실제 살아남을 수 있을지는 아직 알려지지 않았다. 인간이 우주로 나갔을 때 어떤 일이 일어날지 이해하기 위해 NASA는 영장류를 다양한 궤도로 쏘아 올리는 일련의 시험비행을 계획했다. 소련도 같은 시기에 동물들을 우주로 쏘아 올렸으나 실험 대상은 개였다. 영장류를 대상으로 실험하는 것은 우주비행이 인간에게 미치는 영향에 대해 더 나은 시뮬레이션을 제공하는 것이었지만, NASA는 또한 영장류가 인간과 비슷하기 때문에 동물 학대에 대한 비판을 피하기 위해 더욱 신중하게 관리해야 하는 것도 알고 있었다.

이런 발사가 네 번 있었다. 두 번은 저가의 고체연료로켓인 리틀 조Little Joe 부스터를 사용했다. 나머지 두 번은 인간을 태운 비행에서 쓰는 것과 동일한 부스터를 사용했다.

첫 번째 발사는 1959년 12월 4일 미국 태생의 붉은털원숭이 샘Sam이 탑승한 리틀 조 2호였다. 샘은 몇 시간 뒤에 생환했고 여행에 따른 부작용은 전혀 없었다. 이후 샘은 텍사스주 샌안토니오에 있는 브룩스 공군기지의 항공의학대학원에 있는 자신의 집으로 돌아왔다. 또 다른 붉은털원숭이이자 샘의 짝인 미스 샘Miss Sam은 1960년 1월 21일 리틀 조의 두 번째 미션으로 발사되었다. 미스 샘 역시 생환했으며 항공의학대학원으로 돌아왔다.

풀 네임이 홀러먼 에어로매드Holloman AeroMed인 침팬지 햄은 준궤도 머큐리-레드스톤 2호를 타고 우주로 간 최초의 영장류가 되었다. 이 비행은 1961년 1월 31일 있었다. 햄은 16분 39초 동안 날았는데, 레드스톤 부스터가 제대로 작동하지 않는 바람에 계획보다 124마일을 더 내려갔고, 햄은 예상치보다 훨씬 높은 17배에 달하는 중력을 받게 되었다. 그렇다고 해도 햄은 건강한 상태로 비행에서 살아남았다.

침팬지 에노스Enos는 1961년 11월 29일 발사된 머큐리-아틀라스 5호 미션에서 지구 궤도를 도는 최초의 영장류가 되었다. 이 두 차례의 궤도비행으로 머큐리 우주선의 궤도비행 능력이 증명되었고, 1962년 2월 존 글렌이 미국인으로서 첫 궤도비행 길에 오르게 되었다. 영장류 비행에 대한 높은 관심과 민감성 때문에 NASA는 동물을 어떻게 다루고, 이들이 프로그램에서 어떤 역할을 수행했는지 설명하기 위해 상당한 노력을 기울였다.

문서 08

「머큐리 계획에서 동물 발사를 위한 안내서」*

1. 배경

우주비행에서 생물학적 반응에 대한 정보를 얻기 위해 동물을 머큐리 개발 프로그램에 사용할 것이다. 유인 궤도비행에서 직면한 문제는 본질적으로 공학적인 것이며 동물 프로그램의 범위는 비교적 간단할 것이다. 동물 비행에서 얻은 지식은 생명유지시스템과 관련된 프로그램에 다음의 정보를 제공할 것이다. 우주 환경에서 생리적 반응을 측정하는 장치, 높은 중력 하중과 같은 영역에서 알려진 한계점에 가까울 때의 설계 개념을 확인하는 일, 동적 하중 조건에서 장비와 계측기에 대한 시험, 카운트다운 절차를 개발하고 유인 우주비행에 앞서 이러한 절차 속에서 우주비행사를 훈련하는 일 등이다.

NASA는 머큐리 계획의 개발 작업을 위해 세 마리의 동물을 선택했다. 붉은털원숭이Macaca Mulatta, 침팬지, 쥐였다. 영장류는 인간과 장기 배치가 같고 갈비뼈 골격suspension을 갖기 때문에 선택되었다. 붉은털원숭이와 침팬지 모두 의학적 연구 배경이 비교적 길다. 가령 미국의 동물 사육장vivarium에서 태어나고

* 1959년 7월 23일 NASA에서 발표했다.

자란 붉은털원숭이 품종은 20년의 연구 배경을 가지고 있다. 침팬지는 크고, 몸 체계가 인간과 더 유사하며, 맥도넬 항공의 캡슐을 이용한 첨단 시제 개발 비행에 사용될 예정이다.

* * *

일단 발사가 이루어지고 나면 NASA 워싱턴 본부는 모든 과학적 정보의 원천이 된다. 발사하고 약 24시간 뒤까지 알려지는 모든 정보를 요약한 언론 브리핑이 실시된다. 패널 대표자들은 NASA 본부, 우주임무그룹, 생물의학그룹, 발사 팀, 복구 팀으로 구성될 것이다.

발사 전 정보활동으로 대상 동물이 훈련받고 주거하는 모습을 찍은 정지 사진과 동영상이 필요하다. 공군은 그러한 사진과 영상을 선정해 제공하는 역할을 담당할 것이다. NASA는 생존 환경 장치bio pack를 캡슐에 넣고, 장치 속에 있는 동물의 정지 사진과 동영상을 촬영해 제공한다. 사진 촬영이나 관람 목적으로 동물을 언론에 공개하지는 않을 것이다. 그 이유는 다음과 같다.

① 대상 동물은 격리되어 있었기 때문에 군중의 영향을 받아 흥분하게 되면 시험 결과에 영향을 미치게 된다. 과학적·임상적 관점에서 최소한의 군중만을 허용한다.

② 필요한 수의 과학자만으로 접촉을 제한함으로써 영장류가 질병에 노출될 가능성을 줄인다.

③ 동물에 대한 복잡한 취급 절차는 필요하지 않다.

④ 〈로마의 휴일Roman Holiday〉과 같은 분위기가 주는 바람직하지 않은 영향이 없도록 한다.•

* * *

• 〈로마의 휴일〉은 1950년대 인기 영화였다 _ 옮긴이.

머큐리 7인들 각각은 행동과 성취를 지향하는 'A형' 성격이었다. 자신들의 역할에 잠재적으로 정치적 활동이 허용된다는 점을 인식하자 이들은 소련과의 '우주비행사 외교'에 참여할 것을 제안했다. 하지만 이 제안에 대한 워싱턴의 반응은 부정적이었다. 미국 우주비행사와 소련 우주비행사 간의 첫 만남은 양국이 궤도비행을 마친 뒤인 1962년에야 실현되었다. 다음의 보고를 보면 머큐리 우주비행사는 초기 미국 우주비행사와 소련의 우주비행사 간 만남이 갖는 장단점을 신중하게 저울질하고 있다.

문서 09

「소련 우주비행사들과의 교환 방문」*

① 소련인들은 최근 우주인 프로그램을 발표하면서 선발된 우주비행사들에게 어느 정도 홍보 활동을 허용하고 있다. 우리가 좋든 싫든 다른 나라들의 눈에는 미국의 머큐리 계획이 그들과 경쟁하는 상황으로 보인다. 소련인들이 우리보다 먼저 우주비행에 성공할 경우 미국에게 불리한 집중적인 선전이 다시 한번 있을 것이다.

② 지금 소련의 프로그램에 관한 정보를 얻고 유인 우주비행에 관해 소련이 누리는 선전·선동의 주도권을 빼앗는 더 좋은 조치를 취할 수도 있다. 즉, 상호 훈련을 포함해 서로의 문제에 대한 정보를 공유할 목적으로 양국 우주비행사들의 상호 방문을 제안하는 것이다.

③ 선전·선동 측면에서 우리는 분명히 많은 것을 얻을 수 있는 반면에 잃을 것은 거의 없다.

- 미국이 유인 우주 분야에서 국제 협력을 후원하는 데 솔선수범했다.
- 이러한 제안은 과학 탐사로서 머큐리 계획이 가진 순수한 평화적 의도를

* 1959년 10월 21일 머큐리 우주비행사들이 작성해 NASA 프로젝트 책임자에게 제출했다.

세계에 보여줄 수 있다.

• 니키타 흐루쇼프Nikita Khrushchev 소련 서기장의 미국 방문과 미국 대통령의 예정된 소련 답방에 따른 현재의 정치 분위기와 일치한다.

④ 미국이 잃을 만한 것은 거의 없어 보인다. 그 이유는 머큐리 계획의 모든 세부 사항이 이미 사실상 공공의 영역이며, 언론에서 반복적으로 다루어왔기 때문이다. 반면에 소련의 프로그램은 비밀이었기 때문에 우리가 배우는 모든 것이 새로운 정보가 될 것이다.

⑤ 소련이 우리의 협력 제안을 거부한다면 분명히 다른 나라들의 눈에 좋지 않게 비칠 것이다. 이들 나라는 이미 미국과 소련이 우주 경쟁에서 앞서 나가는 데 우려하고 있다.

⑥ 이러한 제안은 타이밍이 매우 중요하다. 제안을 하려고 한다면 소련이나 미국 어느 쪽에서든 우주인 미션이 성공하기 전에 아주 빨리 진행해야 한다.

⑦ 만약 미국이 첫 번째 궤도비행에 성공한 뒤에야 정보 교환을 제안한다면, 우리는 스스로 우주탐사를 할 능력이 없는 불쌍한 사촌(다른 우방 국가)들에게 정보를 주려는 '시늉'만 하는 것처럼 보일 것이다. 이러한 태도는 아마도 미국에게 득보다 실이 더 클 것이다.

⑧ 만약 미국이 소련이 첫 궤도비행에 성공할 때까지 기다렸다가 정보 교환을 제안한다면, 우리는 스스로 할 수 없기 때문에 소련인들이 어떻게 궤도에 올랐는지 정보를 얻고자 제안하는 것처럼 보일 것이다. 이것 역시 다른 나라들의 눈에는 좋지 않게 보일 것이다.

⑨ 요약하자면 우리는 소련과 상호 방문할 때 그들의 정보를 얻으면서 아직 발표되지 않은 정보는 거의 제공하지 않아야 한다. 아직 궤도비행을 성공시킨 나라가 나오기 전에 미국이 이러한 제안을 맨 먼저 내놓는다면 이 제안과 상호 방문의 선전 가치는 매우 높을 것이다.

⑩ 이러한 제안의 가치를 평가하는 한 방법은 소련이 먼저 제안해 올 경우 우리의 반응과 다른 국가의 반응을 생각해 보는 것이다. 우리가 먼저 제안함으

로써 이익을 얻을 수 있다.

⑪ 이러한 제안과 관련해 고려할 사항이 많이 남아 있다. NASA, 국무부, 정보부, 그 밖에 여러 정부 기관에서 이 제안이 실현 가능한지, 바람직한지 판단할 중요한 정보를 가지고 있어야 한다.

⑫ 이 제안서를 검토를 위해 함께 제출한다.

언론에서 벗어난 머큐리 7인은 우주비행사라는 전례 없는 역할을 위한 훈련을 시작했다. 머큐리 계획은 기본적으로 발사 때의 높은 중력 하중, 무중력으로의 빠른 전환, 지구로의 힘든 귀환 과정에서 지구 중력으로 돌아올 때 인간에게 어떤 일이 일어나는지 알기 위한 직접적 실험이었다. 그러한 경험에서 인간이 살아남을 수 있는지, 살아남을 경우 우주비행 중에 다양한 역할을 수행할 수 있는지 등이 알려지지 않았다. 우주비행을 하는 중에 인간의 반응이 어떨지 알 수 없는 상황이었기에 머큐리 우주선은 자동 조종되도록 설계했으며 우주비행사는 백업 기능만 맡도록 했다. 그럼에도 NASA는 1959~1960년 우주비행 중에 받는 스트레스를 가능한 한 가깝게 시뮬레이션하기 위해 우주비행사들을 위한 훈련 체제를 개발했다. 일곱 명은 모든 우주선 시스템에 대해 교육받았으며, 실제로 NASA가 적절하다고 판단한 우주비행 경험의 모든 측면에 대해 교육받았다. 훈련 체제는 혹독하면서도 포괄적이었다.

우주비행사이자 해군 중령인 존 글렌이 제임스 스톡데일James Stockdale 해군 소령에게 보낸 다음의 편지에는 초기 머큐리 계획에 대한 개인적 견해가 나타나 있다. 글렌은 지구 중력의 16배(16g)의 힘을 받는 것을 포함해 우주비행사 훈련의 다양한 측면을 설명한다. 메릴랜드주 패턱센트강에 있는 해군 시험비행사 훈련 학교의 급우였던 스톡데일은 베트남전쟁의 초기 영웅들 중 한 명으로 유명하다. 그는 1965년 격추되어 7년간 포로 생활을 했다. 1992년 스톡데일은 사업가 로스 페로Ross Perot(1992년과 1996년 미국 대선 후보)의 지명을 받아 미국의 부통령 후보를 지냈다.

문서 10

"제임스 스톡데일 해군 소령에게 보내는 편지"•

지난 8~9개월은 전투 외에 내가 참여한 프로그램 중에 가장 흥미로웠다고 말할 만한 바쁜 기간이었다. 제임스! 이것은 확실히 매혹적인 분야다. 그리고 너무 빨리 진행되어 이 분야의 모든 것은 말할 것도 없이, 중요한 것도 따라잡기 힘들었다.

지난 4월 우리가 선발된 뒤에 우리는 랭글리 필드의 NASA 우주임무그룹에 배정되었고 그곳이 우리의 거점이 되었다. 이 일이 항상 그렇지만, 우리는 길에서 너무 많은 시간을 보내기 때문에 본거지인 랭글리 필드는 깨끗한 속옷과 셔츠를 가지러 돌아오는 곳이 되었다. 우리는 라이트 필드Wright Field에서 열실, 압력실, 우주비행용 원심 가속기 훈련을 추가로 받았고, 올가을 펜실베이니아주 존즈빌Johnsville의 해군방공센터NADC: Naval Air Defense Center에서 2주일 동안 원심 가속기 훈련을 추가로 받았다. 이것은 우리가 나중에 캡슐에서 사용할 것과 비슷한 하향식 위치에서 중력 환경을 실행하는 프로그램이었고, 훈련을 받을 때 중력가속도는 중력의 16배까지 올라갔다. 이것은 하향식이든 아니든 어떤 자세에서도 가능했다.

우리가 사용하던 각도와 중력의 16배 상태에서는 심지어 누워 있어도 의식을 유지하려면 가능한 모든 힘과 기술이 필요하다. 우리는 우리가 생각했던 것보다 이런 종류의 중력 하중을 견디는 데 꽤 많은 기술이 개입되어 있다는 것을 알았다. 훈련을 받으며 높은 중력 하중을 견디기 위해 우리 나름대로 기술을 개발했는데, 이 덕분에 적응력이 상당히 증가했다. 하루에 몇 번씩 훈련을 받으면 도달할 수 있을 것 같았다. 우리가 받은 다른 훈련들은 2초 안에 플러스 중력에서 마이너스 중력 상태로 회전하는 것이다. 우리가 가장 많이 받은 훈

• 1959년 12월 17일 존 글렌 중령이 작성했다.

련은 지구 중력의 플러스 9배(+9g)에서 마이너스 9배(-9g)로 이동하는 것이었다. 전체적으로 중력 18배(18g)의 차이인데, 우리가 처음 이것을 논의했을 때는 그것이 가능하리라고 전혀 여기지 않았다. 하지만 조심스럽게 단련해 가는 과정에서 우리는 이것이 다행스럽게도 그렇게 끔찍하지는 않다는 것을 알게 되었다. 지구 중력의 플러스 9배에서 마이너스 9배까지 우리는 왔다 갔다 했지만, 그것은 꽤 견딜 만했다.

이 프로그램에서 가장 흥미로운 부분 중 하나는 우리가 직접 만나 이야기를 청할 수 있는 몇몇 사람들인 것 같다. 그중에서도 가장 좋았던 것은 앨라배마주 헌츠빌에서 베르너 폰브라운 박사와 보낸 시간이었다. 우리는 그의 집에서 새벽 2시 30분경까지 스크랩북 등을 뒤지며 그의 독일 페네뮌데 시절부터 우주 활동의 과거, 현재, 미래에 대한 그의 생각을 들으며 저녁 시간을 보내는 행운을 누렸다. 이것은 이 프로그램에 사로잡힌 시골 소년들에게 진정한 경험이었고, 누구나 상상할 수 있는 것처럼 매우 극적인 경험이었다.

우리는 케이프커내버럴에서 휴식을 취하며 그곳에서 진행되던 발사 중 하나를 참관했다. 그 광경은 내가 평생 본 것 가운데 가장 극적인 모습 중 하나라고 할 만하다. 케이프커내버럴에서 야간 발사를 위해 거치는 모든 절차는 할리우드 영화가 보여주는 어떤 장면보다 훨씬 좋고 자연스러우며 극적이다. 빅 버드Big Bird 발사체가 발사대를 떠날 때의 모습은 진정으로 감동적이었다.

물론 우리 작업의 대부분은 캡슐과 시스템에 대한 엔지니어링과 관련 있다. 이 중 내가 맡은 분야는 우주비행사를 위한 조종석 레이아웃과 계측 표시다. 우리는 우리의 아이디어가 다른 사람들의 아이디어에 비해 떨어지지 않는 매우 유리한 입장에서 일하고 있기 때문에 이 작업은 극히 흥미롭다. 과거의 경험을 최대한 활용하면서 우리가 생각해 낼 수 있는 새로운 아이디어에서 시작한다. 이것은 잘 알다시피 매우 즐거운 개발 작업이다.

우리는 얼마 전에 에드워즈 공군기지에 있는 F-100 전투기에서 무중력 비행을 하는 흥미로운 활동을 끝냈다. 이것은 우리가 2인승 TF-100 훈련기의 뒷좌

석에 앉아 먹고 마시는 등 TF-100 훈련기와 함께 만들어가는 60초간의 탄도비행 중에 기계적인 절차와 같은 다양한 활동을 시도하는 것이었다. 약 4만 피트에서 30도 각도로 다이빙해 2만 5000피트까지 내려갔다가, 다시 마하 1.3에서 1.4 정도의 속도로 50도에서 60도 각도로 상승해, 정점에서 다시 약 60도 각도로 하강하면서 무중력(0g)의 포물선을 그리게 된다.

불과 1분 안에 꽤 많은 것을 성취할 수 있었던 것 같다. 우리는 라이트 필드에 있는 C-131 수송기의 객실을 떠다니는 등 약간의 사전 작업을 수행했다. 약 15초 정도 무중력을 유지하는 동안 몸을 끈으로 묶지 않은 채 캡슐 안을 떠다니며 몸을 뒤집거나 천장을 걷는 등 전체 객실 공간을 떠다닐 수 있었기 때문에 훨씬 재미있었다. 그 경험은 진짜 대단했다. 우리는 1년이 조금 지난 뒤에 이 훈련 장비와 더 많은 시간을 보내게 될 것이다.

내년 안에 우리는 105해리의 궤도 고도를 목표로 유인 레드스톤 발사체를 이용하는 탄도비행을 시작해야 한다. 그러나 궤도 속도에 도달해서는 안 된다. 그래야만 우리는 케이프커내버럴에서 200마일 정도 떨어진 곳으로 다시 귀환할 수 있을 것이다. 1961년 중·후반까지 최초의 유인 궤도 발사를 목표로 해야 한다고 생각한다.

* * *

일곱 명의 머큐리 우주비행사들은 미국의 초기 우주비행을 준비하며 포물선 비행, 원심 가속기 시험, 고공 체임버 연구, 체력 훈련, 생존 교육, 비행사 숙련도 훈련 등 많은 활동을 하면서 무중력 모의실험을 했다. 우주인 훈련 프로그램을 설계한 사람 중 한 명이 작성한 다음의 보고서는 이렇게 다양한 활동이 서로 어떻게 조화를 이루었는지 설명한다. 훈련 프로그램의 복잡성과 포괄성은 머큐리 계획이 얼마나 어려운 프로젝트인지 보여준다.

문서 11

「머큐리 계획 우주비행사 훈련 프로그램」*

* * *

교육 프로그램

우주비행사 훈련 프로그램은 여섯 개의 주요 영역으로 나눌 수 있다. 일차적인 요건은 우주비행사를 훈련시켜 우주선을 운행하도록 하는 것이다. 추진력, 궤적, 천문학, 천체물리학 등 우주비행과 관련된 과학 분야에 대해 배경지식을 충분히 갖추는 것이 바람직하다. 이들은 가속도, 무중력, 열, 진동, 소음, 방향 감각 상실과 같은 우주비행 조건에 노출되어 익숙해져야 하고, 우주비행에서 직면하게 될 스트레스에 신체적으로 준비되어야 한다. 또한 본인의 비행 전과 비행 후에, 그리고 우주비행 팀의 다른 멤버가 비행하는 중에는 지상에서 임무를 수행한다. 여기서 간과되어서는 안 되는 훈련 요소가 하나 있다면, 우주비행사들이 머큐리 계획에 선발된 중요한 자질 중 하나인 비행 기술을 계속해서 유지하는 것이다.

우주비행선 작동에 대한 교육 머큐리 캡슐의 운용 기술 개발에는 일곱 개의 훈련 절차나 시설이 사용된다. 여기에는 머큐리 시스템과 작동에 대한 강의, 머큐리 계획에 참여하는 단체에 대한 현장학습, 훈련 매뉴얼, 개별 우주비행사의 특별 연구 프로그램, 모의실험, 훈련 장치가 포함된다. 우주비행사에게 머큐리 시스템과 구성 요소와 기능에 대해 기본적인 이해를 제공하기 위한 강의 프로그램을 만들었다. 맥도넬 항공으로 짧게 파견을 나갔는데, 이때 캡슐 시스템에 대한 일련의 강의를 이수했다. 이 시스템 강의에 우주임무그룹 과학자들의 운영 영역에 대한 강의가 보강되었다. 이 초기 강의는 나중에 자가 학습을

---

* 1960년 5월 26일 NASA 우주임무그룹의 로버트 보아스(Robert Voas)가 작성했다.

위한 기초를 제공했으며 설명 자료 인쇄물이 배부되었다. 프로젝트가 진전되면서 우주임무그룹과 맥도넬 항공 직원들이 캡슐 시스템에 대한 일련의 강의를 반복했다. 이 강의는 고정형 머큐리 훈련기의 배송과 초기 운영 시기와 일치하도록 예정되어 있다. 이 강의에서 우주비행사들은 그들의 주요 절차 훈련 프로그램을 시작할 때 각각의 시스템에 최신 정보를 제공하기 위한 영역들을 검토하게 된다.

이 강의 프로그램 외에도 머큐리 계획의 운영과 관련해 중요한 시설에 대한 주입식 교육 여정을 진행했다. 맥도넬 항공, 케이프커내버럴, 마셜 우주비행센터, 에드워즈 비행시험센터Edwards Flight Test Center, 우주기술연구소Space Technology Laboratory, 공군 탄도미사일 시설Air Force Ballistic Missile Division에서 이틀을 보냈다. 노스아메리칸 항공NAA: North American Aviation의 로켓다인Rocketdyne 사업부에서 하루를 보냈고, 콘베어 아스트로노틱스Convair Astronautics에서 닷새를 보냈다. 현장에서 머큐리 캡슐, 부스터 하드웨어, 머큐리 운영을 다루는 최고위 관계자가 진행하는 강의를 듣고 일반 시설을 둘러보는 시간이 있었다. 또한 우주비행사들은 X-15나 디스커버리Discoverer 위성 등 관련된 연구 비행선의 정보도 청취할 수 있었다. 이러한 프로그램에서 발생하는 기술적 문제와 머큐리 계획의 중요성에 대해 간략하게 논의했다.

* * *

우주비행사에게 정보를 전달하는 데 유용한 또 다른 방법은 각각의 전문 분야를 할당하는 것이었다. 일곱 명이 각자 맡은 임무는 다음과 같다. 스콧 카펜터는 항법 및 항법 보조, 고든 쿠퍼는 레드스톤 부스터, 존 글렌은 승무원 공간 배치, 버질 거스 그리섬은 자동·수동 자세제어 시스템, 월터 시라는 생명유지 시스템, 앨런 셰퍼드는 발사 사거리launch range, 추적, 귀환 작업, 도널드 디크 슬레이튼은 아틀라스 부스터를 맡았다. 각자 담당 업무를 수행하기 위해 각 우주비행사들은 캡슐 시스템에 관한 최신 정보가 제공되는 회의와 연구 그룹에 참여한다. 관련된 모든 사람을 만나고 그룹에 보고하는 정기적 기간이 정해져 있었다. 특히 우주선에 대한 정교한 지상 훈련 장치가 아직 없는 상황에서 제조업체가 가진 모형은 중요한 정보의 출처였다. 맥도넬 항공을 방문하는 동안 우주비행사들은 모형에 익숙해질 기회를 가졌다.

머큐리 시스템에 관한 초기 지식을 쌓고 난 뒤에 머큐리 계획을 위해서 개발된 특수 훈련 장치를 이용해 우주선을 작동하기 위한 기본 교육이 진행되었다. 초기의 자세제어 훈련은 시뮬레이션된 머큐리의 자세 디스플레이 및 핸드 컨트롤러와 결합된 랭글리 일렉트로닉스 어소시에이츠 컴퓨터Langley Electronics Associates Computer에서 이루어졌다. 이 장치는 1959년 여름부터 쓸 수 있었다. 나중에는 F-100F 전투기 시뮬레이터에서 분리한 아날로그 컴퓨터를 실제 머큐리의 하드웨어와 결합해 보다 현실적인 디스플레이와 제어장치를 제공했다. 이 MB-3 트레이너에는 머큐리 침상과 압력 슈트를 위한 장비도 포함되었다.

이 두 개의 고정형 시뮬레이터 외에도 머큐리의 자세제어 기술을 개발하기 위해서 다이내믹 시뮬레이터 세 개를 사용했다. 먼저 공기 윤활 자유 자세ALFA: Air Lubricated Free Attitude 시뮬레이터는 잠망경과 윈도우 디스플레이를 통해 별자리 등 외부 정보를 사용해 궤도 및 역추진 자세제어 문제를 연습할 수 있다. 지상 모의 트랙은 잠망경 디스플레이를 제공하고자 축소된 렌즈를 통해 큰 화면에 투사된다. 또한 이 시뮬레이터를 이용하면 지구를 기준으로 하는 항법 훈련이 가능하다. 존즈빌 원심 가속기는 고정형 트레이너에서 사용할 수 있는 계측기에 가속 신호를 추가하기 때문에 재진입 속도 감쇠damping 작업을 위해 다이내믹 트레이너가 사용되었다. 발사와 재진입 과정에서 연속 모니터링과 비상절차를 연습할 수 있는 기회도 제공한다. 텀블링tumbling으로부터의 회복 훈련을 위해 사용한 또 다른 다이내믹 시뮬레이션 기기는 NASA 루이스 연구센터에서 보유한 세 개의 짐벌 마스티프MASTIF: Multiple Axis Space Test Inertia Facility 장치였다. 이 장치는 세 개의 축 모두에서 분당 최대 30회의 회전수rpm: revolutions per minute의 텀블링 속도를 모사했다. 머큐리 속도 표시기와 머큐리 핸드 컨트롤러를 사용해 이 속도를 감쇠하고 우주선을 정지 위치로 이동시키는 내용의 훈련을 실시했다.

1960년 여름 두 개의 정교한 트레이너가 사용 가능하게 되었다. 이 트레이너는 시퀀스 모니터링과 시스템 관리 실습을 제공했다. 맥도넬 프로시저 트레이너McDonnell Procedures Trainer는 항공기 운항의 표준이 된 고정형 트레이너와 유사하다. 자세제어 문제에 대한 시뮬레이션을 제공하기 위해 이 장치에 MB-3 트레이너에 사용된 컴퓨터가 통합되었다. 잠망경을 통한 외부 관찰은 지구를 나타내는 원이 있는 음극선관을 사용해 시뮬레이션된다. 우주복을 가압하고 열과 소음 효과를 반영한 시뮬레이션도 준비되었다. 환경제어 시뮬레이터는 캡슐 모형의 실제 비행 환경제어 하드웨어로 구성된다. 비행 압력 수준을 시뮬레이션하기 위해 전체 장치를 감압실에 배치할 수 있다. 이 장치는 환경제어 시스템의 기능과 장애에 대한 현실적인 시뮬레이션을 제공한다. 이 두 시뮬레이터를 효과적으로 사용하려면 우주선 시스템에서 발생 가능한 오작동 유형에 대한 적절한 지식이 필요하다. 제조업체에서 제공하는 고장 모드 분석은 발생 가능한 오작동의 유형과 이를 시뮬레이션하기 위한 요구 사항을 결정하기 위한 기초를 제공했다. 발생 가능한 오작동이 카드에 기록되는 시스템이 시뮬레이션 방법과 함께 설정되었다. 카드 뒷면에는 오작동이 언제, 어떤 조건에서 시뮬레이션되었는지와 우주비행사가 이를 해결하기 위해 어떤 조치를 취했는지를 기록하는 여백이 있다. 이러한 방식으로 시스템 오작동을 감지하고 수정하는 경험이 문서화되었다.

우주과학 훈련 우주비행사는 머큐리 우주선의 조종 능력은 물론 천문학, 천체물리학, 기상학, 지구물리학, 로켓엔진, 궤도 등에 대한 일반 지식을 충분히 갖추어야 한다. 이러한 기본적인 과학적 지식은 비행 중에 새로운 현상을 마주할 때 예리한 관찰자의 역할을 가능하게 할 것이다. 또한 이들이 머큐리 우주선에 대해 획득해야 하는 세부 정보를 보다 잘 이해할 수 있게 할 것이다. 랭글리 연구센터의 교육 섹션은 우주 항행학과 관련된 과학에 대해 폭 넓은 배경지식을 제공하기 위한 강의 프로그램을 구성했다. 프로그램에는 기초 기계 및 공기역학(10시간), 유도와 제어 원리(4시간), 우주에서의 항법(6시간), 통신 요소(2시간), 우주 물리학(12시간)이 포함되었다. 여기에 우주임무그룹 종사자들의 우주비행 주치의인 윌리엄 더글러스William Douglas 박사의 8시간짜리 생리학 강의도 진행되었다.

초기 강의 프로그램에 이어 특정 관찰 기법에 대한 훈련이 계획되었다. 이 프로그램의 첫 번째 활동은 노스캐롤라이나주 채플힐의 모어헤드 플라네타륨 센터Morehead Planetarium Center에서 진행된 12궁도zodiac의 주요 별자리를 인식하는 훈련이었다. 캡슐에서의 외부 관찰 조건을 시뮬레이션하기 위해 링크Link 트레이너 본체의 창문과 머리 받침을 수정했다. 이 장치를 사용해 우주비행사들은 궤도비행을 시뮬레이션하도록 프로그래밍된 모어 헤드 플라네타륨에서 별자리를 인식하는 연습을 할 수 있었다. 향후 태양과 기상 이벤트, 지구와 달의 지형, 심리적·생리적 반응을 관찰하는 방법, 별 인식에 대한 추가 교육 등을 실시한다. 머큐리 계획의 주요 목표는 우주 환경에서 사람의 능력을 파악하려는 것이다. 교육 프로그램은 세 가지 방법으로 이 목표에 기여한다.

① 우주비행사의 역량과 생리적 반응에 대한 기준선을 설정한다. 이 기준선들은 우주 환경에서의 심리적·생리적 요인들과 비교될 것이다.

② 앞서 설명한 기초과학 프로그램을 통해 우주비행사는 우주 환경에서 수행할 수 있는 관찰의 중요성을 인식하는 충분한 배경지식을 갖게 된다.

③ 관측 기술과 과학 장비의 사용과 관련된 구체적인 훈련은 과학에 가치가 있는 데이터를 수집할 수 있는 기술을 갖추게 한다.

즉, 훈련 프로그램의 목적은 우주비행사의 과학 활동에 토대를 마련하고 머큐리 우주선을 비행하는 데 필요한 특정 기술을 제공하는 것이다.

우주비행 조건 숙지 훈련 프로그램의 필수 요건은 우주비행사들에게 인간이 우주에서 직면하게 될 새로운 조건을 숙지시키는 것이다. 우주비행사 훈련 프로그램의 중요한 부분은 머큐리 비행과 관련된 여덟 가지 조건, 즉 높은 가속도, 무중력, 낮은 공기압, 열, 방향 감각 상실, 텀블링, 높은 이산화탄소 농도, 소음과 진동에 대한 경험 기회를 우주비행사 후보들에게 제공하는 것이었다.

우주비행사들은 오하이오주 데이턴에 있는 라이트 항공개발부WADD: Wright Air Development Division에서, 나중에는 펜실베이니아주 존즈빌의 항공의료가속연구소Aviation Medical Acceleration Laboratory에서 머큐리 우주선의 발사, 재진입과 관련된 가속 패턴을 경험했다. 이 훈련을 받는 동안 이들은 의식 상실blackout과 흉통 문제를 줄여주는 기술을 익힐 수 있었다. 일반적으로 우주비행사들은 원심 가속기 훈련이 훈련 프로그램에서 가장 중요한 부분 중 하나라고 생각했다.

우주비행사들은 C-131과 C-135 수송기의 자유 부양과 F-100F 전투기의 후방 조종석에 묶여 무중력상태를 경험할 기회를 얻었다. 후자는 머큐리 미션 수행과 더 비슷하지만 조종사 경험이 있는 우주비행사는 이 경험과 일반적인 비행 활동 간에 차이가 거의 또는 전혀 없다고 생각했다. 그러나 자유 부양 상태는 참신하고 즐거운 경험이었다. C-131 수송기가 가장 흥미로운 체험 훈련을 제공한다면, F-100F 전투기는 제공할 수 있는 무중력 시간이 더 길기에 의료 데이터 수집에 유용해 훈련 프로그램에서는 두 유형의 작업이 모두 바람직한 것으로 보인다. 우주비행사가 무중력상태에서 비정상적인 감각을 경험하지 않았다는 사실은 머큐리 운영으로 얻은 고무적인 발견이었으며, 이러한 유형의 운영에 맞는 비행 요원을 선택하는 것이 바람직하다는 점을 뒷받침했다.

* * *

체력 단련 프로그램　앞서 논의된 다양한 유형의 스트레스에 따라 우주비행사의 역량이 크게 저하되지 않도록 하려면 이들이 뛰어난 신체 상태를 유지하도록 하는 것이 중요하다. 대부분의 우주비행사가 양호한 건강 상태로 머큐리 계획에 들어왔기 때문에 스쿠버 훈련을 제외한 별도의 단체 체력 단련 프로그램은 시행되지 않았다. 스쿠버 훈련은 물리적·신체적 조절 외에도 머큐리 계획에 많은 잠재적 이점을 제공했기에 예외적으로 실시되었다. 호흡 조절과 호흡 습관 분석, 수영 기술(머큐리 계획에서 예정한 해상 착륙을 고려했다) 훈련을 제공한다. 마지막으로 물의 부력 속에서는 특히 시야가 저하된 경우 부분적인 무중력상태 체험이 가능하다. 단체 스쿠버 훈련 외에는 각자 자신의 필요에 맞춘 자발적인 체력 훈련 프로그램을 수행하고 있다. 이 프로그램에는 대부분의 우주비행사에게 세 가지 기본 사항을 요구하고 있다. 우선 1959년 12월 현재 우주비행사들은 흡연을 줄이거나 완전히 중단했다. 이는 의료진의 압력에 따른 것이 아닌 개인적이고 자발적인 결정이었다. 흡연이 비행 중에 직면할 스트레스, 특히 가속도에 대한 내성에 미치는 영향과 관련해 우주비행사들 스스로의 평가에 따른 결정이었다. 과체중 경향이 있는 인원 중 일부는 적절한 다이어트로 체중 조절 프로그램을 시작했다. 거의 모든 우주비행사가 매일 어떤 형태로든 운동하는 것을 습관화했다.

지상 활동에 대한 훈련　우주비행사들이 수행하는 지상 활동의 범위와 중요성은 종종 간과된다. 우주선과 그것의 작동에 대한 지식은 특정한 지상 작업에 특별히 필요하다. 지상 절차에 대한 훈련은 카운트다운 절차, 지상 비행 감시 절차, 회수와 생존의 세 가지 주요 영역으로 나뉜다. 우주비행사들은 카운트다운 절차 개발에 참여하고 있는데, 먼저 무인 발사를 위한 카운트다운 절차를 관찰하고 최종적으로 실제 유인 비행을 위한 준비 절차에 참여함으로써 자신이 맡은 카운트다운 부분에 대해 스스로 훈련하는 것이다.

* * *

비행 기술의 유지　우주비행을 대비한 훈련에서 지속되는 문제 중 하나는 실제 비행 연습과 숙련도 훈련 기회가 제한되어 있다는 것이다. 머큐리 캡슐의 각 우주비행사의 총비행시간은 3년 동안 네다섯 시간 이하가 될 것이다. 문제는 머큐리 우주선 운용에 필요한 모든 기술이 순수하게 지상 시뮬레이션을 통해 유지될 수 있는지에 관한 것이다. 지상 시뮬레이션과 관련된 문제 중 하나는 시뮬레이터의 주된 장점과 관련이 있다. 지상 시뮬레이터로 비행 연습을 하면 탑승자가 다치거나 장비가 손상되지 않는다. 실패에 대한 벌칙은 연습을 반복하는 것뿐이다. 하지만 실제 비행에서 실패는 훨씬 가혹한 대가가 따른다. 우주비행사 임무의 대부분은 고도의 의사결정을 수반한다. 그러한 결정을 내리는 기술이 급격하게 변화된 조건하에서 유지될 수 있을지 의문스러워 보인다. 비행 경험이 빈틈없는 의사결정을 가장 잘 뒷받침한다는 가정하에 머큐리 우주비행사들은 고성능 항공기를 조종할 기회를 부여받았다. 이 분야의 프로그램은 이들의 관심과 의욕의 결과물이며, 공군이 F-102 전투기 두 대를 지원해 주고 운영·유지해 준 덕분에 가능했다.

미래 프로그램에 대한 시사점

결론에서는 머큐리 계획의 개발에서 직면하게 된 미래 우주비행 프로젝트에 대한 시사점과 함께 문제점을 검토했다.

우주선 운용 기술을 개발하려면 교육과 개발 프로그램이 동시에 진행되어야 하는데, 이때 시스템에 대한 최신 정보를 제공하는 데 어려운 점이 논의되었다. 훈련과 개발의 동시 진행은 미래 우주비행 프로그램의 특징적 경향인데, 이들 중 많은 것이 기존에 정해져 있는 것을 운영하는 것이 아니라 본질적으로 실험적이기 때문이다.

모든 우주선은 지상 지원에 의존하지 않고 장기간 스스로 작동해야 하는 문제를 가지고 있다. 지구로 귀환해 임무를 긴급 종료하는 경우에도 대기 중 안전 조건이 달성되기까지 장기간이 소요될 수 있다. 따라서 향후 우주 활동에서 '시스템 관리'가 점점 더 강조될 것이다. 오작동을 찾아내는 것이 우주비행사의 임무 중 하나지만 비행 중 유지·보수는 대개 거의 시도되지 않는다. 비행 중단은 위험하며 어떠한 경우에도 귀환하는 것보다 시간이 더 많이 지연되기 때문에, 우주비행사는 오작동에 대한 더 자세한 진단과 함께 비행 중 유지·보수에 관심을 기울여야 한다. 이를 위해서는 우주선 시스템에 대한 광범위한 지식과 오작동 중단 및 보정 훈련이 필요하다. 이를 훈련하려면 (우주선은 물론이고) 비교적 단순한 우주선에서도 발생할 수 있는 수많은 오작동 중 가능한 경우를 최대한 많이 식별하고 시뮬레이션해야 한다. 머큐리 훈련·개발 프로그램에서는 이 분야에 상당한 노력을 기울였으며, 이것은 미래 프로그램에서 점점 더 중요한 특징이 되고 있다.

실제 비행하는 중에 우주비행사들이 비행과 관련된 물리적 조건(열, 가속 등)의 영향을 덜 받도록 훈련 과정은 이들이 스트레스 요인에 적응할 수 있도록 시뮬레이션된다. 적응 과정에 대한 현재의 척도는 훈련 진행에 대한 기준을 제공하기에 부적절하다. 숙련 과정 프로그램의 두 번째 목적은 이러한 환경적 조건이 우주비행사들의 성과에 미치는 영향을 최소화하도록 이들에게 필요한 구체적인 방법을 습득하는 기회를 제공하는 것이다. 그러나 이들에게 필요한 많은 기술이 아직까지도 완전히 식별되거나 검증되지 않았다.

가령 우주비행사들이 가속 증가를 견디기 위한 기술이 개발되었지만, 이 기술의 효과는 충분히 입증되지 않았고 기술 자체도 적절히 설명되지 않았다. 지금까지는 신체적 스트레스 요인의 결합 효과에 대한 충분하지 않은 데이터만 있을 뿐이다. 따라서 다중 스트레스 시뮬레이션을 제공하는 데 따른 난이도와 비용의 증가가 어느 정도까지 정당화되는지 판단하기 어렵다. 현재의 프로그램에서는 대기압 감소와 원심 가속기를 통한 가속을 시뮬레이션할 수 있다. 초기 데이터는 이러한 시뮬레이션이 바람직하지만 결정적이지는 않은 것으로 알려졌다. 최종 결론을 도출하려면 이러한 스트레스의 상호작용 효과에 대한 데이터가 추가로 필요하다.

훈련 목적으로 무중력은 아직까지도 적절하게 시뮬레이션되지 않은 우주비행의 한 요소다. 앞서 설명한 것처럼 현재의 프로그램에서는 단시간의 무중력상태가 사용된다. 진정한 무중력상태는 매우 짧은 시간이지만 훈련 목적에는 충분히 적합했다. 반면 물을 이용한 지상 시뮬레이션 방법은 충분히 수용할 수 있는 대체물이 되기에는 너무 번거롭고 비현실적인 것 같다. 현재는 이러한 적절한 시뮬레이션이 부족하지만 무중력이 훈련 성과에 미치는 영향이 경미하고 일시적인 것으로 보이기 때문에 중요한 것으로 보이지 않는다. 초기 우주비행에서 더 큰 문제가 발견된다면 무중력 시뮬레이션 방법을 개발하는 데 더 큰 노력이 필요할 것이다.

마지막으로 훈련 프로그램에서 적절한 동기부여 조건을 재현하기 위한 요건을 반복하는 것이 중요하다. 우주비행사의 기본 임무는 불리한 여건하에서 중대한 결정을 내리는 것이다. 우주비행사가 내린 결정은 사소한 불편과 괴로움부터 장비의 큰 손실이나 심지어 생존까지도 영향을 미친다. 우주에서의 의사결정에는 지상 시뮬레이션이라는 인위적인 조건하에서 달성하기 어려운 조심성과 의사결정 능력이 요구된다. 현실적인 운영 조건을 제공하기 위해 지상 장치에서 실시되는 훈련은 비행 훈련으로 보완되어야 한다.

머큐리 미션은 한 번에 우주비행사를 한 명만 태우게 될 것이다. 다음의 보고는 머큐리-레드스톤의 준궤도비행의 첫 두 후보가 될 우주비행사 세 명을 선정하는 과정을 간략히 설명하고 있다.

문서 12

「초기 머큐리-레드스톤 비행을 위한 우주비행사 선정 절차」•

* * *

③ 일곱 명의 우주비행사 모두를 개인별로 최적화된 시뮬레이터로 훈련시키는 것은 비현실적이다. 그래서 세 명의 후보자를 선발할 것이며 세 명 모두 캡슐 7로 작업을 시작한다. 세 명의 신원이 언론에 노출되지 않기를 바란다. 정

• 1960년 12월 14일 에이브 실버스타인 NASA 우주비행 프로그램 책임자가 작성해 NASA 청장에게 제출했다.

표 2-1 우주비행사의 성과와 관련된 영역 평가

영역	평가 항목
의료	건강 일반 상태 신체적 스트레스에 대한 반응 체중 조절
기술	캡슐 자세제어 시뮬레이터의 숙련도 캡슐 시스템에 대한 지식 임무 절차에 대한 지식 우주선 설계와 비행 절차에 기여할 수 있는 능력 일반 항공기 비행 경험 공학 및 과학적 배경 비행 결과를 관찰하고 보고하는 능력
심리	성숙함 동기부여 다른 사람과 함께 일하는 능력 머큐리 계획을 대중에게 홍보하는 능력 스트레스하에서의 성과

규 비행사와 백업 비행사는 첫 유인 레드스톤의 발사 일주일 전에 결정될 것이다. 따라서 첫 비행에 투입될 두 명의 신원은 비행 약 일주일 전까지 우주비행사들과 언론에 발표되지 않는다.

④ 로버트 길루스가 위원장을 맡아 다섯 명의 위원으로 구성된 우주비행 준비 위원회가 설치된다. 위원들은 우주비행사의 성과와 관련해 〈표 2-1〉의 영역을 평가한다. 다양한 분야의 전문가가 증인으로 참여한다. 위원회의 평가에 따라 후보자 세 명이 선정되고, 이 중 최종 비행사 두 명이 선발될 것이다.

⑤ 일곱 명의 우주비행사들은 자신은 제외하고 동료 비행사 가운데 세 명을 추천해 위원장에게 제출해야 한다. 이 결과는 위원장만이 알 수 있으며 선정 시에 추가 고려 요인으로 작용한다.

⑥ 12월 26일 또는 1월 2일 주중에 위원회가 열릴 것이다.

머큐리-레드스톤 3호의 임무는 1961년 3월로 예정되어 있었으며 첫 번째 유인 우주비행으로 계획되었다. 그러나 침팬지 햄이 탑승했던 머큐리-레드스톤 2호에서 차질이 빚어지자 NASA는 레드스톤의 부스터 문제가 확실히 해결되기를 바랐다. 결국 머큐리-레드스톤 3호의 발사는 연기되고 3월 중에 추가 시험비행이 실시되었다. 3월 24일 발사된 비행은 성공적이었다. 만약 레드스톤에 부스터 문제가 없었다면 1961년 4월 12일 소련의 유리 가가린이 궤도비행을 하기 전에 미국인이 먼저 우주로 나갈 수 있었을 것이다. 만약 미국이 최초로 인간을 우주에 보냈다면 그 이후의 역사는 상당히 달라졌을 것이다.

3월 시험비행이 성공하면서 미국의 첫 우주비행을 향한 길이 뚫렸다. 존 F. 케네디 대통령의 과학보좌관 제롬 위스너Jerome Wiesner는 맥조지 번디McGeorge Bundy 안보보좌관과 함께 새 대통령이 발사 과정을 텔레비전 생중계하는 방안을 제기할 정도로 이 행사에 대한 언론과 대중의 관심이 커지고 있었다. 위스너는 대통령을 포함해 백악관의 최고위층 인사들이 우주비행의 비기술적인 측면을 충분히 인식하고 있는지 확인하고 싶었다. 또한 위스너는 1958년 드와이트 아이젠하워 대통령이 우주비행사 그룹을 군 시험비행사들로 제한하기로 한 결정에 비판적이었다. 이 정책은 1962년 NASA가 민간 비행사 닐 암스트롱이 포함된 두 번째 우주비행사 그룹을 선정하면서 뒤집혔다.

가가린의 우주비행 이후에 우주 발사를 텔레비전으로 중계하는 데 대한 우려가 컸다. 소련의 성공 직후에 텔레비전으로 미국의 실패가 방송될 가능성에 백악관은 전전긍긍했다. 결국 텔레비전으로 진행해도 될 만큼 발사 실패의 가능성이 낮다는 결정을 내린 사람은 케네디 자신이었다.

문서 13

「프로젝트 머큐리의 일부 측면」•

우리는 한 인간을 지구 궤도에 올려놓으려는 NASA 프로젝트의 기술적 검

• 1961년 3월 9일 제롬 위스너 대통령 과학보좌관이 작성해 맥조지 번디 박사에게 제출했다.

토를 맡은 특별 위원회를 준비하고 있다. 이제 개조된 레드스톤 부스터를 이용해 준궤도 발사를 하게 될 시스템에 인간이 처음으로 탑승할 순간이 다가왔다. 위원회의 관심은 주로 기술적 세부 사항에 있지만, 운영상 다음의 두 부분에서는 기술 영역이 아닌 주제에 상당한 의문이 제기되었다. 이번 기회에 제기된 의문들에 대해 귀하의 주의를 환기하고자 한다.

① 이 프로젝트에 참여한 많은 사람들은 첫 유인 발사의 현장 취재에 우려를 표시했다. 우리 위원회는 이번 임무가 할리우드 영화 제작처럼 비치는 것을 막기 위해 모든 예방 조치를 취해야 한다고 생각한다. 왜냐하면 이 작업이 전체 임무의 성공을 위태롭게 할 수 있기 때문이다. 로켓 발사 관제소blockhouse와 관제 센터의 사람들은 전문 배우가 아니며, 기술적으로 매우 복잡하고 고도로 조직화된 조종에 관여하는 훈련을 받은 사람들이다. 녹화든 생방송이든 극도의 긴장된 시간 동안 텔레비전 카메라 앞에 놓이는 것은 치명적인 결과를 불러올 수도 있다. 마찬가지로 유인 발사와 귀환한 뒤에 우주비행사들은 우주비행이 인간에게 미치는 잠재적 영향에 대해 의료진이 기본 정보를 분석할 수 있도록 상당히 오랜 기간 좁은 지역에 있어야 한다. 이 기간 동안 언론의 압력은 아마도 어마어마할 테지만 견뎌내야 한다. 우리 패널이 홍보 분야의 전문가라고 공언하지는 않겠지만 우주비행사의 안전과 성공적 임무 수행이 갖는 국가적 중요성을 감안할 때 기술적 측면이 이 프로그램에서 제일 먼저 고려되어야 한다고 생각한다. 실제 궤도 진입은 인류 최초의 우주 모험이 될 것이다. X-15 프로그램과 많은 차이가 있으므로 특별한 고려가 필요하다. 많은 사람의 상상처럼 이번 발사는 크리스토퍼 콜럼버스가 신대륙을 발견한 것과 같은 범주에 있다고 개인적으로 생각한다. 이것은 매우 중요한 모험이며 NASA 차원에서 적절하게 다루어야 한다.

② 위원회에서 일부 구성원들(그리고 나에게 개인적으로 연락한 일부 인사들)은 우주비행사는 군인이어야 한다는 이전 정부의 결정이 잘못되었다고 생각한다. NASA는 명시적으로 평화로운 우주 임무를 목적으로 만들어졌다. 그런데 군인

신분의 우주비행사가 궤도비행을 하면 전 세계에 군사적 활동으로 비칠 것이며, 소련의 선전·선동에 휘말릴 것이 확실하다고 지적했다.

나의 개인적인 느낌은 이제 와서 우주비행사의 지위에 변화(군인에서 민간인 신분으로 바꾸는 것)를 주면 인위적인 조작으로 보이리라는 것이다. 향후 NASA는 과거 정부의 결정을 검토할 필요가 있으며, 지금 선발된 우주비행사들이 다음 유인 우주 프로그램에 참여할 때 민간인 자격으로 참여할 수 있도록 선택권을 주는 방안도 바람직할 것이다.

위스너가 제기한 또 다른 우려는 NASA가 비행 준비의 모든 측면을 적절하게 고려했는지 여부, 특히 우주비행사에 미칠 영향을 고려했는지 여부였다. 위스너는 대통령 과학자문위원회에서 이 문제를 독립적으로 검토해 줄 것을 요청했다. 이 평가를 수행하는 특별 위원회가 구성되었다. 이 위원회는 "우리의 최대 관심은 우주비행이 수반할 극한의 물리적·감정적 압박에 대한 비행사의 반응과 관련된 의학적 문제"였지만, 전체적으로 우주비행이 "우리가 받아들이는 데 익숙한 다른 모험보다 더 위험성이 높은 것은 아니다"라고 보고했다. 위원회가 작업을 완료하고 있을 때 NASA는 우주비행이 인간에게 미치는 영향에 대한 높은 불확실성 때문에 유인 우주비행을 실시하기 전에 위원회가 침팬지 비행(침팬지 햄은 1961년 1월 31일 준궤도비행을 위해 발사되었다)을 50번 이상 더 요구할 것이라는 소문을 들었다. 이러한 소문을 전해 들은 우주임무그룹의 로버트 길루스는 "프로그램을 아프리카로 옮기는 편이 낫겠다"라고 논평한 것으로 알려졌다. 위원회의 보고서에는 그러한 권고가 포함되지 않았지만, 우주비행이 인간에게 미치는 영향에 관한 데이터가 부족한 것에 상당한 의구심을 표명했다. 그러나 위원회가 보고서를 제출한 바로 그날 소련은 유리 가가린을 궤도로 올렸고 성공적으로 지구로 귀환시켰다. 소련의 성공은 인간이 우주로 갔다가 건강하게 지구로 돌아올 수 있다는 최소한의 증거가 되었다.

문서 14

「머큐리 특별 위원회 보고서」*

* * *

7. 결론

① 머큐리 계획은 유인 우주비행을 달성하는 데 합리적인 수순이다. 이것은 착수할 당시에 이용 가능한 가장 발전된 기술적 수준이었다.

② 이 시스템에서 복잡한 것은 주로 자동화 시스템이다. 여기에 수동 제어 장치와 안전장치 등이 추가되고 일부 장치는 중복되기도 한다.

③ 시스템을 완전히 신뢰할 수 있지는 않지만 가까운 장래에 더 신뢰할 만한 시스템을 만들 수는 없다. 이것은 초기의 예측 수준보다 신뢰의 수준이 떨어지는 것은 아니다. 가능한 한 신뢰할 수 있도록 신중하고 철저하게 대부분의 문제를 충분히 고려했다. 신뢰성을 제고하고 안전 대책을 마련하는 데 자금 부족은 없었다.

④ 머큐리 유인 우주비행은 라이트 형제의 비행, 찰스 린드버그Charles Lindbergh의 비행, 연구용 항공기인 X 시리즈의 초기 시도처럼 위험한 일이 될 것이다.

⑤ 궤도비행의 전주곡으로 준궤도비행을 한 번 더하거나 추가 비행이 필요하다. 준궤도비행은 비행 중 캡슐을 비행 방향으로 조정하는 능력을 포함해 실제 비행할 때의 불안과 스트레스, 최대 5분 정도의 무중력 시간 연장과 같은 적절하게 시뮬레이션할 수 없는 요소들에 대한 비행사의 역량을 확인한다. 이러한 상황하에서도 준궤도비행은 합리적으로 접근 가능한 지역으로의 하강이 보장되므로 그 위험은 궤도비행보다 훨씬 적다.

⑥ 캡슐에 사람이 있으면 무인 비행이나 영장류 비행에 비해 임무를 성공할

---

* 1961년 4월 12일 대통령 과학자문위원회에서 작성했다.

확률이 매우 높아진다. 머큐리 계획으로 도출 가능한 결론 중 하나는 미래 우주선의 설계 철학을 사람을 자동화 시스템의 백업으로 사용하는 것에서 자동 메커니즘을 사람의 백업으로 설계하는 것으로 바꿀 수 있다는 것이다.

⑦ 우리는 NASA가 존즈빌 원심 가속기나 그 밖에 적절한 실험실에서 필수 측정값을 가능한 한 많은 종류의 복합 스트레스하에서 얻기 위한 컨설턴트 그룹을 설치할 것을 촉구한다. 이 측정은 우주비행 동안 예상되는 스트레스하에서 사람이 할 수 있는 활동 범위를 추정할 수 있도록 사람과 영장류 사이의 상관관계를 확실히 도출할 수 있어야 한다. 우주비행사가 첫 번째 머큐리 비행을 하기 전에 상당한 데이터가 준비되어 있어야 한다. 제한된 시간과 우주임무그룹 의료진이 머큐리-레드스톤 3호에 대해 해야 할 일들을 고려할 때, 우리는 연구 수행을 위해 자격을 갖춘 인력을 추가 확보할 것을 촉구한다.

⑧ 우리는 다가오는 머큐리-아틀라스 3호 비행에 침팬지를 탑승시킬 것을 권고한다. 이 비행은 캡슐이 궤도에 투입되기 직전에 아틀라스 부스터에서 생명유지시스템을 갖춘 맥도넬 캡슐이 분리되도록 설계되었다.

⑨ 우리는 의료 프로그램에 과학적 기반을 상당히 확대할 것을 촉구한다. 궤도비행에 대해 합리적인 프로그램을 보장하기 위해서는 컨설턴트 활용, 추가 인력과 자금의 충분한 지원, 몇몇 대학 실험실의 자원 및 역량과 함께 국방부와 기타 정부 시설과의 추가 계약이 필수적이다.

일반 결론

머큐리 계획은 매우 조심스럽게 진행되었고 높은 신뢰성을 얻었으며 비상사태 시에 우주비행사에게 적절한 대안을 제공하기 위한 합리적 조치들이 이루어졌다는 충분한 증거가 있다. 그럼에도 우리는 가능한 한 최단 시간 안에 유인 궤도비행을 추진하는 과정에서 전체적인 시스템의 시험 횟수가 부족하다는 인상을 받았다. 결론적으로 사람이 안전하게 돌아올 수 있다는 것이 '확실'해지기 전에는 유인 비행을 시도하지 않을 것이다. 미국이 소련보다 인간의 생명에 대한 태도가 보수적이라고 가정해도, 유인 비행은 불가피하게 높은 수준의 위험을 수반한다. 소련은 미국보다 동물을 대상으로 더 광범위한 예비 프로그램을 수행할 것으로 예측되고 있다. 신뢰성에 숫자를 부여하기는 어렵다. 개별 부품과 비행 자체에 대한 체크아웃 절차는 꼼꼼히 이루어졌다. 기계 시스템은 이중으로 보완되어 있고 설령 그것이 고장 나더라도 비행사가 스스로 문제를 해결할 충분한 대체 수단이 있다. 그럼에도 현재 신뢰할 만한 통계적 실패 분석은 없다. 실패 분석은 첫 번째 궤도비행 전에 확실히 업데이트되어야 하지만, 그만큼 신뢰 가능한 분석을 얻을 가능성은 없다고 본다. 비행사의 생존을 보장하기 위해 가능한 거의 모든 것이 완료된 듯하다고 말할 수 있을 뿐이다.

우리가 가장 크게 관심을 갖는 분야는 우주비행이 수반할 극도의 신체적·정서적 중압감 속에서 비행사의 대응에 대한 의학적 문제다. 조종사 훈련은 철저했으며, 비행사는 가속과 무중력 조건하에서도 임무를 수행할 수 있음이 입증되었다. 그럼에도 의학 실험과 시험의 근거는 매우 빈약해 보인다. 미국이 사전 비행에 투입한 동물의 수는 소련보다 훨씬 적다. 결과적으로 준궤도비행에서 위험 부담이 훨씬 덜한 것은 분명하지만, 궤도비행에서 사람이 장시간 적절히 활동할 수 있으리라는 확신은 들지 않는다. 종합적으로 볼 때 준궤도 레드스톤 비행의 성공 확률은 약 75퍼센트다. NASA의 추정치는 다소 높은데 비행사가 생존할 확률은 약 90~95퍼센트로 보인다. 알려진 문제가 비행 전에 정리된다면 위험은 지나친 수준으로 보이지 않는다. 우리 위원들은 새 비행기 시험이 갖는 위험성을 매우 잘 알며, 궤도비행의 위험은 새로운 고성능 비행기를 테스트하는 시험비행사가 직면하는 위험과 견줄 만하다고 느낀다.

궤도비행의 위험성에 대해 확실한 것을 말하기는 아직 이르다. 그럼에도 만약 계획된 시험 프로그램을 수행한다면 첫 비행 때의 위험 정도는 레드스톤 비행과 비견될 것으로 보인다. 즉, 위험성은 높지만 우리가 과거에 경험했던 다른 모험에 비해 높은 것은 아니다.

미국의 첫 우주비행을 위해 존 글렌과 함께 선발된 우주비행사는 머큐리 7인의 리더 앨런 셰퍼드였다. 기상과 장비 문제로 몇 차례 지연된 뒤인 1961년 5월 5일 오전 9시 34분 그가 "즐거운 탑승"이라고 표현했던 15분 22초짜리 준궤도비행을 통해 우주로 나갔다. 셰퍼드의 프리덤Freedom 7호는 고도 116.5마일에 도달한 뒤에 케이프커내버럴 발사대에서 301마일 떨어진 곳에 착륙했다. 이 비행에는 약간의 기술적 문제가 있었지만 셰퍼드는 아주 멀쩡한 몸으로 돌아왔다.

존 F. 케네디 대통령은 셰퍼드와 나머지 여섯 명의 머큐리 우주비행사들을 5월 8일 백악관에 초대했다. 백악관 회의 뒤에 셰퍼드는 펜실베이니아가街를 행진하며 수많은 군중의 열렬한 환영을 받았다. 같은 날 케네디는 달 착륙을 국가적 목표로 삼으라는 권고를 받았다(제3장을 참조하라). 만약 셰퍼드의 비행이 그렇게 기술적이고 공개적으로 칭찬받는 성공이 아니었다면 케네디가 그 권고를 그렇게 흔쾌히 받아들였을지 생각해 볼 필요가 있다.

비행 이후에 셰퍼드는 국민적 영웅이 되었다. 그에게 케네디가 1961년 5월 25일 의회 양원 합동 회의 연설에서 제안한 강화된 우주 프로그램의 옹호자로서 공적 역할을 맡기자는 등 다양한 제안이 나왔다. 이런 제안은 ABC 방송사의 제임스 해거티 부사장이 내놓은 것이었다. 해거티는 1953년부터 1961년까지 드와이트 아이젠하워 대통령의 공보비서관을 지냈으며, 그러한 배경으로 소련의 '우주 위업들'과 관련해 표면화된 미디어 이슈를 곧잘 다루었다. 아이젠하워 행정부를 끝으로 워싱턴을 떠났지만 그는 우주비행이 가져다주는 흥분을 절절히 이해하고 있었다. 다음의 편지에서 알 수 있듯이 대중이 우주비행에 보이는 관심을 바탕으로 그는 자신의 새 직장인 ABC 방송사에 미소 최초의 우주인인 유리 가가린과 셰퍼드를 공동 출연시키려고 노력했다. 하지만 국무부 부차관보 등 오랜 워싱턴 경험을 가진 보수 성향의 민주당 하원 의원 출신인 제임스 웹 청장은 해거티의 제안에 부정적이었고, 이 제안은 성사되지 않았다.

문서 15

"제임스 해거티 ABC 부사장에게 보내는 편지"•

친애하는 제임스에게

5월 19일 우리가 토론한 뒤에 귀하는 나에게 앨런 셰퍼드와 유리 가가린을 뉴욕시의 전국적인 텔레비전 방송에 함께 출연시키자고 제안해 왔다. 나는 그 제안에 대해 곰곰이 생각해 보았다. 나는 셰퍼드의 출연이 어떻게 유용한 목적에 쓰일지 알 수 없으며 그것이 미국의 이익에 해로울 수도 있다고 믿는다.

귀하의 제안은 내가 직접 책임지는 수준을 넘어서는 국가 정책에 대한 영역을 포함하고 있다. 하지만 그 전체적인 계획이 현명하지 못하다는 나의 확신을 귀하에게 알리는 것이 나의 의무라고 느낀다.

셰퍼드의 머큐리 비행은 전 세계인의 눈앞에서 행해졌다. 그는 5월 8일 워싱턴 D.C.에서 가진 기자회견에서 자신의 경험과 반응을 보고했다. 6월 6일 셰퍼드와 우주임무그룹의 다른 멤버들은 워싱턴의 과학기술 콘퍼런스에서 비행 결과에 대한 전체 보고서를 제출할 것이며, 회의 자료는 출판될 예정이다. 그 이상의 보고는 별다른 의미가 없을 것이다.

우리는 유인 우주 경험을 세계와 공유하기 위해 자유롭고 개방적인 방법을 사용해 오고 있다. 이는 소련의 비밀주의와 가가린의 비행에 대한 그들의 입증되지 않고 상반되는 설명과 현저하게 대비를 이룬다.

귀하의 제안처럼 소련의 가가린이 그가 원하는 방식으로 자유롭게 자신의 이야기를 내놓을 수 있다면 이 시도는 바람직할 수도 있다. 하지만 그의 발언을 예상해 보건대 사실적 틀에 완전히 기반하지 않은 소련의 기존 보도와 같은 형태가 될 것이라고 가정하는 편이 보다 타당하다.

그렇다면 소련이 미국의 전국적인 방송을 선전 매체로 이용하게끔 우리가

• 1961년 6월 1일 제임스 웹 청장이 작성했다.

허용해 줄 이유가 있는가? 미국이 유인 우주 프로그램을 공개적으로 유지해 온 의미를 희석시킬 이유가 있는가?

과거의 경험에 비추어 볼 때 소련인들은 진실은 제쳐둔 채 가가린의 미국 방송 출연을 미국의 청중을 향한 선전 도구로 이용하려고 할 것이다. 그리고 소련이 진행하는 다른 유인 우주비행 일정을 그의 방송 출연 날짜와 맞도록 조정할 수도 있다. 그러한 상황에서 셰퍼드의 준궤도비행을 가가린의 비행과 비교하거나 소련이 달성한 다른 성과와 비교하는 것은 적절하지 않을 것이다.

머큐리 계획의 두 번째 비행은 1961년 7월 21일 진행한 버질 거스 그리섬의 준궤도비행이었다. 이 두 번째 시도는 캡슐을 바다 밑으로 잃어버렸기 때문에 셰퍼드의 5월 5일 비행보다는 다소 실망스러웠다. 그리섬의 캡슐은 측면의 해치(비상 출입구) 문턱에 고정된 티타늄 볼트 70개를 폭발 작동시켜 해치를 분리하는 방법이 사용되었다. 그런데 수중 회수 작업 중에 해치가 조기 폭발했고 해치가 날아가자마자 그리섬은 캡슐에서 탈출했다. 그리섬의 우주복에 물이 들어갔고 그는 약 4분 동안 거의 익사할 뻔하다가 구조되었다. 해치가 조기 분리된 이유는 여전히 논란이 되고 있다. 그리섬이 작성한 다음의 보고는 사건 직후에 제출되었는데 무슨 일이 있었는지 실감나게 설명한다.

문서 16

「버질 거스 그리섬의 머큐리-레드스톤 4호 비행 후기」*

* * *

⑪ 회복 착륙할 때 캡슐이 수면 아래로 꽤 들어갔다. 창문 밖으로 물 외에

---

* 머큐리-레드스톤 4호의 기술 보고 팀이 작성해 NASA 본부장에게 제출했다. 1961년 7월 21일의 「보고」가 첨부되어 있다.

는 아무것도 볼 수 없었다. 나는 왼쪽 방향으로 머리를 약간 아래로 한 채 누워 있었다. 나는 구조 보조 스위치에 닿았고, 예비 탈출 장치가 분사되는 소리를 들었고, 잠망경을 통해 물속의 용기를 볼 수 있었다. 그런 다음에 캡슐 자체가 다소 빠르게 자리를 바로 잡았고, 나는 자세가 매우 좋게 되었다고 느꼈다. 그러고 나서 나갈 준비를 했다. 우주복의 헬멧을 벗으려고 했는데, 목 보호대가 너무 길게 감겨 있었는지 잘 풀리지 않았다. 그 보호대는 결국 완전히 풀리지 않았다. 나는 물속에서 이 일을 조금 걱정했는데, 왜냐하면 그 속으로 물이 너무 들어가지 않을지 우려되었기 때문이다. 우주복 안이 꽤 젖은 것 같았다. 이때쯤 나는 내가 좋은 자세가 되었다고 생각했고, 계획했던 대로 모든 스위치 위치를 기록하기로 했다. 나는 비상용 칼을 문에서 꺼내 보트에 넣었다. 구조 보조 스위치를 제외한 모든 스위치를 그대로 두고, 맵 케이스의 스위치 차트에 스위치를 표시한 다음 맵 케이스map case에 도로 넣었다. 나는 구조 팀이 언제든지 나를 데리러 와도 된다고 헌트 클럽Hunt Club에게 말했다. 그러고 나서 나는 구조 팀이 나를 잡아 올려 준비되는 즉시 헬멧을 분리해서 벗고, 캡슐 전원을 끈 뒤에 해치를 폭파해 나오겠다고 말했다. 구조 팀이 "로저"라고 답했고 그동안 나는 전선이 방해되지 않도록 해치의 위와 아래 양쪽의 핀을 모두 떼고 기폭 장치의 커버를 벗겼다.

⑫ 구조 팀의 전화를 기다리고 있을 때 갑자기 해치가 열렸다. 내가 스위치 덮개를 열고 안전핀을 뽑았지만 버튼을 눌렀다고 생각하지는 않는다. 캡슐이 흔들렸지만 캡슐 안에는 느슨한 물건이 없어 뭐가 어떻게 버튼에 닿았는지 모르겠지만, 좌우간 내가 어떻게든 건드렸을 것이다. 나는 헬멧의 단추를 풀었다. 일이 잘못되고 있다고 전혀 생각하지 않았다. 밖을 내다보니 푸른 하늘 외에 아무것도 보이지 않았고 캡슐 안으로 물이 들어오기 시작했다. 맨 먼저 든 생각은 여기서 나가는 것이었다. 나가면서 구조 헬기가 캡슐 고리에 로프를 연결하는 데 어려움을 겪는 것을 보았다. 구조 팀은 회수 루프를 미친 듯 연결하려고 하고 있었다. 이 시점에서 회수 모듈이 물 밖으로 나왔고, 나는 고리에 루프를

연결하는 것을 돕고자 수영해 갔다. 캡슐 쪽으로 헤엄치기 전에 캡슐에 엉키지 않았는지 확인했다. 캡슐에 닿자마자 구조 팀은 고리에 로프를 걸어 캡슐을 들어올리기 시작했다. 그들은 내게서 캡슐을 조금 떼어놓았지만 구조용 장치를 내려보내지는 않았다. 나는 물에 떠다니며 파도에 휩쓸리다 바닷물을 조금 삼켰다. 다른 헬리콥터가 나를 데리러 올 것이라고 생각했다. 물에 빠져 있던 시간은 그리 길지 않았지만 나에게는 영원 같은 느낌이었다. 그러고 나서 구조 팀의 다른 헬리콥터가 왔을 때, 그들은 나에게 구조용 장치를 가져다주느라고 크게 고생했다. 그들이 약 20피트 근처까지 다가왔지만 더는 가까이 올 수 없을 것 같았다. 구조용 장치를 받았을 때 나는 장치에 올라타느라고 애를 먹었지만 결국 타는 데 성공했다. 그때쯤 나는 좀 피곤해졌다. 우주복을 입은 채 수영하는 것은 우주복이 약간의 부력을 제공하기는 하지만 어려운 일이다. 내 머리 위로 파도가 약간 부딪혔고 나는 계속 물을 삼키고 있었다. 구조 팀은 나를 안으로 끌어 들인 뒤에 캡슐은 회수하지 못했다고 알려주었다.

* * *

NASA는 이제 필요가 없어진 두 건의 준궤도비행 계획을 취소했다. 앨런 셰퍼드와 버질 거스 그리섬의 비행으로 머큐리 캡슐이 "우주 인증spaceworthy을 받았고", 우주비행사가 발사 뒤에 그리고 무중력상태에서 다양한 임무를 수행할 수 있음을 보여주었다. 이 능력은 머큐리 계획이 첫 궤도비행에 접근했을 때 실행될 것이다. NASA는 우주비행사들이 궤도에 있는 동안 무슨 메시지를 전할지를 검토했다. 1961년 4월 유리 가가린에 이어 같은 해 8월 게르만 티토프Gherman Titov가 두 번째 궤도비행•을 하는 동안 소련의 우주비행사는 자국이 이룬 성과를 선전하는 메시지를 발표했다. 미국의 우주비행사들도 그러한 선례를 따라야 하는지가 문제가 되었다. NASA는 궤도비행이 여러 국가의 상

• 지구 궤도를 17번 돌았다 _ 옮긴이.

공을 통과한다는 점을 인식해 우주비행사가 특정 국가의 상공을 지날 때 뭐라고 말할지에 대해 지침을 준비했다.

이 지침은 소련과 치르던 냉전 경쟁으로서 머큐리 계획의 중요성을 반영한다. 초기 우주 경쟁의 주요 측면 중 하나는 중립국 국민들에게 미국의 우월성과 소련보다 나은 미국적 삶의 방식을 확신시키는 것이었다. 미국의 우주비행사가 우주에서 이를 직접 말하면 이 국민들의 마음을 움직이는 데 도움이 될지 모른다. 이는 동시에 진실 되고 대본 없이 선동 목적이 아닌 것처럼 보여야 했다. 궤도선 임무를 맡은 네 명의 머큐리 우주비행사인 존 글렌, 스콧 카펜터, 월터 시라, 고든 쿠퍼는 자신에게 주어진 역할을 잘 수행했다. 이들은 전 세계인이 듣기에 논란이 없는 발언들을 남겼다.

문서 17

「궤도비행 중 외국에 대한 성명」•

① 보아스 박사는 머큐리의 우주비행사가 정치적 의미가 담긴 성명을 내는 일에 NASA 조직 차원의 정책 지침을 만들고자 했다. NASA 본부의 해럴드 굿윈Harold Goodwin이 다음과 같은 제안을 했다. 그는 이것을 NASA의 대외 업무 책임자인 빌 로이드Bill Lloyd와 청장과 논의했고, 이들의 동의를 얻었다.

- 우주비행사의 발언은 자연스럽고 개인적이며 사전에 연습하지 않은 것처럼 보여야 한다. 굿윈은 소련 우주비행사들의 발언이 그리 적절하지 않고 역효과를 낳았다는 평가가 일반적이라고 지적했다. 소련 우주비행사들이 선전에 부적절하게 이용되고 있다는 것이 대체적인 시각이었다. 굿윈은 우주비행사에게 정치적 발언은 어울리지 않는다는 우리 생각에 강력히 동의했다. 또한 그는 외국어로 된 발언도 위험할 수 있다고 생각했다. 외국어 발언

• 1961년 11월 7일 NASA 훈련 담당인 로버트 보아스 박사가 작성해 우주비행사들에게 배포했다.

이 자연스럽다고 믿을 만한 적당한 배경이 없다면, 뭔가 의도적인 것으로 보일 수 있기 때문이다. 가령 우주비행사가 비행 중에 힌두스타니어•로 이야기했다면, 나중에 기자회견에서 "우주비행사가 어떻게 힌두스타니어를 알고 있는가?"라는 질문이 들어올 것이다. 고등학교나 대학교를 다니며 관련 외국어 과목을 들었다는 식의 증거가 없다면, 이 발언은 정치적 영향을 받았다고 의심을 살 것이 분명하다. 미국인 우주비행사가 외국어를 자연스럽게 쓸 만한 상황은 그가 멕시코 방송국 상공을 지나갈 때 정도다. 여기서는 "Saludos Amigos"•• 같은 간단한 스페인어를 남길 수도 있는데, 그 이유는 이 정도의 간단한 인사는 많은 미국인들에게 알려져 있어 그렇게 의도적으로 보이지 않기 때문이다.

②굿윈은 정치적 발언이나 외국어 발언이 유용할 것이라고 생각하지 않았다. 하지만 우주비행사가 지나가는 지구의 지형을 영어로 설명하는 것이나 그가 그러한 상황에 어떻게 느끼는지에 대해 개인적 소회를 밝히는 것은 매우 바람직하고 효과적일 것이라고 보았다. 이때 우주비행사에게 필요한 것은 지상을 관찰하며 그가 지나치는 지역의 나라별 경계를 구분할 수 있을 만큼 충분히 숙지하는 것이다. 가령 "지금 나이지리아 날씨는 맑을 것 같다"라거나 "잔지바르•••가 보이는데 비가 오고 있는 것 같다"라는 식으로 언급할 수 있다. 국가와 직접 관련된 발언을 할 때는 "지금 기분이 좋다. 무중력상태라고 특별히 괴로운 점은 없다. 마치 비행기를 타는 것 같다" 등의 개인적 느낌이 추가되어야 한다. 우주비행사의 발언은 강압적이거나 너무 감상적이거나 야단스럽지 않아야 한다. 발언은 진솔하고 개인적일수록 즉각적인 영향을 끼칠 수 있다. 굿윈은 이렇게 우주비행사의 발언을 세심하게 고민하는 것이 단순히 그 나라의 언

• 인도·유럽 어족의 언어로 힌디어와 우르두어의 특징을 동시에 갖고 있다. 인도 북부에서 일상어로 사용된다 _ 옮긴이.

•• '안녕, 친구들'이라는 의미의 스페인어다 _ 옮긴이.

••• 동아프리카 탄자니아에 있는 섬이다 _ 옮긴이.

어를 사용하는 것보다 그 나라 국민들과 의사소통하는 데 더 중요하다고 지적한다. 우주비행사가 자신의 경험을 개인적이고 단순하며 의미 있는 용어로 적절히 표현할 수 있다면, 의도적으로 보일 수 있는 외국어 단어의 나열보다 장기적으로 훨씬 효과적일 것이다.

* * *

궤도비행을 하는 머큐리 우주선 안에서 인간은 사흘 동안 버틸 수 있었다. NASA는 궤도 미션을 위한 발사 수단으로 대륙간탄도미사일을 개조한 보다 강력한 아틀라스 부스터를 사용하기로 결정했다. 1961년 11월 29일 머큐리-아틀라스 조합의 시험비행이 진행되었고, 침팬지 에노스는 지구 궤도를 두 번 돌고 나서 대서양으로 성공적으로 귀환했다. 미국인이 궤도로 올라가는 것은 이제 분명해 보였고, 그 첫 번째 영광은 존 글렌이 차지했다.

당초 1961년 12월로 예정되었던 글렌의 비행은 몇 차례의 지연 끝에 이루어졌다. 1962년 2월 20일이 되어서야 NASA는 글렌의 비행을 허가했다. 그는 머큐리 우주선(호출부호는 프렌드십Friendship 7호)을 타고 지구 궤도를 세 바퀴 돌며 지구를 일주한 최초의 미국인이 되었다. 글렌은 충격을 완화하기 위해 바다에 착수하기 몇 초 전에 팽창하도록 프로그램된 프렌드십 7호 뒷면의 착륙용 백landing bag이 궤도에서 부풀어 오를 뻔한 잠재적 재앙을 경험했다. 착륙용 백은 재진입 과정에서 타버릴 수 있는 물질로 열 차폐막 바로 안쪽에 위치하며 캡슐의 속도를 감속시킨 뒤에 궤도에서 분리시키는 세 개의 역추진 보조 로켓에 부분적으로 고정되어 있었다. 이 문제 탓에 글렌은 궤도비행을 계획했던 일곱 번 대신 세 번만 돌고 지구로 돌아와야 했다. 열 차폐 장치가 제자리에 고정되어 있기를 희망하며 재진입하는 동안 역추진 보조 로켓을 가만히 두어야 했다. 이 방법이 통해 글렌은 안전하게 돌아올 수 있었다.

글렌의 성공은 국민적 자부심을 높여주었다. 미국인들은 글렌을 국민적 영웅이자 존엄의 화신으로 받아들였다. 글렌은 의회의 양원 합동 회의에서 연설했고, 전국 곳곳에서 색종이가 뿌려지는 행진에 여러 차례 참가했다.

글렌은 귀환 직후 작성한 다음의 보고에서 비행 중의 일에 대해 설명했다.

문서 18

「머큐리-아틀라스 6호 궤도비행의 간략한 요약」*

매우 기억에 남는 것들이 많이 있다. 비행 중에 느낀 감각을 묘사하는 것은 거의 불가능하다. 무엇보다 인상에 남은 것은 재진입할 때의 불덩어리다. 그 불덩어리를 보려고 나는 셔터를 특별히 열어두었다. 그것은 찬란한 오렌지색이었다. 불꽃은 눈이 멀 정도는 아니었다. 역추진 보조 로켓은 여전히 잘 붙어 있었고 재진입이 시작된 직후에 큰 덩어리로 부서지기 시작했다. 끈 하나가 떨어져 나와 창문을 가로질러 왔다. 커다란 화염에 휩싸인 역추진 보조 로켓으로 추정되는 조각들이 있었는데, 그것들이 떨어져 나와 캡슐 주위에 뒹굴었다. 그 조각들이 내 뒤에서 작은 연기 자국이 되는 것을 보았다. 머큐리-아틀라스 5호의 비행 중에 촬영된 사진과 비슷한 작고 밝은 점으로 떨어져 나간 재료들의 긴 흔적이 보였다. 나는 저 뒤에서도 같은 점들을 보았고 캡슐이 약간 흔들리자 그 점들이 앞뒤로 움직이는 것을 볼 수 있었다. 그렇다. 나는 재진입 과정이 비행에서 가장 인상적인 부분이었다고 생각한다.

비행에서 발생한 주요 사건으로 되돌아가기: 오늘 아침 해치의 볼트 문제와 헬멧의 마이크 부품 고장에 따른 지연을 제외하고는 우주비행사 탑승은 정상적으로 이루어졌다. 날씨가 맑아졌고 약간의 지연이 있은 뒤에 우리는 떠났다.

이륙은 내가 예상했던 대로였다. 약간의 진동이 있었다. 우주선이 적절한 방위각으로 돌게 되자 롤roll 프로그래밍이 눈에 들어왔다. 피치pitch 프로그래밍이 언제 시작되었는지는 의심의 여지가 없었다. 발사대에서 이륙할 때 약간의

* 1962년 2월 20일 존 글렌이 작성했다.

진동이 있었다. 진동은 적당히 조절되었으나 높은 중력가속도 영역을 통과할 때까지는 결코 부드러운 비행은 아니었다. 진동이 이어진 시간은 1분 15초에서 1분 20초 정도로 추측된다. 그 뒤에 비행은 정말로 매끄러워졌고, 1분 30초쯤 되면서 또는 선실 내 압력이 차단된 시간쯤 되면서 최대한 부드러워졌다.

다소 급격하게 단이 분리되리라는 예상과는 달리 단 분리는 정상적이었다. 중력이 0.5초 정도 내려간 듯했다. 웬일인지 예상보다 급격하지는 않았다. 부스터와 캡슐이 뒤집히고 발사체 최상단의 탑이 떨어져 나갈 때 나는 지평선을 처음 보았다. 대서양을 가로질러 동쪽을 바라보았는데 아름다운 광경이었다.

우리가 회전을 끝내고 있을 때 나는 창밖을 힐끗 보았다. 부스터가 바로 내 앞에 있었다. 부스터와의 거리는 100야드도 채 되지 않을 것 같았다. 부스터의 작은 끝은 북동쪽을 향하고 있었다. 나는 그것이 천천히 내 고도보다 내려가면서 더 멀리 나아갈 때까지 약 7~8분 동안 여러 번 바라보았다.

비행은 정말 인상적이었다. 제어 점검이 쉬워진 데 정말 놀랐다. 프로시저 트레이너에서 여러 차례 제어를 점검했던 것과 거의 같았다. 점검 과정은 순조롭게 끝났고 전혀 문제가 없었다. 진동해야 할 때 진동했고 제어도 매우 쉬웠다. 무중력을 느낄 수 있었다. 앞뒤로 넘어지는 듯한 느낌이 들었으나 매우 미미한 수준이었다. 원심 가속기에서 겪었던 것만큼 뚜렷한 영향은 없었다. 회전하는 동안 각가속도에 대한 감각이 느끼지 못했다. 나는 몇 초 만에 무중력에 적응했다. 매우 놀랐다. 나는 스위치를 조작하며 일을 하는 데 문제가 없었다. 스위치를 조작에 필요한 수준 이상으로 누르는 경향은 없었다. 이 새로운 조건에 적응하는 것이 당연해 보였다. 매우 편했다. 무중력상태는 머리가 소파에서 조금 떨어져 있는 것 같아 창밖을 보다 쉽게 볼 수 있었다. 비록 내가 생각했던 것만큼 창문 가까이에서 일어날 수는 없었지만 말이다.

첫 번째 궤도비행에서 나머지 부분은 거의 계획대로 진행되었고, 지상국에 대한 보고도 예정대로 진행되었다. 몇 가지 사항이 약간 지연되었지만, 최적의 레이더와 통신 추적을 위한 자동제어 시스템이 남아 있는 것을 포함해 대부분의 일들이 예정대로 진행되었다. 이 고도에서 일몰은 엄청났다. 이런 일몰은 본 적이 없었는데 정말 아름답고 대단한 광경이었다. 해가 지는 속도도 매우 놀라웠다. 별들을 자세히 훑어보았으나 식별할 만한 별자리 빛은 찾을 수 없었다. 아마도 별빛을 보기에 충분히 어두운 밤이 아니어서 그랬을 것이다. 잠망경으로 해돋이를 보았다. 해가 뜰 때마다 나는 캡슐 밖에 떠다니는 작은 찌꺼기를, 빛에 반사되는 찬란한 찌꺼기를 보았다. 그것들이 무엇이었는지는 전혀 모르겠다. 세 번째 궤도비행에서 나는 해가 뜰 때 몸을 돌려 그것들이 여전히 같은 방향을 향하고 있음을 볼 수 있었다. 나는 해가 뜰 때마다 그것들을 발견하고 사진을 찍으려고 했다.

첫 번째 궤도비행의 끝자락에서, 그러니까 멕시코를 지날 때쯤 나는 자동 안정화 제어 시스템ASCS: Automatic Stabilization Control System(이하 ASCS)에 문제가 생긴 것을 알아차렸다. 그것은 초당 1.5도 정도 오른쪽으로 빗놀이yaw 각속도가 벗어나며 시작되었다. 캡슐은 궤도 모드에 머무르지 않고 한계를 벗어났다. 그 시점에 나는 수동 제어로 전환했고, 나머지 비행시간 내내 나는 이것에 신경을 기울여야 했다. 몇몇 지점에서 비행 계획을 다시 세우려고 했고, 성취한 사항도 몇 가지 있지만, 그 외에는 ASCS의 다양한 모드를 점검하는 데 대부분의 비행시간을 투입한 것 같다. 나는 다행히 전기신호식 비행 조정 제어fly by wire에 완벽하게 숙달되어 있었으며, 비행 중에 빗놀이 문제는 왼쪽에서 오른쪽으로 바뀌었다. 우주선이 표류하는 방향이 오른쪽에서 왼쪽으로 바뀌었다는 점을 제외하면 문제는 완전히 그대로였다. 내가 수동으로 제어할 때 정상적인 궤도 자세에서 자세 표시계가 상당한 시간 동안 벗어나면 수동 조정을 종료했고, 그러면 정상 자세로 돌아오고는 했다.

* * *

역추진로켓은 캘리포니아주 외곽을 지날 때쯤 점화되었다. 무중력장에서 역추진로켓을 가동했더니 놀랍게도 마치 다른 방향인 하와이 쪽으로 가속되는 듯

느껴졌다. 그러나 역추진이 완료되고 다시 창밖을 내다보니 비록 역추진하는 동안 내 감각이 내가 다른 방향으로 가고 있다고 느꼈음에도 불구하고 내가 가는 방향을 쉽게 알 수 있었다.

* * *

역추진 점화 뒤에 착륙용 백이 확장되었는지 불확실했기 때문에 역추진 장치를 멈추고 재진입하라는 결정이 내려졌다. 나는 아직 그 결정의 이유를 모두 알지 못하지만 꽤 잘된 결정이라고 추측한다. 나에게 주어진 시간이 조금 흐른 뒤에 수동으로 지구 중력의 20분의 1인 0.05g만큼 올렸다. 0.05g를 올릴 때 나는 낮은 중력장에 있었는데 곧 녹색으로 변하더니 소음이 나기 시작했고 캡슐에 무언가 작은 것들이 스치는 듯한 소리가 들렸다. 이런 소음이 0.05g 직후부터 들리기 시작했고 계속 증가했다. 불덩어리가 된 채 대기권을 통과하는 지역에 들어가기 전에 끈이 하나 흔들리고 창 위에 매달렸다. 연기가 났다. 역추진 장치 중앙에서 볼트에 불이 났는지, 아니면 무슨 다른 일이 있었는지 모르겠다. 캡슐은 항로를 계속 유지했고, 나는 재진입 자세에서 크게 벗어나지 않았다. 역추진 이후에 재진입을 위해 수동 제어로 전환했고, 높은 중력 지역을 통과하는 과정에서 재진입하는 자세를 통제하는 데 어려움은 없었다. 불덩어리가 되기 전에 통신 정전이 시작되었다. 불덩어리는 매우 강렬했다. 나는 셔터를 계속 열어놓고 관찰했는데 아주 밝은 오렌지색으로 변했다. 역추진 장치의 조각들로 추정되는 커다란 불타는 조각들이 보였는데 캡슐 뒤로 떨어져 나가고 있었다. 그것이 무엇인지 확신할 수 없었기에 다소 걱정했다. 나는 그 조각들이 방열판 덩어리가 부서진 것이 아닌지 상상했지만, 알고 보니 그것은 아니었다.

최대 중력가속도 이후에 생성된 진동은 수동 시스템으로 제어할 수 없었다. 나는 최대한 제동하고 있었지만 진동이 나를 압도했고 더는 아무것도 할 수 없었다. 제동을 돕고자 g-펄스g-pulse 뒤에 팔을 들어 올리며 옥스Aux 제동으로 바꾸었는데 이것이 도움이 되었다. 그러나 옥스 제동에서도 캡슐은 매우 빠르게 앞뒤로 흔들렸고, 약 3만 5000피트로 내려가면서 진동은 더욱 커졌다. 이 시점에서 나는 비록 고도가 높더라도 보조 낙하산을 수동으로 꺼내려고 노력했다. 왜냐하면 진동이 계속 진행된다면, 비행 중에 캡슐의 한쪽 끝이 내려갈지 모르고, 그러면 그 자세를 극복할 수 있을지 알 수 없었기 때문이다. 수동으로 보조 낙하산을 꺼내려고 손을 뻗던 중에 마침 그것이 저절로 나왔다. 보조 낙하산은 캡슐을 좋은 모양으로 똑바로 펴주었다. 그 시점의 고도는 3만 피트에서 3만 5000피트 사이였다고 생각한다.

나는 내려왔다. 내 생각에 스노클은 약 1만 6000피트에서 1만 7000피트 정도에서 나왔다. 그리고 잠망경이 나왔다. 앞 유리창에 연기와 먼지가 너무 많아 밖이 잘 보이지 않았다. 태양 방향으로 향할 때마다 밖을 보려고 했으나 창문을 통해 보이는 것은 없었다.

안테나 부분이 떨어져 나가자 캡슐은 매우 안정되었다. 전체 귀환 시스템이 안정적으로 정렬된 것을 볼 수 있었다. 모두 정상적으로 풀리고 펼쳐졌다. 모든 패널과 차양visor이 좋아 보였다. 교신 담당CapCom: Capsule Communicator이 착륙용 백을 펴라고 하자 나는 착륙 점검 목록을 살펴보았다. 스위치를 자동으로 돌리자 녹색 표시등이 들어오고 착륙용 백이 풀리는 것이 느껴졌다. 잠망경으로 나에게 다가오는 바다를 보았다. 물에 부딪치는 것이 매우 가깝게 느껴졌다. 임팩트 백은 내가 예상했던 것보다 강한 충격이었지만 크게 개의치 않았다.

* * *

요약하면 내 상태는 매우 좋다. 몸 상태도 좋고 전혀 문제가 없다. ASCS 문제는 내가 비행 중에 마주친 가장 큰 난관이었다. 무중력상태는 문제가 되지 않았다. 나는 우주비행사가 다른 제어 모드를 이용해 캡슐을 수동으로 조종할 수 있음을 보여주었다는 사실에 무척 만족한다. 나의 가장 큰 불만은 내가 하고자 했던 임무를 모두 성취하지 못했다는 것이다. ASCS 문제에 대처하느라고 다른 것들이 우선순위에서 밀리고 말았다.

NASA 우주비행사단에 여성이 없다는 것은 1961년과 1962년 사이에 상당히 주목을 받았던 문제다. 물론 머큐리 계획과 그 밖의 NASA 프로젝트에 지원한 다양한 능력을 지닌 여성들이 있었다. 디지털 컴퓨터가 나오기 전에 여성들은 우주선 궤도와 그 밖의 변수들을 결정하는 데 필요한 많은 계산을 수행했다. 그리고 그러한 직업의 실제 이름이 '컴퓨터computer'였다. 이들 중 몇몇은 버지니아주의 우주임무그룹에 속한 아프리카계 미국인이었다. 나중에 이들의 이야기는 책과 〈히든 피겨스Hidden Figures〉라는 제목의 영화가 되었다.

1958년 NASA는 머큐리 우주비행사의 자격을 남성으로 제한하기로 했고, 여기에 드와이트 아이젠하워 대통령은 지원자 풀을 군 시험비행사로 강화했다. 그러자 우주비행사 후보자들이 치른 메디컬 테스트를 관리했던 랜돌프 러브레이스Randolph Lovelace 박사는 여성들이 같은 테스트를 본다면 어떤 결과가 나올지 궁금했다. 1960~1961년 그는 '우주 속의 여성Women in Space'이라는 이름으로 19명의 여성들에게 비슷한 테스트를 했는데 13명이 통과했다. 그중 한 명인 제리 코브Jerrie Cobb는 높은 인지도와 수상 경력을 보유한 조종사이자 비행 강사였다. 코브는 다음 우주비행사 지원자 그룹에 여성이 포함되는 데 기여한 인물로 알려졌고, 1961년 제임스 웹 청장은 그녀를 NASA 고문으로 임명했다. 코브는 메디컬 테스트를 통과한 필립 하트Philip Hart 미시간주 상원 의원의 아내인 제이니 하트Jeany Hart의 지지를 받았다. 이들은 NASA, 백악관, 의회를 상대로 NASA 우주비행사단을 여성에게도 개방하도록 로비를 벌였다.

존 글렌의 궤도비행이 있고 몇 주 뒤인 1962년 3월 15일 코브와 하트는 린든 존슨 부통령의 공보비서 리즈 카펜터Liz Carpenter를 통해 존슨을 만나기로 했다. 카펜터는 존슨이 회의 중에 서명하도록 웹 청장에게 보내는 조심스러운 편지 초안을 작성했다. 그러나 존슨은 여성 우주비행사라는 개념을 지지하지 않았고 미팅은 가졌지만 편지에 서명하지는 않았다. 그 대신 편지 끝에 "이제 그만합시다!"와 "끝"을 굵은 글씨로 썼다. 편지는 존슨의 책상 서랍에 오랫동안 방치되었고 NASA는 1978년까지 최초의 여성 우주비행사를 선정하지 않았다.

문서 19

"제임스 웹 청장에게 보내는 편지"의 초안•

THE VICE PRESIDENT
WASHINGTON
March 15, 1962

Dear Jim:

I have conferred with Mrs. Philip Hart and Miss Jerrie Cobb concerning their effort to get women utilized as astronauts. I'm sure you agree that sex should not be a reason for disqualifying a candidate for orbital flight.

Could you advise me whether NASA has disqualified anyone because of being a woman?

As I understand it, two principal requirements for orbital flight at this stage are: 1) that the individual be experienced at high speed military test flying; and 2) that the individual have an engineering background enabling him to take over controls in the event it became necessary.

Would you advise me whether there are any women who meet these qualifications?

If not, could you estimate for me the time when orbital flight will have become sufficiently safe that these two requirements are no longer necessary and a larger number of individuals may qualify?

I know we both are grateful for the desire to serve on the part of these women, and look forward to the time when they can.

Sincerely,

Let's stop this now!

Lyndon B. Johnson

File

Mr. James E. Webb
Administrator
National Aeronautics and Space Administration
Washington, D. C.

• 1962년 3월 15일 리즈 카펜터 부통령 공보비서가 작성하고 린든 존슨 부통령이 가필했다.

미국 부통령

워싱턴 D.C.

1962년 3월 15일

제임스에게

나는 필립 하트 부인과 제리 코브 양과 함께 여성이 우주비행사로 선발되는 문제에 대해 논의했다. 나는 귀하가 성Sex이 우주비행사 후보자의 자격을 박탈하는 이유가 되어서는 안 된다는 데 동의하시리라고 믿는다.

NASA가 여성이라는 이유로 자격을 박탈해 온 것은 아닌지 확인을 요청드린다.

내가 이해한 바로는 궤도비행을 위한 우주비행사 후보자 선발에는 두 가지 주요 요건이 있다. 첫째, 고속 군사 시험비행 경험이 있어야 한다. 둘째, 필요한 상황이 발생할 경우 통제권을 넘겨받을 수 있게끔 공학적 배경이 있어야 한다.

이 두 요건을 충족하는 여성이 있는지 확인을 요청드린다. 만약 충족하는 경우가 없다면 이 요건들이 더는 필요하지 않아 더 많은 이들이 후보자 자격을 얻을 수 있을 만큼 우주비행이 충분히 안전해질 시기를 추정해 주기를 요청드린다.

나는 우리 두 사람 다 여성들의 편에서 봉사하고 싶은 열망을 가졌음에 감사한다. 아울러 이 여성들과 함께할 수 있을 때가 오기를 고대한다.

"이제 그만합시다!"

"끝"

진심으로

린든 존슨

NASA 우주비행단이 직면한 또 다른 문제는 우주비행사들의 공식 임무가 아닌 활동에 관한 것이었다. 대중은 머큐리 7인에 대해 얻을 수 있는 한 많은 정보를 원했고, NASA는 상당한 돈을 받고 우주비행사들의 개인적인 이야기가 ≪라이프≫에 판매되도록 허가했다. 이로써 대중은 우주비행사들에 대한 궁금증을 해소할 수 있었고, 우주비행사들은 자신들이 업무 수행 중에 순직할 경우 가족을 위한 재정 보험을 마련할 수 있었다. 하지만 이들의 합의 내용이 알려지자 존 F. 케네디 대통령과 그의 동료들은 이것이 적절한지 의문을 제기했다. 우주비행사들은 공무원 신분이었고 대부분의 공무원은 공무에 대해 추가 보상을 받는 일이 금지되어 있기 때문이다.

우주비행을 마친 뒤에 존 글렌은 케네디 대통령과 그의 동생 로버트 케네디Robert Kennedy와 친해졌다. 1962년 여름 매사추세츠주 하이애니스에 있는 케네디가의 별장을 방문했을 때, 글렌은 케네디 형제와 ≪라이프≫ 계약의 세부 사항과 그것이 우주비행사와 그들의 가족이 대중에 끊임없이 노출되는 것과 관련해 추가 비용을 발생시킨다는 점을 논의했다. 1962년 8월 백악관 회의에서 케네디는 당시 NASA가 모집하는 중이던 두 번째 우주비행단이 ≪라이프≫ 계약의 개정판을 연장할 수 있도록 허가를 내주었다. NASA는 정책을 개선하기 위해 노력했다. 하지만 공무원의 개인 활동에 관한 연방 규제와 우주비행사들의 관리, 필요, 특권 간에 균형을 맞추는 데 완전히 만족스러운 해결책을 찾지는 못했다.

문서 20

「우주비행사 문제와 관련한 케네디 대통령과의 만남」*

* * *

백악관 회의는 약 30분간 진행되었다. 처음에 대통령은 우주비행사들이 대중의 눈에 띄지 않았다면 발생하지 않았을 비용에 대해 부담감을 느끼는 듯 보인다고 했다. 그래서 대통령은 우주비행사들이 개인적인 성격의 글을 기고하고 나서 약간의 돈을 받는 것은 허용해야 한다고 말했다. 대통령은 투자에 대해 보다 엄격한 통제가 있어야 한다고 생각했다. 그는 앞으로 피해야 할 상황으로 휴스턴에 있는 주택을 제공하는 것을 예로 들었다.

* * *

다음은 대통령과의 회의에서 도출된 결론에 대한 나의 인상이다.

① 대통령은 NASA가 제안한 정책 개선 사항의 준비를 다음과 같이 귀하의 재량에 맡긴다.

- ≪라이프≫와의 계약을 통해서든 그 밖의 방법을 통해서든 우주비행사들이 자신들의 개인적 이야기를 계속해서 판매할 수 있도록 허용한다.
- 상업적 홍보에 대해서는 계속해서 금지한다.
- 우주비행사의 투자에 대한 합리적인 감독을 시행한다(이를 정책에 명시적으로 기술할 필요는 없다. 하지만 우주비행사들은 그러한 감독이 정책에 내재되어 있음을 이해해야 한다).
- 이 사항은 미국 행정부 정책의 일반적인 모델로서 활용한다.

② NASA는 정책적 틀이 허용하는 한에서 다음의 사항을 권장해야 한다.

---

* 1962년 8월 30일 NASA 소속의 리처드 캘러헌(Richard Callaghan)이 작성해 제임스 웹 청장에게 제출했다.

• 우주비행사가 참여하는 공식적인 우주 임무에 대한 포괄적인 프레젠테이션, 보고, 기자 회견 등은 모든 언론 매체에 제공되어야 한다.
• NASA 직원(우주비행사를 포함한다), NASA 설비와 시설에 대한 언론의 추가 접근은 NASA의 프로그램과 활동에 지장을 주지 않는 선에서 허용한다.
• 우주비행사들이 출판하는 자료를 보다 엄격하게 편집한다.
• 우주비행사가 제공한 자료를 놓고 특종이라는 등으로 배타적 성격을 지나치게 강조하려는 출판사의 시도를 제한한다.

머큐리 비행은 1962년과 1963년 사이에 세 차례 더 이루어졌다. 스콧 카펜터는 1962년 5월 20일 지구 궤도를 세 차례 돌았다. 카펜터는 비행 중에 산만해져서 지상의 지시를 무시하고 우주선을 조종하는 데 너무 많은 연료를 사용했고 지구로 돌아오는 데 3초가 늦었다. 그는 사전에 계획된 지점에서 250마일 떨어진 곳에 착륙했고 그의 생존이 확인되기까지도 시간이 걸렸다. 월터 시라는 1962년 10월 3일 지구 궤도를 여섯 차례 돌았으며, 이것은 거의 완벽한 비행이었다. 머큐리 계획의 주춧돌은 1963년 5월 15일에서 16일까지 34시간 동안 지구를 22바퀴 돌았던 고든 쿠퍼의 비행이었다. 쿠퍼의 비행 후반부에 우주선 오작동이 여럿 발생했고, 재진입을 위해 그는 수동 조종을 해야 했다. 머큐리 우주비행사들은 존 F. 케네디 대통령에게 일곱 번째 비행을 위해 로비했지만 그 호소는 효과가 없었다.

크리스토퍼 크래프트Christopher Kraft는 머큐리 계획 내내 선임 비행 책임자 자리를 지켰다. 크래프트는 1944년 NACA에 들어갔고, 1958년 우주임무그룹의 일원이 되었다. 그는 머큐리 계획의 결과에 대해 다음의 개요를 제공할 만큼 훌륭한 위치에 있었다.

문서 21

「첫 번째 유인위성 프로그램에서 얻은 지식의 검토」*

개요

머큐리 계획이 완성되면서 우주에 대한 새로운 지식을 상당히 얻었다. 52시간 이상의 유인 비행을 통해 얻은 정보로 우주비행에 대한 생각이 많이 바뀌었다. 머큐리 계획의 가장 중요한 화두는 설계 문제였다. 열 차폐 장치, 우주선의 모양, 우주선 시스템, 회수 장치가 개발되었다. 비행 운영 절차가 구성되고 개발되었으며, 지상·비행 승무원을 위한 교육 프로그램이 만들어졌다. 과학 실험은 '맨 인 더 루프Man in the loop'(비행 운영 절차에 인간의 역할이 포함되는 계획)로 계획되었다. 여기에는 사진 촬영, 추가 우주선 실험, 관측 또는 자체 수행 실험 등이 포함된다.

그러나 머큐리 계획을 통해 얻은 진정한 지식은 프로그램의 기본 철학이 변화한 데 있다. 계획 초기에는 우주에서의 인간의 능력이 알려져 있지 않아 시스템이 자동으로 기능하도록 설계했다. 그러나 계획에 인간이 추가되면서 임무의 성공은 자동 장비가 문제를 일으킬 경우 인간이 백업하는 것으로 수정되었다. 그러면서 프로그램의 철학이 180도 바뀌었다.

머리말

* * *

머큐리 계획의 세 가지 기본 목표는 프로그램이 시작하고 5년이 되지 않아 달성되었다. 미국의 첫 유인 우주비행 프로그램은 첫째, 인간을 지구 궤도에 올

---

* 1963년(날짜 미상) 머큐리 계획의 선임 비행 책임자인 크리스토퍼 크래프트가 작성했다.

리고, 둘째, 우주 환경에서 인간의 반응을 관찰하고, 셋째, 우주인이 쉽게 귀환할 수 있는 지점으로 안전하게 지구로 내려오도록 설계되었다. 이 목표는 모두 달성했고, 몇몇은 우리가 실험을 통해 얻을 것으로 기대했던 수준보다 더 많은 정보를 얻었다.

어떤 의미에서는 전체 머큐리 계획 자체가 하나의 실험으로 여겨질 수도 있다. 우리는 비록 통제하고는 있으나 아직 완전하게 알지 못하는 실험 환경하에서 사람과 기계의 성능을 테스트하고 있었다.

아틀라스가 투입되는 고도에서의 우주의 일반적인 조건은 알고 있었지만, 그곳의 구체적인 환경이 우주선과 인간에 어떤 영향을 미칠지는 알지 못했다. 진공, 무중력, 열, 추위, 방사선 등의 조건은 구체적인 수치까지 알 수 없었다. 즉각적인 임무에는 영향을 미치지 않지만 향후 비행에서 고려해야 할 미지의 존재도 많았다. 물체의 가시성, 대기광층, 지상 불빛과 랜드 마크의 관측, 대기 항력 효과와 같은 것들은 향후 참조를 위해 중요했다.

* * *

몇 가지 기본적인 질문에 대한 답을 얻기 위해 일련의 비행 실험과 풍동 실험이 실시되었다. 첫째, 삭마 원리(표피를 녹이거나 분리하는 방법)가 효과가 있을까? 섬유 유리와 수지 소재를 녹여 우주선 본체에서 열을 방출할 수 있을까? 우리의 특별한 조건을 위해 보호막을 얼마나 두껍게 해야 할까? 온도는 얼마나 될 것이며 얼마나 버텨낼까? 초기의 풍동 실험 결과는 접시 모양의 보호막이 우주선의 나머지 부분을 열 손상으로부터 보호한다는 것을 이론적으로 증명했다. 열 차폐에 대한 비행 실험이 이론을 증명해야 했다. 1961년 2월 우리는 우주선이 프로그램된 것보다 더 날카로운 각도로 재진입하고 열 차폐가 일반적 열보다 큰 영향을 받는 탄도비행을 실험했다. 이 실험 결과 우리가 적용한 방열재는 충분하고도 남는다는 것이 증명되었다.

머큐리 우주선의 초기 형태는 우리에게 익숙한 종 모양이 아니었다. 최적의 형태가 나오기 전에 여러 차례의 설계 변경과 풍동 실험을 거쳤다. 뭉툭한 모양blunt shape이 노즈 콘nose cone 재진입에 가장 적합하다는 사실이 입증되었다. 이 모양의 유일한 단점은 안정성 부족이었다. 다음으로 우리는 원뿔 모양cone shape의 우주선을 시험했다. 풍동 실험 결과 재진입 시 우주선은 매우 안정적이었지만 후방에 가해지는 마찰열이 너무 심했다. 두 번의 시험을 더한 뒤에 원뿔 모양의 둔탁한 바닥 실린더가 생겨났다. 이것은 유인우주선의 초기 개념과 비교하면 완전히 달라진 것이지만, 비행 프로그램과 그 요소에 대한 우리의 사고방식에 불어닥친 일련의 변화의 시작에 불과했다.

설계 철학의 두 번째 부분은 우주선에서 항공기 장비를 쓰는 것과 관련되었다. 프로그램을 시작할 때 우리는 머큐리 유인우주선 설계에 기존의 기술과 기성품을 최대한 많이 사용하려고 했다. 그러나 기존 장비는 많은 경우에 적합하지 않았다. 우주선 시스템은 대기권을 나는 항공기와는 전혀 다른 외부 조건에 노출된다. 절대 진공상태, 무중력상태, 극한의 온도 등으로 기기는 항공기에 있을 때와 다르게 반응한다. 우리는 장비가 사용될 환경에 맞추어 테스트해야 했다. 이것은 우주선을 제작하고 시험하는 일의 개념을 바꾸었다. 항공기의 설계 철학이 적용될 수 있지만, 많은 경우에 항공기에 쓰이는 부품은 우주선에서 작동하지 않았다.

설계 철학의 세 번째 부분, 그리고 아마도 미래 시스템과 관련해 가장 중요한 부분은 머큐리 우주선에 포함된 자동 시스템이다. 이 프로젝트를 시작했을 때 우리는 인간이 우주선 시스템에서 어떻게 반응할지에 대한 결정적인 정보가 없었다. 우리의 계획대로 우주선의 지구 귀환이 보장되기 위해서는 중요한 기능들이 자동으로 작동해야 했다. 제어 시스템은 수평선 위 정확히 34도에서 우주선을 안정되게 할 것이다. 역추진로켓은 프로그램된 지시 또는 지상국의 지시하에 자동 시퀀스로 점화될 것이다. 주 낙하산과 보조 낙하산은 우주선 안의 압력계가 예정된 고도에 도달했음을 감지하면 펴질 것이다. 머큐리 우주선은 매우 자동화된 시스템이었고, 인간은 본질적으로 승객이자 관찰자 자격으로 탑승하는 것이었다. 어떤 대가를 치르더라도 우리는 시스템이 제대로 작동하는지 확인해야 했다.

하지만 우리는 우주에서 인간의 능력을 활용할 수 있었다. 그것은 최초의 유인 궤도비행부터 시작되었다. 존 글렌의 비행에서 추진기 일부가 작동하지 않게 되자 그는 계획된 세 번의 궤도비행을 완수하기 위해 우주선을 수동으로 조종했다. 지상의 신호에 열 차폐가 전개되었음이 나타나자 글렌은 역추진 절차 중 일부 부분을 수동으로 우회해 발사 뒤에도 역추진 시스템이 떨어져 나가지 않도록 했다. 이렇게 해서 재진입 때 열 차폐가 제자리에서 유지되었고 우주선은 과도한 마찰열에도 파괴되지 않을 수 있었다. 재진입 때 진동수가 증가하자 글렌은 매뉴얼과 비행 조정 제어 추진기를 모두 사용해 수동 조종으로 진동을 감쇠했다. 유인 우주비행에서 인간의 역할은 예상보다 훨씬 중요했다.

스콧 카펜터의 비행으로 중요한 재진입 기간 동안 우주비행사의 조종 능력이 다시 한번 강조되었다. 글렌의 비행과 카펜터의 비행 모두 연료가 예정치보다 많이 사용되었다. 월터 시라의 비행은 우주선이 표류하는 중에 모든 시스템을 중지해 우주선 안의 인간이 장시간 비행할 수 있도록 연료가 절약 가능한지를 알아보려는 것이었다. 이는 머큐리 우주선의 좁은 공간에 들어찬 자동 장비로는 이룰 수 없는 일이었다. 또한 시라는 약간 다른 종류의 조종 능력 필요성을 입증했는데, 인간이 작업 가능한 환경에 맞도록 압력 슈트의 공기 온도를 조절하는 데 비행사의 미세한 조절이 필요하다는 것이었다. 고든 쿠퍼의 비행은 머큐리 계획의 절정이었다. 다른 우주선 프로그램에 대한 새로운 정보를 제공했을 뿐만 아니라, 인간에게 자동 장비가 성공적으로 완료하지 못한 임무를 해결하는 고유의 능력이 있음을 보여주었다.

우주비행사는 궤도를 도는 우주선에서 여러 임무를 수행한다. 관찰자일 뿐만 아니라 다른 수단으로는 못 얻을 안전을 위한 백업 기능을 제공하고, 과학 실험을 진행하며, 자동 장비로는 보이지 않는 현상을 발견할 수 있다.

그중 가장 중요한 것은 1차 시스템이 실패할 경우 다른 시스템이 임무를 이

어받아 대신할 수 있는 능력인 백업 기능이다. 백업 시스템은 시스템 운영상의 약점을 염두에 두고 설계되었다. 가령 글렌의 비행을 보면 어느 한 군데의 고장이 잘못된 열 차폐 신호를 유발했다. 다행히 그 임무는 성공적으로 완료되었지만, 우리는 우주선의 안전한 운행을 위해 설계의 이중화가 필요한 부분이 더 없는지 알아보는 강도 높은 설계 검토를 실시했다. 부품 하나에서 발생한 고장이 부정적 반응의 연쇄를 일으킬 수 있는 부분을 다수 발견했다. 이러한 유형의 문제는 우주 환경에서 인간의 능력에 대한 지식이 부족했을 때 고안한 설계 철학이 야기한 것이었다.

* * *

머큐리 네트워크를 통해 축적한 경험은 우리가 유인 비행을 위한 전 세계 추적 시스템의 운영에 대한 생각을 바꾸어 놓았다. 우리는 초기 네트워크를 설계할 때 음성 통신 기능을 모든 원격 사이트에 갖추지 않았다.

그러나 곧 비정상적 상황을 파악해 실시간으로 요구 사항을 전파하려면 음성 연결이 필요하다는 것을 알게 되었다. 우리가 프로그램을 시작했을 때 궤도 천체의 위치를 결정하려면 궤도를 여러 번 도는 과정이 필요했다. 유인 비행으로는 그러한 조건을 견딜 수 없기에 매시간 약 40분 동안 우주비행사와 연락을 유지할 수 있는 전 세계 네트워크를 만들었다. 그러나 우주비행사와의 지속적인 음성 접촉은 불필요하며 많은 경우 바람직하지도 않은 것으로 나타났다. 우리는 우주비행사와 빠르게 연락할 수 있는 능력을 유지하면서도 우주선과의 통신 빈도는 줄이려고 노력했다.

우주선을 설계하고 수정하며 가시적인 변화나 하드웨어 설계 이상의 것을 배우는 것도 가능하다. 가령 우리는 신뢰성 요구 사항과 세부 사항을 주의 깊게 확인해야 함을 배웠다. 이것은 제도판 위에서 배울 수 없는 것이다. 이것은 실제 절차를 준수하고 신뢰할 만한 제품을 공급할 수 있는 양심적인 민간 협력 업체를 찾는 문제다. 그다음에 실제 제품에 신뢰성이 있는지 보증하기 위해 정부 쪽에서 주의 깊게 재점검해야 한다. 유인 우주비행에서는 아주 사소한 실수가 전혀 예상하지 못한 결과를 가져올 수 있다. 미지의 영역은 비예측성의 규칙이 지배한다. 만일 인간이 대기권 너머의 지역에서 살고자 한다면 이 규칙에 따라야 하며 그게 아니면 살지 못할 것이다. 우리는 위성 프로그램을 시작할 때부터 이미 이러한 규칙을 알고 있었지만, 유인 비행 프로그램을 진행할 때 비로소 생생하게 실감하게 되었다.

* * *

항공의학 실험

우리는 미션을 수행하기 위해 장비를 재설계할 수는 있다. 그러나 우주에서 임무를 수행해야 하는 사람을 재설계할 수는 없다. 우주에서 새로운 지식을 구하는 항공의학 실험은 다음의 질문에 대한 답을 찾고 있다. 인간의 몸은 그 몸이 정상적으로 작동하는 대부분의 법칙에 위반되는 낯선 환경에서 적응할 수 있는가? 머큐리 계획의 말미에 도출된 대답은 적어도 하루 이틀 동안은 '그렇다'는 것이다. 물론 이 대답은 확실히 검증되지는 않은 상태였다.

발사할 때 발생하는 치명적인 가속도가 첫 번째 관심사였다. 우리는 우주비행사들이 자기 몸무게의 여러 배에 해당하는 힘에 짓눌릴 것을 알고 있었다. 인간이 이렇게 높은 중력가속도하에서 조종 능력을 제대로 발휘할 수 있을지 확실히 알려지지 않았다. 원심 가속 프로그램을 시작했고 이러한 스트레스하에서 실험을 수행한 우주비행사들은 우리 생각만큼 인간이 연약하거나 무력하지 않은 존재임을 증명했다. 높은 중력가속도를 견디는 방법 외에도 힘에 맞서 긴장을 풀고 필요한 조종 기동을 수행하는 방법이 개발되었다.

무중력상태는 정말로 알려지지 않은 분야였고 우주비행사들이 지상에서는 실제 마주칠 수 없는 성격의 문제였다. 중력 없이 먹고 마시는 능력은 우리가 대답해야 할 심각한 질문 중 하나였다. 무중력상태에서도 일단 음식이 입에 들어가면 중력 부족의 영향을 받지 않고 정상적인 소화 과정으로 이어진다.

그다음 문제는 무중력상태가 심혈관 시스템, 즉 인체의 심장과 혈관 시스템에 끼치는 효과였다. 이론상으로는 모든 종류의 반응이 가능했다. 실제 비행에서는 다리의 정맥에 소량의 혈액이 일시적으로 응집하는 현상이 일어났지만, 다행히 심각하지 않았고 우주비행사의 활동에도 영향을 미치지 않았다. 우주비행사들 모두에게 무중력상태는 즐거운 경험이었다. 시각, 청각 등 모든 감각은 우주비행 중에 정상적으로 작동한다. 우주에서 인간에게 영향을 미칠 수 있는 환각, 의식불명, 그 밖에 의학 현상은 없었다. 우리는 심지어 표류 비행이나 우주비행사가 위아래를 구분하지 못하거나 지구의 지평선을 참고할 수 없을 경우 혼란스러워지는지 등의 실험도 했다. 그러나 그때마다 대답은 산소호흡과 기압에 대한 기본 요구가 충족되는 한 인간은 적응할 수 있다는 것이었다.

* * *

과학 실험

우주에서 과학적인 관찰자이자 실험자로서 인간의 역할은 이 프로그램에서 또 다른 미지의 영역이었다. 그것의 대부분은 우주에서 인간이 존재할 수 있는 능력에 기반하고 있었다. 먼저 인간이 정상적으로 활동할 수 있는지 확인하고 나서 해당 프로그램의 과학적 이익을 추구해야 했다. 관찰자로서 인간은 첫 궤도비행에서 그 능력을 증명했다. 우주비행사가 대기광의 밝기, 채색, 높이 등을 확인했다. 이 일은 카메라로 녹화할 수도 없고 무인위성이 수행할 수도 없는 것이었다. 우주에서 인간은 미지의 것을 관찰하고 그것을 실험을 통해 증명할 수 있는 능력이 있다. 글렌이 일출 때 발견한 입자는 카펜터가 우주선에서 나온 것으로 판단했고, 이 분석을 시라와 쿠퍼가 확인했다.

우리는 무인우주선을 우주로 보내 우주 환경과 행성의 구성에 대해 많은 것을 배울 수 있었다. 하지만 과학적 관찰에 인간을 활용할 수 있다면 그 가치는 더욱 높아진다. 인간은 수행할 실험의 시간과 유형을 선택할 수 있기에 미지의 세계에서 무엇을 어떻게 계측해야 하는지에 대해 큰 진전을 이룰 수 있다. 우리는 머큐리 계획에서 이러한 선택에 따라 많은 것을 배울 수 있었다. 인간이 계속해서 이 시스템의 중요한 부분으로 남을지는 앞으로 알게 될 것이다.

만약 우리가 우주 자체에 대해 더 많이 배운 만큼, 우리는 우주에서 활동하는 인간의 능력에 대해서도 더 많이 배웠다. 미래의 프로그램에 귀중한 정보를 제공하는 많은 실험이 실시되었다. 항공의학 실험과는 별도로 인간은 우주에서 색을 구별할 수 있었고, 우주선으로부터 다양한 거리에 있는 물체를 발견할 수 있었고, 지상에서 발생한 높은 강도의 빛을 관찰할 수 있었고, 우주선 근처의 물체를 추적할 수 있었다. 이러한 관찰은 후일 제미니 계획과 아폴로 계획을 세울 때 랑데부와 항행의 타당성을 결정하는 데 귀중한 정보를 제공했다.

* * *

결론

유인 우주비행 프로그램은 우주와 관련한 꽤 많은 개념을 바꾸었고, 우리 주변의 우주에 대한 인간의 지식을 크게 늘렸으며, 인간이 우주탐사에 적절한 역할을 하고 있음을 보여주었다. 아직 인간 앞에는 미지의 것이 많이 남아 있지만, 우리가 능력을 최대한 발휘한다면 극복할 수 있다고 판단한다.

우리가 5년 전에 유인 우주 프로그램을 시작했을 때는 우주에서 인간이 유용하게 활동할지에 대해 의문이 많았다. 이제 이러한 시선은 180도 바뀌었다. 자동 시스템에만 의존해 미션을 완수시키기보다 자동 시스템의 백업을 맡은 인간의 역할에 보다 주목한다.

물론 이 말이 우주비행에서 자동적 측면을 무시하는 것은 아니다. 미래 우주선에는 인간과 기계의 세심한 결합이 필요하다. 결정을 내리는 것은 인간이지만 자동 시스템의 유용성도 무시할 수는 없다. 인간이 기계의 결정을 바꿀 수 있는 한 우리는 어떠한 조건에서도 작동할 수 있고 새로운 지식을 위해 미지의 영역을 탐사할 수 있는 우주선을 갖게 될 것이다.

존 F. 케네디 대통령이 달에 가기로 발표한 1961년 5월 25일에 NASA는 노바Nova라는 초대형 로켓을 이용해 대형 우주선을 달로 직접 보내는 내용의 달 착륙 계획을 세우고 있었다. 케네디 대통령의 발표가 있고 NASA의 기획자들은 개발 중인 노바에게 무엇이 필요한지 철저히 살폈다. 그러고 나서 달 탐사 임무에는 노바보다 상대적으로 작은 발사체가 하나 이상 필요하다는 결론에 도달했다. 이는 임무의 일환으로 어떤 형태로든 우주선 랑데부가 필요함을 의미했다. 또한 달에 가려면 7일 이상 우주비행을 해야 하는데, 기존의 머큐리 우주선으로는 3일 이상 버틸 수 없었다. 우주비행사들이 일주일 이상 우주 공간에 체류할 때 어떤 영향을 받을지 알려면 더 긴 시간 임무를 수행할 수 있는 새로운 우주선이 필요했다.

NASA 지도부는 이것들과 다른 고려 사항을 감안해 1961년 말까지 머큐리 계획과 새로 승인된 아폴로 계획의 중간 단계에 또 다른 유인 우주비행 프로젝트가 필요하다고 결정을 내린다. 이 프로젝트는 원래 '머큐리-마크Mercury-Mark 2'로 명명되었는데, 이 이름은 새 프로젝트가 업그레이드된 머큐리 우주선을 기반으로 하는 머큐리 계획의 두 번째 버전임을 의미했다. 이 우주선에는 승무원이 두 명 탑승할 수 있었다. 새 프로젝트의 이름은 곧 제미니 계획으로 바뀌었다. '제미니'는 쌍둥이를 뜻하는 라틴어로 승무원 두 명이 타는 점이 반영되었다. 새 계획의 명시적 목표는 "우주비행 시간을 연장하고 랑데부 기법의 개발에 필요한 다재다능한 시스템"을 제공하는 것이었지만, 이후 여러 다른 우주 미션의 요건에 맞추어 조정되었다. 제미니 우주선을 개발하기 위해 맥도넬 항공과 독점 계약을 맺었다. 또 다른 개량형 대륙간탄도미사일인 타이탄Titan 2호가 제미니의 발사체로 선정되었다.

제미니 계획은 1961년 12월 6일 로버트 시맨스Robert Seamans NASA 본부장이 승인했다. 원래의 계획에서는 귀환하는 우주선이 해상보다 지상에 착륙하는 것으로 가정했는데, 이는 수상 회수에 드는 비용과 복잡성을 감안한 것이었다. 하지만 이 방식의 타당성에 의문이 제기되었고 지상 착륙 아이디어는 결국 폐기된다.

문서 22

「마크 2의 2인승 우주선을 활용한 랑데부 개발을 위한 프로젝트 계획」*

1. 프로젝트 요약

이 프로젝트 개발 계획은 1963~1965년 동안 진행할 유인 우주비행 프로그램을 가리킨다. 이 프로그램은 우주에서 비행시간을 연장하고 랑데부 기법 개발에 도움이 될 다재다능한 시스템을 개발을 목표로 한다. 이는 나중에 다른 우주 미션에서도 활용이 가능할 것이다. 머큐리 우주선의 2인용 버전은 변형된 타이탄 2호 부스터와 함께 사용될 예정이다. 랑데부 실험에서 대상 비행체가 될 아제나 B를 궤도에 올려놓는 데는 아틀라스-아제나Atlas-Agena B 조합을 사용할 것이다. 기존의 하드웨어나 개량된 버전을 활용하면 새로운 하드웨어를 개발할 필요를 최소화할 수 있다.

제안된 우주선 계획은 머큐리 우주선의 기술과 부품을 광범위하게 활용한다는 전제에 기초한다. 따라서 머큐리-마크 2 우주선 사업은 맥도넬 항공과의 독점 계약이며, 확정가에 비용을 추가하는cost plus fixed fee 계약으로 협상하도록 한다.

발사체 조달에는 아틀라스 발사체에 대한 공군이 제너럴 다이내믹스-아스트로노틱스General Dynamics-Astronautics와 맺은 현재의 협정을 지속한다. 개조된

* 1961년 12월 8일 NASA 유인우주센터에서 작성했다.

타이탄 2호 발사체에 대해서는 마틴Martin과, 아제나 로켓 단stage에 대해서는 록히드Lockheed 항공과 비슷한 협정이 필요하다.

프로그램을 기획, 지시, 감독하는 프로젝트 사무소를 설립한다. 이 사무실에 배치될 인력은 1962년 회계연도 말까지 179명에 이를 것으로 예상된다. 제안된 프로그램의 예상 비용은 총 5억 3000만 달러가 될 것이다.

2. 정당화

머큐리 계획이 완료된 뒤에 유인 우주탐사 계획은 우주에서 장기 체류 경험을 쌓고 랑데부 임무를 수행하는 단계로 나아간다. 머큐리 계획의 후속 프로그램은 그러한 정보를 생산할 것이며, 현재 진행 중인 다른 프로그램들을 보완할 뿐 그 프로그램들의 실행에 간섭하지는 않을 것이다.

* * *

4. 기술 계획

1) 소개

머큐리 계획은 장기간에 걸쳐 진행되는 유인 우주탐사 프로그램의 초기 단계다. 머큐리 계획의 초기 목표는 이미 달성되었다. 이제는 머큐리 계획 종료 이후 유인 우주비행의 지속을 위해 필요한 다음 조치를 검토해야 한다. 따라서 머큐리 계획 이후에 지속적으로 개발 정보의 원천을 제공하는 후속 프로젝트가 제안되었다. 후속 프로젝트를 실행할 때는 이미 다른 프로그램을 위해 개발된 비행체와 장비를 최대한 활용할 예정이다.

2) 임무 목표

현재의 머큐리 우주선은 임무 목적상 최대 약 1일 동안의 단순한 궤도 임무

외에 다른 임무에는 활용하기 어렵다. 하지만 계획 중인 후속 프로젝트는 훨씬 더 광범위한 목표를 달성할 수 있다.

① 장시간의 비행 현재 머큐리 우주선은 18회 궤도비행 능력을 보유 중인데, 이 이상으로 비행시간을 연장하면 더 많은 경험을 얻을 수 있다. 장시간의 임무 수행을 위해서는 시간적으로나 양적으로나 작업 부하를 나눌 수 있는 다인승 승무원이 필수적이다. 늘어난 임무 시간 동안 복수의 승무원에게 적절한 환경을 제공되도록 여러 분야에서 조사가 필요하다. 이 프로젝트는 장시간의 우주비행에 필요한 비행과 지상 운용의 기법과 장비 개발에 기여할 것이다. 또한 우주 환경에서 장시간 비행하는 동안 승무원이 겪는 새로운 생리적·심리적 반응과 업무 수행 능력을 파악할 수 있을 것이다.

② 랑데부 우주에서 랑데부와 도킹 기동으로 우주선에 재공급이 가능해지고 이를 통해 임무 능력을 확장할 수 있다. 이는 일반적인 연료 재급유와 비슷하다. 이 기동은 주어진 부스터로도 우주에 훨씬 크고 '유효한' 페이로드를 배치할 수 있게 해준다. 현재 대부분의 우주 프로젝트는 '부스터 제한' 탓에 주어진 부스터를 최대한 활용하기 위한 기술 개발을 우선시하고 있다. 유인 궤도비행이 빈번해지는 만큼 궤도상에서 구조, 인원 이동, 우주선 수리 등에 유용할 것이다. 이러한 임무를 수행하려면 궤도 랑데부 기술의 개발이 필수적이다. 랑데부와 도킹 기동의 성공과 관련해 문제 영역은 다음과 같다.

- 발사 가능 시간대 대기 시간과 추진propulsion 요구 사항 측면에서 경제적인 운용이 되려면 랑데부에 관련된 두 번째 발사는 규정 시간에 매우 가깝게 발사해야 한다. 이를 위해서는 카운트다운 절차의 간소화와 높은 장비 신뢰성이 요구된다.
- 항법 항법 시스템이 제공하는 정보를 사용해 우주에서의 기동을 위한 수단을 개발해야 한다.
- 유도와 제어 항법 시스템이 제공하는 정보를 사용해 우주에서의 기동을 위한 유도와 제어 기법을 개발해야 한다.

- **도킹** 랑데부는 도킹 기동이 완료될 때까지 성공한 것이 아니다. 지구 대기권에서 진행하는 도킹과 우주 환경에서 진행하는 도킹은 작동 유형이 상당히 상이한 관계로 적절한 수준의 기술과 노하우를 개발하기까지 상당한 난관이 예상된다.

③ **제어된 육상 착륙** 머큐리 우주선을 바다에서 회수하려면 해군력을 적절히 배치해야 하는데, 경험상 이것에는 엄청난 노력이 필요하다. 이러한 노력이 필요하지 않거나 적어도 최소화하려는 노력이 요구된다. 바다는 원래의 예상보다 귀환하기에 적당한 환경이 아님이 입증되었다. 우주비행이 일상화되려면 특정한 장소에 우주선이 착륙하도록 설계해야 한다. 이를 위해서는 착륙 위치의 예상 범위를 매우 낮은 정도로 줄이고 만족스러운 착륙 방법을 개발해야 한다.

- **분산 제어** 착륙 구역의 제어를 위해서는 우주비행사들이 착륙 예측을 할 수 있어야 한다. 원하는 착륙 지점에 도달하도록 우주선을 제어하는 수단이 제공되어야 하는 것은 기본이다.
- **착륙 영향** 머큐리 우주선의 착륙에 따라 발생할 수 있는 충격 하중의 감쇠는 상당한 문제를 가져온다. 착륙 가속도는 많은 경우에 허용 한계 이내일 것으로 추정된다. 하지만 착륙 과정이 예측 불가능한 만큼 성공을 보장할 만한 수준으로 다양한 조건을 모두 만족시키는 것은 불가능하다. 착륙에서 안전을 보장하기 위해서는 상대적으로 낮은 속도와 예정된 구역으로의 착륙이 이루어져야 한다.

④ **훈련** 지상 시뮬레이션 훈련을 통해 많은 것을 배울 수 있다. 하지만 그것이 우주에서 겪는 실제 경험을 대체할 만한 수준은 아니다. 이 프로젝트의 부수적 효과는 우주에서 실제 활동 경험을 쌓은 우주비행사의 수를 늘리는 것이다. 2인승 우주선은 이런 목적을 달성하는 훌륭한 수단이 된다.

⑤ **프로젝트 철학** 기본적으로 이 프로젝트의 개념 철학은 다른 프로그램을 위해 개발한 하드웨어를 최대한 활용하며 이 프로젝트의 요구에 맞게 수정하

는 것이다. 하드웨어의 개발 수요와 자격 조건을 최소화할수록 프로젝트의 적시 이행을 보장받을 수 있다.

* * *

이 프로젝트는 다양한 임무를 수행하는 다목적 우주선-부스터 조합을 제공한다. 이것은 실험 대상이라기보다는 추가 실험을 위한 알맞은 수단이 될 것이다. 가령 우주선에서 쓰려고 개발한 랑데부 기법은 궤도 실험실이나 우주정거장으로의 재공급과 검사 용도로 쓸 수 있다. 그 밖에 구조, 인력 운송, 우주선 수리를 위한 비행체로 사용할 수 있다.

머큐리 베테랑 버질 거스 그리섬과 신입 우주비행사 존 영John Young이 탑승한 최초의 유인 제미니 발사는 1965년 3월 23일 이루어졌다. 비슷한 시기에 소련은 1964년 10월 발사에서 세 명의 승무원을 우주로 올려보냈다. 그리섬과 영의 제미니 3호 발사를 닷새 앞두고는, 소련의 우주비행사 알렉세이 레오노프Alexei Leonov가 최초의 선외활동EVA: Extra Vehicular Activity을 위해 우주선 밖으로 나갔다. 이처럼 소련이 빠르게 성과를 내자 미국은 같은 해 6월 3일 발사 예정이었던 제미니 4호 미션에 우주유영을 추가해야 하는지 고민에 빠졌다. 집중적이고 탐구적인 검토 끝에 NASA 지도부는 제미니 4호에 우주유영을 포함하기로 결정했다. 그 승인은 발사 일주일 남짓 전인 5월 25일 이루어졌다. 6월 3일 우주비행사 에드워드 화이트Edward White가 미국인 최초의 우주유영자가 되었다. 그는 우주선 밖에서 21분을 보냈고 흥분한 나머지 우주선으로 돌아오기는 것을 아쉬워했다.

문서 23

"제미니 4호 선외활동에 관한 최고 운영 회의 회의록"*

1965년 5월 24일 제임스 웹 청장, 휴 드라이든 박사, 로버트 시맨스 박사는 6월 3일로 예정된 제미니 4호의 선외활동과 관련해 조지 뮬러George Mueller 박사와 로버트 길루스 박사를 만났다.

여기서 비행 패턴을 변경하는 데 따른 우려가 표명되었다. 발사 마지막 순간에 무언가를 바꾸면 항상 간과하고 제대로 고려하지 못한 일들이 발생할 수 있다. 더구나 어떤 이유로든 제미니 4호의 비행을 단축해야 할 일이 생긴다면 선외활동을 한다고 해치를 여는 데 따른 비난을 받을 것이다. 제미니 4호에 선외활동 임무를 추가하는 것은 얼마 전 소련의 성공에 대한 반응임을 누구나 알 수 있었다.

반면에 선외활동을 위한 우주복 개발은 줄곧 제미니 4호 프로그램의 일환이었다는 반론도 있었다. 제미니 4호에는 원래 선외활동이 계획되어 있었다는 것이다. 제미니 활동의 기본 목표 중 하나가 인간이 우주에서 실험을 수행하고, 과학위성을 수리하고 조정하고, 우주선 밖에서 다른 어떤 일을 할 수 있는지 가능성을 평가하는 것이었다. 대형 안테나 프로그램은 인간의 선외활동이 필요한 실험 중 하나로 주목받고 있었다.

그 후 제미니 계획에서 선외활동 실시의 적절성에 대한 의문은 제기되지 않았다. 그럼에도 의문시되는 것은 그것을 굳이 두 번째 유인 비행에서 행해야 하는지에 대한 것이다. 4일의 우주비행 동안 우주선과 그 시스템의 신뢰성을 확인하는 것은 제미니 4호 비행에 필수 임무가 아닌 반면에 4일이라는 예정 체류 기간을 달성하지 않으면 미국의 우주 계획은 타격을 입을 수도 있다.

하지만 반대 주장은 우주비행사들의 안녕에 대한 우려와 제미니 3호 비행에

---

* 1965년 6월 8일 로런스 보걸(Lawrence Vogel)이 작성했다.

서 모든 시스템에 대한 점검이 완전했는지에 대한 지적과 함께 이어졌다. 그에 대한 답은 우리는 우주선에 자신감이 있고 우주비행사들은 선외활동을 위해 훈련받았다는 것이다. 꼭 우주비행사들의 사기를 감안하지 않더라도 이들이 할 수 있는 것과 훈련받은 것보다 못한 일을 시켜서는 안 된다. 이들은 K-135의 무중력 조건에서 광범위한 테스트를 진행했다. 이들은 우주에서 약 한 시간의 경험을 쌓기 위해 무중력상태에서 우주선을 타고 내리는 연습을 숱하게 반복했다. 또한 제미니 4호에서 선외활동을 하지 않으면 제미니 5호에서 해야 한다는 지적도 있었다. 제미니 4호에서 선외활동을 하는 것이 제미니 계획의 논리적 확장이다. 만약 선외활동이 제미니-타이탄 4호에서 성공한다면 5호에서 할 필요는 없을 것이다. 반대로 제미니-타이탄 4호에서 선외활동이 없다면 5호에서는 해야 할 것이다. 다만 제미니-타이탄 5호에 예정된 그 밖의 프로그램들이 많은 것을 고려하면 4호보다 5호에서 선외활동을 하는 쪽이 나을 수 있다.

선외활동에 따라 제미니 4호의 짧은 비행에서 어떤 위험이 발생 가능할지 검토해 보았으나 무중력 이외의 문제는 제기되지 않았다. 무중력상태는 제미니 4호에서도 문제가 될 수 있지만, 아마도 제미니 5호에서 보다 더 이 문제에 집중할 것이다. 이 질문에 찰스 베리Charles Berry 박사는 4일 동안 무중력상태에 있는 것이 문제를 일으키지 않을 것이라고 주장했다. 4일 동안의 무중력상태가 인간에게 해가 된다는 징후는 없다. 곧 이는 제미니 4호 비행에서 고려할 큰 문제가 아니라는 것이다. 하지만 제미니 5호의 예정 체류 기간은 4호보다 긴 7일이었고, 그 정도 기간 동안 우주에 체류한 사례는 없어 전문가들의 태도도 약간은 유보적이었다. 일부 의학 전문가들은 위험이 있을 것이라고 보고 다른 전문가들은 또 그렇지 않다. 사실 무중력상태만큼 걱정스러운 문제는 7일, 어쩌면 더 긴 기간 동안 폐쇄된 공간에 갇혀 지내야 하는 것이다.

선외활동 때문에 4일간의 제미니 비행이 종료될 위험 요소에 대해 다시 의문이 제기되었다. 예상되는 추가되는 위험은 우주선을 감압하고, 해치를 열고, 해치를 봉인하고, 우주선을 다시 가압하는 것이다. 다양한 시스템과 하위 시스템을 포함하는 이러한 절차는 각각 고장 가능성이 있기에에 어느 정도의 위험이 추가된다. 그러나 이러한 절차는 실패 없이 수백 번 행해졌다. 그럼에도 무언가가 작동하지 않을 위험은 항상 존재하지만 이것은 작은 위험이다.

소련인들이 했다고 해서 제미니 4호에서 선외활동을 하는 것이 정당화될 수는 없으며, 나중에 있을 아제나 위성과의 랑데부 기술 습득을 위한 것이라는 설명도 선외활동을 정당화할 사유가 못 된다는 주장도 제기되었다. 이 주장에 반박하며 제미니 계획에서 선외활동을 실시하는 주된 이유는 우주에서 인간의 역할을 더욱 발전시키기 위해서라는 의견이 제시되었다. 우리가 우주에 투입하는 장비의 정교함은 우리가 할 수 있는 실험의 정교함을 앞서가고 있다. 우주에서 인간의 활용으로 실험의 정교함이 증가할 수 있지만, 이것은 선외활동을 통해 확인되어야 한다. 우주에서 인간이 선외활동을 하며 물건을 고칠 수 있는지, 인공위성을 교정할 수 있는지 등에 대한 시도는 단순히 보여주기 위한 것이 아니라 정말로 중요한 진전으로 보아야 한다.

* * *

일반 대중이 제미니 4호의 선외활동을 성공으로 본다고 하더라도 의사결정자의 관점에서도 반드시 성공으로 간주되는 것은 아니다. 위험 감수에 대해 간단히 설명해 보자. 4일 동안 제미니 4호가 비행할 확률이 90퍼센트이고 선외활동을 할 경우 이 확률이 89퍼센트로 줄어든다면, 우리는 제미니 4호에 대해 1퍼센트의 추가 위험만 부담하면 된다. 하지만 선외활동을 할 경우 4일 비행 확률이 80퍼센트로 줄어든다면 추가 위험은 10퍼센트에 이르는 것이다. 이러한 추가 위험 부담은 선외활동으로 얻을 수 있는 이익과 적절한 절충이 되는 수준이 아니며, 이럴 경우 제미니 4호에서 선외활동을 수행해서는 안 된다.

머큐리의 첫 비행과 제미니 4호 비행 간에 위험 비교가 없었다는 점이 강조되었다. 공군이 첫 머큐리 비행에 대해 어떻게 경고했는지 상기했지만, NASA 지도부는 이 비행이 이 프로그램에 절대적으로 필수적이기에 계속하기로 결정했다. 만약 우리가 로켓을 추진 수단으로 사용하는 데 여전히 내재된 위험을 고려한다면, 우리가 이 추진 수단을 쓸 때마다 비행에서 발견할 수 있는 모든 것을 알아내야 한다.

무엇이 최선의 행동 방침인지 결정할 때 대중의 반응에 너무 신경을 써서는 안 된다는 것에 주목했다. 제미니 4호에 선외활동을 넣을지 말지 여부에 대한 결정은 프로그램에 무엇이 최선인지를 고려해 이루어져야 하며 대중의 반응에 영향을 받아서는 안 된다.

앞서 언급한 논의가 있은 뒤에도 제미니 4호의 중요성은 4일 동안 우주선의 신뢰성을 점검하고 이 신뢰성을 7일 동안으로 연장하는 데 있다는 지적이 계속 제기되었다. 선외활동은 제미니 4호에서 우리가 얻으려는 목표를 자칫 위태롭게 할 수 있다. 만약 제미니 4호가 4일이라는 임무 기간을 채우지 못한다면, 제미니 5호가 7일 동안 임무를 수행하기 매우 어려운 상황이 조성될 것이다. 아마도 제미니 5호는 7일 동안 버틸 수 없을 것이다. 4일간의 제미니 4호의 비행이 위태롭게 되고, 이어지는 7일 동안의 제미니 5호의 비행이 위태롭게 되는 위험을 감수할 만큼 선외활동이 충분히 중요한지에 대해서는 의문이다.

그런 뒤에 전체 프로그램을 살펴보면 제미니 4호에서 선외활동을 하는 편이 보다 합당하다는 지적이 있었다. 만약 제미니 4호가 3일간 버틴다면 7일 동안 우주선을 신뢰할 수 있을지 여부는 걱정할 필요가 없다는 것이다. 기본적인 문제는 우주비행사들이 무중력상태의 제한된 공간에서 잘 지내는지를 확인하는 것이다. 그리고 제미니 5호는 제미니 4호보다 중요하며 만약 선외활동에 따라 총비행시간이 단축될 가능성이 있다면 선외활동은 제미니 5호가 아닌 제미니 4호에서 시도하는 것이 합당하다. 선외활동이 제미니 4호의 임무로 승인된다면 그 절차를 다루는 매우 확고하고 적절한 지침이 준비될 것이라고 NASA 지도부에 보고되었다.

웹 청장, 드라이든 박사, 시맨스 박사는 뮬러 박사와 길루스 박사와의 토론 내용을 신중히 검토했다. 이들은 결정에 상관없이 불필요한 오해를 피하고 부작용을 최소화하기 위해 대중에게 적절히 설명하는 것이 중요하다고 생각했다. 제미니 4호에 대한 선외활동 승인이 비행을 최대한 활용하는 것이라는 분위기가 강했다. 결과적으로 선외활동이 승인될 것이라는 데 모두의 의견이 모아졌지만, 위험을 감수하고 제미니 4호에 선외활동을 적용하는 것이 최선의 판단인지에 대해 다소 유보적인 시각이 있었다. 시맨스 박사는 그간의 논의에 비추어 뮬러 박사, 길루스 박사와 이 문제를 더 논의할 것이다. 그가 제미니 4호의 선외활동을 고집하지 않는다면 이 활동은 유보될 것이라는 결론이 내려졌다. 반대로 그가 최종 논의에서 제미니 4호의 선외활동을 강력히 요청한다면 이 활동은 만장일치로 승인될 것이다.

참고 회의가 있은 다음 날인 1965년 5월 24일 시맨스 박사는 웹 청장에게 제미니 4호 비행 때 선외활동을 건의했다. 웹 청장과 드라이든 박사는 이 건의를 승인했다.

제미니 미션은 1965년 8월부터 1966년 11월까지 여덟 건 더 진행되었다. 제미니 5호의 우주비행사들은 7일 동안 지구 궤도에 머물렀다. 제미니 7호의 비행사들을 거의 14일 동안 궤도에 있었다. 제미니 우주선과 아제나 위성의 랑데부와 도킹 시도는 몇 차례 실패를 겪고 나서 제미니 8호 미션 때 도킹에 성공했다. 하지만 도킹 직후에 제미니-아제나 결합체는 예기치 않게 회전하기 시작했고, 우주비행사인 데이비드 스콧David Scott과 닐 암스트롱은 이 도킹을 풀려고 애를 썼다. 하지만 회전은 계속되었고 비행사들이 의식을 잃을 가능성이 생길 정도로 위험한 수준까지 속도가 빨라졌다. 암스트롱의 빠른 행동으로 회전은 중단되었지만 이 일의 여파로 미션은 조기에 종료해야 했다. 완전하게 성공적인 첫 번째 랑데부와 도킹은 제미니 10호 미션에서 이루어졌다.

제미니 9호, 10호, 11호 미션에서 우주유영은 이루어졌지만 각각 문제가 있었다. 1966년 11월 제미니의 마지막 미션인 12호에 이르러서야 우주비행사는 우주선 밖에서 5시간 이상을 문제없이 보낼 수 있었다.

제미니 계획에서 얻은 교훈들은 아폴로의 장기적 성공과 유인 우주비행의 전반적인 진전에 중요했다. 제미니 계획은 원래의 목적을 달성했다. 즉, 미국인들이 장기간의 우주 임무를 수행하는 능력을 보여주었다. 향후 NASA의 우주 프로그램에 활용될 랑데부와 도킹 기술을 개발했다. 선외활동을 통해 우주선을 떠나 바깥에서 일을 하는 능력을 확보했다.

이러한 경험은 제미니 계획의 결과를 설명하는 다음의 두 문서에 요약되어 있다. 첫 문서는 휴 드라이든이 사망한 뒤에 NASA 부청장으로 지명된 시맨스가 제시한 개요로 제미니 계획을 간략히 요약한 것이다. 그다음 문서는 뮬러 유인 우주비행 본부장이 쓴 것으로 제미니의 업적을 넓은 맥락에서 웅변적으로 서술하고 있다.

문서 24

「제미니 프로그램: '제미니 계획 요약'이 첨부된 성과 기록」•

1966년 11월 15일 완료된 제미니 비행 프로그램은 미리 계획했던 목표를 모두 달성하는 것에 성공했다. 복잡한 개발 비행 프로그램에서 예상할 수 있듯이 몇몇 개별 비행 미션은 어려움을 겪었다. 이러한 여러 어려움을 성공적으로 극복해 낸 프로그램을 이끈 조직, 이것과 직접 관련된 인원들, NASA에게 공로를 돌린다.

제미니 계획 요약

1966년 11월 15일 우주비행사 제임스 러벌James Lovell과 버즈 올드린이 탑승

• 1967년 1월 17일 로버트 시맨스 NASA 부청장이 작성해 NASA 본부장, 부장, 연구센터장들에게 제출했다.

한 제미니 12호가 귀환하면서 제미니 계획은 성공적으로 완수되었다. 프로젝트가 시작된 뒤에 추가된 선외활동과 합체 기동을 포함하는 제미니 계획의 모든 목표는 여러 차례 반복해서 완전히 달성되었다.

랑데부 시각/수동 제어에서 지상/컴퓨터 제어 랑데부에 이르는 일곱 가지의 다른 기법을 사용해 10번의 개별 랑데부를 수행했다.

도킹 네 개의 아제나 위성을 대상으로 아홉 번의 도킹을 수행했다.

도킹된 우주선 기동 제미니 10호와 11호는 광범위한 기동을 보여주었다. 제미니 11호 때는 아제나를 이용해 우주비행사 피트 콘래드Pete Conrad와 고든 쿠퍼가 지구 위 851마일까지 올라가면서 당시까지 달성한 고도 기록을 경신했다.

선외활동 다섯 건의 별도의 제미니 미션을 통해 모두 10차례의 선외활동을 수행했다. 제미니 계획 동안 기록한 누적 선외활동 시간은 12시간 22분이다. 이 중 제미니 12호에 탑승한 올드린이 5시간 37분을 차지한다.

장기간 비행 제미니 7호 미션은 인간이 14일 동안 계속해서 우주에 머무를 수 있음을 보여주었다. 제미니 5호는 8일 동안, 그리고 다른 두 미션은 4일 동안 우주에 체류했다.

재진입 때의 제어 수준 제미니 5호를 제외한 모든 유인 제미니 미션은 목표 지점에서 불과 몇 마일 안에 착륙해 계획의 정확도를 입증했다.

과학·기술 실험 수행 (제미니 3호부터 12호까지의) 유인 제미니 미션은 많은 실험을 수행했다. 총 43회의 실험이 성공적으로 진행되었다.

각각의 제미니 계획을 수행하기 전에 프로젝트의 완전한 발전에 기여할 각각의 미션 목표가 선정되었다. 이러한 미션 목표의 선정은 임무가 얼마나 성공적으로 이루어졌는지 판단하기 위해 필수적이다. 성공을 위해 보다 유연하게 대처하고자 장비의 기능과 우주비행사의 시간과 경험의 범위 안에서 가능한 한 많은 2차 목표가 지정되었다.

14번의 제미니 계획 중 10번의 미션은 발사 전에 예정했던 주요 미션 목표를 모두 달성했다. 성공하지 못한 네 번의 미션과 그 이유는 〈표 2-2〉와 같다.

표 2-2 실패한 제미니 미션과 실패 이유

미션 번호	실패 이유
제미니 6호	랑데부를 위해 같이 발사된 아제나 위성이 폭발했다. 결국 제미니 6호 미션은 제미니 6A호 미션으로 이름을 바꾸고 나중에 제미니 7호 우주선과 성공적으로 랑데부했다.
제미니 8호	궤도 기동 추적기가 오작동을 일으키며 주요 미션 목표였던 선외활동이 취소되었다.
제미니 9호	아틀라스의 부스터가 고장 나면서 아제나 위성이 대서양으로 추락했다. 제미니 9호 미션은 제미니 9A호 미션으로 이름을 바꾸며 진행되었다.
제미니 9A호	강화된 타깃 도킹 어댑터에서 덮개가 풀리지 않아 주요 미션 목표였던 도킹이 불가능했다.

문서 25

NASA SP-138, 「제미니 계획 요약 콘퍼런스」 중 "소개" 글*

제미니 계획이 끝났다. 수많은 다양한 조직과 문자 그대로 수천 명의 인원이 참여하는 대규모 사업이 그렇듯이 제미니 성공의 주요 요소는 팀워크다. 개인의 이익과 의견이 집단의 통합과 효율에 종속되어야 한다는 측면에서 볼 때 제미니 팀은 실로 탁월했다.

제미니 계획은 머큐리 계획이 끝나고 아폴로 계획은 시작하기 전에 미국의 유인 우주비행 능력을 발전시킬 목적으로 수행되었다. 제미니 계획의 목표는 이렇다. 첫째, 달 착륙 미션에 필요한 최소 기간의 장기 우주비행의 타당성을 입증하는 데 필요한 개발과 테스트 프로그램의 수행, 둘째, 궤도상에 있는 두 우주선의 랑데부와 도킹에 필요한 기술과 절차를 완벽히 갖추는 것, 셋째, 정밀하게 제어된 재진입과 착륙 능력의 확보, 넷째, 선외활동 능력의 확립, 다섯째, 유인 우주비행에서 덜 명확하지만 덜 중요하다고는 할 수 없는 비행 및 지상 승무원의 숙련도 증진 등이다. 이 매우 성공적인 비행 프로그램은 각각의 영역에서 목표로 했던 성과를 생생히 달성했다.

제미니가 목표로 했던 장기 체류 비행은 1965년 12월 제미니 7호가 성공적

* 1967년 2월 1~2일 조지 뮬러 유인 우주비행 본부장이 작성했다.

으로 달성했다. 제미니 4호의 4일에서 시작해 제미니 5호의 8일, 제미니 7호의 14일까지 점진적으로 비행 지속시간이 늘면서 모든 의구심이 사라졌다. 달 표면에 도달하고 다시 지구로 귀환하는 긴 시간 동안 우주비행사와 우주선이 만족스럽게 기능할지에 대한 걱정이 줄어들었다. 제미니 계획은 훨씬 더 긴 미션에서 우주비행사가 만족스럽게 임무를 수행할 것이라는 높은 자신감을 가져다주었다. 또한 장기 비행은 우주비행사가 수행하는 역할의 중요성, 임무 계획과 실행에서 유연성의 가치, 유인 우주비행 제어 시스템의 뛰어난 능력에 대한 더 큰 통찰과 진가를 보여주었다. 제미니 계획은 당초 계획대로 제미니 7호가 성공하면서 장기 비행에 대한 준비를 완료했다.

보다 극적인 성과 중 하나는 유인우주선 두 개가 궤도 내 랑데부에 성공하면서 다양한 기술이 개발되었다는 것이다. 제미니 계획에서 가장 복잡한 임무를 위한 준비에는 다른 어떤 것보다 많은 시간이 필요했다. 이 임무의 너무나도 완벽한 수행을 놓고 볼 때 우주선과 발사체의 개발자, 제작자, 점검 팀과 발사 팀, 우주비행사와 그들에 대한 훈련 지원, 임무 계획과 임무 통제 인력 등 제미니의 모든 팀에게 아낌없는 찬사를 보낸다.

우주에서 랑데부를 수행하는 능력은 아폴로 성공에 필수적이며 이것은 제미니 7호 이후부터 각 미션에서 주요한 목표가 되었다. 10번의 랑데부가 완료되고 일곱 건의 서로 다른 랑데부 모드나 기법이 채용되었다. 대상 우주선과의 도킹에 아홉 번 성공했다. 11명의 우주비행사가 랑데부 경험을 쌓았다. 이 중 몇몇 랑데부는 아폴로 랑데부의 요건 중 일부를 사전 테스트하기 위해 설계되었다. 그러나 랑데부 활동의 주된 초점은 넓은 스펙트럼에 걸쳐 이론적 결정을 검증하기 위한 것이었다. 제미니 계획은 궤도 랑데부에서 지식과 경험을 폭넓게 발전시켰고, 이러한 기반은 향후 몇 년 안에 후한 보상으로 돌아올 것이다.

제미니 계획의 성과 중 미래의 유인 우주비행 프로그램에서 가장 중요한 것을 하나만 꼽으라면 도킹한 대상 우주선의 추진 시스템을 이용해 기동 비행한 경험이다. 두 개의 궤도를 도는 우주선의 조립과 조종은 제미니의 선구자적 활동의 두드러진 예다.

제미니 4호 미션 중에 수행한 첫 번째 선외활동은 성공적이었다. 비록 제미니 9A호, 10호, 11호 미션 중에 선외활동에서 어려움을 겪었지만 궁극적 목표는 제미니 12호가 성공하며 달성되었다. 과거 비행 프로그램에서 배운 교훈을 후속 미션에 강력하게 적용한 것이 제미니 계획의 성공 요인이다. 제미니 12호의 선외활동은 사실상 과거 미션에서 배운 것들의 총합이었다.

제미니 6호는 우주선 고장 탓에 일시적으로 좌절되었지만, 첫 번째 랑데부와 도킹 임무는 제미니 6A호와 7호 미션에서 큰 성공을 거두었다. 이 미션의 성공으로 프로그램의 높은 운영 숙련도가 증명되었다. 제미니 계획의 성과물에 적용되는 '운용 능력'이라는 용어는 생산율의 가속화와 발사 일정의 단축 이상의 의미를 갖는다. 즉, 운용 능력은 예기치 못한 상황에 대응하고, 대체 계획과 비상 계획을 준비하고 실행하며, 목표를 향해 추진력을 늦추지 않으면서 유연성을 유지할 수 있는 능력을 의미한다. 제미니 계획의 참여자들은 이러한 상황에서 몇 번이고 뛰어난 방식으로 대응해 냈다.

제미니 계획을 통해 이룬 성취가 다른 프로그램에 어떤 가치를 갖는지 평가한 몇몇 코멘트가 있다. 제미니 계획은 아폴로 계획의 모든 측면에 어떤 식으로든 기여했다. 유인 우주비행 컨트롤 센터, 유인 우주비행 통신망, 귀환 기술의 개발과 완성도, 우주비행사의 훈련, 그 밖에 직접적으로 적용되는 많은 항목들에 대한 실제적인 입증 테스트 등이다. 여기에 이 프로그램은 (존 F. 케네디가 약속한) 10년 안에 아폴로 계획의 목적을 이루기 위한 높은 수준의 자신감을 제공했다. 제미니 팀의 뛰어난 성과와 업적으로 아폴로 계획은 훨씬 쉬워졌다.

마찬가지로 아폴로 응용 프로그램은 과학 커뮤니티의 상상력을 불러일으킨 바 있는 제미니 실험 프로그램에서 영감을 받았다. 아폴로 응용 프로그램의 기초를 제공한 아폴로 하드웨어의 개발에 대한 공헌 외에도 사람이 우주에 매우 유용하고 중요한 기능을 맡을 수 있다는 점이 발견되었다. 이러한 기능을 기술적 낙진이라고 부른다. 그리고 이러한 기능을 성과로 식별하는 것이 더 정확하다. 즉, 수천 명의 인원이 함께 열심히 노력해 달성한 성과인 것이다.

유인 궤도비행 실험실 프로그램은 국방부가 유인 우주비행 기술을 국방에 적용하기 위한 목적으로 수행해 왔으며, 이는 제미니 계획에서 이룬 성과를 상당 부분 활용한 것이다. 이것은 NASA가 국방부로부터 받았고 앞으로도 받을 놀라운 지원에 대한 부분적인 상환으로 볼 수 있다. NASA 프로그램의 성공에는 유인 우주비행 프로그램의 모든 단계에 국방부가 직접 참여해 기여한 부분이 적지 않다. 국방부의 지지는 매우 소중하고 앞으로도 그럴 것이다.

유인 우주비행 프로그램을 구성하는 정부·산업·대학 연합 팀의 인원은 모두 24만 명이다. 여기에 NASA의 무인 우주 활동에 수천 명이 더 종사하고 있으며, 국방부, 상무부, 원자력위원회, 그 밖에 국가 우주개발과 관련된 기관들이 있다. 이들은 새로운 과학 지식을 습득하고, 새로운 기술을 개발하며, 각자 맡은 임무의 크기에 따라 더 큰 목표가 부여된 새로운 문제를 연구하며 우주탐사를 위한 미국의 살아 있고 성장하는 능력을 만들어간다.

지난 사반세기 동안 미국은 기술혁명을 겪었다. 정부와 대학, 과학계와 산업계의 공동 노력이 주요한 동력이었다. 이러한 협력은 현재 이용 가능하고 미래의 국가 요건을 충족시키기 위해 계속 성장할 기술의 연구·개발에 엄청난 도움이 되었다. 이러한 기술 진보와 실력 향상은 과거와 현재 평화를 유지하는 데 결정적 요소다. 이 분야에서 미국의 우월성은 국제 관계에서 중요한 도구인 동시에 세계 평화와 자유에 관련해 다른 나라들과의 거래에 상당한 영향을 준다. 정치적 현실은 소망한다고 되는 것도 아니고 무시한다고 되는 것도 아니다. 이러한 현실은 우주를 탐험하는 인간의 능력을 과학적·공학적 독창성에 대한 도전을 넘어 전략적으로도 중요한 문제로 만든다. 국가와 세계의 안전과 미래가 달린 지구적 목표이기에 미국은 우주개발에서 머뭇거릴 여유가 없다.

우주개발 활동은 정말로 연구·개발 경쟁이며, 우수성에 대한 탐구를 요구하고 불러일으키는 기술적 특성의 경쟁이다.

머큐리 계획은 후속 프로그램인 제미니 계획과 미국의 유인 우주비행 활동의 토대를 마련했다. 지금 시점에서 머큐리 계획은 상대적으로 두드러져 보이지 않는다. 그러나 당시 머큐리가 미국에 가져다준 성과는 오늘날 제미니가 이룬 성과와 향후 몇 년 동안 아폴로가 이룰 성과와 마찬가지로 국가 목표에 중요하다.

NASA의 우주 프로그램은 실시간으로 전 세계 시청자들에게 완전히 공개되어 진행되었고 앞으로도 그럴 것이다. 이 사실은 NASA의 업적을 더욱 눈에 띄게 해준다. NASA의 성취는 이러한 환경하에서 도달한 완벽함이기에 더 의미가 있다. NASA와 관련된 모든 이들은 그들이 이룬 성취에 충분히 자부심을 가져야 한다. 과거의 경험을 토대로 우주탐사는 계속 앞으로 나아가야 한다. 미국인들은 더 나은 것이 아니라면 아무것도 허락하지 않을 것이다. 그것은 역사도 마찬가지일 것이다.

제3장

—

“하나의 작은 발걸음, 하나의 거대한 도약”

머큐리 계획과 제미니 계획은 유인 우주비행에서 NASA가 이룬 최대 성과인 아폴로 계획을 견인했다. 아폴로 계획은 12명의 우주비행사를 달 표면으로 보낸 미국의 주목할 만한 우주 활동이었다. 우주탐사에 관한 논의에서 달이 빠질 수는 없다. 1959년 12월에 발표된 NASA의 장기 계획을 보면 달에 착륙하는 미션을 NASA 유인 우주비행 프로그램의 장기 목표라고 명확히 밝히고 있다. 그 착륙은 '1970년 이후'가 될 예정이었다. 머큐리 계획(이때 제미니 계획은 아직 구상되지 않았다)이 완료된 뒤인 1965년부터 1967년까지의 목표는 '유인 궤도비행과 영구적인 지구 근거리 우주정거장'의 첫 발사였다.

1960년 중반이 되자 NASA는 유인 우주비행의 중간 단계에 대해 우주 산업체의 대표자들을 불러 모아 의견을 나눌 정도로 분위기가 성숙해졌다. 1960년 7월 28일과 29일 워싱턴 D.C.에서 열린 'NASA와 산업체 간 프로그램 계획 회의'에서 NASA 본부의 유인 우주비행 책임자인 조지 로는 청중에게 이야기했다. "우리의 현재 계획은 지구 궤도 임무와 달 순회 비행이 모두 가능한 첨단 유인우주선의 개발과 구축입니다. 궁극적으로 이 우주선은 달과 행성의 유인 착륙과 영구 유인 우주정거장MSS: Manned Space Station을 향해 나아가야 합니다. 이 진보된 유인 우주비행 프로그램의 이름은 '아폴로 계획'입니다." 아폴로라는 이름은 1960년 초 NASA 청장이었던 에이브 실버스타인이 제안했다.

NASA는, 그중에서도 특히 로는 1960년 후반부터 아폴로 계획과 장기 목표인 달 착륙 임무의 계획 수립을 맡아왔다. 1960년 10월 17일 로는 실버스타인 청장에게 "유인 달 착륙을 위한 예비 프로그램의 공식화 필요성이 점점 명백해졌다. 아폴로 계획에 정당성을 부여하고, 아폴로 일정과 기술 계획을 보다 확고한 토대 위에 놓기 위해서다"라고 보고했다.

이 계획을 수행하기 위해 로는 NASA 본부 인력으로 구성된 소규모 실무 그룹을 구성했다. 이 그룹은 "이번 10년 안에" 미국인을 달로 보내겠다는 존 F. 케네디 대통령의 약속에 대한 기술적 기반을 마련한다.

NASA가 달에 사람을 보내는 미션을 포함해 발전된 형태의 유인 우주비행 미션을 계획 중이라는 소식은 곧 드와이트 아이젠하워 대통령과 그의 고문들의 주목을 받게 되었다. 아이젠하워는 대통령 과학자문위원회 자문관인 조지 키스차카우스키 하버드 대학교 화학과 교수에게 NASA의 계획에 대한 연구 팀을 조직해 달라고 요청했다. 이에 키스차카우스키는 도널드 호닉Donald Hornig 브라운 대학교 교수를 위원장으로 하는 맨 인 스페이스 프로그램에 관한 특별 위원회를 설립했다. 호닉 위원회는 1960년 12월 16일 보고서를 내고 며칠 뒤에 아이젠하워 대통령에게 보고했다. 아이젠하워는 "인간이 달에 도착하든 말든 상관없다"라고 말한 것으로 알려졌다. 크리스토퍼 콜럼버스의 항해 때 스페인의 이사벨 1세Isabel I가 보여준 재정적 지원과 비교해 아이젠하워는 "달에 사람을 보내기 위해 내 보석을 걸 생각은 없다"라고 답한 것으로 알려졌다.

문서 01

「맨 인 스페이스 프로그램에 관한 특별 위원회 보고」*

1. 서문

우리는 우주 정복 경쟁에 빠져 있다. 어떤 이들은 앞으로 확실히 나올 새롭고 흥미진진한 과학적 발견에 주목하고, 다른 이들은 인간이 지금까지 꿈꾸지 못했던 한계 너머로 인간을 보내는 일에 매력을 느낀다. 그러나 가장 절박한 이유는 미국이 세계에서 지도적 위치를 유지하려면 기술적 역량을 보여야 하는 국제 정치 상황 때문이다. 이러한 여러 이유로 우리는 복잡하고 비용이 많이 드는 모험을 시작했다. 이 보고서의 목적은 예측 가능한 미래에, 특히 맨 인 스페이스 프로그램과 관련해 이 노력의 목표, 임무, 비용을 명확히 하는 것이다.

* 1960년 12월 16일 대통령 과학자문위원회에서 작성했다.

2. 맨 인 스페이스 프로그램

유인 캡슐을 지구 궤도에 쏘아 올리는 미국 최초의 프로젝트인 머큐리 계획은 이미 충분한 진전을 보았다. 이것은 아틀라스 부스터를 기반으로 하는 최소한의 개발 개념이다. 지구 궤도에 1인용 캡슐을 쏘아 올린 뒤에 성공적으로 귀환시키는 것을 목표로 한다. 현재 이용 가능한 미국 부스터의 추력은 이 목적을 위한 요구 조건을 간신히 충족하는 수준에 불과해 비행이 성공적일 확률과 우주비행사에게 적절한 안전을 제공할 확률이 모두 높지 않다. 우리의 능력상 두 가지 모두에서 신뢰성을 달성하기란 쉽지 않다. 유인 비행체를 정말로 발사해야 하는지, 발사한다면 언제 해야 하는지에 대한 어려운 결정을 곧 내려야 한다. 현재 시점에서 머큐리 계획을 추진하는 주된 이유는 사람을 궤도에 올려 보내는 첫 번째 국가가 되거나 적어도 근소한 차이로 두 번째 국가가 되고자 하는 정치적 욕구라고 할 수 있다.

* * *

현재 개발 예정인 부스터 중에서는 인간을 태우고 보조 장비도 충분히 탑재한 채 달에 착륙했다가 안전하게 지구로 귀환할 수 있는 능력을 가진 것이 없다. 이 목표를 달성하기 위해서는 새턴 로켓보다 훨씬 더 큰 새로운 프로그램이 필요하다. 이것은 다음의 세 가지 형태 중 하나일 것이다.

① 직접 달로 향하기 위해 화학적 액체연료로켓인 노바를 개발할 수 있다. 노바는 새턴 로켓의 약 여섯 배의 추력을 가지며, 등유나 수소-산소 중 하나를 사용할 것이다. 노바의 상단upper stage에는 수소-산소 엔진이 필요하며 새턴 개발 프로그램에서 사용한 로켓 단을 적어도 하나 이상 가져올 것이다.

② 적합한 원자력 추진 상단 시스템이 개발된다면 노바 발사체는 아마도 화학-원자력 연료 추진 시스템이 될 수 있다. 이 경우에도 앞서 화학 시스템에 대해 설명한 것과 같은 크기의 추력을 갖는 1단계 화학 부스터가 개발되어야 한

다. 제안자들의 바람대로 원자력 추진 시스템이 개발된다면 화학 로켓의 수준을 넘어서는 미래를 향한 길이 열릴 수 있다. 그러나 원자력 로켓에 대한 확실한 결정은 1963년까지는 기다려야 할 것이다.

③ 새턴 C-2 발사체나 그 밖에 다른 형태의 업그레이드된 새턴 발사체를 이용해 지구 궤도로의 유인 달 착륙 임무를 수행한다. 이때 필요한 하드웨어와 연료를 보내기 위해 랑데부 기술을 사용할 수 있다. 이 시스템에서는 우주선에 연료를 공급하거나 우주선의 부품들을 조립할 때 랑데부할 수 있도록 일련의 발사체를 임시로 지구 궤도로 발사할 것이다. 이 우주선은 유인 적재물을 달로 운반하고 다시 지구로 보내는 데 사용할 것이다. 이러한 기법은 상당한 기술 개발이 필요하며 현재는 예비 연구 단계에 불과하다.

어떤 경로로든 달에 사람을 착륙시키려면 현재의 새턴 계획보다 훨씬 야심찬 개발이 필요하다. 훨씬 큰 부스터를 개발해야 하고, 안전한 착륙 기술도 필요하며, 달에서 지구로 돌아오는 데 필요한 추가적인 로켓과 유도 메커니즘도 개발하고 시험해야 한다. 이 조치들은 새롭고 중요하지만 어디까지나 유인 새턴 프로그램의 수행이라는 점을 지적한다. 맨 인 스페이스 프로그램의 첫 번째 큰 업적은 달 착륙이 될 것이기 때문이다. 금성이나 화성 부근으로의 유인 비행은 유인 달 착륙보다 더 큰 과제를 안고 있다. 금성이나 화성으로의 유인 여행은 화학적 로켓 정도로는 불가능하며 적절한 원자력 로켓이나 원자력발전 전기 추진 장치의 개발이 필요하다. 더구나 수개월에서 수년에 이르는 여행 기간 동안 우주비행사의 생명 유지나 방사선 차폐 등과 관련된 중대한 문제가 있다.

* * *

4. 유인 우주탐사와 무인 우주탐사 간의 관계

강박감이나 국가적 염원은 우리가 유인 우주탐사에 참여하는 주요 이유 중 하나다. 이것들은 기술적 측면에서 논의할 만한 성격의 주제가 아니다. 그러나 우주선 안에 인간이 있다면 무인우주선을 통해 얻는 관찰보다 그 다양성이나 품질이 향상될 수 있다. 간단히 말해 우주선에 인간을 태울 만큼 과학적 명분이 있는지 여부는 검토할 수 있다.

우주비행사의 판단, 의사결정 능력, 지략은 우주 임무의 성공 가능성을 높이고 관찰의 다양성과 품질을 향상시킨다. 반면에 기술 개발로 우주와 지구 사이에 정보를 보내는 능력이 계속해서 향상되고 있으며, 인간의 감각은 이러한 장치를 통해 원격으로도 충분히 기능할 수 있다. 이러한 장치를 통해 우주에서 인간의 정신적 능력이 필요한 결정을 내릴 때는 지구에 있는 사람들과 정교한 계산 도구의 도움을 받을 수 있다. 다음의 사항을 고려해 볼 수 있다.

① 무인 비행을 통한 정보 획득은 유인 비행에 필수 조건이다.

② 전체 메커니즘에서 수용할 수 있는 신뢰도의 정도는 무인 비행이 유인 비행에 비해 훨씬 낮다. 시스템이 복잡해지면서 주어진 시간 안에 무엇을 할지에 대한 결정적인 차별점을 만들 수 있다.

③ 순전히 과학적인 관점에서 볼 때 무인 비행은 유인 비행에 비해 훨씬 일찍 수행할 수 있다. 따라서 반복 관찰, 목표의 변화, 경험에 의한 학습이 보다 실현 가능하다.

그러므로 현재 맨 인 스페이스 프로그램은 순전히 과학적 판단만으로는 정당화되기 어려워 보인다. 하지만 인간에게 우주로 가고자 하는 꿈이 있기에 우주에 대한 과학적 탐구에 필요한 동기 부여와 추진이 가능한 것이라는 반론도 제기될 수 있다.

* * *

6. 결론

① 맨 인 스페이스 프로그램의 첫 번째 주요 목표는 인간을 지구 궤도에 올리는 것이다. 이를 위해 약 3억 5000만 달러가 필요하다.

② 중간 단계의 다음 목표는 유인 달 일주이며, 약 80억 달러가 필요하다.

③ 두 번째 주요 목표인 유인 달 착륙은 추가로 260억 달러에서 380억 달러가 필요하다. 이를 투자한다면 1975년경 달성할 수 있다.

④ 새턴 프로그램은 유인 달 착륙에 필요한 중간 단계다. 하지만 유인 달 착륙이 가능하려면 훨씬 더 대규모의 개발이 뒤따라야 한다.

⑤ 무인 프로그램은 유인 프로그램에 필수 조건이다. 유인 프로그램 없이 무인 프로그램만으로도 많은 과학 지식이 산출되기에 그 자체로도 의미가 있다.

⑥ 맨 인 스페이스 프로그램이 아니더라도 새턴 C-2는 금성과 화성에 대한 정밀 계측 연구, 더 먼 행성으로의 무인 여행, 달 표면에 월면 차량을 착륙시키기 위한 최소한의 수단이다.

⑦ 금성이나 화성 부근으로의 유인 여행은 아직 예측할 수 없다.

드와이트 아이젠하워 대통령이 1961년 1월 20일 퇴임하면서 NASA 유인 우주비행 프로그램의 미래가 매우 불확실해졌다. 대통령의 최종 예산안에는 아폴로 계획을 위한 항목이 없었고, 후임 대통령인 존 F. 케네디는 인간을 우주에 보내는 데 회의적인 조언을 받는 것으로 알려져 있었다.

백악관에 입성하면서 케네디는 미국 우주개발의 미래를 좌우할 결정을 내려야 할 것임을 알고 있었다. 새 대통령의 첫 업무 지시는 NASA의 책임자를 뽑는 것이었다. 그의 선택은 워싱턴 정계를 노련하게 움직일 수 있는 제임스 웹이었다. NASA에 온 웹은 퇴임한 아이젠하워 행정부가 준비했던 1962년 회계연도 NASA의 예산안을 검토하는 것을 그의 첫 업무로 삼았다. 웹과 그의 동료들은 NASA의 계획이 너무 보수적이며 NASA의 초기 10개년 계획을 속도감 있게 추진해야 한다는 결론을 내렸다.

이 결론에 이르는 과정에는 조지 로가 이끈 실무진의 보고서가 나왔다. 이것은 사람을 어떻게 달에 보낼지에 대해 NASA가 만든 최초의 완전한 개발 계획이었다. 다음의 보고서는 달 착륙 프로그램을 위해서는 향후 10년간 NASA

의 연간 예산을 7억 달러 증액해야 한다고 추정했다. 보고서는 달 착륙을 위해 "발명이나 획기적 기술 개발"이 필요하지는 않다고 낙관적으로 결론지었다. 이 보고서는 NASA가 달 프로그램을 수행하려면 추가적인 제도적 능력이 필요하다고 파악했다. 또한 발사체 회수와 재사용 기술이 우주탐사 비용을 낮추는 열쇠가 되리라고 예상했다. 그러나 이 일은 그 뒤로 56년이나 지난 2017년까지 실현되지 못했다.

문서 02

「인간의 달 착륙 계획」*

서문

과거 인간이 가진 과학기술 지식은 모든 관찰이 지표면이나 지구 대기권 안에서 이루어졌다는 한계가 있었다. 이제 인간은 달 탐사선과 행성 탐사선을 통해 지구 대기권을 넘어 달 너머의 우주로 측정 장비를 보낼 수 있다. 초기 우주 모험을 통해 이미 인간의 지식수준은 크게 향상되었다. 미래에는 인간 자신이 달과 행성 탐사에서 필수적이고 직접적인 역할을 맡을 것이다. 사실 탐험가, 지질학자, 측량사, 사진작가, 화학자, 생물학자, 물리학자 등 다양한 재능을 지닌 수많은 전문가들의 역할을 효과적이고 안정적으로 수행할 수 있는 기계 장치를 고안하는 일은 쉽지 않다. 이 모든 분야에서 인간의 판단력, 관찰력, 사고력, 의사결정 능력이 요구된다.

유인 우주탐사를 위한 우리 프로그램의 첫 단계는 머큐리 계획이다. 이 프로젝트는 유인위성을 지표면에서 100마일 이상 떨어진 궤도에 올려놓고 지구를 세 바퀴 돌게 한 뒤에 안전하게 귀환시키는 것이다. 머큐리 계획에서 우리

---

* 1961년 2월 7일 조지 로가 작성했다.

는 인간이 우주비행에 어떻게 반응할지, 인간의 능력이 어떠한지, 우주에서 인간이 문제없이 활동하려면 미래의 유인우주선이 무엇을 제공해야 하는지에 대해 많은 것을 배우기를 기대한다. 인간이 더 어려운 다른 우주 미션에 참여할 수 있으려면 이러한 지식은 필수적이다. 머큐리 계획은 범위와 복잡성이 끊임없이 늘어나게 될 프로그램들의 시작이다.

머큐리 계획의 다음 단계는 아폴로 계획이다. 복수의 인간을 태운 아폴로 우주선은 지구 궤도에서 유인 우주비행 기술의 탐구와 개발에 활용될 것이다. 또한 이것은 달과 행성으로의 유인 탐사를 위한 장기 프로그램의 시작이다.

이 보고서에서 우리는 유인 우주탐사 프로그램인 달 착륙과 탐험의 중요한 이정표에 초점을 맞출 것이다. 이 이정표는 두 단계로 세분된다. 첫째는 최초의 유인 달 착륙과 지구 귀환이고, 둘째는 유인 탐사다. 이 보고서는 이것이 달의 유인 탐사로 이어지는 통합 계획의 일부임을 분명히 인식하되, 초기 유인 달 착륙과 귀환 임무로 논의를 한정할 것이다.

유인 달 착륙과 같은 사업은 대단히 광범위한 규모의 팀 노력이 필요하다. 기본 능력은 우주선과 발사체의 병행 개발로 만들어진다. 두 개발은 모두 질서정연하게 진행해야 하며 향상된 성능의 하드웨어로 이어져야 한다. 수많은 과학기술 프로그램과 학문 분야가 이 개발을 지원한다. 유인우주선 프로그램을 실행하려면 무인우주선과 생명과학 프로그램이 산출하는 정보가 필요하다. 가령 발사체를 개발하는 데는 새로운 엔진과 지구 궤도에서 발사하는 기술이 필요하다. 여기에 발사체 회수 기술의 개발도 포함될 수 있다. 우주선과 발사체 프로그램은 연구의 진전을 통해 새로운 지식을 얻을 때만 가능할 것이다.

NASA의 연구

이미 지난 몇 년간 연구가 진전되면서 많은 기초과학 지식이 축적되었다. 따라서 유인 달 비행에 필요한 기술을 성공적으로 개발할 수 있다는 확신이 형성되었다. 분명히 예상 가능한 상당한 문제가 있다는 식의 의견도 있는데, 아마도 억측일 것이다. 물론 문제의 중대성은 인식하고 있다. 현재의 지식수준으로 볼 때 안전한 유인 달 비행을 위해 새로운 발명이나 혁신적인 기술 개발이 필요하다고 여겨지지는 않는다.

* * *

따라서 새턴 개발에 이어 순차적으로 새턴 C-2보다 큰 발사체 프로그램의 추진이 제안되었다. 노바라고 불리는 발사체는 150만 파운드 추력의 F-1 엔진을 부스터 단계에서 사용할 것이다. 정확한 F-1 엔진의 수는 노바가 수행할 미션에 대한 보다 완전한 정의가 내려진 뒤에 결정될 것이다. 노바는 지구에서 단 한 번의 발사로 유인 달 착륙이 가능할 만큼 클 수도 있고, 아니면 새턴 C-2보다는 크지만 달까지 바로 접근할 만큼 크지 않을 수도 있다. 설령 후자의 경우라고 해도 달 착륙에 필요한 지구 궤도에서의 랑데부 횟수를 줄이는 데는 기여할 것이다.

* * *

노바급 발사체를 사용하면 지구로부터의 필요한 발사 횟수를 크게 줄일 수 있다. 4엔진 노바는 랑데부 없이 미션을 수행할 수 있다. 8엔진 노바의 경우 이런 종류의 미션 수행을 사실상 보장한다.

다른 추진 시스템의 개발이 유인 달 비행 능력에 기여할 가능성도 있다. 대형 고체 추진 로켓과 원자력 추진 로켓이 그렇다. 노바 구성을 정의할 때 이 두 유형의 추진도 고려될 것이다. 현재로서는 초기 유인 달 착륙 때까지 원자력 추진이 개발되기 어려울 것으로 보인다. 하지만 원자력 추진은 그 이후의 달 탐사에서 매우 바람직하고 경제적으로도 매력적인 대안이 될 수 있다.

* * *

우주선 개발

유인 달 착륙 미션을 위한 우주선 개발은 아폴로 계획의 연장선이 될 것이다. 유인 달 궤도비행과 달 착륙이 가능한 우주선을 설계하기 전에 여러 미지의 상황에 대한 답을 찾아야 한다. 심각한 의문점이 두 가지 있다.

첫째, 무중력상태에 장기간 노출될 경우 인간은 어떤 영향을 받는가?

둘째, 우주 방사능으로부터 인간을 가장 잘 보호할 방법은 무엇인가?

전체 우주선의 설계에서 우주선의 모양과 무게는 인간이 장시간의 무중력 상태를 견딜 수 있는지에 크게 좌우된다. 만약 견딜 수 없다고 결정된다면 필요한 양의 인공중력이나 그 밖에 다른 형태의 감각 자극이 명시되어야 한다.

인간을 보호하는 데 필요한 우주 방사선 차폐의 정도에 따라서도 우주선 설계와 무게가 크게 영향을 받을 것이다. 이를 위해 존재하는 방사선의 유형과 생명체에 미치는 영향에 대한 명확한 정의가 필요하다.

* * *

달 착륙은 1968년에서 1971년 사이로 예상한다. 만약 새턴 C-2 발사체를 이용한 궤도 운용이 이 미션에 실용적이라고 판명될 경우 조기에 완료할 수 있다. 반면에 우주선이 지금 생각보다 더 복잡해지고 결과적으로 더 무거워진다면 인간이 달에 착륙하기 위해서는 노바 발사체가 필요할 수 있다. 그렇게 된다면 프로그램에 들어가는 시간이 좀 더 길어질 것이다.

* * *

10년간 연간 평균 비용은 7억 달러 수준이다.

* * *

이 계획의 수행에 필요한 NASA 인력에 대한 조사는 이 연구에 포함하지 않았다. 그러나 마셜 우주비행센터나 우주임무그룹도 현재의 인력으로는 이러한 프로그램을 완전히 지원할 수 없음을 인식해야 한다. 프로그램이 채택되려면 이 문제를 즉시 고려해야 한다.

맺는 말

유인 달 착륙을 위한 준비 과정 중에 계획을 완전히 실행하기 전에 예상되는 많은 문제에 대한 해결책이 필요했다. 첨단 연구, 생명과학, 우주선 개발, 엔진과 발사체 개발에서 현재 진행 중인 NASA 프로그램을 조사했다. 그리고 이러한 모든 문제에 대한 해결책은 필요한 기간 안에 제시되어야 한다.

계획 전체에 걸쳐 예측되는 문제에 대비하고자 약간씩 여유를 주었지만 이러한 문제들로 미션 달성이 지연될 수 있다는 점도 인식해야 한다. 그럼에도 이 계획은 필요한 배경 정보를 입수할 때까지 각 시점에서 최소한의 자금과 자원이 적시에 투입되도록 잡혀 있어 타당해 보인다. 이 계획은 긴급crash 프로그램이라기보다는 적극적인 기술 개발 계획으로 접근하는 편이 좋을 것이다.

한겨울 오후 워싱턴 D.C.에서 가진 취임 연설에서 존 F. 케네디는 소련 지도자들에게 "함께 별을 탐험하자"라고 제안했다. 우주 정책에 대한 케네디의 초기 구상은 미국과 냉전 상대국 간에 평화적인 상호작용을 모색하는 것이었다. 백악관에 입성한 직후 케네디는 과학보좌관에게 미국과 소련이 우주에서 협력할 만한 잠재적 영역을 검토하라고 지시했다. 케네디 행정부의 첫 3개월 동안 그 검토는 계속되었으나, 1961년 4월 12일 소련이 인류 최초로 유리 가가린을 우주로 보내자 이 문제에 대응하는 과정에서 묻혀버렸다. 케네디가 양국 간의 우주 협력 문제에 다시 돌아온 것은 그로부터 몇 년 뒤였다.

케네디는 유인 우주비행의 미래에 대해 결론을 내리지 않았다. 3월 그는 전임 드와이트 아이젠하워 대통령이 거부했던 아폴로 우주선에 대한 예산을 복원해 달라는 NASA의 요청에 주저했다. 이 문제에 대한 결정은 1961년 말에 제출될 1963년 NASA 예산을 준비하는 과정에 내려질 분위기였다.

그러던 중 대통령이 예상보다 훨씬 일찍 결정을 내릴 수밖에 없는 사건이 발생했다. 4월 12일 새벽 소련의 우주비행사 유리 가가린이 인류 최초로 지구 궤도를 돌아 지구로 귀환했다는 소식이 백악관으로 전해졌다. 소련은 가가린의 우주비행을 선전에 재빨리 이용했다. 니키타 흐루쇼프는 "자본주의국가들이 소련을 따라오도록 하라!"고 자랑했다. 미국의 대중과 의회는 소련의 성공에 대한 정부 차원의 대응을 요구했다.

케네디는 1960년 12월 린든 존슨 부통령을 국가항공우주위원회 의장으로 임명했다. 이 위원회는 대통령이 의장을 맡는 '1958년 국가항공우주법'의 일부로 설치되었다. 따라서 부통령이 의장을 맡으려면 입법 조치가 필요했다. 대통령은 4월 20일 개정 법안에 서명하면서, 같은 날 부통령에게 "국가항공우주위원회 의장으로서 우리가 우주에서 어디쯤 있는지 전반적으로 조사해 달라"고 요청했다. 가가린의 우주비행이 있고 8일 뒤에 건네진 다음의 편지에는 "우리가 이길 수 있고 극적인 결과를 가져올 수 있는 우주 프로그램"을 요청하며 미국의 대응에 필요한 요구 조건이 분명히 제시되었다. 이는 케네디가 소련과 우주 경쟁을 벌여 승리할 뜻이 있음을 분명히 밝힌 신호였다.

대통령의 지시를 수행하면서 존슨은 정부 기관뿐만 아니라 그가 존경하는 개별 인사들과도 상의했다. 그 인사 중 하나가 베르너 폰브라운이었다. 마셜 우주비행센터의 책임자였던 폰브라운은 NASA의 공식 직위로는 몇 단계 아래였지만 미국인들에게 공개적으로 찬사를 받는 우주탐사 옹호자였다. 부통령은 NASA의 상급자들이 폰브라운의 의견을 왜곡하지 않기를 바랐다. 폰브라운은 4월 27일 존슨과 그의 동료들을 만났고 이어 4월 29일 자 편지를 주제로 회의를 가졌다. 미국이 인간을 맨 먼저 달 표면으로 보내고 지구로 안전하게 귀환시키는 '절호의 기회'를 가졌다는 그의 발언은 미국이 우주 경쟁에서 승리하는 수단으로 달 착륙을 선택하는 데 큰 역할을 했다.

문서 03

"부통령에게 보내는 편지"•

THE WHITE HOUSE

WASHINGTON

April 20, 1961

MEMORANDUM FOR

VICE PRESIDENT

In accordance with our conversation I would like for you as Chairman of the Space Council to be in charge of making an overall survey of where we stand in space.

1. Do we have a chance of beating the Soviets by putting a laboratory in space, or by a trip around the moon, or by a rocket to land on the moon, or by a rocket to go to the moon and back with a man. Is there any other space program which promises dramatic results in which we could win?
2. How much additional would it cost?
3. Are we working 24 hours a day on existing programs. If not, why not? If not, will you make recommendations to me as to how work can be speeded up.
4. In building large boosters should we put out emphasis on nuclear, chemical or liquid fuel, or a combination of these three?
5. Are we making maximum effort? Are we achieving necessary results?

I have asked Jim Webb, Dr. Weisner, Secretary McNamara and other responsible officials to cooperate with you fully. I would appreciate a report on this at the earliest possible moment.

• 1961년 4월 20일 존 F. 케네디 대통령이 작성해 린든 존슨 부통령에게 보냈다.

백악관

워싱턴 D.C.

1961년 4월 20일

부통령에게

우리가 나눈 대화에 따라 나는 귀하가 국가항공우주위원회 의장으로 미국이 우주 분야에서 어디쯤 와 있는지에 대해 전반적으로 조사해 주기를 바란다.

① 미국이 우주에 실험실을 두거나, 달 주위를 여행하거나, 로켓으로 달에 착륙하거나, 로켓으로 인간을 달에 보냈다가 귀환시키는 방법으로 소련을 이길 가능성이 있는가? 미국이 이길 수 있는 극적인 결과를 약속하는 다른 우주 프로그램이 있는가?
② 추가 비용이 얼마나 들 것인가?
③ 기존 프로그램의 경우 우리는 24시간 최선을 다해 일하고 있는가? 그렇지 않다면 왜 그렇지 않은가? 만약 그렇지 않다면 내가 어떻게 해야 일이 더 빨리 진행될지에 대해 제안해 주겠는가?
④ 대형 부스터를 만들 때 우리는 원자력·화학·액체 연료 중 어디에 중점을 두어야 하는가? 아니면 이 세 연료의 조합에 중점을 두어야 하는가?
⑤ 우리는 최대한 노력하고 있는가? 필요한 결과를 달성하고 있는가?

나는 제임스 웹 청장, 제롬 위스너 박사, 로버트 맥너마라 장관, 그 밖에 책임 있는 관리들에게 귀하에게 전적으로 협조하라고 부탁했다. 가능한 한 빨리 이 요청에 대한 보고서를 제출해 주기를 바란다.

존 F. 케네디

문서 04

"부통령님께 드리는 편지"•

부통령님께

이것은 대통령님이 1961년 4월 20일 귀하에게 보낸 편지에서 그가 제기한 우리의 국가 우주 프로그램에 대한 몇 가지 질문에 답하기 위한 것이다. 다음의 언급은 엄밀히 말해 나의 사견이며, NASA의 공식 입장이 아니라는 점을 강조하고 싶다.

질문 1 미국이 우주에 실험실을 두거나, 달 주위를 여행하거나, 로켓으로 달에 착륙하거나, 로켓으로 인간을 달에 보냈다가 귀환시키는 방법으로 소련을 이길 가능성이 있는가? 미국이 이길 수 있는 극적인 결과를 약속하는 다른 우주 프로그램이 있는가?

답변 최근 소련은 로켓을 금성을 향해 발사하면서 그들이 1만 4000파운드의 적재물을 궤도에 올릴 수 있음을 보여주었다. 미국의 1인용 머큐리 우주 캡슐의 무게가 3900파운드에 불과하다는 점을 생각하면 소련의 우주 발사체 역량은 다음과 같음이 명백하다.

첫째, 여러 명의 우주비행사를 한 번에 궤도로 올려 보낼 수 있다(확대된 다인용 캡슐 개발이 충분히 가능하며, 이는 작은 '우주 실험실' 역할을 할 수 있다).

둘째, 달에 상당한 적재량을 연착륙시킬 수 있다. 소련의 로켓이 할 수 있는 최대 달 연착륙 순탑재 중량에 대한 나의 추정치는 약 1400파운드(저궤도 페이로드의 10분의 1 수준)다. 이 능력은 달에 착륙한 사람의 귀환 비행을 위한 로켓을 포함하기에는 충분하지 않다. 그러나 이것은 달에서 수집한 데이터를 지구로 전송하고 임무를 완료한 뒤에 달 표면에 버려지게 되는 강력한 성능의 무선 송신기를 옮기기에는 전적으로 적합하다. 아틀라스-아제나 B 부스터 로켓을

• 1961년 4월 29일 베르너 폰브라운이 작성해 린든 존슨 부통령에게 제출했다.

사용하는 우리의 '레인저' 프로젝트에도 비슷한 임무가 계획되어 있다. 레인저 패키지의 준-경착륙semi-hard landing 부분은 무게가 293파운드 나간다. 발사일은 1962년 1월로 예정되어 있다.

기존의 소련 로켓은 달 주변에 4000파운드에서 5000파운드짜리 캡슐을 보내고 다시 지구 대기권에 진입할 수 있다. 이 중량 허용은 우주비행사 1인의 달 항해를 위한 한계로 간주해야 한다. 구체적으로 이 기능은 NASA의 모든 유인 우주비행 임무에서 비행사의 안전을 위한 기본 규칙에 근거할 때, 캡슐과 그 탑승자에게 '안전한 탈출과 귀환' 기능을 제공하기에 충분하지 않다. 그러나 소련이 그저 이 요구 사항을 포기함으로써 그들의 임무를 실질적으로 촉진할 가능성을 간과해서는 안 된다.

달에 사람을 착륙시킨 뒤에 지구로 돌아오게 하려면 소련의 금성 발사 로켓보다 약 10배 강력한 로켓이 필요하다. 그러한 슈퍼 로켓의 개발은 궤도 랑데부와 소형 로켓의 재급유 방법으로 우회할 수 있지만 소련이 이 기술을 개발하려면 외부에 노출될 수밖에 없으며 의심할 여지없이 여러 해(직접 비행할 수 있는 대형 슈퍼 로켓의 개발 기간과 같거나 또는 더 긴 기간)가 필요할 것이다.

나의 생각을 요약하자면 다음과 같다.

첫째, 미국이 유인 '우주 실험실' 분야에서 소련을 이길 가능성은 높지 않다. 소련인들은 올해(1961년) 안에 실험실을 궤도에 올릴 수 있다. 하지만 우리는 1964년에 새턴 C-1을 쓸 수 있어야만 (약간 더 무거운) 실험실을 올릴 수 있다.

둘째, 미국이 달에 무선 송신소를 연착륙시키는 일에서는 소련을 이길 가능성이 있다. 이것이 소련의 프로그램에 포함되어 있는지 여부는 알 수 없지만 발사 로켓에 관한 한 그들은 언제든지 실행할 수 있다. 우리는 1962년 초에 아틀라스-아제나 B-레인저 3호를 이용해 이 일을 시도할 계획이다.

셋째, 미국은 소련(1965/1966년)보다 앞서 달 주위에 3인조 승무원을 보낼 가능성이 있다. 하지만 만약 소련이 일부 비상 안전장비를 포기하고 한 명만 보낸다면, 그들이 더 일찍 보낼 수 있다. 나는 소련이 1962년이나 1963년에 이 간단한 일을 수행할 수 있을 것으로 추정한다.

넷째, 미국은 소련을 제치고 인간을 달에 첫 착륙(물론 귀환 능력을 포함한다) 시킬 수 있는 충분한 가능성이 있다. 그 이유는 이러한 위업을 이루려면 현재의 로켓보다 10배 정도 성능이 향상된 로켓이 필요한데, 현재 우리는 물론 소련도 그러한 로켓을 가지고 있지 않기 때문이다. 우리는 우주탐사의 다음 목표로 소련이 유리한 위치를 차지한 임무를 설정할 필요가 없다. 모든 것을 걸고 신속히 프로그램을 진행한다면 나는 미국이 이 목표를 1967/1968년에 달성할 수 있을 것이라고 생각한다.

* * *

질문 5　우리는 최대한 노력하고 있는가? 필요한 결과를 달성하고 있는가?

답변　아니다. 나는 우리가 최대한 노력하고 있다고 생각하지 않는다. 내 생각에 우주 분야에서 미국의 국가 위상을 향상시키고 상황을 더 빠르게 진행시킬 가장 효과적인 조치는 다음과 같다.

첫째, 미국의 우주 프로그램에서 소수의(적을수록 좋다) 목표를 국가 우선순위로 명확히 한다(가령 1967년 또는 1968년에 달에 사람을 착륙시킨다).

둘째, 현재의 우주 프로그램 중에서 이 목적에 즉각적으로 기여할 수 있는 요소를 확인한다(가령 인간이 그곳에서 발견할 환경조건을 결정하기 위한 적절한 장치의 연착륙이다).

셋째, 그 밖의 국가 우주 프로그램 요소들은 모두 '다음 우선순위'로 내린다.

넷째, 우리의 국가적 발사체 프로그램에 더 강력한 액체연료 부스터를 추가한다. 이 부스터의 설계 변수는 일정한 유연성을 가져야 하며, 이로써 더 많은 경험이 축적되었을 때 프로그램을 원하는 방향으로 전환할 수 있어야 한다.

요약하자면 우주 경쟁에서 우리는 평화 시의 경제체제를 가지고, 전시체제의 단호한 적과 경쟁하고 있다는 것을 말하고 싶다. 우리의 절차는 질서 정연하고 평상시의 정상적인 환경하에서 진행된다. 나는 미국이 국가비상사태 때 실행할 만한 몇 가지 조치를 취하지 않는 한 우리가 이 경주에서 이길 수 없다고 생각한다.

린든 존슨 부통령은 4월 28일 우주 프로그램의 검토 결과에 대한 중간 보고서를 존 F. 케네디 대통령에게 전달했다. 이 보고서는 1966년 또는 1967년까지 달에 착륙하는 것이 미국이 소련을 이길 수 있는 최초의 극적인 우주 프로젝트라고 밝혔다. 부통령은 '리더십'이 미국의 우주 활동의 적절한 목표가 되어야 한다고 주장했다. 이 목표는 이후 몇 년간 계속 영향을 미쳤다.

문서 05

「우주 프로그램의 평가」*

이것은 대통령님이 4월 20일 자 편지에서 요구한 미국의 우주 프로그램에 관한 질문의 답이다. 현재까지 상세한 조사가 완료되지는 않았으며 앞으로도 계속될 것이다. 그러나 우리가 지금까지 책임감 있는 전문가로부터 얻은 내용을 기반으로 다음과 같이 요약 회신을 하고자 한다.

우리 심의에 참여한 사람들 가운데 정부 쪽에는 국방부 장관, 국방부 차관보, 공군의 버나드 슈리버Bernard Schriever 장군, 해군의 존 헤이워드John Hayward 장군, NASA의 베르너 폰브라운 박사, NASA 청장, NASA 부청장, 대통령 과학기술특별보좌관, 예산국 국장 대리 등 최고위 관리가 있다. 그리고 저명한 민간인으로 브라운앤드루트Brown and Root의 조지 브라운George Brown, 미국전력서비스American Electric Power Service의 도널드 쿡Donald Cook, 컬럼비아 방송Columbia Broadcasting System의 프랭크 스탠턴Frank Stanton 등이 있다.

우리는 다음과 같은 일반적인 결론을 보고할 수 있다.

* 1961년 4월 28일 린든 존슨 부통령이 작성해 대통령에게 제출했다.

①소련은 집중적인 투자와 일찍부터 대규모 로켓엔진 개발에 중점을 두었다. 그 결과 그들은 우주에서 인상적인 기술적 성과를 거두었으며 세계적 위상에서 미국을 앞서고 있다.

②미국은 우주 주도권 획득에 필요한 자원을 소련보다 많이 가지고 있다. 하지만 그러한 주도권을 획득하기 위해 필요한 결정을 내리지 못하고 있다.

③우리는 현실적이어야 한다. 다른 나라들은 미국의 이상주의적 가치를 높이 평가한다. 하지만 그와 상관없이 장기적으로는 세계의 지도 국가가 되리라고 예상되는 나라 쪽으로 기우는 경향이 있음을 인식해야 한다. 우주에서 어느 쪽이 극적인 성과를 보이는지가 점점 더 세계 리더십의 지표로 인식되고 있다.

④미국은 이번 10년 동안 우주에서 세계적 리더십을 획득할 수 있는 합리적 기회를 가지고 있다. 미국은 마음만 먹는다면 목표를 확고히 하고 자원을 쓸 수 있다. 이는 어렵지만 가능하다. 소련이 미국보다 먼저 출발했고, 그들이 인상적인 성공을 거두면서 계속 전진하리라고 전제한다고 해도 그렇다. 통신, 항법, 기상, 지도 제작 등 구체적인 분야에서 미국은 기존의 선진적 위치를 활용할 수 있고 활용해야 한다.

⑤지금 미국이 노력하지 않는다면, 소련 쪽으로 우주에 대한 통제력과 대중의 인식이 완전히 기울게 될 것이다. 그러면 미국이 주도권을 쥐기는커녕 따라잡을 수도 없게 될 때가 곧 올 것이다.

⑥소련이 이미 일등이 될 수 있는 능력을 가지고 있다. 하지만 그들이 그러한 능력을 향상시킬 가능성이 있는 분야라고 해도, 미국은 기술 획득과 국제적 보상이 궁극적으로 리더십을 획득하는 데 필수인 만큼 적극적으로 노력해야 한다. 우주탐사로 얻을 기술혁신의 가능성이 엄청난 만큼 미국이 이 분야에 지나치게 뒤떨어지거나 아예 포기할 경우 위험성은 매우 크다.

⑦유인 달 탐사는 홍보적 가치가 클 뿐만 아니라 미국이 이 분야에서 일등인지 아닌지를 객관적으로 파악하는 데 필수적이다. 아마도 우리는 일등이 될 수 있을 것이다. 그러한 성취는 우주에서의 더 큰 성공을 위한 지식과 경험의

필수적 원천이기에 건너뛸 수가 없다. 우리는 소련인들이 그들의 앞선 경험이나 능력을 우리에게 이전해 줄 것으로 기대해서는 안 된다. 우리는 이러한 일들을 우리 스스로 해내야 한다.

⑧ 미국 국민에게 우주 경쟁에서 우리가 어떻게 하고 있는지에 대해 실상을 알려야 한다. 이 경쟁에서 미국이 세계를 주도하겠다는 결심을 알려야 하며 우리의 미래를 위해 리더십의 중요성에 대해 조언받아야 한다.

⑨ 더 많은 자원과 노력을 가능한 한 신속하게 우주 프로그램에 투입해야 한다. 우리는 대담한 프로그램을 진행하면서 동시에 우주비행에 적극적으로 참여하는 사람들의 안전을 위해 실질적인 모든 예방 조치를 취해야 한다.

린든 존슨 부통령의 검토는 NASA가 앨런 셰퍼드를 우주에 올라가는 첫 미국인으로 준비하고 있을 때 이루어졌다. 같은 주에 존 F. 케네디는 존슨에게 동남아시아로 가 현지 상황을 파악하고 미군의 직접 개입이 필요한지를 판단해 달라고 요청했다. 따라서 케네디의 4월 20일 편지에 대한 답변으로 무엇을 추천할지에 대한 결정을 신속히 내려야 했다. 대통령은 부통령이 5월 8일 월요일 워싱턴 D.C.를 떠나기 전에 마지막 권고안을 제출하도록 요구했다. 그 덕분에 이 권고안을 준비했던 사람들은 주말에도 근무해야 했다. 권고안에는 제임스 웹 청장과 로버트 맥너마라 국방부 장관이 서명했으며, 그 이름은 「미국의 국가 우주 프로그램에 대한 권고: 변화, 정책, 목표」였다.

이른바 '웹-맥너마라 보고서'는 우주에서의 극적인 성취는 물론 모든 분야에서 미국이 리더십을 획득하기 위해 우주개발 속도를 전면적으로 올려야 한다고 요구했다. 그 중심축으로 이번 10년 안에 인간을 달에 보낼 것을 권고했다. 보고서에 따르면 인간을 달에 보내는 매우 값비싼 사업은 냉전 상황에서 국가의 위상을 고려할 때 정당화될 수 있다고 보았다. 존슨은 그날 늦게 수정 없이 이 보고서를 대통령에게 전달했다. 다음의 보고서는 사실상 아폴로 계획의 마그나카르타Magna Carta가 되었다.

문서 06

「부통령님께 드리는 보고」•

* * *

2. 국가적 우주 정책

앞 절에서 제시된 권고안은 프로젝트들이 지향하는 국가 우주 목표와 목적이 존재함을 의미한다. 주요 목표는 섹션 III에 요약되어 있으며, 그 목표는 우주에서 행하는 국가 정책으로 공식화되어야 한다. 이러한 국가 정책이 취해야 할 방향에 대한 우리의 생각을 강조하고 보다 구체적인 목표, 목적과 상세한 정책이 공식화되어야 할 배경을 제시하는 것이 이 절의 취지다.

1) 우주 프로젝트의 범주

우주에서 프로젝트를 수행하는 이유는 주로 다음의 네 가지다. 첫째, 과학적 지식을 얻기 위해서다. 둘째, 상업적 또는 공공적인 가치가 있는 것들이다. 셋째, 몇몇 프로그램은 정찰이나 조기 경보처럼 잠재적으로 군사적 가치가 있다. 넷째, 몇몇 우주 프로젝트는 국가의 위상을 제고하는 데 유용할 수 있다.

미국은 앞의 세 부문에서는 뒤지지 않는다. 과학적으로도 군사적으로도 미국은 앞서 있다. 우리는 상업과 공공(민간)의 양 분야에서 잠재력이 우월하다고 생각한다. 소련은 국가적 위신을 고양하는 극적인 우주 장면들을 연출하는 데 뛰어나다. 또 그러한 임무를 하는 데 필요한 발사체 분야에서 앞서 있다. 이것들은 언젠가 군사적 관점에서 중요해질지도 모른다. 이러한 이유로 우리는 미국과 소련의 발사 능력의 불균형을 없애기 위한 조치를 질서 정연하지만 시

• 1961년 5월 8일 제임스 웹 청장과 로버트 맥너마라 국방부 장관이 작성해 부통령에게 제출했다. 「미국의 국가 우주 프로그램에 대한 권고: 변화, 정책, 목표」가 첨부되어 있다.

기적절하게 취해야 한다고 주장한다. 그럼에도 그 밖에 다른 많은 요소도 똑같이 중요하다.

2) 국가 위상 제고를 위한 우주 프로젝트

모든 대규모 우주 프로젝트를 위해서는 자원을 국가적 규모로 동원해야 한다. 여기에는 첨단 기술을 개발하고 적용해야 하며, 능숙한 관리, 중앙 집중식 통제, 장기 목표의 지속적인 추구가 필요하다. 그러므로 우주에서의 극적인 성과 달성은 국가의 기술적 역량과 조직력을 상징한다.

우주에서의 주요 업적 달성이 국가 위상prestige에 기여하는 것은 이런 이유 때문이다. 최근 소련이 인간을 지구 궤도에 올린 일과 같은 우주 분야에서의 성공은 비록 일반적인 과학적·상업적·군사적 가치로 놓고 볼 때는 미흡하거나 경제적으로 정당화될 수 없지만, 국가의 위신을 높이는 것에는 크게 기여한다.

미국이 국격을 높이기 위한 우주 프로젝트를 추진하려면 적극적인 결정을 내려야 한다. 우리의 성취는 소련과 우리의 국제적인 체제 경쟁에서 중요한 요소다. 달이나 행성 탐사와 같은 비군사적·비상업적·비과학적인 '민간' 프로젝트는 이런 의미에서 냉전의 전선을 따라 벌이는 전투의 일부다. 이러한 움직임은 우리의 군사력에 간접적으로만 영향을 미칠 수 있지만, 앞으로 우리의 국가적 자세에 점점 더 큰 영향을 미칠 것이다.

* * *

3. 주요한 국가 우주 목표

* * *

1) 유인 달 탐사

우리는 국가 우주 계획에 이번 10년 안에 유인 달 탐사를 성공시키겠다는 목적을 포함시킬 것을 권고한다. 우리는 달 표면과 달 부근에 대한 유인 탐사가 국제적 경쟁이 발생할 주요 영역이 되리라고 생각한다. 인간의 궤도 순회나 인간의 착륙은 기계의 궤도 순회와 결코 같지 않다. 세상의 상상력을 사로잡는 것은 기계가 아니라 우주에 있는 인간이다.

이 주요 목표의 수립은 많은 의미를 갖는다. 먼저 많은 돈이 들 것이다. 그리고 오랫동안 많은 노력이 필요할 것이다. 비용이 많이 들고 복잡한 지원 작업도 병행해서 필요할 것이다. 가령 레인저 프로젝트와 서베이어Surveyor 프로젝트 및 이와 관련된 기술을 개발해야 한다. 유인 달 탐사에 필수적인 데이터, 기술, 경험을 제공하는 데도 성공해야 한다.

소련은 달 착륙을 주요 목표로 발표했다. 어쩌면 그들은 몇 년 전부터 그러한 계획을 시작했을지도 모른다. 그들은 아직 미국이 시작하지 않은 중요한 첫 단계를 밟았는지도 모른다. 그러므로 우리가 스스로의 위상에 상처를 줄 수 있는 프로젝트를 수행한다는 것은 논쟁의 여지가 있다. 우리는 일반적인 목표, 구체적인 여러 계획 그리고 우리가 겪을 성공과 실패를 감출 수 없다. 미국의 카드는 노출되어 있을 것이고 소련의 카드는 감추어져 있을 것이다.

이러한 고려에도 불구하고 우리는 이 목적을 향해 나아갈 것을 권고한다. 우리는 소련의 의도, 계획, 상황을 잘 모른다. 하지만 그들의 계획이 어떠하든 우리보다 성공 가능성이 높다고 할 수는 없다. 우리가 대륙간탄도미사일 프로그램에서 그랬듯이 미국은 우주 기술의 중요한 영역에서 전력을 기울여 왔고 소련을 앞서가고 있다. 만약 미국이 유인 달 탐사라는 어려운 목표를 감당한다면 여기서도 소련을 능가할 수 있을 것이다. 목표를 받아들이는 것은 우리에게 기회를 준다. 마지막으로 설령 소련이 먼저 달에 도착한다고 해도 우리가 아무것도 하지 않는 것보다는 두 번째라도 거기에 도착하는 것이 낫다. 어쨌든 우리는 관련 기술을 터득하는 것이기 때문이다. 만약 미국이 이 도전을 받아들이지 못한다면 그것은 국가적 활력과 역량의 부족으로 해석될 수 있다.

* * *

린든 존슨이 5월 8일 보고서에서 언급한 우주 프로그램의 가속화 요구에 대해 관심을 보이자 제임스 웹 청장은 부통령이 동남아시아에서 돌아오자마자 관련 보고를 준비했다. 다음의 문서는 아폴로의 영향에 대한 웹 청장의 광범위한 관점을 보여주는 훌륭한 예다. 웹은 달 착륙 프로그램을 수행하기 위해 필요한 인적·재정적 자원의 동원을 고려하고 있었다. 그는 이 프로그램을 지역별 기술 역량의 새로운 중심지를 건설하는 기회로 보았다. 아울러 다음의 보고는 웹이 부통령과 같은 주요 정치인들의 자존심을 자극할 수 있는 능력의 보유자임을 말해준다.

문서 07

「부통령님께 드리는 보고」•

* * *

④ 하원 세출위원회에서 케네디의 원안 제출에 대한 청문회를 준비하는 동안에, 그리고 앨버트 토머스Albert Thomas 하원 의원과의 또 다른 논의에서 토머스는 자신과 조지 브라운은 라이스 대학교가 실질적으로 기여하도록 만드는 데 매우 관심이 있음을 분명히 했다. 현재 라이스 대학교에 여러 연구 자금이 지출되고 있어 재원이 상당히 늘었으며 중요한 연구 시설 설치를 위해 300에이커의 땅이 마련되어 있다. 조사 결과 아폴로 계획과 관련된 기술 연구를 할 수 있는 장소 지정이 필요한데, 이것은 궁극적으로 발사 장소로 발사체를 이동하기 위해 강 위에 있어야 한다. 따라서 우리는 라이스 대학교의 상황과 휴스턴 운하Houston Ship Canal와 그 밖에 다른 접근 가능한 수로의 위치를 주의 깊게 살펴보았다. 브라운은 이 일에 매우 도움이 되었다. 어떤 약속도 이루어지지 않았지만 나는 정부가 진행하는 새로운 프로그램과 관련해 미국 남서부의 지적

• 1961년 5월 23일 제임스 웹 청장이 작성해 부통령에게 제출했다.

자원과 그 밖의 자원을 개발하는 일이 매우 중요하다고 생각한다. 국립과학원 우주과학위원회 위원장인 로이드 버크너Lloyd Berkner 박사와 댈러스 주변의 그의 그룹이 해당 지역의 모든 대학을 발전시킬 방법을 찾을 수 있다면, 그리고 동시에 강력한 공학·기술 센터를 라이스 대학교와 연계해 휴스턴 주변의 강가에 설립할 수 있다면, 이 두 강력한 센터는 지역 전체의 지적·산업적 기반에 큰 자극을 줄 것이다. 그리고 국가적으로 우리는 샌프란시스코에서 시작해 새로 설립되는 캘리포니아 대학교 샌디에이고 캠퍼스까지 아우르는 캘리포니아 복합단지, 시카고 대학교를 거점으로 하는 시카고의 또 다른 센터, 하버드 대학교와 매사추세츠 공과대학교의 강력한 북동부 연합, 그리고 여기에 참여하는 기관들, 노스캐롤라이나주의 연구 삼각지를 중심으로 하는 미국 남동부 소재의 몇몇 기관, 그리고 미국 서남부의 복합 단지 등을 포괄하는 모습을 생각할 수 있을 것이다. 이와 관련된 결정은 우리 프로그램에 대한 의회의 작업이 완료될 때까지 기다려야 한다는 것을 알고 있다. 하지만 나는 이것이 대통령님과 부통령님이 의회와 정치적 충돌을 최소화하며 이 프로그램이 통과되도록 강력한 지지를 이끌어낼 것으로 확신하며 매우 신중하게 고려할 것이라고 믿는다.

* * *

존 F. 케네디 대통령은 1961년 5월 25일 의회와 전국의 텔레비전 시청자들을 대상으로 한 양원 합동 회의 연설에서 달에 가기로 했다고 발표했다. "긴급한 국가적 필요"라는 제목의 이 연설은 의회와 미국 대중에게 국가 안보를 위해 중대한 조치가 필요하다고 강조하며 행정부의 느린 조치를 질타했다. 대통령은 필요한 국가 안보 관련 계획들을 열거한 뒤에 연설이 끝날 무렵 미국이 우주로 눈을 돌려 "이번 10년 안에 인간을 달에 착륙시키고 지구로 안전하게 돌아오는 목표를 달성할 것"이라고 약속했다. 연설의 이 부분을 마무리할 무렵 대통령은 준비된 원고에서 벗어나 이 약속을 이루려면 필요한 "중대한 부담"을 강조했다. 연설에서 달 착륙 결정에 대한 설명은 거의 포함되지 않았다.

문서 08

"긴급한 국가적 필요"*

* * *

9. 우주

마지막으로 지금 전 세계에서 자유와 폭정 사이에서 벌어지고 있는 우주에서의 전쟁(1957년 소련 스푸트니크 1호의 성공)에서 승리하려면 결정권이 있는 사람을 포함해 모든 사람의 마음에 이 모험이 미치는 영향에 대해 분명히 말해주어야 했다. 나의 임기 초반부터 미국의 우주개발 활동에 대해 검토해 왔다. 국가항공우주위원회 의장인 부통령의 조언으로 미국이 어디가 강하고 어디가 그렇지 않은지, 미국이 어디에서 성공할 가능성이 있고 그렇지 않은지 등을 검토했다. 미국 스스로가 지구상에서 미래의 열쇠를 쥘 수 있는 분야인 우주에서 지금이 명확하게 주도적인 역할을 맡을 때인 동시에 위대한 미국의 새로운 대규모 사업을 위해 긴 걸음을 내딛어야 할 때가 되었다.

나는 필요한 모든 자원과 재능을 우리가 가지고 있다고 믿는다. 그러나 이 문제의 진실은 우리가 그러한 일에 필요한 국가적 결정을 하거나 국가 자원을 결집시킨 적이 없었다는 것이다. 우리는 장기적인 목표를 명시하거나 그 목표를 충족하기 위해 우리의 자원과 시간을 관리한 적이 없다.

수개월간의 제작 시간이 필요한 대형 로켓엔진을 보유한 소련이 유리한 위치에 있고 그들이 이 이점을 활용해 더 인상적인 성공을 거둘 수 있음을 인정한다고 해도, 우리는 스스로 새로운 노력을 시작해야 한다. 우리가 일등이 되리라는 것은 보장할 수 없지만 지금 노력하지 않으면 언젠가 우리가 꼴찌가 되리라는 것은 보증할 수 있기 때문이다. 우리는 소련과 달리 우리의 도전을 세

* 1961년 5월 25일 존 F. 케네디 대통령이 의회 양원 합동 회의에서 한 연설이다.

계인 전체가 볼 수 있게끔 공개적으로 추진하기에 추가적인 위험을 감수해야 한다. 하지만 우주비행사 앨런 셰퍼드(미국 최초의 우주인)가 이룬 위업에서 알 수 있듯이 이 위험은 우리가 성공했을 때 우리의 위상을 높여준다. 다만 이것은 단순한 경주가 아니다. 우주는 지금 우리에게 열려 있다. 그리고 그 의미를 공유하려는 우리의 열망은 다른 사람들의 노력에 지배받지 않는다. 왜냐하면 인류가 해야 할 일이라면 그게 무엇이든지 자유세계의 사람들이 충분히 공유해야 하기 때문이다. 우리는 우주로 간다.

나는 의회에 내가 이전에 우주 활동을 위해 요청했던 예산 증액 이상으로 다음의 국가적 목표를 달성하는 데 필요한 자금을 제공해 줄 것을 요청한다.

첫째, 나는 미국이 이번 10년 안에 미국인을 달에 착륙시키고 지구로 안전하게 돌아오는 목표를 달성해야 한다고 믿는다. 이 기간 중 다른 어떤 우주 프로젝트도 인류에게 더 인상적이거나 장거리 우주탐사에서 더 중요하지는 않을 것이다. 또한 이것은 달성하기 그렇게 어렵거나 비용이 많이 들지도 않을 것이다. 우리는 적절한 달 우주선의 개발에 속력을 낼 것을 제안한다. 우리는 현재 개발 중인 대체 액체·고체 연료 부스터 중 어느 것이 더 우수한지 확실해질 때까지 계속 개발할 것을 제안한다. 우리는 다른 엔진 개발과 무인 탐사를 위한 추가 자금을 요청한다. 이 탐험은 미국이 결코 간과하지 않을 한 가지 목적, 즉 이 대담한 비행을 처음 시도하는 사람의 생존을 위해서 특히 중요하다. 그러나 진정한 의미에서 달에 가는 사람은 한 명이 아니다. 좋게 본다면 그것은 국민 전체가 될 것이다. 우리 모두를 위해 그를 달에 보내기 위해 노력해야 한다.

둘째, 이미 확보된 700만 달러와 함께 2300만 달러가 추가로 확보되면 로버Rover 핵 추진 로켓의 개발에 속도가 붙을 것이다. 이것은 아마도 달 너머, 어쩌면 태양계의 맨 끝까지, 어쩌면 언젠가 훨씬 더 흥미진진하고 야심 찬 우주탐사를 위한 수단을 제공해 줄 것이다.

셋째, 5000만 달러가 더 있다면 전 세계의 통신을 연결하는 인공위성의 사용을 가속화된다. 미국의 현재 리더십을 최대한 활용할 수 있을 것이다.

넷째, 추가로 7500만 달러, 그중 기상국에 5300만 달러가 배정된다면 가능한 한 빨리 전 세계 기상을 관측하는 위성 시스템을 마련할 수 있을 것이다.

분명히 해두자. 이것은 의회에서 최종적으로 내려야 할 판단이다. 내가 의회와 국가에 새로운 행동 방침에 대한 확고한 약속을 해줄 것을 요구하고 있음을 분명히 하고자 한다. 이 과정은 수년간 지속되고 매우 큰 비용이 소요될 것이다. 1962년 회계연도의 5억 3100만 달러를 시작으로 향후 5년간 70억 달러에서 90억 달러가 추산된다. 만약 우리가 절반만 가거나 어려움에 직면해 목표를 낮춘다면 내 판단으로는 아예 가지 않는 편이 좋을 것이다.

이것은 이 나라가 해야 할 선택이다. 의회 안의 우주위원회와 예산세출위원회가 주도해 이 문제를 신중히 고려할 것이라고 확신한다.

이것은 미국이 국가로서 내리는 가장 중요한 결정이다. 우리 모두 지난 4년간 우주의 중요성과 우주에서의 모험들을 보아왔으나 그 누구도 우주탐사의 궁극적인 의미가 무엇인지 확실하게 예측할 수는 없다.

나는 미국이 달에 가야 한다고 믿는다. 그러나 나는 이 나라의 국민과 의회 의원들이 우리 행정부가 수 주일에서 수개월간 검토했던 이 문제를 신중하게 판단해야 한다고 생각한다. 왜냐하면 달 탐사를 성공시키기 위한 짐을 짊어질 준비가 되어 있지 않다면, 이 무거운 짐을 위해 미국이 우주에서 적극적인 위치를 취하자는 것에 대해 동의할 필요가 없기 때문이다. 만약 그렇지 않다면 우리는 오늘, 그리고 올해 이 일을 결정해야 한다.

이 결정은 과학기술 인력, 재료, 시설에 대해 했던 주요 국가적 약속들과 이미 산재해 펴져 있는 다른 중요한 활동들을 우주 분야로 전환할 것을 요구한다. 그것은 우리가 그동안의 연구·개발 노력에서는 겪지 못했던 수준의 상당한 헌신, 조직, 학문적 능력을 의미한다. 그것은 우리가 과도하게 업무가 중단되거나, 물질적·재능적 비용이 부풀려지거나, 기관 간에 낭비적인 경쟁이 벌어지거나, 핵심 인력의 높은 이직을 감당할 수 없음을 의미한다.

새로운 목표와 새로운 예산은 이러한 문제를 해결할 수 없다. 과학자, 기술자, 군인, 협력 업체, 공무원 각자가 우주탐사라는 흥미진진한 모험 앞에서 미국이 앞으로 나가게 할 것이라는 개인적 다짐을 하지 않는다면, 우리 모두는 사실상 이 문제들을 더 악화시킬 수 있다.

의회는 큰 반대 없이 신속하게 가속화된 프로그램을 시작하는 일에 필요한 NASA의 1962년도 예산 5억 4900만 달러를 추가로 승인했다. 이미 3월에 승인한 증액을 더하게 되면 이 금액은 전년도 예산에서 89퍼센트 증가한 것이다. 이렇게 승인받은 예산으로 NASA는 아폴로 계획을 시작하게 되었다.

1961년 5월 초 존 F. 케네디 대통령이 미국인을 달에 보내는 사업을 승인할 것으로 보이자 로버트 시맨스 NASA 본부장은 고위 임원 중 한 명인 윌리엄 플레밍William Fleming에게 "유인 달 미션의 조기 달성을 위한 실현 가능하고 완전한 접근법을 상세히 검토할 것"을 요청했다. 태스크 포스는 하나의 완전한 우주선을 대규모 노바 발사체로 달 표면에 바로 보내는 '직접 상승' 모드 한 가지 접근법만을 고려했다. 이러한 접근 방식은 NASA의 달 착륙 초기에 계획한 것이었다. 그러나 시맨스는 달 착륙에 두 개 이상의 우주선을 랑데부하는 다른 접근 방법도 있음을 알고 있었다. 그래서 케네디 대통령이 달 착륙 계획을 발표하던 바로 5월 25일에 시맨스는 NASA 루이스 연구센터의 브루스 룬딘Bruce Lundin에게 달에 가는 방법으로서 다양한 랑데부 접근법을 검토할 위원회를 이끌어줄 것을 요청했다.

룬딘과 그의 동료들은 다양한 랑데부 접근법에 대해 빠르게 평가했고 6월 10일 다시 시맨스에게 보고했다. 룬딘 위원회는 첫째, 지구 궤도에서의 랑데부, 둘째, 달 표면에서 이륙한 뒤에 달 궤도에서의 랑데부, 셋째, 지구와 달 궤도에서 모두 랑데부, 넷째, 달 표면에서의 랑데부 등 네 가지 랑데부 개념을 조사했다. 그들은 "검토된 다양한 궤도 작업 가운데 새턴 C-3 발사체 (추정 적재량 요건에 따라) 두 대 또는 세 대로 지구 궤도에서 랑데부하는 방법을 강력하게 선호한다"라고 결론지었다. 이 접근법은 그룹에 속한 모든 구성원들의 첫 번째 또는 두 번째 선택이었다.

이 결론에 기초해 시맨스는 또 다른 위원회를 만들었다. 이 그룹은 룬딘 위원회보다 더 깊이 있게 랑데부 접근을 검토하기 위해서였다. 이 그룹은 NASA 본부의 도널드 히턴Donald Heaton이 이끌었다. 룬딘의 보고에 따라 히턴Heaton 위원회는 지구 궤도 랑데부EOR: Earth Orbital Rendezvous 접근법만 고려했다. 히턴 위원회는 8월 말 보고서에서 "랑데부는 성공적인 유인 달 착륙을 위한 가장 빠른 가능성을 제공한다"라고 결론 내렸다.

NASA는 그 후 몇 달 동안 직접 상승과 지구 궤도 랑데부 접근이라는 선택지 모두를 계속해서 고려했다. 11월 15일 NASA 랭글리 연구센터의 엔지니어 존 휴볼트John Houbolt는 보고 단계를 몇 단계를 건너뛰어 NASA가 1970년 이전에 달에 갈 수 있는 가장 좋은 방법을 간과하고 있다며 9쪽 분량의 편지를 시맨스에게 보냈다. 휴볼트는 달 궤도 랑데부LOR: Lunar Orbital Rendezvous 모드를 지지하는 사람들 중에서도 가장 끈질긴 편이었다. 이 편지는 달 궤도 랑데부 모드에 찬성하는 방향으로 NASA 내부의 생각을 바꾸는 촉매제가 되었다.

휴볼트가 편지에서 언급한 새턴 C-3은 첫 단계에 두 개의 대형 F-1 로켓엔진을 탑재한 발사체인 반면에 새턴 C-2는 첫 단계에서 구형 엔진을 사용하는 덜 강력한 발사체였다. 골로빈Golovin 위원회는 국가 발사체 프로그램을 개발하기 위한 NASA와 국방부의 그룹이었다.

문서 09

"로버트 시맨스 NASA 본부장에게 보내는 편지"•

광야에서 외치는 소리 같겠지만 나는 최근 몇 달 동안 내가 깊은 관심을 가져왔던 문제에 대해 몇 가지 생각을 전하고 싶다. 이것은 두 가지 질문으로 정

• 1961년 11월 15일 NASA 랭글리 연구센터의 존 휴볼트가 작성했다.

리된다. 먼저 새턴 C-3(이것과 동등하거나 또는 조금 적은) 하나만으로 인간을 안전하게 달에 착륙시킬 수 있다는 말을 들었다면, 귀하는 이 말을 다른 사람들처럼 비판적인 시각으로 판단하겠는가?

우리는 가끔 제한적인 접촉을 가졌을 뿐이어서 귀하는 아마도 나를 잘 알지 못할 것이다. 이 편지를 읽은 뒤에 귀하는 나를 이상하게 생각할지도 모른다. 하지만 두려워하지 말라. 이 글에서 표현된 생각들은 재치 있는 방식도 아니고 내가 보통 말하는 방식과도 다를 수 있지만, 이것은 선택에 따른 것이며 그 시점은 중요하지 않다. 중요한 점은 귀하가 아이디어의 발안자로부터 직접 듣는 것이다. 왜냐하면 이 아이디어들이 여러 사람들을 거치며 걸러지고 나면 이 아이디어들이 귀하에게 닿지 않을 수도 있기 때문이다.

달 궤도 랑데부를 통한 유인 달 착륙

계획　첫 번째 첨부(이 책에는 포함되어 있지 않다)는 랑데부를 통해 유인 달 착륙을 달성할 수 있는 계획을 간략하게 설명했다. 여기에서는 새턴 C-3 단독으로 또는 그에 상응하거나 그보다 적은 것으로 수행하는 여러 계획을 보여줄 것이다. 이 계획의 기본 아이디어는 1년도 훨씬 전에 NASA의 여러 사람 앞에서 제시되었고 그 후 수많은 실험실 간 회의에서 반복해서 논의되었다. 랑데부 개념을 활용한 달 착륙 프로그램은 심지어 올해 4월에도 제안되었다. 본질적으로 첫째, 머큐리를 통해 조기 랑데부 프로그램을 구축함, 둘째, 아폴로 개발에 랑데부를 구체적으로 포함함, 셋째, 새턴 C-2를 이용해 달 착륙을 달성함 등 세 가지 기본 요소를 가지고 있었다. 새턴 C-2 두 개로 이 임무를 수행할 수 있는 것으로 나타났는데, 새턴 C-2가 언급된 것은 단순히 당시 NASA의 부스터 계획에 새턴 C-2 이상은 없었기 때문이다. 다만 새턴 C-3의 경우 필요한 부스터의 수가 절반인 한 개로 줄어들 것이라고 언급되었다.

유감스럽게도 이 아이디어에는 거의 관심이 없었고 실제로는 부정적이었다.

또한 (기록상으로는) 룬딘 위원회에 이 계획들이 제시되었다. 최종 보고서에서는 단적인 언급만 있었으며 더는 논의되지 않았다(이어지는 '대담한 계획, 일방적인 반대, 편견'을 참조하라).

이것은 히턴 위원회에 제출되어 좋은 아이디어로 받아들여졌다가 떨어졌는데 주로 기본 전제에 부합하지 않는다는 관련 없는 이유 때문이었다. 나는 히턴 위원회가 고려하는 주요 계획을 발표하는 것을 반대하기까지 했는데 그것이 주로 랑데부에 방해되기 때문이었다. 더 나아가 히턴 위원회가 달 궤도 랑데부를 고려하기를 원하지 않는다면 최소한 이 건을 별도로 취급해야 할 만큼 유망해 보인다고 강력하게 권고해야 했지만, 그마저도 소용이 없었다. 사실 나는 그 문제에 대해 충분히 강력하게 대응해야 한다고 느꼈고 소수 의견서를 작성해야 한다고 거론했다. 이것은 본질적으로 내가 하는 일이었다.

우리는 이 계획을 현재 진행 중인 골로빈 위원회에 여러 차례 제시했다.

나는 최근 아폴로 콘퍼런스를 위한 랑데부 관련 리허설에서 검토 위원회가 나에게 이 아이디어에 대해 어떠한 언급도 하지 말라고 요구하리라는 점을 충분히 알고 있었다. 그럼에도 나는 그 계획으로부터 얻을 수 있는 혜택에 대해 간략하게 언급했다. 예상했던 대로 나의 언급은 유일하게 삭제 요청을 받았다.

이 계획은 1년 이상 우주임무그룹 직원들에게 여러 차례 제시되었다. 그러나 이들의 답변은 지극히 부정적이었다.

기본 원칙 우리의 달 랑데부 계획에 제기된 가장 큰 비판은 그것이 '기본 원칙'에 부합하지 않는다는 것이다. 이것은 말도 되지 않는다. 중요한 것은 "우리는 달에 가고 싶은가? 그렇지 않은가?"이다. 만약 그렇다면 왜 우리가 특정한 좁은 선택 경로를 따라 우리 생각을 제한해야 하는가? 나는 내 생각을 임의로 설정된 기본 원칙(오로지 대등하거나 어쩌면 더 나은 접근법을 제한하고 배제하는 역할만 하는)에 국한하지 않아도 되는 것을 매우 다행스럽게 생각한다. 생각들이 너무 자주 다음과 같은 맥락에 따라 이루어진다. 즉, 기본 규칙을 정한 뒤에 나오는 질문은 암묵적으로 다음과 같이 묻게 된다. "자, 이러한 기본 규칙으로 무엇을 해야 하는가? 아니면 그 일을 하기 위해 무엇이 필요한가?" 설계가 시작되고 나서 곧 현재의 계획을 훨씬 넘어서는 부스터 시스템이 필요하다는 점을 깨닫게 된다. 어쩌면 그들이 제대로 계산하지 못했을지도 모르기에 그들은 안전판으로 어떠한 상황이 발생해도 부스터가 우발적 상황을 충족시키게끔 충분히 크도록 시스템을 더 크게 만들게 된다. 어찌된 일인지 그들은 지금 최첨단 기술을 훨씬 뛰어넘는 대과업을 다루고 있다는 사실을 완전히 무시하고 있다.

왜 다음 방향으로 더 많은 생각을 하지 않는가? 즉, 주어진 부스터를 가지고 우리가 할 수 있는 일이 없을까? 다시 말해 우리는 부스터를 계획에 꿰어 맞추기보다 계획을 부스터에 맞도록 생각을 할 수 없는가이다.

특히 세 개의 기본 원칙에 대해 언급할 필요가 있다. 이것은 탑승 인원 세 명, 직접 착륙, 저장성 연료로 가능한 귀환이다. 이것들은 매우 제한적인 요구 사항이다. 만약 두 명만으로 착륙할 수 있다면 굳이 세 명까지 필요한가? 만약 직접 착륙 요건이 완화되어 그 일을 새턴 C-3으로 끝낼 수 있게 된다면 왜 완화해 주지 않는가? 저장성 연료의 사용에 대해 냉철하고 객관적인 시각을 갖고 있다면 저장성 연료가 다른 연료와 비교해 그렇게 바람직하지도 유리하지도 않음을 곧 깨닫게 될 것이다.

대담한 계획, 일방적인 반대, 편견 설명할 수 없는 이유 탓에 사람들이 간단한 계획을 피하고 싶어 하는 것 같다. 대다수는 항상 거창한 계획을 생각하고 장기 계획에 필요한 종류의 논쟁을 하는 것처럼 보인다. 가급적 최대한 간단한 계획을 만들려는 쪽으로 고민하지 않는 이유는 무엇일까? 비유한다면 왜 캐딜락Cadillac 대신 쉐보레Chevrolet를 사지 않는가? 확실히 쉐보레는 쉐보레대로, 캐딜락은 캐딜락대로 여러 면에서 두드러진 이점을 가지고 있다.

나는 이 문제들에 대한 개인과 위원회의 생각에 간담이 서늘해졌다. 예컨대 "휴볼트는 사람을 달로 데려갈 확률이 50퍼센트이고 그를 다시 데려올 확률이 1퍼센트인 계략을 가지고 있다"라는 의견이 나왔다. 이 논평은 본부 '고위' 직원의 말인데, 그는 이 계획에 대해 실제로 시간을 들여 들은 적도 없고 이 계획을 그에게 충분하고 정확하게 설명해 준 적도 없다. 그럼에도 그는 이 일에 대한 판단을 위원회에 자유롭게 넘길 수 있다고 생각한다. 나는 NASA뿐만 아니라 국가의 운명에 영향을 미치는 결정을 내리는 위치의 사람들에게서 이러한 유형의 어리석음을 보는 것이 괴롭다. 나는 심지어 이 문제를 고려해 온 모든 위원회의 장점에 대해 걱정하게 되었다. 편향성 탓에 위원회의 취지는 시작하기도 전에 파괴되었고 나아가서 결과도 사실상 처음부터 뻔하게 되었다. 우리는 플레밍Fleming 위원회가 시작하기도 전부터 어떤 결과가 나올지 알고 있었다. 하루가 지나자 룬딘 위원회가 어떤 결정을 내릴지 분명해졌다. 며칠 뒤에 히턴 위원회의 주요 결정이 어떻게 될지도 명백해졌다. 룬딘 위원회와 관련해 나는 구체적인 사례를 인용하고 싶다. 이 위원회가 고려한 것은 내가 들어본 것 중 가장 어리석은 아이디어였는데, 그럼에도 그것은 투표에서 일등을 했다. 이와는 대조적으로 내가 훨씬 더 실행 가능하다고 확신하는 달 랑데부 계획은 앞서 말한 것처럼 부정적인 맥락에서 간단하게 언급되었을 뿐이다. 위원회는 편견을 가지고 그 위원회 멤버를 구성한 사람들에 비해 결코 나을 것이 없다. 그렇다면 우리는 왜 아이디어를 판단할 능력이 없는 사람들이 그것을 판단하도록 허락하는지 물을 수밖에 없다.

이 절의 실체는 이렇게 요약할 수 있다. 왜 노바는 크기, 제작, 발사대 설치, 부지 위치 등 많은 부담에도 불구하고 그냥 간단히 받아들여졌을까? 왜 랑데부와 관련되어 훨씬 덜 부담스러운 계획이 배척되거나 수세에 놓이는 것일까?

* * *

귀하가 보시다시피 우리는 현실적인 스케줄에 맞출 수 있는 가능성에 대해 강점들을 가지고 있고, 나는 이것을 강조한다. 우리의 계획은 발사체나 부스터의 요구 조건에서 다른 계획에 비해 비교할 수 없이 명쾌하고 단순하다.

* * *

맺는 말

불평하는 것과 건설적인 비판을 하는 것은 별개다. 따라서 몇 가지 최종적인 발언으로서 나는 건전하고 통합적인 종합 프로그램을 제시하려고 한다. 나는 우리가 다음과 같이 해야 한다고 생각한다.

① 머큐리-마크 2로 유인 랑데부 실험을 한다.

② 이 편지와 첨부 파일에서 제시한 부스터를 가능한 한 빨리 엔진으로 변환시키는 엔진 프로그램을 실시한다.

③ 새턴 C-3 발사체와 달 랑데부를 이용하는 개념을 확립해 유인 달 착륙을 확고한 프로그램으로 삼는다.

당연히 여기에서 언급한 유형의 문제를 논의할 때 우리는 노바를 비난하지 않고서는 논평할 수 없다. 하지만 나는 노바를 만들지 말아야 한다고 주장하는 것이 아님을 확실히 한다. 나는 단지 우리 계획이 노바와 동등한 위치에 있음을 확인하려는 것이다. 사실 달 랑데부 접근법이 더 쉽고 빠르며 비용도 적게 들고 개발이 덜 필요하며 새로운 부지와 시설이 덜 필요하기에 이것이 지금 가야 할 길이고, 노바는 그다음 사업이 되어야 한다고 말하는 것이 더 적절하다. 우리가 새턴 C-3으로 일을 추진하게 해준다면 우리는 인간을 달에 아주 짧은 시간 안에 도달하게 해줄 것이다. 또한 NASA가 이 일을 하기 위해 '휴스턴 왕국' 같은 것을 만들 필요도 없을 것이다.

존 휴볼트의 편지는 1962년 첫 5개월 동안 달 착륙 임무를 수행할 가장 좋은 접근법을 위한 집중적인 조사가 이루어지는 계기가 되었다. 이후 4개월 동안 휴스턴의 유인우주센터MSC: Manned Spacecraft Center와 헌츠빌의 마셜 우주비행센터는 달에 도착하기 위한 대체 랑데부 접근법에 대해 상세하게 연구했다. 우주비행사를 달로 보내기 위해 거대한 발사체인 노바를 개발하는 것은 바로 실현 가능한 접근법으로 받아들여지지 않았는데, 이는 당시 NASA가 경험했던 발사체를 감안할 때 그렇게 거대한 발사체 개발로 바로 가기에 너무 큰 점프인 것 같았기 때문이다. 특히 달에 착륙하고 지구 대기권으로 복귀하는 임무의 모든 단계를 단일 우주선으로 하려는 설계 개념은 점점 어려워 보였다. 1962년 초 휴스턴은 두 개의 분리된 우주선(하나는 달 착륙용이고 다른 하나는 달 궤도까지의 왕복용)을 개발하는 달 궤도 랑데부 접근법의 일부 버전에 확신을 갖게 되었다. 두 우주선의 무게를 합치면 중량상의 이익은 거의 없지만 새턴 C-5 부스터 하나로 이 임무를 수행할 수는 있을 것이다. 그들은 다양한 지구 궤도 랑데부 접근법에 대해 계속해서 집중하고 있는 마셜 우주비행센터의 동료들과 분석 내용과 추론을 공유했다.

1962년 6월 7일 마셜 우주비행센터에서 떠들썩한 회의가 열렸다. 마셜 우주비행센터의 직원들 대부분은 지구 궤도 랑데부에 긍정적이었다. 마지막 날 마셜 우주비행센터장인 베르너 폰브라운이 결론을 내렸다. 그는 "우리는 이 방법이 이번 10년 안에 성공할 수 있는 가장 높은 확신을 주는 방법이기에" 자신의 첫 번째 우선순위로 '달 궤도 랑데부 모드'를 선택한다고 발표해 많은 동료에게 충격을 주었다. 폰브라운의 지지로 NASA는 바로 달 착륙 임무 계획에 달 궤도 랑데부 접근법을 채택했다.

폰브라운이 언급한 C-1과 C-5 발사체는 새턴 IB와 새턴 V로 알려지게 되었다. C-8은 여덟 개의 1단 엔진으로 구성되는 발사체 개념이었으나 제작에 들어가지는 못했다. S-II는 새턴 V 발사체의 두 번째 단이었고, S-IVB는 세 번째 단이었다. 로버트 길루스는 유인우주센터장이었다. 노스아메리칸 항공은 아폴로 명령 모듈CM: Command Module과 서비스 모듈SM: Service Module, 그리고 새턴 V(새턴 C-5) 발사체의 S-II와 S-IVB 단 제작을 계약했고, 로켓다인은 F-1과 J-2 로켓엔진을 만들게 되었다.

문서 10

「달 착륙 프로그램 모드 선택에 관한 베르너 폰브라운 박사의 결론」*

* * *

우리의 일반적인 결론은 조사된 네 가지 모드가 모두 충분한 시간과 비용이 뒷받침된다면 기술적으로 실현 가능하다는 것이다. 그러나 우리는 다음과 같은 순서로 확실한 선호 목록을 작성했다.

① 달 궤도 랑데부 모드: (이 모드의 중량 증가 가능성을 감안하기 위한) 무인, 완전 자동, C-5 편도 물류선의 개발을 동시에 개시할 것을 강력히 권고한다.

② 지구 궤도 랑데부 모드(탱킹 모드).

③ 최소 크기의 명령 모듈과 고에너지 전환이 가능한 C-5 직접 모드.

④ 노바 또는 C-8 모드.

이 결론에 대한 이유를 1분 뒤에 설명하겠다.

우선 나는 우리가 다음 몇 주 안에, 가능하면 1962년 7월 1일까지 확실하게 모드 결정을 내리는 것이 절대적인 의무임을 다시 한번 강조하고 싶다. 모드 결정이 지연되면서 우리의 전체 프로그램 시간이 이미 허비되고 있다.

만약 우리가 이 모드에 대한 명확한 결정을 곧 내리지 않는다면 이번 10년 안에 첫 번째 달 탐사를 할 수 있는 기회가 급속히 사라질 것이다.

1. 왜 우리는 달 궤도 랑데부 모드와 C-5 편도 물류선을 추천하는가?

① 우리는 이 모드가 이번 10년 안에 성공할 수 있는 가장 높은 신뢰도를 제공한다고 믿는다.

---

* 1962년 6월 7일 베르너 폰브라운이 작성했다.

② 이 모드는 적절한 성능 마진을 제공한다. 서비스 모듈과 달 탐사 모듈에 모두 저장성 추진제를 사용할 경우 추진 성능과 중량에 충분히 여분을 갖게 된다. 서비스 모듈과 달 탐사 모듈을 위한 고에너지 추진 시스템을 목표로 하는 백업 시스템을 개발해 성능 마진은 더욱 증가할 수 있다. 로켓다인의 F-1과 J-2 엔진의 추력 및/또는 비추력比推力을 증가시키기 위한 현재의 제안이 구현된다면 추가적인 성능 이득을 얻을 수 있을 것이다.

③ 우리는 조종 가능한 하이퍼볼릭 재진입선과 달 착륙선의 설계가 성공적인 달 탐사 우주선을 만드는 데 가장 중요한 두 가지 목표라는 유인우주센터의 의견에 동의한다. 이 두 기능을 두 개의 분리된 요소로 과감하게 분리한다면 우주선 시스템의 개발을 크게 단순화할 수 있다. 만약 명령 모듈을 달 착륙 과정에 포함시키지 않는다면 착륙 테스트 결과와 재진입 테스트 간의 상호 설계 검토와 조정 과정이 최소화된다. 두 기능의 기계적 분리는 사실상 명령 모듈과 달 탐사 모듈의 완전한 병렬 개발을 가능하게 할 것이다. 이러한 이점을 앞으로 몇 달 동안 정확하게 평가하기는 어려울 수 있지만, 그러한 절차가 실제로 시간을 상당히 절약하는 결과를 가져오리라는 점은 의심의 여지가 없다.

* * *

⑪ 마셜 우주비행센터에 있는 우리는 달 궤도 랑데부 모드의 제안을 처음 들었을 때 다소 회의적이었다는 것을 인정한다. 특히 우주비행사들에게 지구에서 24만 마일 떨어져 구조 가능성도 희박한 곳에서 복잡한 랑데부 작업을 수행하도록 요구하는 측면에서 그러했다. 그러나 그동안 우리는 이 네 가지 모드를 연구하는 데 많은 시간과 노력을 들였고, 이 특별한 단점에 비해 앞에서 열거한 장점이 훨씬 중요하다는 결론에 도달했다.

유인우주센터도 랭글리 연구센터의 존 휴볼트가 달 궤도 랑데부 모드를 제안했을 때 처음에는 상당히 회의적이었다. 그들에게서 이 방법의 타당성을 입증하고 지지를 얻어내는 데 상당한 시간이 걸렸다는 것을 알고 있다.

따라서 이러한 배경에 반해 '여기서 발명된' 대 '여기서 발명되지 않은' 것과 같은 문제는 유인우주센터나 마셜 우주비행센터에는 적용되지 않으며 두 센터 모두 제안된 제3의 계획을 실제로 수용했다고 결론을 내릴 수 있다. 의심할 여지없이 유인우주센터와 마셜 우주비행센터 직원들은 지금까지 다른 어떤 그룹보다 네 가지 모드의 모든 측면에 대해 보다 상세하게 연구했다. 게다가 유인우주비행실OMSF: Office of Manned Space Flight이 궁극적으로 '물자를 배달'하기 위해 관심을 기울여야 할 곳은 이 두 센터다. 나는 두 센터가 많은 고민과 탐색 끝에 동일한 결론에 도달한 것은 유인 달 착륙 프로그램에 정말로 행운이라고 생각한다. 이것은 유인우주비행실에게 우리의 권고가 진실과 크게 벗어나지 않는다는 추가적인 확신을 줄 것이다.

* * *

아폴로 계획에 필요한 자원 동원이 추진력을 얻자 존 F. 케네디 대통령은 프로젝트의 진행 상황을 직접 점검하기로 했다. 1962년 9월 11일 대통령은 앨라배마주 헌츠빌의 마셜 우주비행센터에서 새턴 I 부스터의 첫 시험 발사를 참관한 뒤에 제임스 웹 청장과 제롬 위스너 대통령 과학보좌관이 NASA가 선택한 달 궤도 랑데부 접근을 놓고 논쟁하는 것을 지켜보았다. 그 후 그는 케이프커내버럴의 NASA 발사운영센터로 날아갔고, 9월 12일 새로운 유인우주센터를 방문한 뒤에 텍사스주 휴스턴에서 하루 일정을 끝냈다. 여행의 하이라이트는 덥고 습한 9월 12일 아침에 케네디가 라이스 대학교의 축구 경기장에 모인 군중 앞에서 연설하는 것이었다. 케네디는 이 연설에서 미국이 우주비행사를 달에 보내기로 결정한 이면에 놓여 있는 논거를 충분히 설명했다. 이 연설은 이후에 1961년 5월 25일 달에 가기로 했다고 발표한 케네디의 의회 양원 합동 회의 연설과 혼동되기도 한다.

문서 11

"존 F. 케네디가 라이스 대학교에서 국가 우주개발에 관해 한 연설"*

우리가 우주탐사에 참여하든 그렇지 않든 우주탐사는 계속 진행될 것이며 이것은 모든 시대를 통틀어 위대한 모험 중 하나가 될 것이다. 미국이 다른 나라들을 선도하기를 원한다면 우주개발 경쟁에서 뒤처져서는 안 될 것이다.

우리 앞의 세대는 이 나라가 산업혁명의 제1의 물결, 현대 발명의 제1의 물결, 원자력발전의 제1의 물결을 만들었다고 확신한다. 그리고 우리 세대는 다가오는 우주 시대에 뒤처지는 첫 세대가 될 생각이 없다. 미국은 우주 물결의 일부가 되고 그것을 선도하려고 한다. 우주와 달과 저 너머의 행성을 들여다보고 있는 세계인의 눈앞에서 미국은 우주에서 적대자가 휘날리는 정복의 깃발이 아니라 자유와 평화의 깃발을 세울 것이라고 맹세한다. 우리는 대량 살상 무기로 가득 찬 우주가 아니라 지식과 이해의 도구로 가득 차 있는 우주를 만들 것이라고 맹세한다.

그러나 이러한 서약은 우리가 첫 번째 선도 국가가 되었을 때에나 이루어질 수 있는 것이며, 따라서 우리는 첫 번째가 되어야 한다. 요컨대 과학과 산업에서 우리의 리더십, 평화와 안전에 대한 우리의 희망, 타인은 물론 우리 자신에 대한 우리의 의무를 이행하기 위해서는 이러한 미스터리를 해결하고 모든 사람의 선을 위해 이것들을 해결하고 세계 최고의 우주여행 국가가 되도록 노력할 것을 요구한다.

우리가 이 새로운 바다로 항해하는 것은 얻어야 할 새로운 지식이 있고 획득해야 할 새로운 권리가 있으며, 우리는 모든 인류의 진보를 위해 반드시 승리해야 하기 때문이다. 핵 과학 등 다른 지식처럼 우주과학도 그 자체로는 어떠한 가치판단을 하지 않는다. 이것이 선의 힘이 될지 악의 힘이 될지는 오로

* 1962년 9월 12일 존 F. 케네디의 연설이다.

지 인간에게 달려 있으며, 미국이 여기서 압도적 지위를 가질 때만 이 새로운 바다가 평화의 바다가 될지 새로운 무시무시한 전쟁터가 될지 결정할 수 있다.

나는 인류가 지구의 육지와 바다를 서로에게 적대적 목적으로 사용하는 것처럼, 우주도 적대적 목적으로 오용해서는 안 된다는 점을 말하고자 한다. 나는 우주가 전쟁의 불씨가 되거나 인류가 지구에서 저질렀던 실수를 반복하지 않고, 과학적으로 탐구하고 지배할 수 있는 영역이라고 말하고자 한다.

아직 우주에는 분쟁도 편견도 민족 갈등도 없다. 이러한 것들은 우리 모두에게 바람직하지 않다. 우주 정복은 인류에게 최고로 가치 있는 일이며, 평화적인 협력을 위한 기회는 어쩌면 다시는 오지 않을지도 모른다. 하지만 어떤 이들은 묻는다. 왜 달을 이야기하는가? 왜 이것을 우리의 목표로 선택했는가? 그런 질문은 왜 가장 높은 산에 오르려는지 묻는 것과 같다. 그렇다면 (나는 되묻고 싶은데) 왜 35년 전에 인류는 대서양을 날아서 횡단했는가? 왜 라이스 대학교는 텍사스 대학교와 경기를 하는가?

우리는 달에 가기로 결정했다. 우리는 이번 10년 안에 달에 가기로 했는데, 그 이유는 이 목표가 쉽기 때문이 아니라 어렵기 때문이다. 이 목표는 우리의 에너지와 기술을 최대한 체계화하고 측정하는 데 도움이 될 것이고, 이 도전은 우리가 기꺼이 받아들이고자 하는 것이며, 우리는 이를 미루고 싶지 않으며 이기고자 하기 때문이다.

이러한 이유로 작년에 미국의 우주개발 활동을 낮은 단계에서 높은 단계로 올리고자 했던 나의 결정은 나 스스로 대통령직에 재직하는 동안 내릴 가장 중요한 결정 중 하나로 간주한다.

지난 하루 동안 우리는 인류 역사상 가장 크고 복잡한 탐험을 위한 시설이 만들어지는 것을 보았다. 우리는 새턴 C-1 부스터 로켓을 시험하며 지축이 흔들리고 공기가 부서지는 것을 느꼈다. 이는 존 글렌을 우주로 발사했던 아틀라스 로켓보다 몇 배나 강력하고 1만 대의 자동차가 가속기를 밟았을 때의 힘에 해당한다. 우리는 새턴 로켓 여덟 개에 해당하는 강력한 F-1 엔진을 다섯 개 묶어 개량된 첨단 새턴 미사일을 만드는 현장을 목격했다. 이 로켓엔진은 도시의 한 블록 정도의 넓이, 그리고 여기 운동장의 두 배 길이의 케이프커내버럴에 있는 48층 높이의 새로운 건물에서 조립되었다.

지난 19개월 동안 적어도 45개의 위성이 지구를 돌았다. 그중 40여 개는 '미국에서 만든 것'이었으며 소련의 위성보다 훨씬 정교했다. 이 위성들은 세상 사람들에게 훨씬 더 많은 지식을 제공했다.

현재 금성으로 가는 매리너 우주선은 우주과학 역사상 가장 복잡한 시스템의 산물이다. 매리너 발사의 정확도는 케이프커내버럴에서 미사일을 쏘아 이 축구장의 30미터 라인 사이로 떨어뜨리는 것과 맞먹는다.

트랜싯Transit 위성(해군 항해위성 시스템)은 바다에 있는 우리 배들이 보다 안전한 항로로 운항하도록 돕는다. 타이로스Tiros 위성은 우리에게 전례 없이 강력했던 허리케인과 폭풍을 미리 경고해 주었고 산불과 빙산에 대해서도 똑같은 도움을 줄 것이다.

우리는 과거에 실패를 겪었지만 다른 사람들도 그런 똑같은 경험을 한다. 비록 그들이 인정하지 않는다고 해도 말이다. 다만 그들은 우리만큼 자신들의 일을 공개하지 않는다.

확실히 말하지만 지금 우리는 뒤처져 있고, 유인 우주비행에서도 얼마 동안은 계속 뒤처진 상태일 것이다. 그러나 우리는 이 자리에 계속 머물 생각이 없으며 이번 10년 안에 착실히 준비해 앞으로 나아갈 것이다.

* * *

확실히 이 모든 것을 달성하기 위해서는 많은 비용이 필요하다. 1962년 올해의 우주 예산은 작년 1월의 세 배에 달하며, 이전 8년간의 우주 예산을 합친 것보다 많다. 그 예산은 현재 연간 5억 4000만 달러에 달한다. 비록 미국인들이 매년 담배를 사는 것보다 다소 적은 액수지만 말이다. 미국인 한 명이 부담하는 우주 예산은 주당 40센트에서 주당 50센트로 늘 것인데, 이는 우리가 이 프로그램에 높은 국가적 우선순위를 부여했기 때문이다. 우리는 이러한 조치가 믿음과 비전의 수단임을 인식하지만 우리 앞에 어떤 혜택이 기다리는지는 아직 알 수 없다. 나의 동료 시민 여러분, 우리는 휴스턴의 관제소에서 38만 킬로미터나 떨어진 달로 90미터 이상의 축구장 길이를 가진 거대한 로켓을 보낼 것이다. 그것은 새로운 금속 합금으로 만들어질 것인데, 그중 일부는 아직 발명되지 않았다. 그것은 우리가 그간 경험했던 것보다 더 많은 열과 스트레스를 견딜 수 있고, 최고의 시계보다 우수한 정밀도를 가진다. 그것은 추진력, 유도력, 제어력, 통신력, 식량, 생존에 필요한 모든 장비를 싣고, 그동안 해보지 않았던 임무를 지닌 채 미지의 천체로 나갔다가 무사히 지구로 귀환하며, 오늘처럼 뜨거운 태양 온도의 거의 반에 해당하는 열을 견디고, 시속 4만 킬로미터가 넘는 속도로 대기권에 재진입해야 한다. 이번 10년 안에 이 모든 것을 인류 최초로 하려면 우리는 대담해져야 한다.

하지만 나는 우리가 그것을 할 것이라고 생각하고 우리가 지불해야 할 것을 지불해야 한다고 생각한다. 물론 우리는 돈을 낭비해서는 안 될 테지만 나는 우리가 그 일을 해야 한다고 생각한다. 이 일은 1960년대 안에 이루어질 것이다. 여러분 중 몇몇은 아직 이 대학교에 있는 동안에, 여기 이 플랫폼에 앉아 있는 몇몇 이들이 재임하는 기간 동안에 행해질 것이다. 이 일은 이루어질 것이고, 이번 10년 안에 완성될 것이다.

나는 이 대학교가 미국의 위대한 국가적 노력의 일환으로 인간을 달에 착륙시키는 데 기여하고 있다는 것이 기쁘다. 수년 전 에베레스트산에서 영면한 영국의 위대한 탐험가 조지 맬러리George Mallory는 "왜 에베레스트산을 오르느냐"라는 질문을 받았다. 그는 "거기에 그것이 있기 때문이다"라고 답했다.

우주는 거기에 있고 우리는 그 위에 오를 것이다. 달과 행성이 있고 지식과 평화를 위한 새로운 희망이 거기에 있다. 우리는 지금 그곳을 향해 출항하고 있으며 인간이 지금까지 해왔던 가장 위험하고 가장 위대한 모험을 위해 신의 축복을 구하고자 한다.

케네디 대통령은 유인 우주비행 책임자인 브레이너드 홈스Brainerd Holmes와 함께 1962년 9월 11~12일 아폴로 계획에 가장 많이 참여한 NASA 시설 세 곳을 방문했다. 그러면서 1967년 후반으로 예정된 첫 달 착륙 계획에 예산이 추가된다면 1년 더 앞당길 수 있다는 제안을 받았다. 홈스와 제임스 웹 청장은 아폴로 계획을 위해 의회에 추가 예산을 요청하는 방안을 놓고 이견이 있었다. 홈스와 웹의 긴장은 1962년 8월 홈스가 ≪타임Time≫ 표지에 실리고 '아폴로 차르'라는 별명을 얻은 뒤부터 곪아터지기 시작했다. 11월 19일 ≪타임≫에 또 다른 이야기가 등장했는데 이번에는 웹이 대통령의 달 착륙 목표를 완전히 지지하지 않으며, 이 프로그램이 어려움에 처해 추가 예산 지원이 절실히 필요하다고 언급했다. 누가 보아도 홈스가 명백히 그 기사의 출처였다.

11월 21일 백악관 내각 회의실에서 NASA의 상황을 정확히 파악하기 위한 회의가 소집되었다. 비밀리에 기록된 이 회의의 녹취록은 케네디와 웹 간의 상호작용에 대한 비상한 통찰력을 보여준다.

이 회의에서 케네디는 "나는 우주에 그다지 관심이 없다"라는 후일 자주 인용되게 될 발언을 남겼다. 다음의 회의록은 해당 발언이 나온 전후 맥락을 보여준다. 케네디는 우주과학 프로그램의 전반적인 중요성이 아니라 주로 우주과학 프로그램의 결과를 언급하고 있었다.

문서 12

"백악관 내각 회의실 회의록"•

존 F. 케네디 자, 이제 다시 이야기해 봅시다. 당신은 우리가 이 4억 1000만 달러를 써야 한다고 보는 겁니까?

• 1962년 11월 21일 존 F. 케네디, 브레이너드 홈스, 제임스 웹, 로버트 시맨스, 제롬 위스너 등이 참여했다.

브레이너드 홈스 제 견해는 그 돈을 엄격하게 쓸 수만 있다면 아폴로 일정을 앞당길 수 있다는 것입니다. 죄송하지만 웹 청장과는 이견이 없습니다. 다만 제 역할은 우리가 얼마나 빨리 돈을 마련할 수 있는지에 대해 말하는 것이라고 생각합니다.

제임스 웹 대통령님, 한 가지 말씀드려야 할 것 같습니다. 대통령님이 방문하고 연설하시면서 달 착륙이 얼마나 가까운 미래에 이루어질지 언급하셨습니다. 그래서 저, 브레인너드, 베르너 폰브라운, 로버트 길루스 모두 "우리가 얼마나 빨리 이 일에 착수할 수 있는지 알아야 한다. 대통령이 하고 싶어 하신다"라고 느꼈습니다. 우리는 협력 업체에게 "돈이 문제가 아니라면 얼마나 빨리 시작할 수 있는가?"라고 물었습니다. 이러한 행동은 이 돈이 이용 가능하며 이미 예산 추가를 요청하는 방향으로 정책 결정이 내려졌다는 느낌으로 바뀌었습니다. 제 생각에는 ≪타임≫ 등 언론이 논란을 일으키기 위해 이런 이슈들을 골랐다는 것입니다.

* * *

웹 제가 예산국 국장에게 말한 것을 설명해야겠습니다. 제가 처음 의회에 달 착륙 프로그램에 대해 이야기했을 때는 200억 달러에서 400억 달러 정도 비용이 든다고 했습니다. 지금 저는 그때 언급했던 하한선인 200억 달러 이하가 될 것으로 예상합니다. 문제는 대통령님이 얼마나 빨리 돈을 쓰고 얼마나 효율적으로 이것을 관리해 최대한 활용하는지 여부입니다. 이것은 제가 이 편지에서 약술한 것 중 일부를 희생해 속도를 높일 수 있을 것입니다. 만약 1년 뒤에 우리가 이 기준에 따라 진행하지 않아도 된다는 것을 알게 된다면 속도를 늦출 수 있습니다. 달 착륙은 모든 정부 기관과 협력 업체, 그 밖의 관계자가 함께 추진하는 프로그램입니다. 하지만 우리는 대통령님께서 정말로 그것을 신속히 추진하고자 하신다면 움직일 준비가 되어 있습니다.

케네디 당신은 이 프로그램이 NASA의 최우선 과제라고 봅니까?

웹 그렇지는 않습니다. 그러니까 저는 이것이 우선순위가 가장 높은 프로그램 가운데 하나라고 생각합니다. 하지만 저는 여기에서 대통령님이 로켓으로 지구 대기권을 벗어나 우주로 나가 무엇을 측정할 수 있는지에 대해 인식하는 것이 매우 중요하다고 봅니다.

케네디 웹, 나는 이것이 최우선 과제라고 생각합니다. 나는 우리가 그것을 분명히 해야 한다고 생각합니다. 다른 프로그램은 6개월이나 9개월쯤 지연되어도 되고 전략적인 상황도 없습니다. 하지만 달 착륙 프로그램은 국내외의 정치적 이유로 중요합니다. 이것은 우리가 좋든 싫든 어떤 의미에서 경쟁입니다. 미국이 달에 2등으로 가도 좋습니다. 하지만 2등은 언제라도 할 수 있고, 만약 이 일을 우리가 최우선시하지 않다가 6개월 차이로 2위를 한다면 분위기가 매우 심각해질 것입니다. 그래서 나는 이것이 우리에게 최우선 과제라는 견해를 가져야 한다고 생각합니다.

웹 하지만 우주의 환경은 대통령님이 아폴로를 운영할 곳인 동시에 달에 착륙할 곳입니다.

케네디 웹, 나는 통신위성이나 기상위성 등 다른 모든 것을 알고 있습니다. 그것들은 모두 바람직하지만 기다릴 수는 있는 문제입니다.

웹 저는 그것들을 모두 이야기하는 것이 아닙니다. 저는 지금 아폴로가 비행하고 달에 착륙해야 하는 우주 환경과 관련된 과학 프로그램을 말하고 있는 것입니다.

케네디 잠깐만, 달에 사람을 착륙시키는 달 프로그램이 NASA의 최우선 과제라는 말인가요? 그런 겁니까?

미상의 발언자 그리고 그것과 함께 갈 과학을 가리킵니다.

로버트 시맨스 음, 그렇습니다. 우주과학도 필요합니다.

케네디 달에 가는 것이 최우선 과제입니다. 이와 관련해 중요한 과학적 정보와 개발들이 많이 있을 것입니다. 그러나 내 생각으로 지금 NASA가 전체적으로 매달리며 추진할 일은 달 프로그램입니다. 나머지는 6개월이나 9개월 정도 기다릴 수 있습니다.

웹 한 가지 말씀드리겠습니다. 제가 여기에서 뭔가 단호하게 말씀드리는 것이 곤란한 이유는 첫째, 인간이 무중력상태에서 살 수 있을지 그리고 우리가 달 착륙을 과연 할 수 있을지에 대해 정말 알 수 없는 것들이 있기 때문입니다. 이러한 발언은 정치적으로 취약하고 저는 단호한 약속을 피하고 싶습니다. 만약 대통령님의 우선순위 1번이 실패했다고 한다면 이것은 생각해 볼 일입니다. 둘째, 우리가 우주로 나가 물리적으로 원하는 곳에 도달하고 측정할 수 있게 되면 과학적 임무는 기술 발달을 유도하게 되고 기술자들은 더 나은 우주선을 만들기 시작할 겁니다. 이것은 대통령님께 더 좋은 수단을 제공하고 나가서 더 많은 것을 배울 기회를 제공할 겁니다. 바로 지금 미국의 전 대학에 걸쳐 몇몇 뛰어난 과학자들이 이 상황을 인식하고 이 분야로 진출하기 시작했습니다. 제가 몇 년간 국가 정책으로 고민하는 동안 대통령님은 이 나라에서 제가 본 것 중 가장 높은 수준의 지적 노력이 전국적으로 일어나게 하셨습니다. 그런데 지금 그들에게 진짜 의문이 있습니다. 이 나라에서 향후 25년 내지 100년 동안 만들어질 미래 우주력에 있어 진정한 두뇌를 제공할 사람들이 약간의 의심을 품는 것이 있습니다.

케네디 이 프로그램에서 뭘 의심하는 건가요?

웹 달에 실제로 착륙하는 것이 대통령님이 이야기하는 최우선 순위가 맞는지에 대해서입니다.

케네디 그럼 그들은 무엇이 최우선이라고 생각하는 겁니까?

웹 그들에게 최우선 순위는 우주 환경을 이해하는 것, 우주에서 활동할 때 거기에서 작동하는 자연법칙을 이해하는 것입니다. 이런 식으로 말해도 좋습니다. 저보다 위스너가 이것에 대해 이야기해야 한다고 보지만 핵 분야의 과학자들은 핵의 가장 미세한 영역과 핵의 하위 입자를 꿰뚫습니다. 우주도 비슷한 일반적인 구조를 가지고 있는 만큼 대통령님은 그러한 일을 우주적 규모로 수행할 수 있습니다.

케네디　그런 연구에도 관심이 기울여야 한다는 데 나도 동의하지만 우리는 그러한 일에 대해서는 6개월 정도는 기다릴 수 있습니다.

웹　하지만 대통령님은 그 정보를 활용해야 합니다.

케네디　그런가요. 만약 그 정보가 달 프로그램에 바로 적용된다면 지금 필요하겠네요.

제롬 위스너　대통령님, 웹 청장은 달 착륙과 관련된 과학적인 문제들에 대해 우리가 아직 이해하지 못하고 있다고 생각합니다. 이것은 데이비드 벨David Bell(예산국 국장)이 말하려고 했던 것이며 저도 그렇습니다. 우리는 달 표면의 상태에 대해 아무것도 모릅니다. 우리는 어떻게 달에 착륙할지에 대해 엉성한 추정만 하고 있는데, 경우에 따라 우리가 생각한 것과 아주 다른 환경의 달 표면에 착륙함으로써 끔찍한 재앙을 맞을 수도 있습니다. 그런 만큼 그러한 정보를 미리 찾아내는 과학 프로그램들이야말로 가장 높은 우선순위를 가져야 합니다. 그것들은 달 프로그램과 연관되어 있습니다. 반면에 달 프로그램과 관련 없는 과학 프로그램에는 우선순위를 어떻게 부여해도 상관없습니다.

미상의 발언자　그 말은 대통령님의 생각과 일치합니다.

시맨스　달 미션을 수행하려면 아주 다양한 과학적 자료를 수집해야 한다는 위스너의 말에 동의합니다. 가령 우리는 달 표면의 조건이 어떤지 알아야 합니다. 이것이 우리가 아폴로 설계에 영향을 줄 수 있는 시간 안에 맞추어 서베이어 무인우주선을 달로 보내기 위해 센타우르Centaur 로켓 단 개발을 진행시키는 이유입니다.

케네디　또 다른 것은 우리의 일정이 어떻게 되든지 간에 우주에 대해 알려고 60억 달러에서 70억 달러를 쓰는 일을 좋아하지 않는다는 점입니다. 나는 필요 예산을 5년 내지 10년에 걸쳐 분배할 것입니다. 우리가 우주에 대해 알려고 70억 달러를 쓸 때 소금물에서 신선한 물을 얻는 데는 고작 700만 달러만을 쓴다는 점을 기억해 주세요. 분명히 당신은 군사적 활용 가능성을 제외한다면 우선순위에 두지 않을 것입니다. 두 번째 요점은 소련이 이것을 체제에 대한 경쟁 수단으로 삼았다는 것입니다. 그래서 우리가 이 일을 하는 것입니다. 그래서 나는 이것이 핵심 프로그램이라는 견해를 가져야만 한다고 생각합니다. 나머지로는, 우리는 우주에 대해 알아낼 필요가 있지만 동시에 우리가 알아내야 하는 다른 많은 것들이 있습니다. 가령 우리는 암과 같은 것들에 대해서도 알아내야 합니다. 우리가 하는 모든 일들은 정말로 소련인들보다 먼저 달에 가는 일에 연결되어 있어야 합니다.

웹　왜 우주에서 미국이 우위를 확보하는 데 얽매이시는가요?

케네디　그 이유는 미국이 5년 동안 우주에서 우세하다고 말해왔지만 소련에게 부스터와 위성이 있기 때문에 아무도 믿지 않아서입니다. 미국은 소련의 두세 배에 달하는 인공위성을 쏘아 올렸습니다. 미국은 과학적으로 앞서 있습니다. 가령 당신이 스탠퍼드 대학교에서 준비했던 1억 2500만 달러의 돈이 들어간 장치를 두고 모두가 내게 우리가 세계 최고라고 말해주었습니다. 그런데 그것이 무엇인가요? 나는 그것이 무엇인지 모르겠습니다.

알 수 없는 여러 발언자의 발언으로 중단　그것은 선형 가속기입니다.

케네디　유감스럽게도 그 장치는 매우 훌륭하지만 아무도 그것에 대해 아는 사람이 없습니다!

웹　조금 다르게 말씀드리겠습니다. 업그레이드된 새턴 로켓은 아틀라스보다 85배 강력합니다. 아틀라스를 1이라고 본다면 새로 만드는 거대한 로켓은 85 정도 됩니다. 현재 소련은 6.4톤 무게를 궤도로 올릴 수 있는 부스터를 가지고 있습니다. 그것들은 매우 효율적이고 대단합니다. 제가 말씀드리는 것은 대통령님이 결심하시기에 따라 미국이 우주에서 탁월한 능력을 확보할 수 있도록 소련의 부스터나 다른 어느 것보다 우수한 업그레이드된 새턴 로켓을 만들 수 있다는 것입니다. 다양한 진전이 가능합니다.

케네디　오늘 아침에 4억 달러를 결정하지는 않을 겁니다. 벨의 예산안이 무엇인지 자세히 살펴보겠습니다. 하지만 나는 NASA가 이 정책이 그들의 최우선 과제임을 알아야 한다고 생각합니다. 이 정책은 국방을 제외한 미국 정부의 최우선 과제 두 가지 중 하나입니다. 나는 이것이 우리가 취해야 할 입장이라고 생각합니다. 이러한 인식이 앞으로의 일정을 바꾸는 데 아무런 영향이 없을지도 모르지만 적어도 우리는 분명히 해야 합니다. 그렇지 않으면 우리는 이런 일에 돈을 쓰지 않을 테니까 말이지요. 왜냐하면 나는 우주에 그 정도의 관심이 없습니다. 나는 그것이 바람직하고, 우리가 그것을 알아야 한다고 생각하며, 우리는 적당한 정도의 돈을 쓸 준비가 되어 있습니다. 하지만 우리는 지금 우리 예산안과 그 밖에 다른 모든 국내 프로그램들을 망치는 환상적인 지출에 대해 이야기하고 있습니다. 이러한 지출을 합리화할 수 있는 유일한 명분은 비록 우리가 늦게 시작했지만 우리가 최근 몇 년 동안 그랬듯이 소련을 추월하고 소련을 이기기를 희망하기 때문입니다.

웹 저는 미국이 우주에서 우위에 서야 한다는 대중의 정서를 고려해서 그것에 대해 좀 더 이야기할 시간을 갖고 싶습니다.

케네디 만약 당신이 우월함을 증명하고자 한다면 이것이야말로 우월성을 증명할 수 있는 방법입니다. 우리는 이 일에 대해 이야기해야 합니다. 이 일이 우리의 자원 배분과 그 밖의 모든 것에 어떤 식으로든 영향을 준다면 그것은 실질적인 문제이고 나는 우리가 그것을 분명히 해야 한다고 보기 때문입니다. 나는 당신이 간략히 말해주었으면 하는데, 나에게 당신의 견해를 담은 편지를 써주십시오. 우리에게 차이가 많은지 어떤지 나는 잘 모르겠습니다. 이렇게 표현해 주세요. '이것은 달 프로그램에 기여합니다, 또는 실질적으로 필요합니다, 또는 필수적입니다' 등으로 말입니다. 이것이 달 착륙 프로그램의 성공에 필수적이라면 모두 정당화될 수 있습니다. 달 프로그램에 필수적이지 않다면 그것들이 우주에서 우리가 우위를 확보하는 데 넓은 스펙트럼에서 보아 기여하는 것이라고 해도 이차적입니다. 이것이 내 생각입니다.

* * *

케네디 대통령이 1961년 1월 취임했을 때 그는 우주 공간이 미국과 소련 사이에 협력의 장이 되기를 바랐다. 하지만 1961년 4월 12일 유리 가가린의 비행에 대한 국내외의 반응을 접하며 대통령은 소련과 균형 잡힌 협력이 가능하려면 미국이 뛰어나지 않더라도 우주 업적에서 소련과 필적해야 한다고 확신하게 되었다. 그럼에도 케네디는 1961년 6월 3~4일 오스트리아 빈에서 열린 미소 정상회담에서 소련 지도자 니키타 흐루쇼프에게 미국과 소련이 달에 가는 일에 협력할 것을 제안했다. 하지만 흐루쇼프는 포괄적인 군축 없이 그러한 협력은 불가능하다고 반응했다. 1963년 쿠바 미사일 위기가 평화적으로 해결되면서 두 강대국 사이의 정치 풍토가 바뀌었다. 미국이 달 착륙 경쟁에서 진지하다는 것을 보여준 뒤에 케네디는 소련에게 협력의 가능성을 다시 제기해도 된다고 판단했다. 그는 소련의 입장이 바뀌었는지 물밑 외교 접촉을 통해 알아보는 대신에 유엔총회 제18차 회기에서 연설을 하는 무척 대중적인 방식으로 제안을 건네기로 했다. 그의 제안은 무력 충돌의 위험을 낮추기 위한 다양한 계획을 요구하는 긴 연설의 일부였다.

문서 13

"존 F. 케네디의 제18차 유엔총회 연설"*

* * *

마지막으로 우주 분야에서 특별한 역량을 보유하고 있는 미국과 소련이 우주 활동의 규제와 탐사 분야에서 새로 협력할 여지가 있다. 나는 여기에 달에 대한 공동 탐사를 포함하고자 한다. 우주에는 주권의 문제가 없다. 유엔 결의에 따라 유엔 회원국들은 우주나 천체에 대한 어떠한 영토 권리도 포기하며 국제법과 유엔헌장이 적용될 것이라고 선언했다. 그렇다면 인간의 첫 번째 달 비

* 1963년 9월 20일 존 F. 케네디 대통령의 연설이다.

행이 왜 국가 간 경쟁 사안이 되어야 하는가? 왜 미국과 소련이 그러한 탐험을 준비하며 연구, 건설, 지출에 엄청난 중복 투자를 해야 하는가? 확실히 우리는 미소 양국의 과학자와 우주비행사가 우주 정복에서 함께 일할 수 없는지 탐구해야 하며, 이번 10년 안의 언젠가 한 나라의 대표가 아닌 인류 국가들 모두의 대표를 달에 보내야만 한다.

* * *

대통령의 제안은 아폴로 계획의 수많은 강력한 지지자들에게 실망감을 안겨주었다. 가령 앨버트 토머스 하원 의원은 연설이 있은 다음 날 케네디에게 손으로 쓴 편지에서 "언론과 많은 사람들은 달 착륙에서 소련과 협력하려는 대통령님의 제안을 그동안 달 탐사에 대해 솔직하고 강력했던 귀하의 예전 입장이 약화된 것으로 받아들인다"라고 썼다. 토머스 의원은 케네디에게 "이 문제에 관한 우리의 당면한 노력에 대한 대통령님의 입장을 명확히 밝히는 편지"를 요청했다. 케네디는 9월 23일 토머스 의원에게 그의 제안이 어떻게 강력한 아폴로 계획을 위한 강력한 노력과 일치하는지에 대해 설명했다.

문서 14

"앨버트 토머스 하원 의원에게 보내는 편지"*

친애하는 앨버트에게

9월 21일 귀하가 보낸 편지에 답하고자 한다. 이 분야에서 진행 중인 커다란 우주개발에서 소련과의 협력을 제안한 며칠 전 유엔총회 연설에 대해 내 입장을 설명하게 되어 매우 기쁘다. 내 생각에 우리는 우주개발을 강력하고 열정적으로 지속하는 것이 필수적이며, 소련 정부가 기꺼이 협력할 의사가 있다면

* 1963년 9월 23일 존 F. 케네디 대통령이 작성했다.

협력을 증진시키기 위해 우리의 우주개발 필요성은 배가될 것이다.

알다시피 우주 협력이라는 아이디어는 새로운 것이 아니다. 달 탐사에 협력하겠다는 나의 발언은 1958년 당시 상원 원내 대표였던 린든 존슨 부통령의 특별한 리더십과 함께 초당적으로 만든 정책의 연장이다. 미국의 우주 협력 목적은 '1958년 국가항공우주법'에 언급되었고 1961년 나의 취임사에서 재확인되었다. 현재 우주에서 주요한 능력을 가진 상대국으로서 소련과의 협력에 대한 우리의 구체적인 관심은 원래 1961년 중반에 오스트리아 빈에서 니키타 흐루쇼프 서기장이 나에게 제시했던 것이다. 당시 공개된 1962년 3월 7일 내가 그에게 보낸 편지에서 재확인된다. 그때 나의 표현처럼 우주 협력에 대한 논의는 의심할 여지없이 우리에게 "유인·무인 우주 조사에서 실질적인 과학기술 협력의 가능성"을 보여줄 것이다. 즉, 며칠 전 유엔총회에서 나의 발언은 미국 정부가 오랫동안 유지해 온 정책의 연장선상에 있다.

우리는 소련과 거듭해서 협력하고자 노력했지만 지금까지는 미미한 반응과 결과만을 낳았다. 기상관측과 수동 통신위성 등 한정된 분야에서 특정 정보를 교환하기로 합의했으며, 다른 제한적 가능성에 대해 기술적 논의가 진행되고 있다. 그러나 올해 7월에 말했듯이 이 분야에서 큰 진전을 이루려면 허물어야 할 의심과 두려움의 장벽이 많다. 그리고 우리에게는 아직 그 장벽들을 무너뜨리기 위한 역할을 감당할 의지가 살아 있다.

동시에 귀하보다 더 잘 아는 사람이 없듯이 지난 5년 동안 미국은 우주에서 국가적 투자를 꾸준히 늘려왔다. 1961년 5월 25일 나는 의회와 정부에 이러한 노력을 대폭 확대할 것을 제안했고, 특히 1960년대의 10년 동안 유인 달 착륙의 달성을 강조했다. 나는 이 일에 많은 노력과 비용이 필요할 것이라고 말했다. 의회와 정부는 이 목표를 승인했다. 우리는 그 뒤로 계속 전진해 왔다. 더 큰 의미에서 이 일은 그저 인간을 달에 착륙시키려는 노력만이 아니다. 이 일은 기술, 이해, 경험에서 모든 진보에 대한 수단이자 자극이며 인간의 우주 지배를 향해 나아가는 길이다.

이 위대한 국가적 노력과 꾸준히 언급되는 다른 국가들과의 협력 의지는 모순이 아니다. 이들은 한 가지 정책적 요소를 상호 지지하고 있다. 우리는 국가적 지위 확대라는 좁은 목적을 가지고 우주개발을 시도하지 않는다. 우리는 미국이 인류의 평화로운 우주 정복에 주도적이고 명예로운 역할을 감당할 수 있기를 바란다. 우리가 약점이 있는 분야에서도 의심 없이 협력하자고 제안하는 것은 위대한 것이다. 그리고 같은 방식으로 다른 사람들과 기꺼이 협력하려는 우리의 의지는 평화로운 우주 프로그램의 국제적 의미를 확대시키고 있다.

나의 판단으로는 새로워지고 확장된 우주 협력의 목적은 우리의 우주개발이 느슨해지거나 약해진 것에 대한 변명 같은 것이 아니다. 우리가 2년 이상 국가적으로 수행해 온 위대한 프로그램을 진전시키는 데 더 큰 이유가 있다.

그래서 미국의 입장은 분명하다. 협력이 가능하다면 협력하겠다는 것이며 우주에서의 국가적 노력으로 강하고 굳건하게 만들어진 위치에서 협력해 나갈 것이다. 만약 협력이 불가능하다면 현실주의자로서 우리는 만일의 사태에 대비해야 한다. 우주에서 모든 자유세계 사람들의 이익에 기여할 수 있도록 동일하게 강력한 국가적 노력을 기울일 것이며, 우리의 국가 안보를 위태롭게 하는 것으로부터 우리를 보호할 것이다. 그러니까 단호하게 밀고 나가자.

나에게 의견을 표명할 수 있는 기회를 준 것에 다시 한번 감사를 표한다.

달에 가기 위해 미국과 소련이 협력하자는 생각은 존 F. 케네디의 개인적인 계획이었다. 1963년 11월 22일에 케네디가 암살되면서 공동 제안의 추진력은 소멸되었다. 게다가 소련은 케네디의 9월 20일 제의에 전혀 반응하지 않았다.

제임스 웹과 브레이너드 홈스*는 계속해서 긴장 관계에 있었고, 1963년 6월 12일 홈스는 사직서를 제출했다. 이것은 대중과 언론의 눈에 아폴로 계획이

* 홈스는 NASA의 유인 우주비행 책임자였다 _ 옮긴이.

그 노력의 화신이자 리더를 잃고 있는 것으로 비쳤다. NASA가 홈스의 후임을 결정하는 데 한 달이 조금 넘게 걸렸다. 후임자 조지 뮬러는 공군의 미사일 프로그램에 깊이 관련되어 있는 우주기술연구소라는 회사의 연구·개발 담당 부사장이었다. 뮬러는 9월 1일 NASA에 첫 출근했다. 언론의 관심을 즐겼던 홈스와 달리 뮬러는 NASA 본부와 센터, NASA의 협력 업체, 의회 간의 관계에 관심을 집중했다. 아폴로 계획의 한 설명을 보면 뮬러를 "영리하고", "지적으로 오만하고", "복잡한 사람"으로 묘사하고 있다. 로버트 시맨스는 그를 "지칠 줄 모르는" 사람으로 묘사했다.

그 후 몇 달 동안 뮬러는 많은 주요 보직의 인사이동을 단행했다. 그는 조지 로를 휴스턴에 있는 유인우주센터의 로버트 길루스 밑에서 일할 부국장으로 임명했다. 12월 31일 새뮤얼 필립스Samuel Phillips 공군 준장은 NASA 본부의 아폴로 프로그램 사무소를 인수했다. 뮬러와 필립스의 팀은 비극과 승리를 동시에 마주하게 될 아폴로 계획에서 강력한 리더십을 발휘하게 된다.

뮬러는 NASA에 온 직후에 아폴로 계획에 직접 관여하지 않은 NASA의 베테랑 엔지니어 존 디셔John Disher, 델 티슐러Del Tischler에게 개별적으로 아폴로 계획의 내부 상황에 대해 독립적 평가를 진행해 달라고 요청했다. 이들은 9월 28일 "달 착륙은 허용 가능한 위험의 범위 안에서 이번 10년 안에 달성할 수 없을 것 같다", "달에 사람을 착륙시키려는 첫 시도는 1971년 말에나 가능할 것 같다"라는 골치 아픈 결론을 뮬러에게 보고했다.

1970년이 되기 전에 아폴로 계획이 케네디 대통령의 달 착륙 목표 일정에 맞추려면 과감한 조치가 필요했고 뮬러는 곧 그것을 받아들였다. 먼저 그는 새턴 I 부스터의 비행을 취소해 새턴 V와 동일한 상단을 사용하는 업그레이드된 새턴 IB로 주의를 돌릴 수 있도록 했다. 휴스턴과 헌츠빌의 NASA 고위 지도부가 참석한 가운데 10월 29일 열린 자신의 경영협의회 회의에서 뮬러는 달 착륙 임무를 위해 나중에 '올-업all-up' 테스트로 알려진 새로운 접근법을 발표했다. 새 접근법에 따라 3단으로 만든 새턴 로켓 테스트는 각각 비행하며 각

단별로 개별 테스트하지 않고 함께 테스트하게 되었다. 이틀 뒤에 뮬러는 아폴로 계획의 새로운 가속화된 일정을 알리는 메시지를 아폴로 현장 센터에 보냈다. 이 메시지에서 그는 "우주선과 발사체의 동시 테스트가 가능한 한 빨리 이루어지기를 바란다"라고 재차 강조했다. 이를 위해 SA-201(새턴 IB의 첫 비행)과 501(새턴 V의 첫 비행)은 현 상태의 모든 단을 활용하며 각각의 임무를 위한 완전한 형태의 우주선을 운반해야 한다.

올-업 접근의 세부 사항은 1963년 10월 31일 아폴로 계획과 관련된 NASA 센터장들에게 다음의 보고서로 배포되었다. 뮬러의 지시를 처음 들었을 때 마셜 우주비행센터의 베르너 폰브라운과 그의 직원들이 보인 반응은 '불신'이었다. 이 조치는 그들이 독일에서부터 지켜온 로켓 시험의 단계적 접근법을 위반했다는 것이다. 그러나 그들로서는 1969년 말이 되기 전에 최초의 달 착륙 시도를 해야 한다는 일정을 감안할 때 설득력 있는 반론을 제시할 수 없었다. 폰브라운은 나중에 "돌이켜 보면 1969년 초에 최초로 유인 달 착륙을 하는 것은 가능하지 않은 일이었다"라는 데 동의했다. 결국 달 궤도 랑데부 선정과 뮬러의 올-업 접근 결정이 아폴로 계획의 성공의 열쇠로 지목된다.

문서 15

「수정된 유인 우주비행 스케줄」•

최근의 일정과 예산을 검토한 결과 새턴 I 유인 비행 프로그램을 취소하고, 새턴 IB와 새턴 V 프로그램의 일정과 비행 임무 할당을 재조정했다. 일정에 맞추거나 초과 달성할 가능성이 높은 비행 일정을 계획하는 것이 나의 바람이다.

* * *

• 1963년 10월 31일 조지 뮬러 NASA 유인 우주비행 부본부장이 작성해 유인우주센터, 발사 운용 센터, 마셜 우주비행센터의 책임자에게 배포했다.

올-업 접근으로 우주선과 발사체 비행이 가능한 한 빨리 이루어지는 것이 나의 바람이다. 이를 위해 SA-201과 501은 현재의 모든 단을 활용하고 각각의 임무를 위한 완전한 형태의 우주선을 운반해야 한다. SA-501과 502 미션은 달 귀환 속도하에서 우주선의 재진입 시험이 되어야 한다. 새턴 IB의 비행은 명령 모듈/서비스 모듈과 명령 모듈/서비스 모듈/달 굴착 모듈LEM: Lunar Excursion Module 구성을 갖출 것이다.

임무 계획은 유인 비행을 시작하기 전에 성공적인 (새턴 IB의) 비행을 두 차례 추가적으로 가질 것이다. 그러므로 203편은 아마도 최초의 유인 아폴로 비행이 될 수 있을 것이다. 그러나 공식 일정에는 첫 유인 비행이 207편으로 나타나며, 203~206편은 '유인급(사람이 탈 수 있는)' 비행으로 지정되었다. 첫 유인 비행으로 나타날 유인급 비행 507편을 위한 새턴 V에도 유사한 철학이 적용될 것이다.

1964년과 1965년 회계연도의 요구 예산과 1963년 11월 11일까지 이미 지출된 예산에 대한 영향을 포함해 제안된 일정에 대한 귀하의 평가를 원한다. 나의 목표는 여기에 요약된 철학을 반영한 공식 일정을 1963년 11월 25일까지 만드는 것이다.

비록 냉전이라는 정치적 환경이 아폴로 계획의 원동력이었지만 이 프로젝트에는 제한적이지만 과학적 목적도 있었다. 다음의 보고서는 아폴로 계획에 대한 과학적 우선순위를 다루었던 국립과학아카데미 우주과학위원회의 조언을 담고 있다. 우주비행사들이 달 표면에서 머무는 시간은 몇 시간에서 며칠로 비교적 짧을 것이며 이것은 과학적 야망을 제한할 것이다.

문서 16

「아폴로 계획의 과학 가이드라인」*

* * *

우주과학국은 아폴로 계획의 가장 중요한 과학적 목적이 달에 대한 포괄적인 데이터를 획득하는 것이라고 규정했다. 달 자체가 주요 관측 대상이기 때문에 달의 표면 구조, 총체적 구조 특성, 물리적·화학적 특성에 대한 대규모 측정이 뒤따른다. 그리고 실제 달 표면에서 일어날 수 있는 현상에 대한 관찰이 주요한 과학적 목표가 될 것이다. 다음의 지침은 앞의 언급과 일치하도록 연구에 특정한 제약을 두기 위한 것이다.

① 주요 과학 활동은 달을 관찰하는 것이다.

② 천문학적 또는 그 밖의 관측을 위한 플랫폼으로 달을 사용하는 것은 아폴로 계획의 목적이 아니다.

③ 우리는 아폴로 계획이 자연 속에서 주로 관찰하는 것이라고 생각하면 된다. 그 의도는 가능한 한 넓은 지역에 대한 지식을 가능한 한 간단한 방법으로 제한된 시간 안에 습득하는 것이다.

* * *

⑧ 지질학적·생물학적 목적을 위한 샘플의 채취는 중요한 활동이며 이를 위해 특수 장비에 대한 요구 사양을 연구해야 한다.

존 F. 케네디는 1963년 11월 22일에 암살당했다. 몇 달 뒤에 케네디의 최고 고문인 시어도어 소런슨Theodore Sorenson은 케네디의 또 다른 동료인 칼 케

* 1963년 10월 8일 베른 프리크런드(Verne Fryklund, NASA 우주과학국, 유인우주과학부 실무 책임자)가 작성해 로버트 길루스 유인우주센터장에게 제출했다.

이슨Carl Kaysen과 인터뷰를 가졌다. 소런슨은 우주 경쟁과 협력에 대한 케네디 대통령의 태도에 대해 대단히 흥미로운 내부자의 견해를 제공했다.

문서 17

"'시어도어 소런슨과의 구술 역사 인터뷰'에서 발췌"*

칼 케이슨　시어도어, 나는 존 F. 케네디 대통령이 선거 운동 기간과 그의 행정부 초기에 매우 강하게 표현했던 것, 즉 우주에 대해 질문하는 데서 시작하고 싶습니다. 당신의 생각으로는 첫째, 소련과의 경쟁, 둘째, 소련과의 경쟁이 아니더라도 미국이 해야 할 과업이라는 측면에서 대통령이 우주 경쟁에 어떤 의미를 부여했다고 생각합니까?

시어도어 소런슨　내가 보기에 그는 주로 상징적인 의미로 우주를 생각한 것 같습니다. 내 말은 그가 이런 종류의 과학적 연구를 통해 얻을 실질적인 이득에는 상대적으로 관심이 없었다는 뜻입니다. 그는 로켓 추진력이나 유인 궤도비행의 새로운 기술혁신에 비해 우주의학이나 행성 탐사의 새로운 기술혁신에 대해서는 그다지 신경을 쓰지 않았습니다. 우리가 우주개발에서 뒤처진 것은 전임 아이젠하워 행정부가 남긴 과오 중에서도 상징적인 것이라고 그는 생각했습니다. 노력 부족, 진취성 결여, 상상력 부족, 활력과 비전의 부족, 그리고 지난 1950년대의 몇 년간 소련인들이 우주에서 더 많이 앞서갔던 것도 아이젠하워 행정부가 이 분야에서 게으름을 피운 결과라고 보았지요. 이는 미국의 국제적 위신을 손상시켰다고 생각했습니다.

케이슨　그래서 당신이 강조하는 것은 일반적인 경쟁력이지, 군사적인 의미에서 소련과의 구체적인 경쟁력은 아닙니다. 대통령은 우주에 누가 먼저 나가는지 등의 문제는 직접적인 의미에서 큰 안보 문제라고 보지 않았습니다.

* 1964년 3월 26일에 작성되었다. 케네디 대통령 도서관의 보관 자료다.

소런슨 맞아요.

케이슨 우주에 관한 첫 번째 큰 연설이자 첫 번째 큰 행동은 (1961년) 5월 의회에 긴급 추가 예산을 요청하는 특별 메시지로 이루어졌습니다. 무엇이 이 지연의 원인인가요? 대통령은 취임과 5월 사이에 무엇을 하고 있었습니까? 그는 실제로 연두교서에서 우주에 대해 별로 말하지 않았습니다. 연두교서에서 소련과의 경쟁을 언급했지만 많은 내용이 담긴 것은 아니며 어떤 구체적인 프로그램도 제시하지 않았어요. 취임식에서부터 5월의 의회 연설 사이에 무슨 일이 일어났습니까? 긴급은 그저 말뿐이었는가요?

소런슨 그가 의회에 요청한 첫 번째 우주 추가 예산 덕분에 미국의 우주개발은 실질적이고 상당한 진전을 보았습니다. 내 기억에 추가 예산으로 새턴 부스터에 투입되는 자금이 더 늘어났어요. 그 후 지구 궤도를 처음으로 선회한 소련인, 유리 가가린이 나타났습니다. 내 생각에, 대통령은 소련이 엄청난 선전적 승리를 거두었으며 그것이 미국의 세계적 위신에 영향을 미쳤을 뿐만 아니라 소련이 로켓 부스터를 과시하면서 많은 사람이 소련이 군사적으로 미국을 앞섰다고 생각하게 되어 미국의 안보에도 영향을 주었다고 느꼈던 것 같습니다. 그때 우리는 매우 간단한 요청을 받았습니다. ≪타임≫의 휴 시디Hugh Sidey와 인터뷰하기로 되어 있던 대통령은 우리에게 미국이 어디에 있는지, 미국이 무엇을 할 수 있는지 또는 할 수 없는지, 그것에 얼마나 비용이 드는지 등을 이야기할 수 있도록 준비하기를 바랐습니다. 대통령은 나와 제롬 위스너와 그 밖의 사람들에게 우리가 하는 노력을 좀 더 자세히 들여다보도록 요청했습니다.

정확한 시간 순서는 기억나지 않지만, 국가항공우주위원회 의장인 부통령에게 비슷한 성격의 네다섯 가지 질문에 대한 답을 검토하라고 지시한 것이 바로 그 직후라고 생각합니다. 우리가 무엇을 하고 있었기에 충분하지 않았는가, 우리가 무엇을 더 할 수 있는가, 우리는 앞서려면 어디에서 경쟁하고 노력해야 하는가, 우리가 앞으로 나가려면 어떻게 해야 하는가 등 이 조사는 NASA와 국방부의 공동 연구로 이어졌습니다. 국방 예산, 군사 지원, 민간 방위 등에 대한 연구와 검토를 함께 진행하고 있었고, 우주 활동은 분명히 미국이 세계에서 차지하는 지위와 어느 정도 관련되기에 의회에 보내는 대통령의 특별 메시지 안에 관련된 모든 연구 결과를 포함하기로 했습니다.

케이슨 달 착륙을 우주 프로그램의 목표로 고른 이유는 그것이 갖는 장엄한 광경 때문인가요? 전문가들이 보기에 미국이 인류 최초로 할 수 있다고 합리적으로 예상할 수 있었기 때문인가요? 이것이 우리로부터 충분히 멀기에 우리가 인류 최초가 될 가능성이 있었기 때문인가요? 이것을 우주 프로그램의 목표로 정의하고 대통령의 특별 메시지의 중심으로 삼은 이유가 뭡니까?

소런슨 과학자들은 소련이나 미국 중 어느 국가든 우주탐사에서 취할 다음 조치로 생각하는 것들을 우리에게 열거했습니다. 거기에는 1인용 유인 궤도선, 2인용 유인 궤도선, 궤도에 위치하는 실험실, 달 주위를 순회하는 일, 달에 무인 장치를 착륙시키는 일 등이 들어가 있었습니다. 그 목록 다음에 달에 인간을 한 명 또는 팀 단위로 보내고 안전하게 귀환시키는 일이 포함되어 있었습니다. 그 이후에 행성 탐사 등이 뒤를 이었고요.

그 목록을 보면 과학자들은 당시 소련의 우주 기술이 꽤 우위를 점하고 있었기에 1961년 초부터 1960년대 후반이나 1970년대 초 사이에 유인 달 착륙 분야에서 미국이 소련을 따라잡을 가능성은 없다고 확신했습니다. 그러나 만약 미국이 충분한 노력을 기울인다면 인류 최초로 달에 인간을 한 명 또는 팀 단위로 보내 다시 데려올 수 있었습니다. 그리고 미국의 우주개발은 이 목표에 집중하기로 결정되었지요.

케이슨 취임 메시지에 앞서 케네디 대통령은 우주를 갈등 대신 협력의 장으로 만드는 것에 대해 이야기했습니다. 그는 1961년 9월 유엔총회 연설에서 이런 생각을 반복했습니다. 비록 기상위성이나 통신위성 등과 같이 특정한 일부 분야에 제한되었지만 말입니다. 기록을 보면, 1961년과 1962년 사이에 여러 차례에 걸쳐 벌어진 소련과의 경쟁과 1963년 대통령이 유엔총회 연설에서 우주 협력을 제시하는 일 사이에 강조하고자 하는 바의 구분이 있다고 생각합니다. 당신은 이것이 강조점의 변화라고 생각하는지, 아니면 소련과의 관계에 대한 평가가 변한 것이라고 생각하는지, 아니면 1970년대에 인류 최초로 달에 도착하려는 목표를 달성하는 것의 실현 가능성과 바람직함에 대한 평가가 변한 것이라고 생각하는지요?

소런슨 나는 그것이 후자를 의미한다고 믿지 않습니다. 그것은 아마 처음 두 가지의 요소를 품고 있었을 것입니다. 나는 대통령이 우주에서 세 가지 목표를 가지고 있었다고 생각합니다. 첫 번째는 우주의 비무장화를 보장하는 것입니다. 두 번째는 미국을 배제하고 소련이 이 분야를 점령하는 것을 막는 것입니다. 세 번째는 미국의 과학적 위신과 노력이 세계 최고임을 확실히 하는 것입니다. 이 세 가지 목표는 미국의 우주개발이 소련을 달에서 물리침으로써 보장받게 될 것입니다. 만약 소련이 우주개발에서 미국을 계속 앞지르면서 달 착륙까지 먼저 도달했다면 이 세 목표는 모두 위험에 처했겠지요. 그러나 나는 이 세 목표가 소련과 미국의 공동 달 탐험으로 보장받을 것이라고 믿습니다. 어려운 점은 1961년 대통령이 공동 우주개발을 지지했음에도 불구하고 우리가 상대적으로 제공할 수 있는 것이 적었다는 것입니다. 분명히 당시 소련은 우주탐사에서 미국을 훨씬 앞서 있었으며 적어도 더 크고 극적인 노력의 측면에서 볼 때 달 탐사가 그 정점이 될 것으로 예상되었습니다. 다행히 1963년에 이르러 미국의 노력은 상당히 가속화되었습니다. 이런 노력으로 미국은 소련과 동등해질 아주 현실적인 가능성을 갖게 되었습니다. 게다가 쿠바 미사일 위기와 무기 시험 금지 조약에 이어 소련과의 관계도 훨씬 좋아졌고요. 그래서 대통령은 미국의 우주개발 활동을 줄이지 않으면서, 그리고 이 세 목표 중 어느 하나도 해치지 않으면서 미소 모두를 위해 보다 효율적이면서 경제적으로 실현 가능한 방향으로 소련에게 우리와의 협력을 요청할 수 있는 상황이 도래했다고 느꼈던 것 같습니다.

케이슨 이 마지막 요소에서 몇몇 사람이 주장하듯 대통령은 소련이 실제로 경쟁 관계에 있지 않다고 믿게 되었습니다. 가령 우리는 새턴을 개발하는 중인데 우리 정보기관이 파악하기로 소련은 그에 견줄 만한 추진체나 그 밖의 것을 개발하고 있지 않다는 것이지요. 어떤 의미에서 우리는 우리 자신과 경쟁하고 있었으며, 그리고 이길 것이었습니다. 왜냐하면 일단 우리가 새턴을 개발하겠다고 약속하면 비록 일정은 명확하지 않지만 그것은 실현 가능하기 때문입니다. 우리는 약속한 일을 실현시킬 수 있는 반면에 소련은 그것에 견줄 만한 것을 정말로 가지고 있지 않았어요. 그리고 우리가 그 점을 알고 있다는 것을 소련 측에 분명하게 확신시킬 절호의 순간을 맞았습니다.

소런슨 나는 그런 생각이 대통령의 마음속에 있었는지 모르겠습니다.

케이슨 이것은 추측성 질문이지만 날씨 정보를 교환한다든지, 부품 복구처럼 다소 부담 없고 기술적인 부분들처럼 우리가 합의했던 사소한 것 이상의 협력 제안이 있었다고 생각합니까? 그리고 이러한 종류의 협력 제안이 이루어지고 받아들여져서 실제로 양국 간 협력이 진행되었다면 당신은 우주가 진정으로 정치적으로 무의미해졌을 것으로 생각합니까?

소르센 국내 정치적으로 말인가요?

케이슨 그렇습니다.

소런슨 그렇습니다. 그렇게 되었다면 아마도 덜 흥미로웠을 것입니다.

케이슨 내 생각으로도 당신의 추측처럼 초기 교류는 조용히 일어났을 것 같습니다. 그 뒤에 공화당 내 우파 세력이 반대 목소리를 냈겠지요. 하지만 우리가 그 모든 것을 넘어 실제로 유용한 협력을 이룰 수 있었을까요?

소런슨 나는 그것이 덜 흥미로울 것이라고 생각합니다. 때때로 대통령이 소련과 경쟁하는 것이 미국의 유일한 동기가 아니라고 강조할 수 있습니다. 하지만 의회와 일반 대중에게는 누군가와 경쟁 구도로 가는 것이 보다 흥미로우리라는 점은 의심의 여지가 없습니다.

케이슨 1965년 예산을 1963년도에 편성하기 위한 1차 및 중간 검토 때의 일에 대해 말씀드리려고 합니다. 이 프로그램의 규모와 예산 성장률에 대해 대통령은 걱정했습니다. 또한 그가 NASA가 자기들의 설명처럼 프로그램의 예산 증가율을 유지할 만한 지혜나 가능성이 있는지 의심했기에 의회와의 협력 문제를 더 강조했다는 어떤 징후가 있습니까?

소런슨 나는 대통령이 예산 증가를 계속 이어가는 것을 당연히 꺼렸다고 생각합니다. 그는 NASA의 프로그램에 돈을 덜 쓰고, 예산안에 끼어 있다고 확신했던 거품을 없앨 법을 찾고 싶어 했습니다. 다만 그것이 소련에 대한 그의 제의에 얼마나 동기를 부여했는지는 모르겠네요.

케이슨 당신은 그것이 무엇을 의미한다고 봅니까? 우주 프로그램에 대한 예산상의 우려나 이것이 유지되어야 할 가장 중요한 프로그램이 아니라고 느끼는 것보다 우리가 함께할 수 있는 긍정적인 것을 찾으려는 정치적 관심이 훨씬 더 중요하다고 생각합니다.

소런슨 동의합니다.

케네디의 암살로 아폴로 계획은 죽은 대통령의 기념비가 되었다. 새 대통령 린든 존슨은 달 프로그램을 취소하려고 하지 않았다. 1964년부터 1966년까지 아폴로 계획에는 상당한 진전이 있었다(물론 다음에서 논의할 것처럼 문제도 있었다). NASA 예산은 1965년 회계연도에 52억 5000만 달러로 정점을 찍은 뒤에 점차 감소하기 시작했다. 존슨 대통령은 아폴로 계획의 완성에 강한 의지를 보였지만 자신이 제창한 위대한 사회Great Society 프로그램과 베트남 전쟁이 가져다준 예산의 압박을 받았고 아폴로 계획 이후의 주요 우주 계획에 상당한 재정적 지원을 하는 것을 꺼렸다. 의회는 아폴로 계획의 완성을 위해 NASA가 요청한 자원이 모두 실제로 필요한지에 대해 계속 의구심을 드러냈으며 대통령과 비슷하게 새로운 프로그램에 대한 예산 지원을 꺼렸다. 아폴로 계획은 잘못된 우선순위의 실례라는 대중의 비난도 퍼져나갔다.

1965년 말 NASA 본부의 아폴로 계획 책임자인 새뮤얼 필립스 공군 소장은 아폴로 명령 모듈과 서비스 모듈, 그리고 새턴 V 발사체의 2단(S-II) 모두에서 노스아메리칸 항공의 일정 지연과 예산 초과 여부를 판단하기 위해 노스아메리칸 항공의 작업에 대해 검토를 시작했다. 그리고 그에 대한 비판적 검토 보고서가 1965년 12월 19일 노스아메리칸 항공의 릴런드 애트우드Leland Atwood 사장에게 전달되었다. 1967년 1월 27일 있었던 아폴로 204호의 치명적인 화재 뒤에 제임스 웹 청장이 이 보고서의 존재를 몰랐다는 것이 드러나 문제의 심각성을 더해주었다. 다음은 '필립스 보고서'로 알려지게 된 문서 내용이다.

문서 18

"릴런드 애트우드 노스아메리칸 항공 사장에게 보내는 편지"*

친애하는 릴런드에게

최근 나와 나의 팀은 두 프로그램을 충분히 상세하게 검토하기 위해 귀하가 운영하는 회사의 우주·정보 시스템 부문을 방문했다. 그리고 우리는 아폴로 우주선과 새턴 V 발사체의 2단(S-II) 프로그램에 관한 지금의 상황과 관련해 합리적이고 정확한 평가를 할 수 있었다고 생각한다.

나는 분명히 두 프로그램의 진행과 전망에 만족하지 않는다. 하지만 지금 제대로 된 조치를 취한다면 비교적 가까운 미래에 두 프로그램 모두에서 상당한 향상을 가져올 수 있다고 확신한다.

우리의 브리핑과 주석에 표현된 결론은 매우 중요하다. 희망적인 징후를 충분히 고려했음에도 불구하고 나는 미래의 성과에 대한 실질적인 자신감의 근거를 찾을 수 없었다. 나는 노스아메리칸 항공에서 구성한 임무 그룹이 우리가 내린 결론의 실체를 신속하게 검증하고 개선 과정을 설정하는 데 도움이 될 것이라고 믿는다.

---

* 1965년 12월 19일 아폴로 계획 책임자인 새뮤얼 필립스 공군 소장이 작성했다. 「NASA 검토팀의 보고서」가 첨부되어 있다.

상황이 중대하기에 가능하다면 1월 말까지 나에게 귀하가 취할 행동을 알려달라고 부탁드린다. 내가 어떤 식으로든 도울 수 있다면 그것도 알려달라.

NASA 검토 팀의 보고서

1) 소개

이것은 새턴 V 발사체의 2단(S-II)과 명령·서비스 모듈CSM: Command and Service Module 프로그램과 관련해 노스아메리칸 항공에 대한 NASA의 경영 검토 보고서다. 노스아메리칸 항공이 아폴로 계획의 목적을 달성하는 데 지속적으로 실패하면서 이 검토를 수행하게 되었다.

* * *

4) 요약 결과

다음은 프로그램 진행을 방해하고 있는 명령·서비스 모듈과 새턴 V 발사체의 2단 프로그램이 정상화되기 위해 노스아메리칸 항공이 해결해야 하는 프로그램의 조건과 근본적인 관리 결함에 대한 팀의 견해를 요약한 것이다.

① 두 프로그램에 대한 노스아메리칸 항공의 성과는 필요한 기술 성과와 비용 범위 안에서 약속된 일정을 계속해서 충족하지 못하고 있다. 노스아메리칸 항공의 성과가 이미 수립된 아폴로 계획의 목표를 달성하는 데 필요한 속도로 개선될 것이라는 확신을 주기에는 노스아메리칸 항공의 경영이 개선되었다는 증거가 현재 없다.

* * *

외부 관찰자의 눈에는 1967년 초로 예정된 유인 아폴로 우주선의 첫 비행을 시작으로 이번 10년 안에 달 착륙을 향해 무탈히 전진하는 것처럼 비쳤다. 달에 대한 과학적 실험이 진행 중이었고 1966년 6월 서베이어 1호가 달에 착륙하면서 달 표면이 과학자들의 추측과 다르게 더 무거운 착륙선도 가능하다는 것을 알았다. 1965년과 1966년에 있었던 10번의 성공적인 제미니 발사는 아폴로에게 필요한 많은 능력, 특히 랑데부와 도킹 역량을 입증해 주었다.

그러나 기술적인 현실은 좀 달랐다. 노스아메리칸 항공이 개발 중이던 아폴로 우주선과 새턴 V 발사체의 2단에 큰 문제가 있었다. 그러먼Grumman이 개발 중이던 달 모듈도 예정보다 훨씬 지연되었고 중량도 초과였다. 1966년 말까지 워싱턴 D.C.의 아폴로 계획 관리자들은 1969년 하반기까지는 초기 달 착륙 임무를 시도하는 것이 어렵겠다고 공개적으로 강조하고 있었다.

이러한 우려에도 불구하고 NASA가 1967년 2월 21일로 예정된 그해의 첫 승무원 운송용 아폴로 비행(아폴로 204호로 명명된 아폴로 명령·서비스 모듈의 지구 궤도 시험 임무) 작업에 착수하면서 상당한 낙관론이 일었다. 아폴로 1호로 명명된 우주선의 승무원은 베테랑 우주비행사 버질 거스 그리섬, 에드워드 화이트, 신인 로저 채피Roger Chaffee로 구성되어 있었다.

1967년 1월 27일 오후 1시 긴 카운트다운 테스트를 위해 케이프커내버럴의 34번 발사대에 연료를 충전하지 않은 새턴 IB 발사체 위에 승무원들이 앉은 채로 우주선에 묶여 있었다. 오후 6시 31분 시험이 끝나갈 무렵 채피가 "조종실에 불이 났다"라고 소리쳤다. 그리고 1분도 되지 않아 세 명의 우주비행사는 밀폐된 우주선 안에서 화재로 인한 유독가스를 들이마시며 질식사했다.

제임스 웹, 로버트 시맨스, 조지 뮬러는 몇 분 안에 그 화재에 대해 알게 되었다. 웹은 즉시 린든 존슨 대통령에게 알렸다. 그리고 세 사람은 NASA 본부에서 어떻게 할지 결정했다. 이들 셋은 백악관이 조직하는 외부 조사 위원회 대신에 NASA가 직접 사고를 조사하도록 대통령을 설득하고자 했다. 이들의 설득은 성공적이었다. 다음 날 아폴로 204 검토위원회는 NASA 랭글리 연구센터의 책임자인 플로이드 톰프슨Floyd Thompson을 위원장으로, NASA 안팎에서 여덟 명의 멤버를 임명했다.

사고 수습 과정에서 우주비행사의 부인들은 '아폴로 1호'라는 명칭을 남겨줄 것을 요청했다. 아폴로 2호와 3호는 비행되지 않았다. NASA는 다음 임무인 승무원 없이 발사될 아폴로 우주선을 아폴로 4호로 지정했다.

문서 19

「아폴로 204 검토위원회의 보고서」•

우주선은 발사 탈출 시스템LES: Launch Escape System 어셈블리, 명령 모듈, 서비스 모듈, 우주선/달 모듈 어댑터SLA: spacecraft/lunar module adapter로 구성된다. 발사 탈출 시스템 어셈블리는 발사대 또는 궤도에서 진행이 중단되었을 때 명령 모듈을 서비스 모듈에서 신속하게 분리할 수 있는 수단을 제공한다. 명령 모듈은 우주선 제어 센터를 형성하고 우주선 시스템을 제어하고 감시하는 데 필요한 자동·수동 장비와 승무원의 안전과 편안함을 위해 필요한 장비를 포함하고 있다. 서비스 모듈은 명령 모듈과 우주선 사이에 위치한 원통형 구조물이다. 여기에는 자세와 속도 변경 기동을 위한 추진 시스템이 포함되어 있다. 임무에 사용되는 대부분의 소모품은 서비스 모듈에 저장한다. 우주선은 서비스 모듈을 발사체에 연결하는 잘린 원뿔 모양이다. 이것은 또한 달 미션에서 달 모듈이 수행되는 공간을 제공한다.

사고 당시 테스트가 진행 중이었다.

우주선 012는 1967년 1월 27일 사고 당시 '플러그 아웃 통합 시험'을 진행하는 중이었다. 'OCP FO-K-0021-1'로 지정된 작동 점검 절차가 이 시험에 적용되었다. 이 보고서에서는 해당 절차를 'OCP-0021'이라고 지칭한다.

* * *

• 1967년 4월 5일 아폴로 204 검토위원회에서 작성해 NASA 청장에게 제출했다.

6. 검토위원회의 발견, 결정, 권장 사항

이 검토에서 위원회는 명령 모듈과 그 운용에 관련된 전체 시스템의 신뢰성이 안전성과 임무 성공 모두에 공통적인 필수 요건이라는 원칙을 고수했다. 명령 모듈이 지구 환경을 벗어나면 승무원의 안전을 위해 완전히 여기에 의존한다. 이것은 화재로부터의 보호가 빠른 탈출보다 훨씬 더 많은 것을 수반한다는 것을 의미한다. 후자는 명령 모듈이 임무를 위해 준비되는 지상 시험 기간 동안에만 장점이 있고 임무 수행 동안에는 장점이 없다. 화재 위험은 반드시 직면하게 되지만 이 위험은 적절한 고려를 받아야 하는 명령 모듈의 신뢰성과 관련된 여러 요인 중에 하나일 뿐이다. 화재 위험을 줄이기 위한 설계 특징과 운영 절차가 임무 성공과 안전에 또 다른 심각한 위험을 초래해서는 안 된다.

표 3-1 아폴로 204 검토위원회 보고

번호	구분	내용
①	발견	• 23:30:55(그리니치표준시)에 순간적인 정전 사고가 있었다. • 몇 개의 아크 방전에 대한 증거가 화재 후 조사에서 발견되었다. • 화재의 단일 점화원은 명확하게 확인되지 않았다.
	결정	가장 가능성이 높은 발화 시작 지점은 우주선 -Y와 +Z 축 사이에 있는 부분의 아크 방전이다. 사용 가능한 모든 정보에 기반해서 추정한 가장 정확한 위치는 환경제어 시스템(ECS) 계측기 전원 배선이 환경제어 장치(ECU)와 산소 패널 사이의 영역으로 연결되는 왼쪽 장비 베이의 하단 전방 섹션에 있는 바닥 근처다. 고의적인 행위를 암시하는 증거는 발견되지 않았다.
②	발견	• 명령 모듈에는 잠재적인 점화원과 가까운 영역에 많은 종류와 등급의 가연성 물질을 포함하고 있다. • 테스트는 제곱인치당 16.7파운드의 100퍼센트의 순수 산소 대기에서 수행되었다.
	결정	테스트 조건은 매우 위험했다.
	권장 사항	명령 모듈에서 가연성 물질의 양과 위치는 엄격하게 제한하고 제어해야 한다.
③	발견	• 화재가 급속히 확산되면서 압력과 온도가 증가해 명령 모듈이 파열되고 유독가스가 발생했다. 승무원의 사망은 화재로 인한 유독가스 흡입 질식사였다. 사인은 열화상이었다. • 카르복시헤모글로빈의 불균일한 분포가 부검을 통해 발견되었다.
	결정	부검 데이터는 무의식이 급속도로 일어났고 곧바로 죽음이 뒤따랐다는 의학적인 의견을 이끌어낸다.
④	발견	내부 압력 탓에 명령 모듈이 파열되기 전에 명령 모듈 안의 해치를 열 수 없었다.

	결정	승무원들은 파열 전의 높은 가압 상태와 파열 직후의 의식 소실에 따라 결코 비상 탈출을 할 수 없었다.
	권장 사항	승무원 탈출에 필요한 시간을 단축하고 탈출에 필요한 작업을 간소화한다.
⑤	발견	이 테스트의 계획, 수행, 안전을 책임지는 부서는 이것이 위험하다는 것을 확인하지 못했다. 내부 명령 모듈 화재에서 승무원들의 탈출이나 구조를 위한 만일의 사태에 대한 준비는 이루어지지 않았다. • 승무원이나 우주선 발사대 작업 팀을 위해 이러한 유형의 비상사태에 대한 어떠한 절차도 수립되어 있지 않았다. • 화이트 룸과 우주선 작업 수준에 위치한 비상 장비는 이러한 성격의 화재로 인한 연기 조건에 맞게 설계되지 않았다. • 비상 화재·구조·의료 팀은 자리에 없었다. • 우주선 작업 층과 엄브리컬 타워 접근 팔 등은 모두 비상시 작업을 방해하는 계단, 미닫이 문, 급회전의 탈출구 등의 특징을 가지고 있었다.
	결정	이 시험에는 적절한 안전 예방책이 마련되거나 관찰되지 않았다.
	권장 사항	• NASA 지도부는 모든 시험 운영의 안전을 지속적으로 모니터링하고 비상 절차의 적정성을 보장해야 한다. • 모든 비상 장비(호흡기, 보호복, 살수 시스템, 접근 팔 등)의 적정성을 검토한다. • 비상 절차에 대한 인력 훈련이 정기적으로 실시되고 위험 운전 수행 전에 검토되어야 한다. • 서비스 구조와 엄브리컬 타워를 개조해 비상 운전을 용이하게 한다.
⑥	발견	사고 전 운전 중에 전체 통신 시스템에서 빈번한 중단과 장애가 있었다.
	결정	전체적으로 의사소통 체계가 만족스럽지 않았다.
	권장 사항	• 지상 통신 시스템을 개선해 가능한 한 빨리 그리고 다음 유인 비행이 있기 전에 모든 시험 요소 간의 신뢰할 수 있는 통신을 보장한다. • 우주선 통신 시스템 전체에 대한 상세한 설계 검토를 수행한다.

* * *

⑨	발견	명령 모듈의 환경제어 시스템의 설계는 순수한 산소를 제공한다.
	결정	순수한 산소는 명령 모듈의 가연성 물질의 양과 위치가 통제되고 제어되지 않을 경우 심각한 화재 위험을 불러온다.
	권장 사항	• 재구성된 명령 모듈의 화재 안전은 실제 크기의 모의실험을 통해 확인해야 한다. • 희석 기체 사용에 대한 연구는 가스 감지와 제어 문제, 두 개의 가스 대기 사용에 필요한 추가 운영의 위험을 평가하는 데 특별히 참고해 계속 수행되어야 한다.
⑩	발견	명령 모듈의 설계, 기술, 품질 관리에는 다음과 같은 결함이 있었다. • 명령 모듈 012에 설치된 환경제어 시스템의 구성 부품은 많은 제거 작업과 조절기 고장, 라인 고장과 환경제어 장치 고장을 포함한 기술적 문제가 발생한 전력이 있다. 환경제어 장치의 설계와 설치 특징은 제거나 수리를 어렵게 한다. • 납땜한 이음매에서 냉각수가 누출되는 만성적인 문제가 있다. • 냉각수는 부식성과 가연성이 있다. • 전기 배선에 설계, 제조, 설치, 재작업, 품질 관리의 결함이 있다. • 완전한 비행 우주선 모델로 이루어진 진동 테스트가 없었다. • 현재 우주선 설계와 운용 절차는 작동 중에는 전기 연결을 분리해야 한다.

		• 화재 보호를 위한 설계가 적용되지 않았다.
	결정	이러한 결핍은 불필요한 위험 상황을 만들었고 이것이 지속될 경우 향후 아폴로 작업에 위험을 줄 것이다.
	권장 사항	• 화재 위험을 최소화하기 위해 필요한 기능적·구조적 통합성의 보장을 위해 환경제어 시스템의 모든 요소, 구성 요소, 조립품에 대한 심도 있는 검토를 수행해야 한다. • 현재 배관에서 납땜한 이음매의 설계는 통합성을 증대하고 이음매를 보다 구조적으로 신뢰할 수 있도록 수정한다. • 냉각수 누출과 누출에 따른 끔찍한 영향은 제거되어야 한다. • 배선 설계, 제조, 설치의 모든 단계에서 엄격한 검사를 수행하고, 와이어 번들 제조에 3차원 지그를 사용하도록 규격의 검토를 수행한다. • 진동 시험은 비행용 우주선에서 수행한다. • 승무원실 안에서 전원을 켠 상태에서 전기 연결이나 분리를 할 필요가 없도록 한다. • 우주선 화재를 통제하고 진화하는 가장 효과적인 수단에 대한 조사가 이루어져야 한다. 보조 호흡 산소 및 연기와 유독가스로부터 승무원을 보호하도록 해야 한다.
⑪	발견	작업 관행의 검토 결과 다음과 같은 문제의 사례가 나타났다. • 명령 모듈 012의 출하 당시 공개 품목의 수가 알려지지 않았다. 명령 모듈 012가 NASA에 인도되었을 때 수행되지 않은 113개의 중요한 엔지니어링 주문이 있었다. 623개의 엔지니어링 주문이 배송 후에 출시되었다. 이 중 22개는 사고 당시 구성 기록에 기록되지 않은 신품이었다. • 시험 전 제약 조건 목록과 관련해 규정된 요구 사항을 준수하지 않았다. 이 목록은 시험을 진행하기 위한 구두 합의에 도달했음에도 불구하고 시험 전에 지정된 협력 업체와 NASA 직원이 작성하고 서명하지 않았다. • 아폴로 우주선 프로그램의 발사 전 시험 요건에 대한 공식화와 변경은 변화된 상황에 반영되지 않았다. • 시험 당시 명령 모듈에 인증되지 않은 장비 품목이 설치되었다. • 가연성 물질의 포함과 사용에 관한 노스아메리칸 항공과 NASA 유인우주센터 규격 사이에 불일치가 존재했다. • 시험 사양서는 1966년 8월에 공개되었으며 시험 사양일로부터 시험 일자까지의 누적 변동을 포함하도록 갱신되지 않았다.
	결정	NASA 유인우주센터와 협력 업체 간의 관계와 프로그램 관리 문제가 일부 프로그램 요구 사항 변경에 대한 대응을 불충분하게 했다.
	권장 사항	모든 관련 조직의 책임에 대한 명확한 이해를 최대한 보장하기 위한 노력이 이루어져야 하며 그 목적은 충분히 협의해 효율적인 프로그램이 되어야 한다.

표 3-2 **아폴로 미션**

미션 알파벳	미션 내용
C	저궤도에서 아폴로의 명령·서비스 모듈 테스트
D	저궤도에서 아폴로의 명령·서비스 모듈, 달 모듈 테스트
E	지구 궤도를 벗어나지만 달로 향하지는 않는 임무에서 아폴로의 명령·서비스 모듈 및 달 모듈에 대한 테스트
F	달 궤도에서 모든 장비를 대상으로 하는 테스트
G	달 착륙 임무

결국 이 사고에 대한 분노는 잠잠해졌다. 아폴로 계획이 중단되거나 "이번 10년이 끝나기 전"이라는 목표를 포기하라는 진지한 제안은 없었다. 유인우주센터에서 조지 로는 아폴로 1호 발사 이후 아폴로 우주선의 경영관리를 맡게 되었다. 그의 철저한 감독 아래 노스아메리칸 항공은 아폴로 우주선 사업에서의 결함을 보완하기 시작했다. 그러먼은 달 모듈 작업을 진행하면서 일정과 중량 문제 모두에 계속 직면하고 있었다. 새턴 V는 1967년 11월 9일 아폴로 4호 미션으로 지정된 것에 대해 첫 시험 발사를 했는데 모든 시험 목표가 성공적으로 충족되었다. 아폴로 5호와 6호는 승무원이 승선하지 않은 추가 시험이었다.

1968년 초까지 NASA는 재설계된 아폴로 명령·서비스 모듈의 첫 발사를 계획할 준비가 되어 있었다. 날짜는 10월 7일로 정해졌다. 지구 궤도를 도는 아폴로 7호의 임무는 달 착륙에 이르는 일련의 미션 중 첫 미션이 될 것이었다. 미션은 알파벳 문자로 지정되었다(〈표 3-2〉를 참조하라).

이 일정을 따를 경우 미국이 소련보다 먼저 달에 도착할 것이라는 적절한 보장이 있을지는 아직 확실하지 않았다. 1960년대 내내 미국 중앙정보국은 소련 우주 프로그램의 진행 상황을 면밀히 감시했다. 1963년 미국의 정찰위성은 소련의 주요 발사장 중 하나인 카자흐스탄의 바이코누르Baikonur 우주기지에서 대규모 건설 프로젝트가 시작되는 것을 탐지했다. 1964년까지 거대한 조립 건물과 발사대 두 기가 건설되는 모습을 볼 수 있었다. 소련 지도부가 마침내 소련의 달 프로그램을 승인한 것은 그해 일이었지만, 소련 우주과학계 내부의 행정적 문제로 진행이 늦어지고 있었으며 프로젝트에 대한 자금 조달도 충분하지 않았다. 1955년 중반까지 미국의 정보 당국은 소련이 정말로 달 프로그램을 가지고는 있지만 아폴로 계획과 경쟁할 만한 속도로 진행하는 것은 아니라는 결론을 내렸다. 1967년 12월 미국의 한 인공위성이 소련의 새 발사대에서 이전에는 볼 수 없었던 대형 부스터가 찍힌 사진을 보내왔다.

실제 상황은 1967년까지 소련은 두 개의 달 프로그램을 추진하고 있었다.

그중 하나는 달 착륙이 목표였다. 다른 하나는 달 궤도에 착륙하거나 달 궤도에 진입하는 것이 아니라 소유스Soyuz 우주선을 개조한 존드Zond를 이용해 달 주위를 비행하는 것을 목표로 했다. 1968년 4월 미국 중앙정보국은 1967년 소련의 우주 프로그램에 대한 업데이트된 평가를 발표했다. 중앙정보국에 따르면 미국은 인류의 첫 번째 달 착륙 작업에 충분히 앞서 있다. 다만 여기에서 주목할 점은 1968년 말이나 1969년 초에 소련이 우주비행사를 태운 채 유인 달 순회 비행을 시도할 가능성이 있다는 추정이었다. NASA 지도부는 1968년 12월 아폴로 8호를 달 궤도로 보내는 것을 승인할지 여부를 고려했기 때문에 이러한 가능성을 분명히 알고 있었다. 원래 1급 비밀top secret로 분류되었던 다음의 정보 평가는 1997년에야 기밀에서 해제되었다.

문서 20

「소련의 우주 프로그램」*

문제

1967년 3월 2일 자로 소련의 우주 프로그램(1급 비밀) NIE 11-1-67이 발표된 뒤에 유인 달 착륙 프로그램에 특별한 주안점을 두고 소련 우주 프로그램의 중요한 진전 사항을 조사하고 이러한 발전이 향후 그들의 우주개발에 미치는 영향을 평가한다.

논의

① NIE 11-1-67이 발표된 이후 1년 동안 소련은 프로그램이 시작된 이후 그

* 1968년 4월 4일 중앙정보국 국장이 작성했다.

어떤 기간보다 많은 우주 발사를 실시했다. 과학·응용 인공위성, 특히 군사용으로 응용된 인공위성이 대부분이었다. 또한 소련은 핵무기 운반 시스템이 될 것으로 생각되는 부분 궤도 폭격 시스템FOBS: Fractional Orbit Bombardment system을 개발하려는 노력을 강화했다. 사진 촬영용 정찰위성 프로그램은 지난 2년 동안과 같은 수준의 높은 비율로 계속 추진되었다.

② 전반적으로 소련의 우주 프로그램은 우리가 추정한 일정을 따라 진행되었다. 여기에는 새로운 우주선과 발사체의 개발, 두 대의 무인우주선의 랑데부와 도킹, 성공하지 못한 유인 비행 시도(우주비행사 블라디미르 코마로프Vladimir Komarov의 죽음으로 끝났다), 성공적인 금성 탐사, 실패한 무인 달 순회 시도, 달 순회 미션의 시뮬레이션 등이 포함되었다. 지난해 수집된 증거에 의하면 소련은 유인 달 착륙을 포함한 보다 진보된 임무를 향해 계속 나아가고 있다. 이 증거는 소련 우주 프로그램 중 주요 사건의 순서와 시기를 추정하는 데 보다 나은 근거를 제공한다.

③ 추가 증거와 추가 분석을 고려할 때 우리는 소련의 유인 달 착륙 프로그램이 미국의 아폴로 계획과 경쟁하기 위한 것이 아니라고 추정한다. 우리는 이제 소련이 1971년 후반이나 1972년에 유인 달 착륙을 시도할 것으로 추정하고 있으며 이 중 1972년이 더 유력한 날짜라고 믿는다. 위험성이 높고 실패가 없는 프로그램을 포함하는 가능한 가장 이른 날짜는 1970년 후반이 될 것이다. NIE 11-1-67에서 우리는 소련이 아마도 1970~1971년 동안 그러한 시도를 할 것으로 추정했고, 1969년 하반기는 가능한 가장 이른 시간으로 간주된다.

④ 소련은 아마도 유인 달 착륙을 위한 예비 비행과 아폴로 계획의 심리적 영향을 줄이기 위한 시도로 유인 달 순회 비행을 시도할 것이다. NIE 11-1-67에서 우리는 소련이 1968년 상반기나 1969년 상반기에 해당 임무를 시도할 것으로 추정했다(또는 이르면 1967년 말이다). 1967년 11월 무인 달 순회 시험이 실패하면서 우리는 이제 소련의 유인 비행의 시도가 1968년 하반기 이전에 일어날 가능성은 거의 없고 아마도 1969년쯤에나 가능할 것으로 추정했다. 소련은

아마도 곧 또 다른 무인 달 순회 비행을 시도할 것이다.

⑤ 향후 몇 년 안에 소련은 5만 파운드 정도의 무게에 여섯 명에서 여덟 명의 승무원을 태우고 1년 이상 궤도에 머물 수 있는 우주정거장 건설을 시도할 것이다. 프로톤Proton 부스터와 적절한 상단을 이용해 소련은 1969년 후반에, 어쩌면 1970년에 시도가 가능할 것이다. 또는 1968년 후반이나 1969년 하반기에 몇몇 우주선을 결합해 본질적으로 동일한 기능을 수행할 수 있는 작은 우주정거장을 약간 더 일찍 건설할 수도 있다. 우리는 이전에 소련이 이러한 우주정거장을 빨라야 1967년 말 또는 1968년에 건설이 가능할 것으로 추정했다.

⑥ 우리는 소련이 아마도 수십만 파운드의 무게와 20명 이상의 승무원을 태울 수 있는 크고 매우 장기간 체류할 수 있는 우주정거장을 건설할 것이라고 계속 믿고 있다. 우리의 기존 예측은 소련의 발사체 능력을 근거로 정상적으로는 1970~1971년이고 최단 기간은 1969년 말이었다. 고도의 생명 유지와 환경제어 기술이 관건이 될 것이며 이러한 우주정거장은 1970년대 중반 이전에는 궤도에 배치되지 않을 것이라고 믿는다.

재설계된 아폴로 우주선은 1968년까지 유인 발사 준비를 완료했다. 하지만 새턴 V나 달 모듈의 상황은 조금 달랐다. 아폴로 6호 발사체로 지정된 새턴 V의 두 번째 시험 발사는 1968년 4월 4일에 이루어졌다. 그 전해 11월의 거의 완벽한 첫 시험 발사와는 대조적으로 이 비행에는 여러 문제가 있었다. 발사체의 세 개 단에 각각 별도의 고장이 있었다. 실패 원인을 진단하는 데에는 베르너 폰브라운이 이끄는 로켓 팀의 모든 기술과 경험이 필요했다. NASA의 계획이 세 명의 우주비행사를 실어 나르기 위해 새턴 V의 다음 비행을 요구했기 때문에 이것은 필수적이었다. 이것은 NASA의 계획에서 'D' 임무가 될 것이다. 그러나 이 임무를 띠고 비행하기로 예정되어 있던 달 모듈은 많은 문제를 안고 케네디 우주센터에 도착했다. NASA가 들여다보니 달 모듈이 1968년에 비행할 가능성이 낮아 보였으며 실제 시험비행은 1969년 2월이나 3월까지는 불가능한 듯했다. 이렇게 되면 1969년 말까지 달에 착륙할 가능성이 희박함을 의미했다. 이러한 상황에 직면한 조지 로는 대체 비행 순서를 고려하기 시작했다. 즉, '아폴로 계획에서 한 걸음 앞으로 나아가기 위한 중대한 비상 미션'으로 새턴 V로 발사한 명령·서비스 모듈만을 써서 '1968년에 달 궤도 또는 달 순회 임무의 가능성'을 확인하는 방향으로 수정하는 것을 의미한다.

8월 9일 아침 달 모듈의 문제가 지속되자 로는 이 대체 비행 아이디어를 로버트 길루스 유인우주센터장에게 가져갔고 그는 즉시 그 효용성을 확인했다. 그날이 끝날 무렵 휴스턴, 헌츠빌, 워싱턴 D.C.의 주요 아폴로 계획 의사결정자들이 참여하는 대화가 이루어졌다. 8월 9일 이루어진 예비 결정에 대한 최종 승인은 몇 달 뒤가 되겠지만 이러한 중대한 선택의 기본 방향이 당일 단 몇 시간 만에 이루어지고 또 며칠 만에 실행에 들어갈 수 있었다는 것은 주목할 만한 일이었다.

문서 21

「1968년 8월 9일의 특별 기록과 후속 조치」•

배경

1968년 6~7월 아폴로 계획의 현 상황은 다음과 같다. 달 모듈 3(이하 LM 3)이 예상보다 좀 늦게 케네디 우주센터에 전달되었고, 명령·서비스 모듈 103(이하 CSM 103)은 7월 말에 케네디 우주센터에 전달될 것이다. 케네디 우주센터에서 이미 진행 중이던 CSM 101의 성능 점검은 잘되고 있었고 1968년 가을 발사는 확실해 보였다. CSM 103도 기술적으로 성숙한 우주선이 되겠지만 많은 이유로 LM 3이 어려움에 봉착할 수도 있다고 믿을 만한 충분한 이유가 있었다.

• 1968년 8월 19일 조지 로가 작성했다.

달 모듈 인증 시험이 늦어지고 있었는데 많은 공개적인 실패가 있었고 케네디 우주센터에서의 변경 사항과 시험 실패 건수가 상당히 많았다.

이번 10년 안의 달 착륙은 1968년 말 이전에 AS 503, CSM 103, LM 3이 비행할 수 있어야만 가능하다는 것이 명확했다. 6월부터 7월 사이였던 예상 발사 날짜가 11~12월로 밀리고 12월도 결코 장담할 수 없었다. 전체적인 문제는 아폴로 6호의 임무에서 비롯되는 포고pogo 이상(새턴 V 발사체의 비행 방향으로 발생하는 상하 진동) 현상에 의해 복합적으로 발생했는데, 이것은 상당히 중요한 미지의 문제로 남아 있었다.

이 기간 동안 1968년 AS 503과 CSM 103을 이용한 달 순회 또는 달 궤도 미션이 처음으로 아폴로 계획을 한 걸음 앞으로 나아가게 하는 비상 임무로서 떠올랐다.

* * *

1968년 8월 7일　공개적 작업, LM 3의 지속적 문제, 1969년 2월이나 3월까지 비행할 수 없을지 모른다는 진짜 우려에 따라 나는 크리스토퍼 크래프트에게 달 모듈 없이 CSM 103과 AS 503만으로 달 궤도비행 임무를 수행할 수 있는지 타당성을 조사해 달라고 부탁했다.

* * *

미션 계획 단계

1968년 8월 9일　오전 8시 45분 로버트 길루스와 만나 LM 3과 CSM 103의 상세한 상태를 보고하고, AS 503 달 궤도 임무의 가능성을 검토 중이라고 알렸다. 길루스는 매우 흥분했고 이것이 이 프로그램의 중요한 진전이 될 것이라고 시사했다.

오전 9시에 크래프트와 만났고 그는 예비 검토의 결과 이 임무가 지상 통제와 온보드 컴퓨터 소프트웨어의 측면에서 기술적으로 실현 가능하다는 것을 보여주었다고 말했다(이것을 가능하게 한 중요한 단계는 우리가 CSM 103에 콜로서스Colossus 온보드 컴퓨터 프로그램을 쓰기로 결정한 몇 달 전에 취해졌다).

오전 9시 30분에 나는 길루스, 크래프트, 도널드 디크 슬레이튼을 만났다. 상당한 논의를 거쳐 우리는 이 임무를 반드시 진지하게 고려해야 하며 현재 이 일을 시도하지 말아야 할 이유가 없다는 데 동의했다. 우리는 즉시 그들의 동의와 열렬한 지지를 얻기 위해서는 베르너 폰브라운과 새뮤얼 필립스의 공감이 필요하다고 판단했다. 길루스는 폰브라운에게 전화를 걸어 우리의 고려 사항에 대해 간략하게 설명한 다음 그날 오후 헌츠빌에서 그와 만날 수 있는지 물었다. 나는 케네디 우주센터의 필립스에게 전화를 걸어 우리의 활동을 알렸고 그날 오후에 그와 커트 디버스Kurt H. Debus가 헌츠빌에서 우리와 함께할 수 있는지 물었다. 폰브라운과 필립스 둘 다 우리와의 만남에 동의했고, 우리는 헌츠빌에서 오후 2시 30분 회의를 개최했다.

1968년 8월 9일 오후 2시 30분 폰브라운의 사무실에서 마셜 우주비행센터의 폰브라운, 에버하르트 리스Eberhard Rees, 리 제임스Lee James, 루디 리처드Ludie Richard, 유인우주비행실의 필립스, 조지 하지George Hage, 케네디 우주센터의 디버스, 로코 페트로네Rocco Petrone, 유인우주센터의 길루스, 크래프트, 슬레이튼, 로 등을 만났다. 나는 LM 3이 심각하게 지연되고 있으며 12월 31일 발사 예정에 비해 현재 1주일 늦어지고 있다고 설명했다. 나는 계속해서 최상의 상황을 전제로 우리는 내년 1월 말에 우주선 발사를 예상할 수 있지만 달 모듈의 현재 상황으로는 가능한 가장 빠른 D 미션의 발사 날짜는 3월 중순으로 예상된다고 말했다. 따라서 D 미션을 하기 전에 F(달 궤도) 임무를 통해 이익을 얻는 것이 기술적으로나 프로그래밍적으로 바람직한 것으로 나타났다. 이러한 개념하에서 AS 503과 CSM 103을 쓰는 달 궤도 미션은 1968년 12월에 비행될 수 있다. 이 계획에서 가장 중요한 이정표는 CSM 101을 사용하는 매우 성공적인 C 미션이어야 한다. 그러나 CSM 101이 완전히 성공하지 못한다면 제안된 임무의 대체는 달 궤도비행이 아닌 지구 궤도비행으로 AS 503과 CSM 103을 사용하는 CSM 단독 비행이 될 것이다. 이 계획에 따른 D 미션은 CSM 104, LM 3과 함께 AS 504로 비행될 것이며 아마 내년 3월 중순일 것이다. 즉, 우리는 D 미션보다 앞서 추가 미션을 추진할 것이고 가능한 한 빨리 포고 점검 비행을 통해 F 미션에서 필요한 많은 정보를 다른 방법보다 훨씬 더 빨리 얻을 것이다. 크래프트는 F 비행으로 이익을 얻기 위해서는 순회 비행이 아닌 달 궤도비행이어야 한다고 강조했다.

헌츠빌에서 열린 나머지 회의 동안 참석한 모든 사람들은 이 비행에 많은 관심과 열정을 보였다.

필립스는 칠판에 앞으로 며칠간 취해야 할 행동에 대해 개략적으로 설명했다. 일반적으로 케네디 우주센터는 1968년 12월 1일까지 이러한 임무를 지원할 수 있다고 했다. 마셜 우주비행센터도 별다른 어려움은 없다고 했다. 유인우주센터의 주요 관심사는 지구 궤도를 떠날 첫 번째 예정이었던 CSM 103과 CSM 106 사이에 가능한 시간적 여유와 이 비행에 대한 달 모듈의 대체물을 찾는 것이었다.

헌츠빌 회의는 1968년 8월 14일 워싱턴 D.C.에서 모이기로 합의하면서 오후 5시에 끝났다. 당시 모임은 이러한 계획을 진행할지 아닌지에 대한 결정을 내릴 계획이었다. 만약 이 결정이 긍정적이면 필립스는 가능한 한 빨리 진행하는 것이 가장 중요하기에 즉시 조지 뮬러, 제임스 웹과 그 계획을 논의하기 위해 오스트리아 빈으로 떠날 것이다. 또한 이 활동 계획 단계는 비밀로 분류하기로 합의되었으나 기관이 계획을 채택하는 즉시 대중에게 공개할 것을 제안했다.

* * *

1968년 8월 13일 슬레이튼은 D 미션에 미칠 수도 있는 영향을 최소화하기 위해 CSM 104의 비행사인 프랭크 보먼Frank Borman, 제임스 러벌, 윌리엄 앤더스William Anders(이들의 백업이 닐 암스트롱, 버즈 올드린, 프레드 헤이스Fred Haise였다)를 이 임무에 배치하기로 결정했다. 슬레이튼은 토요일에 프랭크 보먼과 이야기를 나누었고 그가 이 비행에 매우 관심이 있다는 것을 알았다.

1968년 8월 14일 길루스, 크래프트, 슬레이튼과 함께 워싱턴 D.C.로 가서 NASA 본부의 토머스 페인Thomas Paine, 필립스, 하지, 윌리엄 슈나이더William Schneider, 줄리언 보먼Julian Bowman, 마셜 우주비행센터의 폰브라운, 제임스, 리처드, 케네디 우주센터의 디버스, 페트로네를 만났다. 회의는 제안된 임무에 대한 유인우주센터의 우주선 검토, 비행 운영, 비행 승무원 지원부터 시작되었다. 나는 CSM 103 하드웨어 구성, 제안된 달 모듈 대체품, 소모품 요건, 제안된 대체 임무를 검토했다.

크래프트는 유인우주비행네트워크MSFN: Manned Space Flight Network나 비행 컨트롤 센터와 비행 운영에 큰 문제가 없다고 했다. 그는 발사 가능 시간대launch window의 제약에 대해 논의했고, NASA 지도부는 귀환 지원을 받으려면 국방부와 협의해야 한다고 했다. 우리가 내린 결론은 발사 2주 전으로 계획된 1968년 12월 20일에 가야 가능하다는 것이었다.

마셜 우주비행센터는 이 임무를 지원하기 위한 발사체 준비에 큰 어려움이 없다고 밝혔다. 우리는 LTA-BLunar Module Test Article B가 총 8만 5000파운드의 화물을 탑재한다는 데 합의했다. 마셜 우주비행센터는 또한 LTA-B의 발사를 위한 추적 시스템을 제공할 수 있다는 데 동의했다.

페트로네는 케네디 우주센터에서의 활동에 대한 그의 계획을 개략적으로 설명했고 가능한 가장 빠른 발사일은 1968년 12월 6일이 될 것이라고 했다. 다른 날짜로는 9월 14일에 첫 유인 고도 체임버가 실행되고, 9월 28일에 반덴버그 공군기지로 이동해 10월 1일에 발사대로 이동한다는 것이다.

또한 우리는 제안된 임무가 있은 뒤에 따라야 할 임무 순서에 대해 논의했다. 가장 좋은 것은 다음에 D 미션을 띄우는 것이고, 그다음에는 F 미션을 띄우는 것이며, 그다음으로는 첫 번째 달 착륙 미션이 뒤따를 것이라고 제안했다.

즉, 제안된 임무는 E 미션을 대신하게 되었지만 D 미션보다 먼저 비행한다. 유인우주센터는 내부 계획을 감안해서 1969년 3월 1일 D 미션, 1969년 5월 15일 F 미션, 1969년 7월이나 8월에 G 미션 일정을 잡아야 한다고 제안했다. 그러나 D 미션은 2주 뒤, F 미션은 1개월 뒤, G 미션은 1개월 뒤가 우리의 공개 약속 날짜가 되어야 한다.

회의 도중에 필립스는 빈에 있는 뮬러의 전화를 받았다. 필립스는 전날 뮬러와 그 제안에 대해 논의했고 곰곰이 생각한 끝에 나온 뮬러의 반응은 매우 냉담했다. 뮬러는 아폴로 7호가 비행하기 전에 그 계획을 언급하는 것에 대해 우려했고 CSM 101이 작동하지 않을 경우 우리가 그 계획을 포기해야 할 수도 있기에 계획을 발표하는 데 반대했다. 그는 또한 필립스가 빈에 도착하고 출발하는 것이 언론에 문제를 일으킬 수 있음을 시사했고, 따라서 필립스에게 오지 말라고 촉구했다. 뮬러는 디트로이트에서 연설하기 위해 8월 21일 귀국할 예정이었고, 8월 22일까지는 워싱턴 D.C.에서 우리와 만날 수 없을 것이다.

모든 참석자는 12월 발사 일정을 맞추기 위해 즉시 움직여야 하며 8월 22일 이후까지 지연되면 자동적으로 내년 1월까지 임무를 중단해야 할 것이라고 했다. 우리는 뮬러가 센터장과 프로그램 매니저가 만장일치로 동의한 계획을 꺼린다는 것을 믿기 어려웠다. 우리는 필립스에게 우리의 조사 결과를 뮬러와 재검토하고 그가 즉시 귀국하는 것이 불가능할 때에는 빈을 방문해 줄 것을 강력히 탄원하도록 다시 촉구했다. 또 어느 정도 자신 있게 계획을 실행하려면 너무 많은 사람이 개입해야 하기 때문에 아주 오랫동안 보안을 유지하는 것은 불가능하다고 지적했다.

이 미션의 전면적인 논의에 이어 페인 박사는 아폴로 503호가 유인 미션이 될지 불확실해진 것은 얼마 되지 않았음을 시사했다. 이제 우리는 극히 대담한 미션을 제안하고 있었다. 우리가 정말로 모든 함축적 의미를 고려했는가? 그는 특히 참석자들이 이런 움직임에 반대하는지 알고 싶어 했다. 차례차례 테이블을 돌며 다음과 같은 의견이 나왔다.

폰브라운　일단 AS 503에 사람이 타기로 결정이 내려졌다면 우리가 얼마나 멀리 가는지는 발사체 입장에서는 아무 상관이 없다. 프로그램의 관점에서 보면 이 미션은 D 미션보다 단순해 보인다. 이 미션은 반드시 수행해야 한다.

하지　이 미션에는 많은 경로 지점이 있다. 의사결정은 각 경로 지점에서 이루어질 수 있으며 따라서 전체 위험을 최소화할 수 있다. 나는 이 미션에 전적으로 찬성한다.

슬레이턴　이것은 1969년 말이 되기 전에 달에 갈 수 있는 유일한 기회다. 오늘 아폴로 계획에서 하는 것은 당연하다. 긍정적인 요소는 많고 부정적인 요소는 없다.

디버스　나는 기술적으로 유보적인 입장은 아니지만, 대중을 교육하는 것은 필요할 것으로 본다. 왜냐하면 만약 이 일이 잘못되고 우리가 실패한다면 아폴로는 큰 차질을 빚을 것이기 때문이다. 무슨 수를 써서라도 이 임무를 수행해야 한다.

페트로네　나는 의구심이 없다.

줄리언 보먼　이것은 유인 우주비행에 힘을 실어준다.

제임스　이 비행과 다음 비행에서 유인 안전성이 향상되었다. 아폴로 예산과 스케줄이 전반적으로 향상되었다. 조기 승인이 필요하다.

리처드　유인 비행 결정은 이미 AS 503으로 내려졌다. 아폴로 계획에서 우리의 달 탐사 능력은 지금 이 미션을 수행함으로써 향상된다.

슈나이더　나는 이 임무를 전폭적으로 지지한다. 내가 재촉하는 데는 아주 타당한 이유가 있다.

길루스　비록 이것이 우리의 목표를 이루는 유일한 방법은 아닐지라도 이것은 확실히 우리의 가능성을 높여준다. 유인 우주비행에는 항상 위험이 따르지만 이 길은 그래도 위험이 적다. 사실 이것은 우리가 진행하는 아폴로 계획 중 위험이 최소한의 수준이다. 만약 나에게 결정권이 있다면 이것을 긍정적으로 검토할 것이다.

크래프트　아마도 비행 운영자들은 이 일에서 가장 어려운 역할을 맡고 있을 것이다. 우리는 모든 종류의 우선순위가 필요하다. 하기는 쉽지 않겠지만 나는 우리가 이것을 하는 데 대해 자신감을 가지고 있다. 하지만 이것은 달 궤도lunar orbit 미션이어야지 달 선회circum lunar 미션이어서는 안 된다.•

로　아폴로 계획은 현 상태에서 기술적으로 할 일이 이것밖에 없다. 아폴로 7호 미션을 성공시키기 위해 다른 선택의 여지가 없다. 문제는 우리가 이 일을 할 수 있는지가 아니라 우리가 이 일을 하지 않을 수 있는지에 대한 것이다.

이러한 일련의 논평을 들으며 페인은 이 그룹이 과거 계획의 포로가 되지 않았음을 축하했다. 그는 개인적으로 이 일이 아폴로 계획에 옳은 일이며, 물론 승인되기 전에 뮬러와 웹과 협력해야 하리라고 느꼈음을 시사했다.

필립스는 그의 결론이 기술적으로 타당하고 추가 위험을 야기하지 않는다고 했다. 우리 계획은 8월 22일 목요일 워싱턴 D.C.에서 뮬러와 만나는 것이었다. 필립스는 뮬러의 의구심에 대해 재차 강조했다. 여기에는 무책임한 스케줄에 관한 질문, 아폴로 7호 미션에 실패할 경우 우리가 이미 발표했던 다음의 중대한 단계를 진행할 수 없게 되는 상황이 발생할 가능성, 이 특별 미션이 치명적으로 실패할 때의 영향 등과 관련된 질문이 포함된다.

회의가 끝날 때 우리는 단계적으로 추진하기로 합의했다. 매일매일의 타이밍이 중요했기에 필립스는 우리가 계획을 추진하는 데 필요한 다음 단계의 사람들을 참여시켜야 한다는 데 동의했다. 물론 이들에게는 임무의 현재 보안 분류에 대해 적절하게 지침을 주어야 한다. 회의가 끝날 때 필립스는 가능한 가장 빠른 결정은 최상의 상황에서 7일에서 10일 뒤에 내려질 것이라고 말했다.

* * *

• 달 궤도 미션은 인공위성처럼 달 궤도를 도는 것이고, 달 선회 미션은 달 궤도를 회전하지 않고 지구와 달을 8자 모양으로 돌아서 오는 것을 의미한다. 아폴로 13호의 비행이 그 예다 _ 옮긴이.

많은 논의 끝에 아폴로 계획이 올해 달성할 수 있는 가장 중요한 목표는 하드웨어, 소프트웨어, 우주비행사 훈련 등 달 미션을 수행할 수 있는 능력의 확보라고 최종 결정했다. 우리는 C' 미션이 달에 가든지 말든지 이것은 필요하다고 믿는다. 우리는 또한 달 미션 능력을 달성하기 위한 유일한 방법은 달로 날아갈 것처럼 미션을 계획하는 것이라는 데 동의했다. 그렇게 함으로써 관련된 모든 사람은 의심의 여지없이 진짜 문제들에 직면하고 우리가 달에 갈 수 있는 진짜 결정을 내리게 될 것이다. 물론 지구 궤도 미션은 자연적인 부산물이 될 것이다. 왜냐하면 그러한 임무는 S-IVB 단이 두 번째 점화를 할 수 없는 경우 달 미션의 중단 옵션이 되어야 하기 때문이다. 따라서 이러한 미션을 계획함으로써 우리는 12월에 C' 미션에 지구 궤도 능력을 갖게 되는 동시에 만약 우리가 달에 갈 수 있는 조건이 된다면 필요한 모든 계획과 준비를 완료하게 될 것이다. 우리는 지금 NASA 안에서나 밖에서나 지구 궤도 미션 이상의 것을 한다고 약속하지 않을 것이다.

이 계획은 채택되었으며 전체 프로그램 계획은 다음처럼 요약할 수 있다.

- (아폴로 8호로 지정된) AS 503은 1968년 12월 6일 발사 준비가 완료될 것이다. 그것은 CSM 103, LTA-B, AS 503으로 구성된다. 기존에 정해진 임무를 변경하게 된 이유는 이것이 가장 빠르게 포고 점검 비행을 가능하게 할 것이고 달 모듈 점검이 지연되면서 달 모듈로 조기 비행을 할 수 없게 되었기 때문이다.
- 이는 C' 미션으로 지정될 것이다. 이것은 지구 궤도 미션이 될 텐데, C 미션의 어떤 요소들이 반복되든지 간에 D, E, F, G의 요소들을 포함하게 된다.
- 최종적인 미션 정의는 아폴로 7호 이전에 이루어질 것이다.
- D 미션의 비행사가 이 임무를 위해 적극적으로 준비할 수 있도록 승무원은 E 미션 비행사가 될 것이다.
- 우리는 C' 미션 뒤에 남은 미션을 수행해야 하며, 우리가 C' 미션을 수행하는 동안 달 탐사 능력을 발휘하는 것이 필수적임을 인식한다. 여기에는 하

드웨어, 소프트웨어, 비행 운영, 승무원 운영의 달 탐사 능력이 포함된다.

• 이 능력은 우리가 지금 계획을 세워야만 실현할 수 있다. 따라서 우리는 달 궤도 미션인 것처럼 C' 미션을 위한 모든 계획을 수행할 것이다. 이것은 아폴로 7호의 결과가 알려진 뒤에 달 착륙 미션을 포함해 그 비행에 투입하는 것이 가장 좋은 다른 모든 임무 요소들과 함께 지구 궤도 미션을 수행할 수 있는 최대한의 유연성을 제공할 것이다.

아폴로 계획의 관리자들은 달 미션을 계획하기 시작했지만 아폴로 7호로 지정된 10월의 임무가 성공하기 전까지 NASA는 이러한 대담한 조치를 취하도록 허가할 수 없었다. 아폴로 7호 미션은 1968년 10월 11일부터 22일까지 수행되었다. 비행의 모든 목표는 달성되었고 아폴로 8호를 달 궤도로 보내는 결정을 위한 길이 열렸다.

이 결정은 웹 청장이 내리지 않을 것이다. 9월 16일 웹은 린든 존슨 대통령과 회담하기 위해 백악관으로 가서 정권이 바뀌는 시기에 NASA와 아폴로 계획을 보호하는 방법을 포함한 다양한 문제를 논의했다(존슨은 1968년 3월에 재선에 나가지 않겠다고 발표했다). 웹은 6년 반 동안 NASA를 광적인 속도로 운영한 뒤에 지친 상태였고 아폴로 1호 화재 뒤에 의회의 비판을 받아왔다. 웹은 가을의 어느 시점에 물러나 비정치인 출신인 페인이 적어도 첫 달 착륙을 지휘하며 NASA를 운영할 수 있음을 증명하도록 해야 한다고 생각했다. 놀랍게도 대통령은 웹의 사임 제안을 받아들였을 뿐만 아니라 그가 백악관을 떠나기 전에라도 그것을 즉시 발표해야 한다고 결정했다.

아폴로 7호의 성공 이후 아폴로 8호를 달 궤도로 가져가려는 추진력은 대단했지만 그 과감한 조치를 위한 최종 결정은 아직 내려지지 않았다. 임무에 대한 최종 검토는 11월 10일과 11일로 예정되어 있었다. 11월 10일 회의에는 아폴로 계획과 관련된 협력 기업들의 임원진이 참석했다. NASA 직원들의 일련의 발표를 들은 뒤에 이들을 상대로 아폴로 8호가 달 궤도 미션으로 승인되어야 하는지에 대한 설문조사가 실시되었다. 로에 따르면 몇 가지 의문이 제기되었지만 "아폴로 8호 미션을 달 궤도로 보내자는 확고한 권고안이 다음 날 NASA 청장 대행에게 내려질 것이라는 결론으로 회의가 휴정되었다"라고 한다. 11월 11일 이 임무를 논의하기 위한 일련의 NASA 내부 회의가 있었다. 이들의 결론에서 페인은 아폴로 8호를 달 궤도에 진입시키는 미션을 수행하는 계획을 승인했다고 발표했다. 발사 날짜는 12월 21일로 정해졌는데 이는 아폴로 우주선이 크리스마스이브에 달 궤도에 진입한다는 것을 의미했다.

12월 21일 오전 7시 51분 새턴 V 부스터의 1단 엔진 다섯 개가 우르르 폭발음을 내며 보먼, 러벌, 앤더스의 아폴로 8호 비행사들은 역사적인 여정을 떠났다. 세 시간도 채 지나지 않아 발사체 3단 엔진이 아폴로 8호 우주선을 사흘 뒤에 달 근처까지 데려다줄 궤도에 투입하기 위해 점화되었다. 역사상 처음으로 인류는 심우주로 모험하기 위해 지구 궤도를 떠났다. 일단 아폴로 8호 우주선이 달에 도착하자 서비스 모듈의 엔진이 발사되어 아폴로 우주선을 달 궤도에 올려놓았고 그곳에서 20시간 동안 머물게 되었다.

이 임무의 대중적 하이라이트는 크리스마스이브에 이루어졌다. 8호의 비행사들이 우주선에서 지구상의 수백만 명의 사람들에게 달 표면의 경치를 텔레비전으로 중계했을 때 말이다. 그러고 나서 우주비행사들은 지구의 생성에 대한 『성경』의 「창세기」 설명에서 첫 번째 구절을 교대로 읽으며 지구의 임무통제관을 포함한 거의 모든 사람들을 놀라게 했다. 보먼은 "안녕히 주무십시오. 행운을 빕니다. 메리 크리스마스. 그리고 하느님이 여러분 모두를 축복해주시길"이라고 말하며 방송을 마쳤다. 아폴로 8호의 비행사들은 이 극적인 방송 외에도 황량한 달 풍경 위로 푸른 지구가 떠오르는 모습을 찍은 상징적인 '지구' 사진을 들고 집으로 돌아왔다. 대중적인 영향 외에도 이 미션의 성공으로 NASA가 달에서 임무를 수행할 준비가 되어 있음을 보여주었다.

아폴로 8호와 달 착륙을 위한 첫 시도 사이에는 두 개의 미션이 더 있었다. 1969년 3월 3일 새턴 V가 처음으로 완전한(즉, 명령·서비스 모듈과 달 모듈을 갖는)

아폴로 우주선을 발사했다. 지구 궤도에서 10일의 과정을 거쳐 달 모듈은 명령·서비스 모듈과 도킹하지 않은 채 여섯 시간을 보낸 뒤에 랑데부로 돌아와 다시 도킹하기 전까지 최대 113마일을 이동하며 달 궤도 랑데부 접근의 필수 요소를 보여주었다. 달 모듈의 하강 엔진과 상승 엔진은 모두 다양한 모드에서 점화되었다. 이 임무는 극도로 복잡했지만 예정된 모든 목표를 성공적으로 달성했다.

아폴로 10호는 달 착륙 미션을 위한 최종 리허설이 될 것이다. 4만 7000피트 상공에서 달 표면으로 최종 하강하는 것을 제외하고 해당 임무의 모든 요소를 수행할 것이다. 그리고 다시 한번 아폴로 10호는 모든 시험 목표를 달성했다. 이 미션은 5월 18일 발사되어 5월 26일 태평양에 안전하게 착륙했다. 아폴로 11호가 그다음이었다.

수석 우주비행사 슬레이튼은 승무원 할당 문제를 놓고 특정 미션의 백업 비행사가 순차적으로 세 개의 비행을 위한 정규 비행사가 되는 접근 방식을 채택했다. 이것은 아폴로 11호의 비행 미션이 아폴로 8호의 백업 비행사였던 닐 암스트롱, 버즈 올드린, 프레드 헤이스에게 돌아가게 된다는 것을 의미했다. 실제로 헤이스는 최근 허리 수술을 받은 마이클 콜린스의 백업 팀 비행사였다. 1969년 1월 6일 슬레이튼은 암스트롱에게 올드린을 달 착륙선 조종사로 삼아 아폴로 11호 미션을 지휘하게 될 것이라고 알렸다. 콜린스는 수술에서 완전히 회복했고 헤이스가 아닌 콜린스가 지휘 모듈의 조종사를 맡을 것이다.

아폴로 11호 발사가 다가왔을 때 우려했던 한 가지 문제는 첫째, 사람이 달에 발을 디딜 때 어떤 말을 해야 할까 하는 것이었다. NASA 본부의 줄리언 시어Julian Scheer 홍보부장은 로가 암스트롱이 무슨 말을 할지 조언을 구하고 있다는 소문을 듣고 이 문제를 논의하기 위해 그에게 편지를 썼다. 로는 시어의 편지에 답하며 우주 프로그램에 특별히 초점을 맞춘 미국 정보국 소속의 시 부르긴Si Bourgin을 언급했다. 아폴로 8호 비행사들이 1968년 크리스마스이브에 달 궤도를 돌 때『성경』을 읽도록 처음 제안한 사람은 부르긴의 아내였다.

문서 22

"조지 로 아폴로 계획 매니저에게 보내는 편지"•

친애하는 조지에게

나는 귀하가 NASA 외부의 누군가에게 우주비행사들이 달 표면에 착륙할 때 남길 말에 대해 조언해 달라고 부탁했다는 것을 알게 되었다. 이것은 몇 가지 이유로 나를 불편하게 한다.

NASA는 달을 향한 역사적인 첫 비행에서 어떤 물질과 물건을 달 표면으로 운반할지의 아이디어를 내부에서 얻으려고 한다. 그러나 우리는 우주비행사들이 무슨 말을 할지에 대한 논평이나 제안을 요청하지 않았다. 나는 개인적으로 우리가 우주비행사들을 지도해서는 안 된다고 생각할 뿐만 아니라 우리가 코멘트를 요청하고 있다는 말이 나오는 것도 해를 끼칠 일이라고 생각한다. 우주비행사들이 무엇을 운반할지에 대한 최종 결정은 NASA 청장이 설치한 위원회에 귀속된다. 해당 위원회나 NASA는 우주비행사들에게 다른 어떤 방법으로도 발언을 제안하지 않을 것이다.

프랭크 보먼은 나에게 크리스마스이브에 할 말로 무엇이 적합한지 아이디어를 요청했다. NASA가 그런 것을 미리 계획했다고 생각한다면 그가 『성경』 구절을 언급하는 것은 대중의 눈에 폄하되리라는 느낌이었고, 내 생각은 여전히 그렇다. 나에게도 뭔가 아이디어가 있지만 그에게 그것을 제안하는 것을 공식적으로나 개인적으로 모두 거절했다. 나는 그때도 믿었고 이제 아폴로 11호 비행사들도 마찬가지라고 믿는다. 역사적인 순간에 가장 진실한 감정은 탐험가가 자기 안에서 느끼는 것이지 우주비행사들이 떠나기 전에 코치를 받거나 준비한 메모를 엉덩이 주머니에 넣고 다니는 것이 아니다.

윌리스 섀플리Willis Shapley가 위원장을 맡은 달 상징물 준비 위원회Lunar Artifacts

• 1969년 3월 12일 줄리언 시어 NASA 홍보부장이 작성했다.

Committee는 아폴로 11호가 무엇을 운반할지 NASA가 고려하고 있는 모든 요소를 요청했다. 나는 새뮤얼 필립스 장군이 유인 우주비행의 모든 요소를 반복해서 요청해 온 것으로 알고 있지만, 이 요청의 범위를 우주비행사의 언어적 내용으로까지 넓히려는 것은 위원회의 바람이나 의도가 아니었다.

달 표면에 도달한 인류의 첫 우주비행사가 어떤 극적인 발언을 남기지 못하면 어쩔지 우려하는 사람들도 있다. 하지만 나는 그런 걱정은 하지 않는다. 다른 사람들은 시인이 달에 가야 한다고 믿는다. 크리스토퍼 콜럼버스는 시인도 아니었고 준비된 원고도 없었지만 그의 말은 나에게 꽤 극적이었다. 그는 카나리아제도를 보고 이렇게 썼다. "나는 상륙했고, 사람들이 벌거벗은 채 뛰어다니는 것을 보았고, 몇몇 매우 푸른 나무들, 많은 물, 많은 과일을 보았다."

아폴로 8호가 있기 200년 전에 제임스 쿡James Cook 선장은 태양의 원반 위로 금성이 이동하는 모습을 지켜보며 "우리는 지구 주위에서 대기나 칙칙한 그늘을 아주 뚜렷하게 보았다"라고 기록했다.

윌리엄 클라크William Clark와 함께 여행한 메리웨더 루이스Meriwether Lewis는 "캠프에서 큰 기쁨을 누렸다. 우리가 그토록 오랫동안 보고 싶어 했던 이 거대한 태평양 바다를 바라보고 있다. 바위투성이 해안에서 부서지는 파도 소리가 뚜렷하게 들릴지도 모른다"라고 했다. 로버트 페리Robert Peary는 1909년 북극에 도착했을 때 아무 말도 할 수 없을 정도로 피곤했다. 그는 잠이 들었다. 다음 날 그는 일기에 "마침내 북극. 3세기만에 내려준 상이다. 나는 그것을 느낄 수가 없다. 모든 것이 너무나 간단하고 흔한 일인 것 같다"라고 썼다.

이 위대한 탐험가들이 남긴 말은 우리에게 탐험가들이란 어떤 사람들인지 말해준다. 닐 암스트롱과 버즈 올드린이 그들이 보고 생각한 것을 우리에게 말해주기를 바란다.

나는 종종 NASA가 정말로 우주비행사들에게 의견을 제시할 계획이 있는지 질문을 받았다. NASA를 대표해서 나의 대답은 "아니요"이다.

문서 23

"줄리언 시어 NASA 홍보부장에게 보내는 회신 편지"•

친애하는 줄리언에게

나는 귀하의 1969년 3월 12일 편지를 방금 받았는데 그것은 오해에서 비롯된 것으로 보인다. 우선 달 표면에서 우주비행사들이 하는 말은 반드시 그들 자신의 말이어야 한다는 데 전적으로 동의한다는 점을 지적하고 싶다. 나는 항상 그렇게 느껴왔고 앞으로도 그렇게 할 것이다.

물론 나는 토머스 페인 박사가 만든 새플리 위원회를 알고 있으며, 새뮤얼 필립스 장군이 달 표면에 무엇을 운반해야 하는지에 대해 우리에게 의견을 요청한다는 전보 사본을 받았다. 나는 필립스 장군과 새플리 위원회에게 적절히 대응하기 위해 이러한 문제에 있어 내가 존경하는 시 부르긴에게 조언을 구하고 싶었다. 귀하도 아시다시피 나는 부르긴을 남미 여행에서 만났고 그는 우리 여행 내내 우리에게 훌륭한 조언을 해주었다. 그래서 나는 부르긴이 유럽에서 돌아오자마자 그에게 전화를 걸어 우리가 달에 첫 착륙했을 때 우주비행사들이 무엇을 해야 하는지에 대해 조언해 줄 수 있는지 물었다. 부르긴은 아폴로 9호 발사 전날 밤에 나를 다시 불렀고 우리는 그의 아이디어를 어느 정도 길게 토론했다. 우리는 다시 당시 달 표면에 어떤 것을 남겨두어야 하는지 무엇을 가져와야 하는지를 계획하는 것은 NASA의 기능이 맞지만, 우주비행사들이 해야 할 말은 전적으로 그들 자신의 것이어야 한다는 데 동의했다.

그 뒤에 나는 닐 암스트롱과 만나 부르긴의 아이디어와 제안을 포함하는 우리의 아이디어와 제안에 대해 그의 의견을 구했다. 그때는 아직 귀하의 편지를 받지 못했을 때지만 달 표면에 무엇을 남겨두든 그것은 그가 편안해야 하고 무슨 말이든 그의 말일 수밖에 없다는 점에 대해 의논했다.

• 1969년 3월 18일 조지 로 아폴로 계획 매니저가 작성했다.

부르긴과의 토론, 암스트롱과의 토론, NASA 안팎의 많은 다른 사람들과의 토론 등 모든 활동은 내가 할 수 있는 가능한 최선의 조언을 얻기 위한 것이다. 이 모든 것의 결과는 로버트 길루스 박사에 대한 나의 조언이 될 것이다. 그가 원한다면 그가 이 조언을 섀플리 위원회에 전달할 수 있도록 말이다.

나는 이 편지가 우리가 이 문제에 대해 가지고 있었을지도 모르는 오해를 명확히 정리해 주기를 바란다.

일단 아폴로 11호의 주요 비행사가 선정되자 거의 7개월간 강도 높은 훈련이 뒤따랐다. 유인우주센터에서 11호의 비행사들과 그 동료들이 훈련에 집중하는 동안 NASA 본부에서는 임무의 상징적 측면에 어떻게 주의를 잘 기울여야 하는지를 고민했다.

리처드 닉슨은 1968년 11월 대통령에 당선되면서 토머스 페인에게 NASA 청장 대행을 계속 맡아달라고 요청했다. 닉슨은 다른 몇몇 사람들이 청장 직을 사양한 뒤인 1969년 3월 5일 페인을 정식 청장으로 임명했다.

그해 봄에 페인은 그의 최고 고문 가운데 한 명인 윌리스 섀플리 부부청장을 상징적활동준비위원회Symbolic Activities Committee 위원장으로 임명했다. 이 위원회는 페인이 인류 최초의 달 착륙이 가지는 역사적인 의미에 대해서 조언을 구하기 위해 설치한 것이다. 섀플리는 워싱턴 출신의 노련한 관료였기에 페인은 정치·정책·예산 문제에 대해 조언을 바랐다. 4월 중순 위원회는 달 표면에 어떤 물건을 가져갈지 임시 결정을 내렸다. 이 문제에 대한 최종 결정은 같은 해 7월 16일 발사되기 2주 전에 아폴로 계획 운영진에게 전달되었다. 일부 항목은 명령 모듈에 보관되며 이는 달 모듈이 달 표면으로 하강할 때 달 궤도에 남게 된다.

문서 24

「최초의 달 착륙을 위한 상징적 아이템」*

이 문서는 달에 남겨둘 물건과 가져올 물건을 포함해 최초의 달 착륙과 관련되는 상징적 활동에 대해 지금까지 상징적활동준비위원회의 논의에서 나온 생각을 아폴로 프로그램 사무소와 유인우주센터에 조언하기 위한 것이다.

우리가 NASA 청장의 최종 결정을 위한 권고안을 작성하기 전에 추가 논의가 필요할 것이며 위원회와 다른 모든 구성원의 의견과 제안 수취는 여전히 일정대로 진행하고 있다. 단, 지금까지 드러난 접근 방식에 관한 일반적인 합의와 미션 준비에 직접적인 영향을 미치는 문제에 대한 결정의 촉박한 일정을 고려할 때, 다음에 약술된 접근 방식은 이 시점에서 추가 계획을 수립하는 데 기초가 되어야 한다.

① 상징적 활동은 승무원의 안전을 위태롭게 하거나 미션의 목표 달성을 방해하거나 저하시켜서는 안 된다. 이것들은 간단하고 세계적인 관점에서 긍정적이어야 하고 상업적인 의미나 과장된 표현은 없어야 한다.

② 상징적 활동과 이것들을 세상에 나타내는 표현 방식은 미국이 인류를 대표해 최초의 달 착륙이라는 역사적 진전을 이루었음을 알리는 것이어야 한다.

③ 달 착륙이 갖는 '모든 인류의 전진'이라는 측면을 상징하기 위해 달에 남기는 것은 적절한 비문과 지구상에서 준비된 성명들일 것이며, 아마도 모든 국가의 작은 국기를 남기게 될 것이다. 유엔 깃발, 그 밖에 지역기구나 국제기구 깃발, 그 밖에 국제적이거나 종교적인 상징은 들어가지 않을 것이다.

④ 달 착륙이 갖는 '미국이 이룬 성취'라는 측면은 미국 국민의 노력으로 달에 도달했다는 사실을 분명히 밝히는 방식으로 미국이 달을 '소유'하는 것이 아니라 성조기를 달 위에 놓고 남기는 것으로 상징되어야 한다. 후자(소유)의 의

---

* 1969년 4월 19일 윌리스 섀플리 NASA 부부청장이 작성해 조지 뮬러 박사에게 제출했다.

미가 함축되는 것은 우리의 국가적 의도에 반하며 우주의 평화적 이용에 관한 조약과 일치하지 않는다.

⑤ 앞에서 요약한 접근 방식을 구현할 때 다음과 같은 주요 상징적 조항과 행동 또는 이에 상응하는 것들이 미션에 포함될 수 있도록 고려해야 한다.

- 달 위에 남길 성조기 깃발은 선명하게 촬영되고 텔레비전으로도 중계될 수 있어야 한다. 가능하다면 우주인이 깃발을 게양하는 모습과 우주인이 국기 옆에 있는 모습을 촬영해 텔레비전으로 방영해야 한다. 현재 생각으로는 인식 가능한 전통적인 깃발이 달에 게양되어야 한다는 것이다. 깃발 게양이 실현 불가능한 것으로 명백히 입증되지 않는 한 사용하려고 한다. 달 모듈의 착륙 단에 있는 깃발 스티커만으로는 충분하지 않을 것이기 때문이다.

* * *

⑥ 달 모듈 하강 단은 달 표면에서 영구적 기념물이 되기에 달 모듈 하강 단 자체가 매우 중요한 상징적 의미를 갖게 될 것이다. 이런 이유로 달 모듈에 부여된 이름과 달 모듈에 부착될 모든 비문은 상징적 물품에 대한 전반적인 접근 방식과 일치해야 하며 청장의 승인을 받아야 한다. 현재 생각은 다음과 같다.

- 우주선의 이름은 품위가 있어야 하며 인간이 다른 세계를 탐험하는 '정점' 보다는 '시작'의 느낌을 전달하기를 바란다.

문서 25

「아폴로 11호를 위한 상징적 활동」•

귀하의 사무소에서 이전에 통지받은 것처럼 이 날짜 현재 아폴로 11호 미션에 승인된 상징물은 다음과 같다.

• 1969년 7월 2일 윌리스 섀플리 NASA 부부청장이 작성해 조지 뮬러 박사에게 제출했다.

1) 달에 남길 상징물

① 금속으로 펼쳐진 성조기를 우주비행사들이 달 표면에 설치해야 한다. 이것은 달의 표면에 놓인 유일한 국기가 될 것이다.

② 우주비행사들이 공개할 달 모듈 강하 단에 부착된 기념 명패에는 다음과 같은 내용이 새겨질 것이다.

- 지구의 두 반구와 대륙의 윤곽을 국가 경계 없이 보여주는 디자인.
- "여기 지구에서 온 사람들이 달에 처음으로 발을 디뎠다. 우리는 모든 인류를 위해 평화롭게 왔다"라는 문구.
- 날짜(연도와 월).
- 우주인 세 명과 미국 대통령의 서명.

③ 미국 국무부 장관이나 다른 외국 대표들로부터 받은 선의의 편지들의 초미니 사진.

2) 달에 가져갔다가 다시 지구로 가져와야 할 상징물

① 소형 깃발(각 1개)　대통령이 정한 후속 발표를 위한 유엔의 모든 국가와 50개 주, 컬럼비아특별구, 그 밖의 미국 영토. '모든 국가'는 '유엔과 유엔 전문기관의 회원'을 포함하라는 국무부의 권고에 따라 정의되었다. 이 품목들은 달 모듈에 보관될 것이다.

② 소형 성조기　대통령 또는 NASA 청장이 결정한 특별 발표를 위한 것이다. 이것들은 달 모듈에도 보관될 것이다.

③ 우표 금형　우정국이 첫 달 착륙을 기념하는 특별 우표를 찍을 금형과 스탬프가 찍힌 봉투이며, 나중에 취소 스탬프로 취소할 것이다. 취소는 명령 모듈에서 임무를 수행할 때 편한 방식으로 진행한다. 우표 금형은 달 모듈에, 스탬프 기구와 봉투는 명령 모듈에 보관한다. 이 품목들은 사전에 발표하지 않는다.

④ 실물 크기의 성조기(2개)　미국 상·하원 의사당 위에 휘날렸던 성조기 두 개는 명령 모듈에 실으나 달 모듈로 옮기지는 않는다.

3) 개인 용품

슬레이튼과 승무원들 사이의 합의에 따라 우주비행사들이 선택한 개인적인 물품들.

앞의 범주 1)과 범주 2)에 따른 모든 항목에 관해 해당 조항은 정부가 '소유'하고 해당 물품 자체나 복제품들의 배치는 청장 또는 NASA가 결정한다는 점을 명확히 이해해야 한다. 임무를 마친 뒤에 반환된 물품은 즉시 유인우주센터에 인계되어야 한다. 소형 성조기의 경우 청장은 대통령 또는 청장의 국기 설치 계획과 충돌하지 않도록 하기 위해 우주비행사가 적합하다고 생각하는 수만큼 국기를 준비하도록 했다.

앞의 범주 3)의 기사와 관련해 대통령 또는 다른 사람이 주지사, 국가 원수 등에게 제시할 수 있는 품목의 중복 또는 중복으로 보이는 품목은 미리 줄리언 시어에게 통지해야 한다. 이러한 '특별한' 프레젠테이션의 가치는 품목이 많을 경우 감소할 수 있다. 깃발과 패치는 특히 이 범주에 속한다.

별도의 결정이 적용되는 우표 금형에 따른 항목을 제외하고는 범주 1)과 범주 2)의 항목은 모두 임무에 앞서 공개되었거나 공개될 것이다.

닉슨 백악관도 모든 것이 역사적 사명이 될 것을 준비하고 있었다. 그중 검토되었다가 신속히 거부된 제안 중 하나는 아폴로 11호의 이름을 '존 F. 케네디'라고 명명하자는 것이었다. 이는 케네디 대통령이 달 착륙 사업을 시작했음을 환기시키는 것이었다. 이 제안은 1969년에 케네디와 린든 존슨의 보좌관을 지낸 빌 모이어스Bill Moyers ≪뉴스데이Newsday≫ 편집장에게서 나왔다. 닉슨 백악관의 해리 홀드먼Harry Haldeman 대통령비서실장은 다음의 스티븐 불Stephen Bull 대통령 보좌관의 보고에 부정적으로 반응했다. 리처드 닉슨 대통령은 아폴로 11호의 업적을 기념하면서 케네디를 한 번도 언급하지 않았다.

문서 26

“해리 홀드먼 비서실장에 대한 보고”•

June 13, 1969

TO: H. R. Haldeman

Pat Moynihan has forwarded a proposal set forth by Bill Moyers and Newsday that the Apollo 11 moon shot be commissioned "The John F. Kennedy" (Tab A).

Drs. Burns and DuBridge endorse this proposal. Dr. Burns noted that "Such an act of graciousness is justified by history and would be...good politics...." (Tab B).

Bryce Harlow, John Ehrlichman and Herb Klein replied rather vehemently in opposition to such a proposal. Bryce notes that the nation's entire rocketry program was initiated by President Eisenhower and that we have gone far enough in "Kennedyizing" such ventures. John Ehrlichman notes rather practically that such an action would win us neither friends in Congress nor votes in 1972. John concluded his opinion by stating "Fall prey to this and the next step will be renaming the moon because NBC thinks it would be a good idea" (Tab C).

Stephen Bull
Stephan Bull

HRH Action:

That any plan to commission the Apollo 11 shot John F. Kennedy be abandoned: H — positively!!

That we commission the Apollo 11 shot John F. Kennedy:________

Other________________

• 1969년 6월 13일 스티븐 불 대통령 보좌관이 작성했다.

홀드먼 비서실장에게

1969년 6월 13일

패트 모이니헌Pat Moynihan은 아폴로 11호 미션을 '존 F. 케네디'의 업적으로 하자는 빌 모이어스와 ≪뉴스데이≫의 제안을 전달한다(탭 A).

아서 번즈Arthur Burns와 리 듀브릿지Lee DuBridge는 이 제안을 지지했다. 번즈 박사는 "이러한 자비로운 조치는 역사적으로 좋은 평가를 받을 것이며 좋은 정치가 될 것"이라고 지적했다(탭 B).

브라이스 할로우Bryce Harlow, 존 에를리히먼John Ehrlichman, 허브 클라인Herb Klein은 이 제안에 격렬히 반대했다. 할로우는 미국의 전체 로켓 개발 계획은 드와이트 아이젠하워 대통령이 시작했으며 우리는 이 모험을 그동안 충분히 "케네디화"해 왔다고 지적했다. 에를리히먼은 이 조치가 1972년 의회에서 지지를 얻지 못할 것이라고 다소 현실적으로 지적했다. 그는 "NBC가 이것이 좋은 아이디어라고 생각하기에 이것의 먹잇감이 될 테고 그다음 단계는 달의 이름을 바꾸자는 요구일 것"이라며 그의 의견을 마무리했다(탭 C).

대통령비서실장의 결정:

아폴로 11호 미션을 '존 F. 케네디'의 업적으로 하자는 계획에 반대 ___●___

아폴로 11호 미션을 '존 F. 케네디'의 업적으로 하자는 계획에 찬성 ____

기타 ____

리처드 닉슨은 아폴로 11호와 관련된 준비를 돕기 위해 아폴로 8호 사령관이었던 프랭크 보먼을 백악관에 파견해 줄 것을 NASA에 요청했다. 닉슨은 아폴로 11호 발사 이벤트에 참석하지 않는 것으로 결정했다. 그 대신 닉슨은 지구로 돌아오는 아폴로 11호 비행사들을 초대해 맞게 될 것이다. 그 만남과 그 후의 상호작용을 준비하기 위해 닉슨은 보먼에게 대통령과 영부인인 패트 닉슨Pat Nixon을 위해 아폴로 11호 승무원과 그 부인들에 대한 간단한 정보를 준비해 달라고 요청했다.

문서 27

「아폴로 11호의 비행사와 그 아내에 관한 정보 보고」•

다음은 아폴로 11호 승무원에 대해 요청한 배경 정보다.

닐 암스트롱 사령관. 오하이오주에서 태어나고 자랐다. 해군 장학생으로 퍼듀 대학교를 졸업했다. 항상 항공에 관심이 있었다. 한국전쟁에 참전해 항공모함에서 78번의 전투 임무를 수행했고 격추되었다가 구조되었다. NASA의 시험비행사로 X-15를 탔고, 제어 불능으로 여덟 시간 만에 중단된 제미니 8호에 탑승했다. 아내의 이름은 재닛 암스트롱Janet Armstrong이고 아들이 둘 있다. 조용하고 통찰력이 있으며 매우 점잖다. 관심사는 여전히 비행하는 것으로, 글라이더와 비행기에 관심이 많다. 그리고 주식 투자에도 관심이 많다. 약간 내성적이지만 친해지면 그가 매우 따뜻한 성격의 소유자임을 알게 된다.

버즈 올드린 달 모듈 조종사. 뉴저지주에서 태어나고 자랐다. 미국육군사관학교를 졸업했다. 한국전쟁에도 참전해 미그기 두 대를 격추시켰다. 매우 운동을 좋아하고 공격적이며 에너지가 넘친다. 매사추세츠 공과대학교에서 박사 학위를 받았고, 미국공군사관학교 조교였다. 두 아들과 딸이 있으며, 아내의 이름은 조앤 올드린Joan Aldrin이다. 거의 유머가 없고 진지한 성격이며 사회문제에 매우 관심이 많다. 제미니 12호에서 매우 성공적으로 임무를 수행했으며 선외활동을 수행했다. 매사추세츠 공과대학교에서 배운 지식을 토대로 그

• 1969년 7월 14일 프랭크 보먼이 작성해 대통령과 영부인에게 제출했다.

는 NASA가 사용하는 랑데부 기술 개발에 크게 기여했다.

마이클 콜린스　지휘 모듈 조종사. 이탈리아 로마에서 태어났다. 군인 가족 출신으로 삼촌은 조지프 콜린스Joseph Collins 육군참모총장, 아버지는 육군 소장, 형은 육군 준장이다. 미국육군사관학교를 졸업했다. 우주비행사 가운데 핸드볼 실력이 최고이며 최상의 체력 조건을 갖추었다. 선외활동 등 제미니 10호 미션을 성공적으로 수행했다. 원래는 아폴로 8호 미션이 예정되어 있었지만 목 디스크가 파열되어 수술을 받으며 승무원에서 제외되었다. 약간 회의적인 성격이다. 공학보다 예술과 문학 쪽에 관심이 많다. 아내의 이름은 패트 콜린스Pat Collins다. 가정에 헌신적이고 주식 투자의 열렬한 추종자다.

* * *

다음은 아폴로 11호 승무원의 부인에 대한 몇 가지 배경 정보다.

재닛 암스트롱　암스트롱의 아내다. 아버지가 의사이며 퍼듀 대학교를 다닐 때 남편을 만났다. 어린 아들이 둘 있다. 이웃 소녀들에게 수중발레synchronized swimming를 가르치는 데 매우 적극적이다. 꽤 침착하고 아주 사실적이다.

조앤 올드린　올드린의 아내다. 뉴저지주에서 자랐다. 두 어린 아들과 딸이 있다. 드라마를 좋아한다. 뉴저지주 더글러스 대학에서 연극 문학 학위를 받았다. 다른 비행사의 아내들에 비해 과시적인 성격으로 자기 관심사를 드러내기 좋아한다.

패트 콜린스　콜린스의 아내다. 매사추세츠주에서 태어나고 자랐다. 두 어린 딸과 아들이 있다. 사교 활동에 꽤 적극적이다. 프랑스 공군 레크리에이션 감독으로 근무하던 중에 남편을 만났다. 지적이며 문학이나 시사 문제에 매우 관심이 많다. 촛불과 와인이 포함된 저녁 시간을 즐긴다.

아폴로 11호가 성공할지 여부를 전혀 알 수 없었기 때문에 만약 실패할 경우에 대한 준비가 필요했다. 대통령의 연설문 작성자 윌리엄 새파이어William

Safire는 암스트롱과 올드린 두 비행사가 지구로 돌아오지 못할 경우를 대비해 다음의 성명을 별도로 준비했다.

문서 28

"달에서 비극이 발생했을 때"•

평화로운 탐험을 위해 달로 향한 이들에게 운명은 그곳에서 평화롭게 쉬며 영원히 머물 것을 요구했다. 닐 암스트롱과 버즈 올드린이라는 두 용감한 우주비행사들은 더는 구조될 가망이 없음을 알고 있다. 그러나 동시에 이들은 자신들의 희생이 인류가 품은 희망을 위한 것임을 알고 있다. 이 두 사람은 인류의 가장 숭고한 목표인 진리 탐구에 자신들의 목숨을 걸었다.

이들의 가족과 친구들이 이들을 애도할 것이다. 이들의 조국이 이들을 애도할 것이다. 전 세계인이 이들을 애도할 것이다. 두 아들을 미지의 세계로 감히 떠나보낸 어머니 지구가 이들을 애도할 것이다. 이들의 탐험으로 전 세계인은 하나가 되었으며, 이들의 희생으로 인류는 형제애를 더욱 굳게 다지게 되었다.

먼 옛날 인류는 하늘을 올려다보며 별자리에서 그들의 영웅을 보았다. 오늘날 인류도 하늘에서 영웅을 보지만, 우리의 영웅은 피와 살을 가진 소중한 사람들이다. 앞으로 많은 사람들이 이들의 뒤를 따라 우주로 떠날 것이며 집으로 돌아오는 길도 찾아낼 것이다. 인류의 탐험은 멈추지 않을 것이다. 하지만 이들의 탐험이야말로 우리의 시작이었으며, 이들은 우리 마음속에서 가장 중요한 존재로 영원할 것이다.

매일 밤 하늘에서 달을 보는 모든 사람들은 저 달 어딘가에 우리 인류가 잠들어 있음을 떠올리게 될 것이다.

• 1969년 7월 18일 윌리엄 새파이어가 작성했다.

인간을 처음으로 달에 착륙시키는 미션은 1969년 7월 16일 오전 9시 32분(미국 동부 시간)에 시작되었다. 4일 뒤인 20일 오후 4시 17분 암스트롱이 모듈 컴퓨터의 조종 장치를 넘겨받아 위험한 하강 작업 뒤에 달 착륙선으로 달 표면에 착륙했다. 몇 초 뒤에 암스트롱은 라디오로 "휴스턴, 고요한 기지. 이글이 상륙했다"라고 했다.

임무 계획에는 암스트롱과 올드린이 착륙한 뒤에 첫 번째 달 산책을 위해 달 모듈을 빠져나오기 전까지 잠을 자도록 요구했다. 그러나 안전하게 착륙하고 달 모듈 상태가 양호한 상황에서 승무원들은 수면 시간 없이 예정보다 다섯 시간 이르게 문 워크moon walk를 시작할 것을 제안했다. 허가가 빨리 내려졌다. 달 모듈을 벗어날 준비를 하는 것은 계획했던 것보다 느리게 진행되었지만 마침내 10시 56분 암스트롱은 "인간에게는 하나의 작은 발걸음, 인류에게는 하나의 거대한 도약"이라며 달 모듈에서 내렸다. 올드린은 14분 뒤에 암스트롱을 뒤따랐다. 두 사람은 달 표면에 성조기를 꽂는 등 주어진 임무를 수행하는 데 2시간 30분을 보냈다. 비행사들이 문 워크를 하는 동안 리처드 닉슨 대통령은 백악관에서 다음의 전화를 했다.

문서 29

닉슨과 달에 있는 아폴로 11호 우주비행사들과의 전화 통화*

안녕, 닐과 버즈! 나는 백악관 집무실에서 전화로 이야기하고 있다. 그리고 이것은 확실히 백악관에서 거는 가장 역사적인 전화일 것이다. 당신들이 한 일이 우리 모두에게 얼마나 자랑스러운지 말할 수 없을 정도다. 모든 미국인들에게 이날은 우리 삶에서 가장 자랑스러운 날이고 전 세계인들도 이것이 얼마나 엄청난 위업인지 미국인과 함께 인식할 것이라고 확신한다.

* 1969년 7월 20일 리처드 닉슨 대통령의 통화다.

당신들이 이룬 일 덕분에 하늘이 인간 세계의 일부가 되었다. 당신들이 고요의 바다에서 우리에게 이야기할 때 그것은 우리에게 지구의 평화와 평온을 가져다주기 위해 더욱 노력해야겠다는 영감을 준다.

인류 역사상 귀중한 한 순간 동안 지구상의 모든 사람들이 진실로 하나 되어 당신들이 한 일에 대해 자부심을 느끼며 당신들이 무사히 지구로 돌아오기를 기도하고 있다.

* * *

닐 암스트롱과 버즈 올드린은 7월 21일 달 표면을 출발해 명령·서비스 모듈인 컬럼비아Columbia호를 타고 달을 돌던 마이클 콜린스와 랑데부했다. 그날 오후 12시 50분(미국 동부 시간)에서 서비스 모듈 엔진이 점화되어 태평양에 착륙하기 위한 궤도로 그들을 보냈다. 승무원, 지휘 모듈, 44파운드의 귀중한 달 화물은 즉시 검역에 들어갔다. 그곳에서 회수선인 항공모함 호넷으로 그들을 맞이하기 위해 날아간 대통령의 영접을 받았다. 순간의 흥분감에 사로잡힌 닉슨은 아폴로 11호 미션의 8일간이 “지구 창조 이후 세계 역사상 가장 위대한 한 주”라고 이야기했다. 호넷은 26일 오후 하와이주 호놀룰루에 정박했다. 그곳에서 승무원들은 다시 휴스턴으로 날아갔지만 미국 입국 통관 절차를 마친 뒤에야 다시 휴스턴으로 향했다. 외국 여행을 마치고 미국으로 돌아오는 다른 평범한 여행객들처럼 아폴로 11호의 비행사들은 달에서 돌아온 뒤에 그들의 첫 미국 입항 항구인 하와이주 호놀룰루에 도착해 다음의 입국 신고서를 제출해야 했다.

문서 30

"입국 신고서: 농산물, 세관, 이민, 공중 보건"•

GENERAL DECLARATION

(Outward/Inward)

AGRICULTURE, CUSTOMS, IMMIGRATION, AND PUBLIC HEALTH

Owner or Operator NATIONAL AERONAUTICS AND SPACE ADMINISTRATION

Marks of Nationality and Registration U.S.A. Flight No. APOLLO 11 Date JULY 24, 1969

Departure from MOON (Place and Country) Arrival at HONOLULU, HAWAII, U.S.A. (Place and Country)

FLIGHT ROUTING

("Place" Column always to list origin, every en-route stop and destination)

PLACE	TOTAL NUMBER OF CREW	NUMBER OF PASSENGERS ON THIS STAGE	CARGO
CAPE KENNEDY MOON JULY 24, 1969 HONOLULU	COMMANDER NEIL A. ARMSTRONG COLONEL EDWIN E. ALDRIN, JR. LT. COLONEL MICHAEL COLLINS	Departure Place: Embarking NIL Through on same flight NIL Arrival Place: Disembarking NIL Through on same flight NIL	MOON ROCK AND MOON DUST SAMPLES Cargo Manifests Attached

Declaration of Health

Persons on board known to be suffering from illness other than airsickness or the effects of accidents, as well as those cases of illness disembarked during the flight:

NONE

Any other condition on board which may lead to the spread of disease:

TO BE DETERMINED

Details of each disinsecting or sanitary treatment (place, date, time, method) during the flight. If no disinsecting has been carried out during the flight give details of most recent disinsecting:

Signed, if required .... Crew Member Concerned

For official use only

HONOLULU AIRPORT
Honolulu, Hawaii
ENTERED

Customs Inspector

I declare that all statements and particulars contained in this General Declaration, and in any supplementary forms required to be presented with this General Declaration are complete, exact and true to the best of my knowledge and that all through passengers will continue/have continued on the flight.

• 1969년 7월 24일에 작성했다.

닐 암스트롱은 시험비행사였고 아폴로 11호 미션은 기술적인 면에서 시험비행이었다. 휴스턴으로 돌아온 뒤에 며칠 동안 그는 아폴로 11호 미션을 기술한 '조종사 보고서'를 상세히 작성해 제출했다. 다음의 보고서는 역사적인 아폴로 11호의 달 착륙 미션 동안 실제로 일어났던 일들을 감정이 담기지 않은 산문 형식으로 담고 있다. 여기에 간단한 미션 개요와 미션 활동에 대한 승무원의 보고서가 포함되어 있다.

문서 31

「아폴로 11호: 임무 보고서」*

* * *

4.00 조종사 보고서

1) 발사 전 활동

발사 전 시스템의 운영과 점검은 모두 제때 아무 어려움 없이 완료되었다. 환경제어 시스템의 구성에는 보조 글리콜 루프glycol loop의 작동이 포함되어 있었고 조종석의 온도 수준도 편안했다.

2) 발사

이륙은 낮은 울림 소음과 적당한 진동을 동반한 점화와 함께 정시에 정확히 일어났다. 발사 타워가 제거된 것이 확인되었을 때 진동 크기가 눈에 띄게 감소했다. 빗놀이, 피치, 롤 유도 프로그램 시퀀스가 예정대로 일어났다. 최대 동적 압력의 영역을 통과하는 동안 비정상적인 소리나 진동은 없었고 받음각은 0에 가까웠다. S-IC/S-II 스테이징 시퀀스는 예정 시간에 원활하게 수행되었다.

* 1971년 NASA 유인우주센터 임무 평가 팀에서 작성했다.

S-II 단계의 전체 비행은 놀라울 정도로 부드럽고 조용했으며 발사 탈출 타워와 부스트 보호 커버는 정상적으로 떨어져 나갔다. 혼합물 비율의 변화는 눈에 뜨일 정도로 가속도 감소를 동반했다. S-II/S-IVB 스테이징 시퀀스는 예정 시간에 부드럽게 일어났다. S-IVB 삽입 궤적은 사고 없이 완료되었고 자동제어는 명령 모듈 컴퓨터로부터 102.1마일에서 103.9마일의 달 삽입 궤도 위치를 추산함에 따라 종료되었다. 우주조종사들과 네트워크 사이의 통신은 발사의 모든 단계에서 훌륭하게 수행되었다.

* * *

4.10 달 모듈 하강

* * *

3) 동력 하강

동력 하강을 위한 점화는 최소 추력 수준에서 정시에 이루어졌으며 엔진은 26초 뒤에 고정 스로틀 포인트(최대 추력)로 자동 진행되었다. 시각적인 위치 확인 결과 우주선은 알려진 지형물보다 2초 또는 3초 빠르지만 수직 거리 오류는 거의 없었다. 위로 향한 빗놀이 기동은 점화 약 4분 뒤에 약 4만 5900피트 고도에서 시작되었다. 착륙 레이더는 즉시 고도 데이터를 받기 시작했다. 레이더와 컴퓨터에서 표시한 대로 고도 차이는 약 2800피트였다.

점화하고 5분 16초 뒤에 일련의 컴퓨터 경보 중 컴퓨터 과부하 상태를 나타내는 첫 번째 경보가 시작되었다. 이러한 경보는 4분 이상 간헐적으로 계속되었고 궤적 운동의 지속은 확인되었지만 컴퓨터 정보 디스플레이의 모니터링은 때때로 불가능했다.

주요한 자세 기동 중에는 자세제어를 위한 추력 점화 소리가 들렸으며 다른 때에는 간헐적으로 들렸다. 하강 추진 시스템의 추력 감소는 (점화 뒤 6분 24초로 계획) 거의 정시에 발생했으며, 관측된 표적의 오류에 대해 컴퓨터가 수정하지 않았기 때문에 착륙이 의도한 지점일 것이라고 예측했다.

커다란 날카로운 테두리를 가진 분화구를 둘러싼 바위 지역으로 자동 하강이 종료된 뒤에 다시 수동 제어로 바꾸었고, 부적절한 착륙 구역을 피하기 위해 착륙 지점의 범위를 확대했다. 착륙 지점 감시를 위해 충분한 높이를 유지하도록 컴퓨터에 스로틀(프로그램 P66)의 속도 모드를 입력했다.

다운 레인지와 크로스 레인지 위치는 북쪽의 바위 지역과 동쪽·남쪽의 적당한 크기의 분화구로 경계를 이루는 작고 비교적 평탄한 지역에 최종 하강이 이루어지도록 조정되었다. 먼지가 날려 생기는 표면의 음영은 100피트 상공에서 뚜렷하게 나타났으며 고도가 낮아지며 점점 심해졌다. 수평 속도, 자세, 고도 속도에 대한 시각적 결정은 저하되었지만 이러한 변수에 대한 신호는 착륙에 적절했다. 착륙 조건은 좌측 초당 1~2피트, 전방 초당 0피트, 하향 초당 1피트로 추정되며 착륙할 때 착륙선이 불안정하다는 증거는 관찰되지 않았다.

* * *

4.12 월면 작업

* * *

2) 선외활동 준비

비행사들은 두 휴식 기간 사이에 월면 작업을 하는 계획표를 따르는 대신에 착륙한 뒤에 가능한 한 빨리 선외활동을 시작할 경우의 이점을 상당히 고려했다. 초기 휴식 기간은 착륙한 뒤의 활동에 예기치 못한 어려움이 있을 경우 유연성을 확보할 수 있도록 계획되었다. 이러한 어려움들은 일어나지 않았고, 승무원들은 별로 피곤하지 않았으며, 지구 중력의 6분의 1 환경•에 적응하는 데 아무 문제가 없었다. 이러한 사실에 근거해 첫 번째 휴식 없이 (이륙 후) 104시

• 달의 중력은 지구 중력의 6분의 1이다 _ 옮긴이.

40분 00초에 선외활동을 진행하기로 결정했다.

선외활동 준비는 106시 11분 00초에 시작되었다. 추정된 준비 시간은 충분했던 것으로 판명되었다. 시뮬레이션에서 두 시간 정도를 할당했지만 조종실에는 모든 것이 질서 정연하게 배치되어 있었고 선외활동에 필요한 항목만 남아 있었다. 사실 선외활동에 관련된 항목들이 있었다. 실제로 질서 정연한 준비를 방해하는 체크리스트, 음식 봉지, 망원경, 기타 잡동사니가 있었다. 이러한 모든 아이템을 두고 선외활동을 할 때의 사용과 있을 수 있는 간섭에 대해 어느 정도 생각해 둘 필요가 있었다. 이러한 간섭에 따라 추정된 시간을 상당히 초과했다. 선외활동 준비는 천천히 신중하게 의도적으로 진행되었다. 앞으로의 미션은 같은 철학을 가지고 계획하고 진행해야 한다. 선외활동 준비 점검표는 적절했고 면밀하게 설계되었다. 그러나 실시간으로 결정이 필요하거나 비행 전에 고려하지 않았던 경미한 항목 탓에 예상보다 많은 시간이 필요했다.

* * *

달 모듈의 감압은 지상에서는 완전히 수행된 적이 없었던 임무 중 하나다. 우주선과 차량 외 이동 장치의 다양한 고도 체임버 시험에서 실제 작업 조건을 완전하게 모사하기는 어렵다. 박테리아 필터를 통한 달 모듈의 감압은 예상보다 훨씬 오래 걸렸다. 표시된 실내 압력은 0.1프사이psi 이하로 내려가지 않았으며 이 잔류 압력 탓에 전방 해치를 여는 데 일부 우려가 있었다. 해치를 처음 열었을 때 구부러지는 것처럼 보였고 작은 입자들이 해치 주위를 날아다녔다.

3) 달 모듈에서 나가기

우주선의 침수 시설과 6분의 1 중력 환경 모두에서의 시뮬레이션 작업은 비행사가 달 모듈에서 나갈 준비를 할 때 상당히 정확했다. 해치를 빠져나올 때 필요한 차체 위치 설정과 아칭 더 백arching the back 기법을 수행했으며 예상하지 못한 문제는 발생하지 않았다. 전방 플랫폼은 해치를 빠져나올 때 사용하는 위치에서 사다리를 탈 때 필요한 위치로 차체 위치를 바꾸게 하는 데 충분했다. 사다리에서 첫 걸음을 내딛을 때 시야 확보가 어려웠고 주의가 필요했다. 일반적으로 해치, 현관, 사다리의 작동은 특별히 어렵지 않아 그리 걱정하지 않았다. 플랫폼에서의 작업은 몸의 균형을 잃지 않고 수행할 수 있었고 기동할 수 있는 공간이 충분히 있었다.

카메라를 내리는 달 장비 컨베이어의 초기 작동은 만족스러웠지만 끈이 달 표면의 물질로 덮인 뒤에 달 모듈로 장비를 다시 이송하는 데 문제가 발생했다. 이 장비에서 나온 먼지가 다시 밑에 있는 비행사 위로 떨어져 선실로 들어가 컨베이어가 작동하는 데 상당한 힘이 들 정도로 컨베이어가 결속되는 것 같았다. 달 모듈로 장비를 운송하는 방법은 비행 전에 제안되어 있었으며, 이러한 기법을 평가할 수 있는 기회는 없었지만 컨베이어에 비해 개선된 것일 수 있다고 생각된다.

4) 달 표면 탐사

6분의 1 중력 환경에서의 작업은 즐거운 경험이었다. 움직임에 적응하는 것은 어렵지 않았고 움직임도 자연스러워 보였다. 질량의 영향 대 견인력 부족과 같은 특정한 특성은 예상할 수 있지만 중요한 문제는 아니었다.

가장 효과적인 보행 수단은 자연적으로 진화한 루프인 것 같았다. 두 발이 동시에 달 표면을 벗어나는 경우가 가끔 있다는 사실에, 게다가 발이 지구에서처럼 빠르게 표면 위로 돌아오지 않는다는 사실까지 더해지자 걸음을 멈추려고 하기 전에 어느 정도 예상이 필요했다. 움직임이 어렵지 않았지만 우주복에 의한 저항이 눈에 띄었다.

미래의 탐사에서 비행사들은 손으로 작업하기 위해 무릎을 꿇는 것을 고려하기를 권한다. 무릎을 꿇은 자세로 왔다 갔다 하는 것은 문제가 되지 않고, 손으로 더 많은 일을 할 수 있게 되면 생산 능력이 향상될 것이다.

원격제어 장치 마운트의 카메라로 사진을 찍어도 아무런 문제가 없었다. 첫 번째 파노라마는 카메라를 손에 들고 있는 동안 찍혔지만 마운트에서 조작하는 것이 훨씬 쉬웠다. 카메라의 손잡이는 적절했고 부주의하게 찍힌 사진은 거의 없었다.

태양풍 실험은 쉽게 전개되었다. 달 표면 침투와 관련된 다른 작업과 마찬가지로 달 표면 물질은 약 4~5인치만 침투할 수 있었다. 실험용 마운트는 원하는 만큼 안정되지는 않았지만 똑바로 섰다.

텔레비전 시스템은 줄이 계속해서 방해가 된다는 것 외에는 별다른 어려움은 없었다. 처음에는 흰 줄이 잘 나타났지만 곧 먼지투성이가 되어 보기 더욱 어려웠다. 케이블은 릴 주위에 묶음 형태로 감겨 있어 표면에 완전히 평평하게 놓여 있지는 않았다. 그러나 평평할 때도 발은 여전히 그 밑으로 미끄러질 수 있었고 사령관은 여러 번 줄에 엉켰다.

모듈식 장비 보관 어셈블리 테이블이 그늘 깊이 있었기 때문에 벌크 샘플을 수집하는 데 예상보다 많은 시간이 필요했다. 해당 지역에서 샘플을 수집하는 것은 햇빛이 있는 곳에서 하는 것보다 매우 적절하지 않았다. 배기가스와 추진제 오염에서 최대한 멀리 떨어진 곳에서 시료를 채취하는 것도 적절했다. 각 표본에 단단한 암석을 포함시키려고 시도했고 상자를 채우려면 약 20번의 이동이 필요했다. (숟가락 모양의) 스쿠프가 고정되지 않아 시뮬레이션처럼 시료를 버리지 않고 퍼 올리는 것에 약간의 어려움이 있었다. 한 스쿠프 가득한 분량의 시료를 수집하기란 거의 불가능했고 이 작업에 계획된 시간의 약 두 배가 필요했다.

몇몇 작업은 햇빛을 받았다면 더 쉬웠을 것이다. 비록 그림자 속에서도 볼 수는 있었지만 햇빛에서 그림자로 걸어갈 때는 어둠에 적응하는 시간이 필요했다. 향후 미션에서는 하강 단계 작업 구역이 햇빛에 노출될 수 있도록 착륙 직전에 빗놀이 기동을 실시하는 것이 유리할 것이다.

과학 실험 패키지는 수동으로 배치하기 쉬웠고 여기에서 시간이 약간 절약되었다. 패키지는 관리하기 쉬웠지만 평평한 곳을 찾는 것은 꽤 어려웠다. 적절한 수평 기준을 이용할 수 없었고, 6분의 1 중력 환경에서는 물리적 신호가 정상 중력보다 효과적이지 않았다. 따라서 실험용 부지의 선정은 몇 가지 문제를 야기했다. 실험 장비는 달 표면의 재료가 주변 지역과 동일하고 안정적이어야 하는 얕은 분화구 사이의 영역에 배치되었다. 이 실험들 중 하나의 경사를 바꾸기 위해 상당한 노력이 필요했다. 단순히 장비를 강제로 내리려는 시도로는 내릴 수 없었고 초과된 달 표면 물질을 긁어내기 위해 실험 장비를 앞뒤로 움직일 필요가 있었다.

달 모듈 검사 중에 이상 징후는 포착되지 않았다. 2차 스트럿strut의 단열재는 열로 손상되었지만 1차 스트럿은 약간 타거나 그을음으로 덮여 있을 뿐이었다. 비행 전에 보았던 샘플보다 훨씬 손상이 적었다.

코어 튜브 샘플을 얻는 것은 약간의 어려움이 있었다. 튜브 표면에 4인치 또는 5인치 이상 힘을 가하는 것이 불가능했고 연장 핸들을 똑바로 세우기에 충분한 저항을 제공하지 못했다. 손잡이를 똑바로 세워야 했기 때문에 해머의 양손을 쓸 수 없었다. 게다가 우주복의 저항 때문에 아무리 큰 힘으로도 코어 튜브와 스윙을 안정시키기 어려웠다. 이 망치질은 실제로 여러 번 빗나갔다. 손잡이에 움푹 들어간 부분을 만들 수 있는 충분한 힘을 얻었지만 튜브는 약 6인치 깊이까지만 구동할 수 있었다. 추출하는 데는 별 어려움이 없었다. 견본 두 개를 채취했다.

허용된 남은 시간을 이용해 다양한 암석을 선택했지만 서류에서 요구한 샘플을 채취하기에 시간이 충분한 것은 아니었다.

선외 차량 유닛의 성능은 훌륭했다. 두 비행사 모두 열로 인한 불편함을 느끼지 못했다. 사령관은 대부분의 표면 작동에서 최소 냉각 모드를 사용했다. 달 모듈 조종사는 승화기 시동 직후에 최대 전환 밸브 위치로 전환해 42분간 작동한 뒤에 중간 위치로 전환했다. 스위치는 차량 외부 활동 기간 동안 중간 위치로 유지되었다. 햇빛에 가려진 부분과 그늘진 부분의 열 효과는 우주복 내부에서 감지할 수 없었다.

비행사들은 신체적으로 시원하고 편안하게 활동했으며 6분의 1 중력 환경에서 작업이 용이하다는 점은 향후 비행에서 더 큰 육체적 힘을 필요로 하는 작업을 수행할 수 있음을 뜻한다. 달 모듈로 샘플 반송 용기를 운반하는 동안 사령관은 육체적으로 약간 힘이 들었지만 그의 신체적 한계에 도달하는 수준까지는 아니었다.

5) 달 모듈 진입

달 모듈로 들어가는 것은 아무런 문제도 일으키지 않았다. 수직 점프를 할 수 있는 능력은 사다리를 오르는 첫발을 내디딜 때 유리했다. 무릎을 깊이 굽힌 다음 사다리에 뛰어오르면서 사령관은 세 번째 계단으로 발을 옮길 수 있었다. 6분의 1 중력 환경에서의 움직임은 점프한 뒤에 천천히 발을 놓을 수 있을 정도로 느렸다. 사다리는 가루로 된 달 표면 물질로 인해 약간 미끄러웠지만 위험할 정도로 미끄럽지는 않았다.

앞에서 설명한 것처럼 플랫폼에서의 이동성은 달 표면에서 장비를 교대로 이송하는 다른 방법을 개발하기에 적절했다. 해치는 쉽게 열렸고 비행 전에 개발된 진입 기술은 만족스러웠다. 해치를 반쯤 통과했을 때 휴대용 생명유지시스템의 앞쪽 끝을 낮게 유지하기 위해 뒤로 굽히는 노력이 필요했다. 서 있는 자세로의 전환과 관련된 노력은 거의 없었다.

선외 차량 유닛이 많기 때문에 조종석 주변을 이동하는 동안 스위치, 회로차단기, 그 밖에 제어장치에 부딪히지 않도록 주의해야 했다. 어떤 회로 차단기는 접촉하면서 사실상 파손되었다.

장비 분사는 계획대로 수행되었고 이륙에 필요하지 않은 항목을 결정하기 위해 소요된 시간도 적절했다. 상당한 무게 감소와 공간 증가가 이루어졌다. 해치를 통해 장비를 버리는 것은 어렵지 않았고 플랫폼 위에는 한 가지 품목만 남아 있었다. 입국 후 체크리스트 절차는 어려움 없이 수행되었다. 체크리스트는 잘 계획되어 있으며 정확하게 준수되었다.

6) 달에서의 휴식 시간

휴식 시간은 거의 완전한 손실이었다. 헬멧과 장갑은 선실 압력 상실에 대한 잠재적 불안감을 해소하기 위해 착용했으며 아무런 문제가 없었다. 그러나 소음, 조명, 낮은 온도 탓에 짜증스러웠다. 수류가 끊긴 상태에서도 우주복 차림은 불편할 정도로 서늘했다. 마침내 산소 흐름이 끊기고 헬멧을 벗었지만 글리콜 펌프에서 나는 소음은 잠을 방해할 정도로 컸다. 창문 차양이 빛을 완전히 차단하지 못했고 차양, 경고등, 디스플레이 조명 등을 통해 빛이 어우러지며 선실을 비추었다. 사령관은 상승 엔진 덮개 위에서 휴식을 취했지만 망원경을 통해 들어오는 빛에 신경이 쓰였다. 달 모듈 조종사는 몸의 위치가 문제가 되지 않았음에도 불구하고 두 시간가량 잠깐씩 잠을 잤고 사령관은 잠을 전혀 자지 않은 것 같았다. 중력이 줄어들었기 때문에 바닥과 엔진 덮개 자리는 모두 상당히 편안했다.

* * *

4.19 진입

1차 지구 귀환 구역(40만 피트의 진입 인터페이스에서 1285마일 아래 지점)에서 뇌우가 치고 있었기에 목표 착륙 지점을 진입 인터페이스에서 1500마일 범위까지 이동시켰다. 이 변경으로 예정된 짧은 진입 거리에 쓰는 프로그램이 아닌 컴퓨터 프로그램 P65(스킵 업 제어 루틴)를 사용해야 했다. 비행 전 시뮬레이션에서 이러한 진입을 거의 연습하지 않았기 때문에 이 변경은 비행사들을 불안하게 했다. 그러나 진입하는 동안 이러한 매개변수는 허용 가능한 한도 안에서 유지되었다. 진입은 자동으로 안내되었고 모든 면에서 정상이었다. 첫 번째 가속 펄스는 약 6.5g(지구 중력의 6.5배), 두 번째 가속 펄스는 약 6.0g(지구 중력의 6배)에 도달했다.

4.20 귀환

착륙할 때 18노트의 지상 바람이 낙하산을 가득 채웠고 낙하산을 분리하기 전에 명령 모듈을 정점 하향(안정 II) 부양 위치로 즉시 회전시켰다. 적당한 흔들림에 따른 진동으로 직립 시퀀스가 가속되었고 8분 이내에 종료되었다. 착륙한 뒤에 점검표를 작성하는 데 어려움은 없었다.

우주선 안에서는 생물 차단복을 착용하지 않았다. 보트로 비행사들을 이송하기 전에 해치를 닫고 살충제를 써서 있을지 모르는 우주선과 비행사들의 오염을 제거했다.

헬리콥터 픽업은 계획대로 수행되었지만 생물 차단복의 앞 유리에 낀 습기가 응결되면서 가시성이 상당히 저하되었다. 헬기를 통한 항공모함으로의 이송은 예상대로 신속하게 이루어졌지만 내부 온도가 높아 불편했다. 헬리콥터에서 이동식 방역 시설로 이송되면서 아폴로 11호의 항해가 완료되었다.

존 F. 케네디가 8년 전에 세운 목표가 달성되었다. 미국인들은 달로 날아갔다가 안전하게 지구로 돌아왔다. 아폴로 11호는 기술적으로나 정치적으로나 성공이었다.

1969년 7월 아폴로 11호의 미션이 마무리되면서 아폴로 20호까지 달로 향하는 아홉 편의 추가 비행이 계획되었다. 아폴로 12호부터 15호까지는 아폴로 11호와 동일한 기본 장비를 사용하지만 달의 다른 위치에 착륙해 달 표면에서 점점 더 오랜 시간 머무를 예정이다. 아폴로 16호에서 20호까지는 달 탐사선, 즉 우주비행사들이 달 표면을 횡단할 수 있는 소형 차량을 운반할 것이며 최대 78시간 동안 달에서 머무를 것이다.

아폴로 12호는 1969년 11월 14일 뇌우가 칠 때 발사되었다. 우주선이 처음 상승하는 동안 번개에 부딪혔고 잠시 동안은 미션이 중단될 것처럼 보였다. 그러나 이 위협은 지나갔고 달 모듈은 1967년 4월 달에 내려갔던 서베이어 3호와의 도보 거리 안에 정밀 착륙했다.

다음 임무인 아폴로 13호는 1970년 4월 11일 발사되었다. 이 미션은 지구에서 이틀 이상 떨어진 곳에서 서비스 모듈의 산소 탱크가 폭발하며 비행사들의 생명을 위협했다. 아폴로 13호 사령관인 제임스 러벌은 13호 미션을 수행하고 5년 뒤에 러벌과 그의 동료 프레드 헤이스와 잭 스위거트Jack Swigert를 지구로 안전하게 귀환시키기 위해 노력했던 비행사 본인들과 지상 팀의 비상한 노력에 대해 다음의 글을 남겼다.

문서 32

"NASA의 아폴로 달 탐사, '휴스턴, 문제가 생겼다'"•

아폴로 13호의 비행 이후에 많은 사람이 나에게 "그때 자살용 약을 가지고 있었나요?"라고 물어왔다. 우주비행사와 NASA의 임원으로서 보낸 11년 동안 그런 일은 들어본 적이 없다. 물론 나는 가끔 우주선이 폭발해 우리가 거대한 지구 궤도에서 영원히 돌게 되는 상황을 상상해 보았다. 그것은 우주 프로그램에 있어 영구적인 기념물 같은 것이다. 하지만 잭 스위거트, 프레드 헤이스, 나는 위험한 비행을 하는 동안 그러한 운명에 대해 말한 적이 없다. 생존을 위해 몸부림치느라고 너무 바빴던 것 같다. 우리는 살아남았으나 위험에 매우 가까웠다. 우리의 미션은 실패했지만 나는 그것이 성공적인 실패였다고 생각하고 싶다. 아폴로 13호는 1970년 4월 11일 토요일 휴스턴 시간으로 오후 1시 13분에 발사되었다.

돌이켜 보면 아폴로 13호 준비의 마지막 단계에서 일어난 여러 징조를 보고 경각심을 느꼈어야 했다. 먼저 달 모듈 백업 조종사인 찰리 듀크Charlie Duke가 실수로 우리를 독일 홍역에 노출시켰다. 그런데 헤이스와 함께 거의 2년 동안

• 1975년 제임스 러벌이 작성했다.

훈련했던 우리의 명령 모듈 조종사인 켄 매팅리Ken Mattingly가 독일 홍역에 면역이 없는 것으로 밝혀졌다. 나는 매팅리가 우주비행사들 중에서 가장 양심적이고 열심히 일하는 사람 중 하나라고 주장했다. NASA 청장인 페인 박사와 논쟁하며 나는 이렇게 말했다. "독일 홍역은 그렇게 나쁘지 않다. 만약 매팅리에게 홍역이 나타난다고 해도 그것은 우리가 지구로 귀환하는 중에 나타날 것이다. 이것은 별로 중요하지 않은 임무다. 아폴로 8호에서 지휘 모듈 조종사로 일한 경험에 비춰볼 때 필요하다면 헤이스와 내가 우주선을 지구로 조정해 내려올 수도 있다." 게다가 매팅리는 지금 홍역을 앓고 있지 않고, 어쩌면 그는 결코 홍역을 앓지 않을지도 모른다(5년 뒤에도 그는 여전히 홍역을 앓지 않았다).

페인 박사는 위험 부담이 너무 커서 안 된다고 했다. 그래서 나는 그렇다면 명령 모듈의 백업 조종사인 스위거트를 기꺼이 받아들이겠다고 했다. 그는 불과 이틀간의 정규 조종사 훈련만 받았지만 이를 통해 그의 능력을 증명했다.

* * *

그리고 2번 산소 탱크, 일련번호 10024X-TAOOG가 있었다. 이 탱크는 아폴로 10호의 서비스 모듈에 설치되었지만, 개조를 하려고 제거되었으며 그 과정에서 손상을 입었다.

이 탱크는 개조된 뒤에 서비스 모듈에 설치되어 1970년 3월 16일부터 케네디 우주센터의 카운트다운 시연 시험 동안 다시 테스트되었다. 탱크는 보통 절반 정도 비워진다. 1번 탱크는 정상적으로 작동했다. 그러나 2번 탱크는 용량의 92퍼센트만 비워졌다. 80프사이의 기체 산소는 액체산소를 배출하기 위해 환기구 라인을 통해 공급되었지만 소용없었다. 중간 불일치 보고서가 작성되었고, 발사 2주 전인 3월 27일 탱크를 비우는 작업이 재개되었다. 1번 탱크는 다시 정상적으로 비워졌지만 2번 탱크는 그렇지 않았다. 협력 업체와 NASA 직원들 간의 회의가 있은 뒤에 시험 책임자는 탱크 안의 전기 히터를 써서 2번 탱크에서 남은 산소를 '비등(끓여서 증발시킴)'하기로 결정했다. 이 기술은 효과가 있었지만, 산소를 방출하는 데 지상의 지원 장비로부터 65볼트의 직류 전원을 여덟 시간이나 공급받아야 했다.

뒤늦은 깨달음이었지만 나는 "멈추고 기다려라. 나는 이 우주선을 타고 있다. 나가서 저 탱크를 교체하라"고 요구했어야 했다. 유감스럽게도 나는 그냥 진행했고 아폴로 13호의 3억 7500만 달러에 달하는 실패의 책임을 다른 많은 사람들과 공유해야 한다. 거의 모든 우주비행에서 우리는 이런저런 실패를 겪는다. 하지만 이 경우는 인간의 실수와 기술적 비정상들의 누적이었다.

처음 이틀 동안 우리는 몇 가지 사소한 놀라움과 마주쳤다. 하지만 대개의 경우 아폴로 13호는 아폴로 계획 중 가장 순조로운 비행처럼 보였다. 이륙 후 46시간 43분 만에 교신 담당 조 커윈Joe Kerwin이 "우주선은 정말 좋은 상태에 있다. 여기 있는 우리는 지루해 눈물이 날 정도로 하품을 한다"라고 했다. 그것을 마지막으로 한동안 어느 누구도 지루함을 언급하지 않게 되었다.

이륙 후 55시간 46분에 우리가 무중력상태에서 얼마나 편안하게 지냈고 일했는지를 보여주는 49분짜리 텔레비전 방송을 끝냈을 때, 나는 축복의 기도를 했다. "아폴로 13호 비행사입니다. 모든 사람들이 좋은 저녁을 보내기를 기원합니다. 우리도 아쿠아리우스Aquarius(달 모듈의 별칭)에 대한 검사를 끝내고, 곧 오디세이Odyssey(명령 모듈의 별칭)로 돌아가 즐거운 저녁을 보낼 예정입니다. 안녕히 주무세요."

테이프에 녹음된 내 말은 부드럽고 상냥한 목소리였다. 다른 어떤 이들에게는 뚱뚱하고 멍청한 목소리로 들렸을지도 모르겠다. 좌우간 정말 즐거운 저녁이었다! 그리고 9분 뒤에 지붕이 떨어져 나갔고 2번 산소 탱크가 폭발하며 1번 탱크도 고장 났다. 우리가 전기, 빛, 물의 정상적인 공급이 끊겼음을 겨우 알아챘을 때 우리는 지구에서 약 20만 마일 떨어진 데 있었다. 지구로 즉시 귀환을 시작하기 위해 필요한 엔진을 짐벌gimbal(상하좌우 운동)시킬 힘조차 가지고 있지 않았다. 그 메시지는 날카로운 쾅 소리와 진동의 형태로 전달되었다. 스위거트는 쾅 하는 소리와 함께 경고등을 보며 "휴스턴, 문제가 생겼다"라고 말했다. 나는 올라와서 "주전력 공급선 B에서 전압 강하 발생"이라고 지상 팀에게 말했다. 시간은 4월 13일 21시 8분이었다.

다음으로 경고등은 우리의 주요한 전기 공급원이었던 연료전지 세 개 중 두 개를 잃어버렸다는 것을 알려주었다. 우리는 바로 실망감에 사로잡혔다. 연료전지 하나만으로는 달 착륙 미션이 불가능하기 때문이다. 경고등이 깜박이는 중에 나는 상황을 점검했다. 두 산소 탱크의 수량과 압력 게이지가 걱정되었다. 한 탱크는 완전히 빈 것으로 보였고 다른 탱크의 산소도 급속히 고갈되고 있다는 징후가 있었다. 단순한 계측기의 오작동일까? 나는 곧 알게 되었다.

폭발이 있은 지 13분 뒤에 나는 우연히 왼쪽 창문 밖을 내다보았고, 잠재적인 재앙을 알려주는 마지막 증거를 목격했다. 나는 "우주선이 우주로 무언가를 내뿜고 있다"라고 휴스턴에 보고했다. 교신 담당 잭 루스마Jack Lousma가 물었다. "로저, 가스 유출이라고 했나?" 나는 "그건 일종의 가스야"라고 답했다.

우리의 두 번째이자 마지막 남은 산소 탱크에서 산소가 빠른 속도로 빠져나가고 있었다. 휴스턴의 한 건물 꼭대기에서 몇몇 아마추어 천문가들은 실제로 우리 우주선 주변에서 팽창하는 가스층을 볼 수 있었다고 했다.

생존을 위한 준비

신경이 곤두섰고 달에 착륙하지 못하는 아쉬움은 모두 사라졌다. 이제는 생존이 관건이 되었다. 우리가 한 첫 번째 일은 산소 누출을 발견하기도 전에 명령 모듈과 달 모듈 사이의 해치를 닫으려고 시도한 것이다. "우리는 잠수함 승무원처럼 자발적으로 누출되는 양을 제한하기 위해 해치를 닫았다. 먼저 스위거트와 나는 꺼림칙한 해치를 잠그려고 했지만 뚜껑이 닫히지 않았다! 화가 났으나 선실에서 누출이 없었음을 깨닫고 우리는 해치를 명령 모듈 침상에 묶었다. 돌이켜 보면 뚜껑을 열어둔 것은 잘한 일이었다. 헤이스와 나는 곧 생존을 위해 달 모듈로 옮겨야 할 것이기 때문이었다. 그로부터 며칠 뒤에 우리가 달 모듈을 분사하기 직전에 해치를 닫고 잠가야 했을 때, 스위거트가 그 일을 쉽게 해냈다는 점이 흥미롭다. 비행이란 원래 그런 것이다.

1번 산소 탱크의 압력이 계속 하강해 300프사이를 지나 200프사이를 향해 가고 있다. 몇 달 뒤에 사고 조사가 끝났을 때, 2번 탱크가 폭발하면서 1번 탱크의 라인이 파열되거나 밸브 한 개가 누출되는 사고가 발생한 것으로 파악되었다. 압력이 200프사이에 이르자 우리가 모든 산소를 잃게 될 것이 분명해졌다. 이것은 마지막 연료전지 또한 죽게 된다는 것을 의미했다. 사고가 발생한 지 1시간 29초 만에 교신 담당 루스마는 글린 러니Glynn Lunney 비행국장의 지시를 받고 "산소가 천천히 바닥나고 있으며 우리는 달 모듈을 구명선으로 쓸지 고려하기 시작했어요"라고 알려왔다. 스위거트는 "저희도 그렇게 생각하고 있었어요"라고 답했다.

명령 모듈이 불능 상태가 된 뒤에 달 모듈을 구명보트로 쓰는 방안에 대해 많은 언급이 있어 왔다. 다행스럽게도 헤이스는 달 모듈을 제작한 롱아일랜드 주의 그러먼 공장에서 14개월을 보낸 뒤에 달 모듈의 최고 전문가가 되어 있었다. 헤이스는 이렇게 말했다. "달 모듈을 당시 우리가 썼던 방식으로 사용한다는 말을 들어본 적이 없다. 우리에게 절차가 있기는 했다. 우리가 본래 상정했던 것은 명령 모듈의 메인 엔진인 SPSService Propulsion System 엔진이 고장일 경우였고, 그럴 경우 달 모듈을 백업 추진 장치로 사용하기 위해 훈련받았다. 그렇다면 우리는 달 모듈 하강 엔진의 조합을 썼을 것이고, 어떤 경우에는 달 착륙을 위해 상승 엔진도 썼을 것이다. 그러나 우리가 실제 겪은 상황을 상정하고 계획을 세운 적은 없으며, 명령 모듈의 전원이 완전히 꺼지는 경우를 다룰 수 있는 절차는 명백히 없었다."

아폴로 13호가 안전하게 귀환하기 위해서는 많은 지혜가 필요했다. 우리 미션에 관해 남은 대부분의 자료는 지상 팀의 활동에 대한 것이다. 그리고 나는 미션 컨트롤 센터MCC: Mission Control Center의 훌륭한 사람들과 그들의 지원이 없었다면, 우리는 여전히 저 위에 있었을 것이라는 의견에 동의한다.

그럼에도 성공적인 귀환은 정말로 지상 팀과 비행사들의 팀워크였음을 말하지 않는다면 후회할 것이다. 나는 우주선 시스템에 대해 매우 잘 아는 두 명의 비행사들에게서 축복을 받았다. 고장 난 서비스 모듈은 나에게 달 모듈로부터 우주선 자세를 제어하는 방법을 빨리 다시 배우도록 강요했다. 이 일은 우리가 자세 표시기를 끄자 더 어려웠다.

명령 모듈에 전원이 15분밖에 남지 않았을 때 휴스턴의 교신 담당은 우리에게 달 모듈로 들어가라고 알려왔다. 두 시간 남짓 행복한 집처럼 보였던 우리의 쓸쓸하고 불쌍한 명령 모듈에서 스위거트가 마지막 일을 하도록 내버려 둔 채 헤이스와 나는 재빨리 터널을 통과해 달 모듈로 건너갔다. 헤이스는 내가 지금 이 글을 읽을 때처럼 나를 웃겼다. "나는 이렇게 빨리 돌아갈 거라고 생각하지 않았어." 그러나 1970년 4월 13일 그날은 실제로는 그 어떤 것도 재미가 없었다. 해야 할 일이 아주 많았다. 우선 지구로 돌아갈 수 있을 만큼 소모품이 충분할까? 헤이스는 계산하기 시작했다. 달 모듈은 겨우 45시간 동안만 버틸 수 있게 만들어졌지만 우리는 그것을 90시간까지 늘려야 했다. 우리에게 산소가 충분하다는 점이 밝혀졌다. 완전한 달 모듈 하강 탱크만으로도 충분한데다가 상승 엔진 산소 탱크 두 개와 달 표면에서 산소 공급에 쓸 예정이었던 배낭 두 개가 있었다. 이 배낭 위에는 각각 6~7파운드의 비상용 병 두 개가 들어 있었다(지구로의 재진입 직전에 달 모듈을 방출할 때 28.5파운드의 산소가 남아 있었는데, 이는 우리가 이 작업을 시작할 때의 절반 이상이었다).

우리는 시간당 2181암페어의 달 모듈 배터리를 갖고 있었다. 꼭 필요하지 않은 전기 장치를 모두 끄면 충분하다고 보았다. 명령 모듈 배터리는 달 모듈이 버려진 뒤에 재진입할 때 써야 하기에 계산하지 않았다. 사실 지상 팀에서는 조심스럽게 달 모듈의 전원으로 명령 모듈의 배터리를 충전하는 절차를 진행했다. 이미 밝혀진 것처럼 우리는 에너지 소비를 보통의 5분의 1로 줄였고, 그 결과 아쿠아리우스를 방출할 때 달 모듈 전력의 20퍼센트가 남아 있었다.

임무를 수행하는 동안 전기를 한 번 차단했다. 명령 모듈의 배터리 중 하나가 순간적으로 라인에서 떨어질 정도로 전압이 떨어졌다. 우리는 그 배터리를 영구적으로 잃어버리면 끝이라는 것을 알았다.

우리의 진짜 문제는 물이었다. 헤이스는 우리가 지구로 돌아가기 약 다섯 시간 전에 물이 모두 떨어질 것이라고 생각했다. 남은 시간은 약 151시간으로 계산되었다. 하지만 여기서도 헤이스에게는 방법이 있었다. 후속 미션이 그랬던 것처럼 달에 달 모듈 상승 단을 버리지 않은 아폴로 11호의 데이터 포인트가 있다는 것을 알고 있었다. 엔지니어링 테스트 결과 수냉각 없이 7~8시간 동안 이 메커니즘이 우주에서 생존할 수 있는 것으로 나타났다. 하지만 우리는 물을 절약했다. 우리는 보통의 하루 수분 섭취량의 5분의 1인 6온스까지 줄였고 과일 주스를 마셨다. 우리는 식사할 때 핫도그와 다른 습식 포장 음식을 먹었다(사고 탓에 우주선에 온수는 없었고 냉수에 물기 없는 음식은 입에 맞지 않았다). 우주에서는 목이 잘 마르지 않았지만 탈수가 심해졌다. 내가 아폴로 계획 전체에 걸쳐서 세운 기록이 있다. 내 체중은 14파운드 빠졌고, 다른 비행사들까지 포함하면 모두 31.5파운드가 줄어 다른 미션 비행사들과 비교해 거의 50퍼센트나 많이 체중을 감량했다. 이러한 엄격한 조치들로 전체 물 필요량의 약 9퍼센트인 28.2파운드만을 사용할 수 있었다.

헤이스는 우주선에서 이산화탄소를 제거하는 수산화리튬이 충분하다고 생각했다. 달 모듈에는 네 개의 카트리지가 있었고 백업으로 배낭에 네 개의 카트리지가 있었다. 하지만 그는 우리가 두 명이 아니라 세 명이 달 모듈에 있어야 한다는 점을 잊었다. 달 모듈은 두 명의 성인 남성이 이틀간 지낼 수 있도록 설계되었다. 이제 그것은 거의 나흘 동안 세 명의 성인 남성을 버텨야 했다.

둥근 구멍의 정사각형 말뚝

미션 컨트롤 센터가 놀라운 해결책을 내놓지 않았다면 우리는 우리의 폐가 내뿜는 이산화탄소로 죽었을 것이다. 문제는 명령 모듈의 사각형 수산화리튬

보관 용기가 달 모듈 환경 시스템의 원형 개구부와 맞지 않는다는 것이었다. 달 모듈에서 하루 반을 지낸 뒤에 이산화탄소가 위험 수준까지 쌓였다는 경고등이 들어왔을 때, 지상 팀에서 준비가 되었다는 연락을 받았다. 지상 팀은 우주선에 실려 있는 모든 재료, 즉 비닐봉지, 판지, 테이프를 사용해 명령 모듈의 용기를 달 모듈 시스템에 부착할 방법을 생각해 냈다. 스위거트와 나는 모형 비행기를 만드는 것처럼 그것을 조립했다. 이 기구는 그다지 잘생기지는 않았지만 효과가 있었다. 이것은 훌륭한 즉흥적 조치였고, 지상과 우주 사이의 협력의 좋은 사례가 되었다.

가장 큰 문제는 "어떻게 하면 지구로 안전하게 돌아갈 수 있을까?"였다. 달 모듈의 항법 시스템은 이러한 상황에 도움이 되도록 설계되지 않았다. 폭발 전 30시간 40분 동안 네 번의 정상적인 중간 궤도 보정을 했는데, 이 보정을 통해 지구로 귀환하는 궤도에서 벗어나 달 착륙 코스로 진입할 수 있었다. 이제 우리는 그것의 반환 코스로 다시 돌아가야 했다. 지상 팀이 계산한 달 착륙을 위한 35초의 엔진 점화를 통해 다섯 시간 뒤에 그 목표를 달성했다.

우리가 달에 접근했을 때 지상 팀은 달 모듈 하강 엔진을 다시 사용해야 한다고 알려주었다. 이번에는 지구로 돌아가는 속도를 높이기 위해 5분 동안의 긴 점화가 있었다. 달 반대편을 돌고 나서 두 시간 뒤에야 조종을 시작했는데, 나는 우리가 사용할 절차를 따라 하느라고 바빴다. 갑자기 나는 스위거트와 헤이스가 카메라를 꺼내 달 표면을 찍느라고 바쁘다는 것을 알았다. 나는 그들을 향해 믿을 수 없다는 표정을 지으며 말했다. "우리가 이 다음 작업을 제대로 하지 못하면 여러분이 그 사진을 현상할 수 없을 겁니다!" 그들은 "음, 당신은 전에 여기 와보았지만 우리는 그렇지 못 해요"라고 답했다. 사실 이들이 찍은 사진들 중 일부는 매우 유용한 것으로 밝혀졌다.

* * *

(별이 아닌 태양을 기준점으로 삼아 우주선 유도 시스템을 성공적으로 정렬시킨 뒤

에) 나는 미션 컨트롤 센터에서 환호했다는 이야기를 들었다. 쉽게 감정에 흔들리지 않는 제럴드 그리핀Gerald Griffin 비행국장은 다음과 같이 회상했다. "몇 년 뒤에 나는 과거 기록으로 돌아가 그 임무를 찾아보았다. 나는 몹시 초조했고 내 글은 거의 읽을 수 없을 정도였다. 내가 매우 흥분했음을 기억한다. '세상에, 그것이 마지막 장애물이야. 우리가 그렇게 할 수 있다면 나는 우리가 해낼 수 있다는 것을 알아.' 그 플랫폼을 적절하게 조정하는 것이 얼마나 중요한지 관련자들만이 알고 있었기 때문에 재미있었다." 그러나 그리핀은 교대 브리핑에서 정렬에 대해 거의 언급하지 않았다. 한 시간 뒤에 "그 점검은 정말 잘되었다"라는 말이 나왔을 뿐이다. 비행사로서 우리는 그것을 기자회견이나 이후의 언론 보도에서 위기라고 언급하지 않았다.

태양과의 정렬은 0.5도 이하로 떨어져 있었다. 할렐루야, 이제 우리는 근월점近月點 통과 두 시간 뒤에 5분 동안 점화를 확실하게 할 수 있음을 알았다. 그렇게 되면 우리의 항해 시간은 약 142시간으로 단축될 것이다. 우리는 고장 난 서비스 모듈, 전원을 끊은 명령 모듈, 집으로 돌아가기 좋은 달 모듈을 가지고 있었다. 하지만 불행히도 지구 대기로 들어가는 데 필요한 열 보호 장치는 없었다. 이제 우리에게 필요한 것은 우리가 축복받은 것처럼 보이는 전문 지식과 약간의 행운뿐이었다.

지치고 배고프고 젖고 춥고 탈수된 상태

이 여행의 불편함은 음식과 물 부족만이 아니었다. 추위 때문에 잠을 잘 수 없었다. 전기 시스템을 끄자 난방 시스템도 멈추었다. 창문으로 들어오는 햇빛은 별로 도움이 되지 않았다. 우리는 얼어붙은 수영장의 개구리처럼 덜덜 떨었는데, 특히 스위거트는 발이 젖어 있었고 달에서 신는 덧신도 없었다. 기온이 섭씨 3도까지 떨어진 것이 다는 아니었다. 땀이 흐르는 벽과 젖은 창문이 더욱 춥게 느끼게 만들었다. 우주복을 입을지도 고려했지만 부피가 크고 땀이 너무 많이 났을 것이다. 테플론을 코팅한 기내복은 촉감이 차가웠고 따뜻한 속옷이 얼마나 그리웠는지 모른다.

지구로 향하는 궤도를 방해하지 않으려고 안간힘을 쓴 지상 팀은 우리에게 어떤 폐기물도 버리지 말라고 말했다. 소변으로 뭘 해야 할지 여러 독창적인 생각들이 나왔다. 지구에 도착했을 때는 정말 기뻤다. 왜냐하면 우리에게는 써먹을 만한 아이디어가 완전히 바닥났기 때문이었다.

미션 컨트롤 센터가 이룬 가장 주목할 만한 성과는 오랫동안 차갑게 식어 있던 명령 모듈의 전원을 켜는 절차를 신속하게 개발했다는 것이다. 그들은 이 혁신을 통상적인 3개월이 아닌 단 사흘 만에 완성했다. 우리가 전원을 넣었을 때 명령 모듈은 차갑고 끈적끈적한 양철 깡통이었다. 벽, 천장, 바닥, 철망, 패널들은 모두 물방울로 덮여 있었다. 우리는 패널 뒤의 상황도 같을 것이라고 의심했다. 누전 가능성이 우리를 불안하게 만들었다. 그러나 1967년 1월 아폴로 1호의 참담한 화재를 겪은 뒤에 명령 모듈에 내장된 안전장치 덕분에 아크 방전은 발생하지 않았다. 이 물방울들은 우리가 대기권에서 감속할 때 다시 주목을 받았는데 그것들로 명령 모듈 내부에 비가 내렸기 때문이다.

착륙하기 네 시간 전에 우리는 서비스 모듈을 버렸다. 미션 컨트롤 센터의 사람들은 무방비 상태인 명령 모듈의 열 차폐에 우주의 추위가 어떤 영향을 끼쳤을지 몰랐기에 그때까지 그것을 유지하기를 주장했다. 서비스 모듈의 상태를 더 일찍 보지 않은 것은 다행이었다. 패널 하나 전체가 손상을 입어 잔해가 널려 있는 상황에서 떠내려가는 것은 안타까운 일이었다.

세 시간 뒤에 우리는 믿음직한 달 모듈과 헤어졌다. 달 모듈과 확실히 분리되기 위해 터널 안의 압력으로 폭파시켜 완전히 제거되도록 했다. 그러고 나서 우리는 사모아 근처의 태평양을 향해 천천히 아래로 떨어졌다. 사랑스럽고 사랑스러운 행성의 푸른 잉크 빛 바다로의 아름다운 착륙이었다.

* * *

닉슨 행정부는 야심 찬 포스트 아폴로 프로젝트에 관심이 없었고, 1970년 초에 NASA에게 앞으로 훨씬 더 적은 예산으로 운영할 계획을 세우라고 말했다. 이로 인해 NASA에게는 제한된 예산에 적응할 방안에 대한 일련의 결정이 필요했다. 1969년 12월 NASA 부청장이 된 조지 로는 1970년 1월 4일 NASA가 아폴로 20호를 취소하고 나머지 일곱 개의 임무는 기간을 연장해 1974년까지 이어간다고 발표했다. 계속되는 예산 삭감에 직면하자 열흘 뒤에 토머스 페인 청장은 15번째 새턴 V 발사체가 완성되면, 앞으로 새턴 V의 생산은 무기한 중단한다고 발표했다. 달에 인류 최초로 착륙한 지 6개월 만에 미국은 미래 우주탐사의 핵심인 초대형 발사 능력을 근본적으로 포기했다.

여기에 더 많은 취소가 있을 예정이었다. NASA 지도부는 아폴로호의 미래 미션과 포스트 아폴로 계획에 드는 비용을 백악관이 제안한 예산 절감에 어떻게 맞출지 고민했다. 아폴로 13호의 비극에 가까운 사건 이후에 NASA 내부의 일부 사람들은 추가적인 아폴로 미션의 이득이 관련된 위험에 비해 크지 않다고 판단했다. 마지못해 NASA 지도부는 달 탐사 로버가 없는 마지막 미션인 아폴로 15호와 아폴로 19호를 취소하는 데 동의했다. 아폴로 14호 이후 남은 비행 계획들은 아폴로 15호에서 17호까지로 번호를 변경했다. 1970년 9월 1일 NASA는 리처드 닉슨 대통령에게 다음의 편지를 보내 이러한 결정을 공식 전달했다.

문서 33

"대통령님께 드리는 편지"•

친애하는 대통령님께

NASA는 이제 남은 여섯 개의 아폴로 달 착륙 미션을 포함하는 유인 비행 프

• 1970년 9월 1일 토머스 페인 청장이 작성했다.

로그램의 미래에 대해 집중적인 검토를 마쳤다. 기존에 계획했던 여섯 개 달 착륙 중 네 개는 계속하지만 나머지 두 개는 포기해야 한다고 판단했다. 아폴로 15호와 19호의 준비에 따른 지출을 피하고, 유지하게 될 미션에 필요한 자원을 집중하기 위해서는 이 시기에 이러한 결정을 내릴 필요가 있다. 이 연구를 수행하는 동안 우리는 과학계에 조언을 요청해 받았으며 백악관 직원들과 의회의 관련 위원회와도 적절한 관계를 유지해 왔다.

우리가 마지못해 그러나 압도적인 합의로 이 두 미션을 취소하기로 결정한 가장 설득력 있는 이유는 NASA에 대한 현재의 그리고 합리적으로 예측 가능한 자금 긴축 때문이다. 아시다시피 NASA는 1971년 회계연도의 세출 법안을 아직 가지고 있지 않다. 하지만 거부권이 있는 주택도시개발부HUD: Department of Housing and Urban Development와 독립사무소법안Independent Offices Bill에서 의회가 의결한 32억 6870만 달러를 초과하지 않는 수준으로 운영하기 위해서는 현실적이어야 한다. 이것은 대통령님의 예산 요구액보다 6400만 달러 적은 금액이다. 게다가 책임 있고 미래에 대한 현실적인 견해는 향후 몇 년간 NASA 예산의 증액이 대통령님의 최우선 목표를 수행하는 데 필요한 것보다 적을 것이라는 점이다. 우리는 두 개의 달 착륙 미션을 취소하면 향후 4년 동안 NASA의 지출이 7억 달러에서 9억 달러 정도 감소할 것으로 추산한다.

과학계는 달·행성탐사위원회, 국립과학원 우주과학위원회를 통해 도출될 과학적 이익에 기초해 나머지 여섯 편의 비행이 유지되기를 강력히 지지했다. 나는 이들의 견해를 충분히 이해하고 공감하지만 우리가 내린 판단은 진행 중인 미래의 NASA 프로그램이 가져다줄 이익이 이렇게 어려운 임무에 뒤따르는 위험을 능가하지는 못한다는 것이다.

이전에 계획된 여섯 편의 달 비행은 자금 제약으로 작년에 생산이 중단된 새턴 V 발사체를 이용할 것이다. 소련이 대형 발사체 개발에 진전을 본 것에 비추어 볼 때 우주정거장의 발사, 예정 임무를 위한 백업 발사체의 보유, 그 밖에 예기치 않은 국가적 요구를 위해 적절한 새턴 V 능력을 유지하는 것이 현명하다. 아폴로 15호와 19호 미션을 취소하면 두 기의 새턴 V를 예비 보유할 수 있게 된다.

대통령님도 아시다시피 각각의 달 미션은 그 자체로 독특한 위험을 가지고 있다. 우리는 이것을 인정하고 책임을 받아들여야 한다. 두 미션을 취소함으로써 전반적인 위험의 감소가 분명히 있으며 두 미션 사이에 큰 시간적 간격 없이 2년 안에 비행하도록 나머지 네 개의 아폴로 달 착륙 미션을 재조정함으로써 이 장점은 배가된다. 이러한 빡빡한 스케줄로 인해 생겨난 모멘텀과 사기는 제가 보기에 안전상의 뚜렷한 이점이다.

제안된 새로운 유인 우주비행 프로그램은 1971~1972년에 남은 네 개의 달 미션을 6개월 간격으로 비행할 것이다. 이어 1973년에 세 명의 우주비행사로 구성된 세 팀이 우주정거장의 프로토 타입을 방문하는 스카이랩Skylab 프로그램이 있을 것이다. 1975년의 새로운 우주왕복선의 첫 시험비행까지 미국의 유인 비행에 공백이 있을 것이다. 이 비행들은 1976년까지 계속될 것이며 이 우주왕복선의 첫 유인 궤도비행은 1977년에 이루어져야 한다. 이 프로그램은 단기적으로는 유인 비행의 감소를 의미하지만, 이로써 1970년대 후반의 우주 발사체에 대한 건전한 개발 프로그램이 가능해진다. 현존하고 예측 가능한 단기적 자금 조달 상황에 비추어 볼 때 이것은 분명 우주와 항공에서 국가의 미래에 대한 가장 현실적이고 미래 지향적인 접근법이다.

리처드 닉슨은 1969년 12월 여덟 개의 추가 아폴로 미션의 필요성에 대해 의문을 품게 되었다. 1971년 초에는 그의 동료들에게 아폴로 16호와 17호라는 마지막 두 개의 미션을 취소하도록 압력을 가하고 있었다. 거의 비극에 가까웠던 아폴로 13호는 달 탐사를 계속하는 것이 옳은지에 대한 대통령의 회의를 강화시켰다. 페인 청장은 1970년 9월 사임했다. 후임자가 선정될 때까지 조지 로가 청장 대행을 수행했다. 1971년 5월 유타 대학교 전 총장이자 경영자 출신인 제임스 플레처James Fletcher가 신임 NASA 청장이 되었다. 플레처는 그해 11월에 캐스퍼 와인버거Caspar Weinberger 백악관 예산관리국OMB: Office of Management and Budget(예산국의 후신) 부국장에게 남은 두 개의 아폴로 미션을 취소하는 것은 좋지 않다는 의견과 근거, 그리고 대통령이 계속해서 미션 취소를 요구할 경우 필요한 조치 등을 제시하는 편지를 썼다.

문서 34

"캐스퍼 와인버거 백악관 예산관리국 부국장에게 보내는 편지"•

친애하는 와인버거에게

지난주 우리의 대화에서 귀하는 대통령이 아폴로 16호와 17호의 취소를 고려하고 있음을 시사했다. 그러한 결정이 내려질 경우 나쁜 결과를 상쇄하거나 최소화하기 위해 취해야 할 조치에 대해 나의 견해를 물었다.

과학적인 관점에서 볼 때 이 마지막 두 미션은 매우 중요하다. 특히 아폴로 17호는 아폴로 18호와 19호 비행 때 계획했던 가장 진보된 실험 중 일부를 실행하는 유일한 비행이 될 것이었지만 작년에 취소되었다. 우리가 아폴로 15호와 그 전의 미션에서 파악한 것을 토대로 우리는 달 전체가 어떤 것인지, 즉 그 구조, 구성, 자원, 어쩌면 기원까지도 발견하기 직전인 것 같다. 아폴로 16호와 17호가 이러한 발견으로 이어진다면 아폴로 계획은 인간의 가장 위대한 모험일 뿐만 아니라 가장 위대한 과학적 업적으로 역사에 기록될 것이다. 이미 아폴로 계획에 투자된 240억 달러에 비해 엄청난 과학적 잠재력과 상대적으로 적은 비용(1억 3300만 달러)을 감안할 때 나는 NASA 청장으로서 이 프로그램을 지금 계획한 대로 완성할 것을 강력히 권고한다.

그럼에도 아폴로 16호와 17호를 취소한다면 그 결과는 중대한 과학적 기회를 잃는 것 이상으로 심각할 것이다. 충격을 상쇄하고 최소화하기 위해 보상 조

• 1971년 11월 3일 제임스 플레처 청장이 작성했다.

치를 동시에 취하지 않는 한 이 결정은 쉽게 회복하지 못할 타격이 될 수 있다. 귀하가 요청한 대로 주된 불리한 결과를 요약하고 나서 필요한 보상 조치에 대한 권고 사항을 개략적으로 설명하겠다.

주요 부정적인 결과

1) 의회와 국민의 지지도에 부정적 영향

아무런 강력한 보상 조치 없이 아폴로 16호와 17호를 취소한다면 현재 우주 프로그램이 누리고 있는 지원을 약화시키고 우주에서 미국의 위상을 유지하기 위해 필요한 수년간의 지속적인 지원을 위태롭게 만들 것이다. 최초의 달 착륙 이후 우주 프로그램에 대한 열정이 줄어들었음에도 불구하고, NASA는 우주 프로그램이 미국의 이익에 필수적이라는 행정부와 NASA 지도부의 판단을 상당 수 수용했기 때문에 매년 예산 요구액의 98퍼센트 이상을 받고 있다(1972년 회계연도는 99.94퍼센트). 아폴로 16호와 17호의 취소는 두 가지 면에서 이 지지를 약화시킬 것이다.

첫째, 이것은 1972년 회계연도의 예산을 방어하기 위해 우리가 최근에 강력하게 지지했던 입장을 갑자기 뒤집는 것이다. 그렇기 때문에 우주 프로그램과 다른 주요 요소에 대한 우리의 신뢰성에 의문이 제기될 것이다.

둘째, 이것은 의회와 대중의 마음속에서 우주 프로그램의 상징이자 성공의 상징이었던 NASA의 가장 잘 알려지고 가장 눈에 띄며 가장 흥미진진한 프로그램을 끝내게 할 것이다.

이러한 요소들은 강한 긍정적인 행동으로 상쇄되지 않는 한 '도미노' 효과를 가져와 우주 프로그램에 대한 자신감과 관심의 상실을 초래할 수 있다. 그리고 우주에서 미국의 장기적이고 미래에 필수적인 프로그램에 대한 지지를 잃게 만들 수 있다.

2) 과학과 과학계에 미치는 영향

과학계는 아폴로 16호와 17호를 강력히 지지하고 있다. 이 미션들이 대통령 과학 고문, NASA의 모든 과학 자문 그룹, NASA 지도부, 의회로부터 받은 강력한 지원을 놓고 볼 때 취소 결정은 이들에게 충격과 놀라움으로 다가올 것이다. 강력하고 소리 높은 비판이 있을 것이다.

3) 산업계에 미치는 영향

아폴로 16호와 17호의 취소에 따른 직접 영향으로 1972년에만 6000개가 넘는 항공·우주 분야의 일자리가 추가로 줄어들 것이다. 가장 크게 타격받는 지역은 캘리포니아주 남부, 롱아일랜드, 케이프커내버럴, 휴스턴일 것이다. 취소 결정이 우주왕복선과 같은 다른 프로그램을 진행하고 촉진하겠다는 약속과 행동 이행과 연계되지 않는 한 그것은 이미 심각한 상처를 입은 산업계에 실질적이고 심리적인 엄청난 타격이 될 것이다.

4) NASA에 미치는 영향

NASA에 대한 영향은 휴스턴, 헌츠빌, 케이프커내버럴에서 가장 강하게 느낄 것이다. 중요한 문제는 1973년 스카이랩 임무를 안전하게 수행하기 위해서는 우리가 의지해야 할 팀을 1년 이상 함께 유지하는 것이다. 우리는 현재 아폴로 16호와 17호에 배정된 16명의 우주비행사들이 겪을 어렵고 가시적인 미래에 대처해야 한다. NASA 전체의 사기에 미칠 타격은 취소 결정이 다시 미래의 프로그램에 대한 명확한 결정이나 약속과 결합하지 않는 한 심각할 것이다.

5) 대중에게 미치는 영향

우주탐사에 대한 열광적인 지지자 그룹은 프로그램의 취소가 제안된 데 대해 매우 실망할 것이다. 이 그룹에는 아폴로 발사를 보기 위해 종종 아주 먼 거리에서 케이프커내버럴로 오는 수백만 명의 사람들과 텔레비전을 통해 이륙을 면밀히 주시하는 훨씬 많은 수의 대중을 포함한다. 이 그룹들이 미국에서 소수일지 모르지만 이들의 목소리는 꽤 크며, 사실 규모 면에서도 확실히 무시할 수 없을 것이다.

6) 해외에 미치는 영향

미국 해외공보처USIA: United States Information Agency는 아폴로 계획이 해외에서의 미국 이미지에 중요한 긍정적 요인이 되어왔다고 보고한다. 아폴로 16호와 17호를 취소한다면 향후에라도 그 결정이 미칠 영향이 평가되어야 한다.

* * *

필요한 합리적 근거와 조치

아폴로 16호와 17호를 취소할 경우 우주 프로그램, 행정부와 개인, '이해 공동체'에 대한 부작용을 최소화하기 위해 건설적인 조치를 취하는 것이 필수적이다. 그러한 조치는 취소 결정에도 불구하고 대통령이 강력한 과학적 목적의 유인 우주 프로그램을 계속해서 지지한다는 것을 분명히 하는 것이다.

* * *

합리적 근거

이 입장을 뒷받침하는 근거는 다음과 같다.

첫째, 미국의 우주 프로그램에는 세 가지 기본 목적이 있다. 탐사, 과학 지식의 습득, 지구상의 인간을 위한 실용적인 응용이다.* 우리는 항상 이러한 목적들 사이에서 적절한 균형을 이루기 위해 노력해야 한다.

둘째, 오늘 우리는 우주 프로그램의 두 가지 측면을 강조해야 한다. 우리는

* 1970년 3월 7일 대통령의 성명을 참조한다.

현재 가능한 실용적인 용도에 최우선 순위를 두고, 미래에 더 넓고 효과적인 우주의 사용을 가능하게 하는 지구 지향적 시스템의 개발을 추진해야 한다.

셋째, 우주에서의 미래, 즉 과학과 탐험에서 그리고 실용적인 응용에서 중요한 것은 우주로의 일상적인 접근이다. 우주 활동은 향후 우리 삶의 일부가 될 것이다. 이러한 활동은 현재처럼 복잡하고 요구가 많으며 비용이 많이 든다면 계속해서 지속될 수 없다. 우리가 앞으로 우주로 나가고 지구로 돌아오려면 새롭고 간단하며 비용이 덜 드는 기술을 개발해야 한다. 이것이 우주왕복선 프로그램의 목표다. 우리가 우주왕복선 개발을 서두를수록 우주과학과 탐사에서 얻은 지식을 지구상의 인간을 돕는 쪽으로 더 빨리 돌릴 수 있을 것이다.

넷째, 우주에서 가장 효과적으로 활동하기 위해 인간은 우주에서 가장 잘 거주하고 일할 수 있는 방법에 대해 더 많이 배워야 한다. 그래서 우리가 우주왕복선을 개발하는 동안에 스카이랩을 이용해 더 오랜 시간 동안 우주에서 하는 작업을 수행해야 한다.

다섯째, 그럼에도 한정된 자원 안에서 이 모든 것을 하기 위해서는 무엇인가를 포기해야 한다. 모든 요소를 고려할 때 가장 마지못해 포기해야 할 프로젝트가 아폴로 계획의 남은 부분인 아폴로 16호와 17호다. 이 조치는 당분간 미국의 유인 탐사와 과학 프로그램을 위축시킬 것이다.

여섯째, 우리는 1976년 7월 화성에 바이킹을 착륙시키고 이번 10년 안에 그랜드 투어Grand Tour*와 함께 무인우주선으로 외행성인 목성과 그 너머의 우주 깊숙한 곳까지 탐험을 계속할 것이다. 고에너지 천체관측위성HEAO: High Energy Astronomy Observatory이나 다른 우주선과 함께 이 무인 과학 프로그램은 우주에 대한 우리의 근본적인 지식을 계속 확대할 것이다. 단지 유인 과학과 유인 탐사만이 삭감될 것이다.

---

* 1970년대 초 NASA가 추진한 행성 대탐사 프로그램(Planetary Grand Tour Program)의 별칭이다 _ 옮긴이.

일곱째, 미국은 우주에 사람을 계속 보내야 한다. 인간은 우주를 날 것이고 우리 자신과 자유세계는 이 위대한 모험에 대한 책임을 저버릴 수 없다. 그러나 한동안 인류는 지구 너머의 탐험은 기계에게 맡기고 여기 지구상의 실제적인 필요를 위한 우주개발 활동에 관심을 기울여야 할 것이다.

* * *

결론들

나는 아폴로 16호와 17호의 취소에 반대할 것을 권고한다. 왜냐하면 이 비행들은 과학적으로 중요하기 때문이다. 그리고 NASA의 우주 프로그램에 대한 전반적인 지원의 상당 부분은 이러한 비행에 관한 우리의 행동에 달려 있기 때문이다.

그럼에도 NASA가 아닌 외적인 이유로 아폴로 16호와 17호를 취소해야 한다면 다음의 사항을 수행해야 한다.

① 지구 근방에서 진행하는 유인 우주 프로그램에 대한 지원을 강화한다.

② 신뢰할 수 있고 뒷받침할 수 있는 조치에 대한 근거를 마련한다.

③ 그 밖에 NASA 프로그램과 지원에 미치는 영향을 최소화하기 위해 보상 조치를 취한다.

국내의 요구가 절실한 이 시기에 아폴로 16호와 17호를 취소한다면 그에 대한 근거가 필요하다. 그것은 앞으로 유인 우주 프로그램이 탐사나 과학 지향적이 아니라 지구 지향적이어야 한다는 것이다.

보상 조치에는 우주왕복선의 조기 승인, 스카이랩과 우주왕복선 사이의 '갭을 메우는' 미션들, 다수의 증강된 무인 우주과학 프로그램, NASA의 총예산을 1971~1972년 회계연도 수준에서 약 33억 달러 수준으로 유지하는 것이 포함된다.

남은 두 아폴로 미션에 대한 리처드 닉슨의 생각은 1971년 11월 24일에 대통령 자신, 존 에를리히먼 국내 정책 고문, 조지 슐츠George Shultz 예산관리국 국장, 존 코널리John Connally 재무부 장관 간에 다양한 예산 문제를 논의한 다음의 대화록에서 포착되었다. 1972년 11월 대선을 앞두고 닉슨은 아폴로의 발사를 원하지 않았다. 대통령은 이 회의가 끝난 뒤에 결국 아폴로 16호의 발사를 허락했는데, 16호 발사는 1972년 중반에서 1972년 4월로 변경되었고 선거 시기와 가깝지 않도록 했다.

문서 35

"대통령 집무실 대화록"•

리처드 닉슨　우주? 이건 뭐가 문제인가요?

존 에를리히먼　여기서 문제는 다음 두 번의 발사(아폴로 16호와 17호)를 계속 진행해야 하는지 여부입니다.

닉슨　안 됩니다! 선거 전에 쏘면 안 되어요.

에를리히먼　그럼 관련된 직원들은 다 어떻게 하지요?

닉슨　그 발사들 때문에요? 조지, 몇 명입니까?

조지 슐츠　1만 7500명 정도입니다.

닉슨　지금과 선거 사이의 우주선 발사는 느낌이 좋지 않아요.

에를리히먼　하지만 우주 프로그램을 순수하게 일자리 개념으로 접근한다면 발사 취소는 고용 창출 측면에서는 최악입니다.

존 코널리　이제 미국인들은 우주 발사에 감명을 받지 못하고 있어요.

닉슨　NASA는 이 마지막 두 번의 발사로 달에 대해 믿을 수 없는 것들을 발견하게 될 것이라고 말하는데, 미국인들은 "그래서 뭐?"라고 할 겁니다.

• 1971년 11월 24일 리처드 닉슨 대통령의 대화록이다.

슐츠 다른 가능성을 생각해 볼 수 있을까요? 마지막 발사에는 이전의 아폴로 계획에서 취소했던 많은 양의 과학적인 장치들을 적재할 것이고, 그 발사는 선거 뒤로 예정되어 있습니다.

닉슨 나는 별 볼일 없는 돈 낭비로만 보입니다. 사람들을 계속 붙잡아 두되 발사하지는 마세요. 나는 지금 상황에서 발사가 중대 사안이라고 생각하지 않아요. 어쩌면 제2의 아폴로 13호 사태가 반복될 수도 있지요. 그것은 우리가 마주칠 수 있는 최악의 상황입니다. 굳이 그런 위험을 감수하지 맙시다. 지금부터 선거 사이에 어떤 발사도 없을 것입니다. 마지막 발사는 좋아요. 이 마지막 발사를 진행합시다.

NASA는 1971년 8월 13일 지질학자 해리슨 슈미트Harrison Schmitt 박사를 아폴로 17호의 달 착륙선 조종사로 포함시킨다고 발표했다. 슈미트는 1965년에 NASA에 와서 달 탐사에서 진행될 과학을 계획하는 데 깊이 관여해 왔다. 이것은 아폴로 계획에 적어도 훈련된 과학자 한 명을 승무원으로 포함시켜야 한다는 과학계의 압력이 반영된 결과였다.

슈미트의 선정은 1971년 7월 26일 당시까지 완수된 미션 중 과학적으로 가장 성공적이었던 아폴로 15호에 뒤이어 이루어졌다. 15호 미션에서 처음으로 달 탐사 차량을 달에 가져갔는데, 이 월면차 덕분에 데이비드 스콧과 제임스 어윈James Irwin은 이전 세 명의 비행사들이 달 표면을 이동했던 거리보다 훨씬 먼 거의 17마일을 횡단할 수 있었다. 비행사들은 3일을 달에서 보냈고 세 차례 선외활동을 했다. 가장 중요한 업적은 이들이 달 생성 초기에 녹아 있던 바깥층에서 굳은 최초의 물질인 원시 달 껍질 표본을 확인해 지구로 가져왔다는 것이다. 이 표본들 중 하나는 제네시스 록Genesis rock•이라고 알려지게 된다.

• 1971년 아폴로 15호 미션 때 달에서 채취한 회장석으로 '창세기의 암석'으로 불린다. 최소한 40억 년 전 태양계 생성 초기의 것으로 추정한다 _ 옮긴이.

아폴로 16호는 1972년 4월 16일 이륙했다. 이 미션은 아직 달의 미탐사 지역인 달의 고지대Lunar Highland에 상륙하는 것이 목표였다. 아폴로 16호의 목표는 이전의 미션과 비슷했으며 달 표면의 대부분을 대표하는 것으로 생각되는 지역을 특징짓는 데 초점을 맞추었다.

이전의 모든 아폴로 미션은 낮 시간대에 발사되었다. 아폴로 17호는 세 시간가량 지연된 끝에 1972년 12월 7일 새벽 12시 33분에 이륙했다. 새턴 V의 다섯 개의 F-1 엔진에서 뿜어져 나오는 생생한 빛이 환상적인 광채를 뿜으면서 밤하늘을 비추었다. 탐사를 마치고 우주비행사들이 마지막으로 달 표면을 떠날 준비를 하자 지휘관 유진 서넌Eugene Cernan이 달 표면에 남길 달 모듈 하강 단의 명판을 공개했다. 여기에는 "이제 인간은 달에 대한 첫 탐험을 끝냈다"라고 쓰여 있었다. 달 풍경을 마지막으로 바라보며 서넌은 덧붙였다. "우리는 달의 타우루스-리트로Taurus-Littrow 계곡에 처음 왔을 때처럼 이제 떠납니다. 그리고 신의 뜻대로 인류의 평화와 희망을 갖고 다시 돌아올 것입니다." 달 착륙선 챌린저Challenger호는 12월 14일 오후 5시 55분 달을 이륙했다.

이 출발과 함께 적어도 다음 반세기 동안 인류 역사상 주목할 만한 시대는 막을 내렸다. 처음으로 인간은 고향 행성을 떠났다. 아폴로 17호가 달을 떠난 뒤에 발표된 다음의 성명에서 닉슨 대통령은 "이번이 인간이 달에 걸어갈 수 있는 금세기의 마지막 시간일지도 모른다"라고 선언했다. 그는 1969~1972년에 내린 결정으로 이 예언을 현실로 바꾸었다.

문서 36

"아폴로 17호 달에서 이륙 후 성명"•

챌린저호가 달의 표면을 떠나면서 우리는 우리 뒤에 무엇을 남겨두고 가는

• 1972년 12월 14일 리처드 닉슨 대통령이 발표했다.

지가 아니라 우리 앞에 무엇이 놓여 있는지를 의식한다. 인류를 앞으로 끌고 가는 꿈들은 우리가 이 꿈들을 충분히 강하게 믿고 근면과 용기를 가지고 추구한다면 언제나 구할 수 있는 것처럼 보인다. 한때 우리는 별들 속에서 혼돈의 시간을 보냈지만 오늘날 우리는 그들 가까이로 다가가고 있다. 우리가 불가능한 것을 꿈꾸고, 불가능한 것에 과감히 도전하고, 불가능한 것을 행하는 것은 그것이 인간의 운명이기 때문만이 아니다. 지구와 마찬가지로 우주에서도 발전과 인간 존재의 영역 확대에 대한 새로운 해답과 기회가 있기 때문이다.

이번 탐사는 아마도 이번 세기 안에 인간이 달 표면을 걷는 마지막 순간일 것이다. 그러나 우주탐사는 계속될 것이고 그에 따른 혜택도 지속될 것이다. 우주탐사를 통한 지식의 탐구는 계속될 것이며 우리가 배운 것을 바탕으로 추구할 새로운 꿈이 나타날 것이다. 그러므로 우리가 목격한 것의 중요성을 오해하지도 말고 위엄을 놓치지도 말자. 이 시대에서 다른 시대로의 역사적 흐름을 이렇게 분명하게 표시한 사건은 거의 없다. 만약 우리가 아폴로호의 이 마지막 비행의 의미를 이해하고자 한다면 많은 업적들을 언급해야 한다.

유진 서넌, 해리슨 슈미트, 로널드 에번스Ronald Evans, 당신들이 지구로 무사히 귀환하도록 신의 가호가 있기를 바란다.

제4장

—

불확실한 미래를 향하여

"인간을 화성에 보낸다는 장기 목표 이외에 유인 우주비행 프로그램에 대한 더 강력하고 설득력 있는 국가 비전은 없다. (……) NASA에서 가장 주목받는 임무에 대한 국민적 합의가 부족하고 예산의 불확실성 탓에 전략적인 초점을 맞추지 못하고 있다." 이 판단은 마지막 아폴로호가 달을 떠난 지 40년 뒤에 나왔다. 이것은 아폴로 계획 이후 미국의 유인 우주비행 프로그램을 위해 폭넓게 수용되는 목표와 이를 달성하기 위한 전략이 수년 동안 부재했음을 반영한다. 이 장과 그 안에 수록된 문서들은 "왜 아폴로 계획 이후 지금까지도 다음 단계의 유인 우주비행에 대한 근거와 방향에 대한 합의가 없었는가?"라는 질문에 답하려는 시도다. 이것은 인류가 마지막으로 달에 발을 내디딘 이후 수십 년간 취했던 잠정적인 조치들과 실행되지 않았던 미국 대통령들의 결정이라는 관점에서 구성된다.

물론 미국인들이 마지막으로 달을 떠난 이후에도 50년간 미국의 우주 활동은 발전해 왔다. 이 장에는 그동안 우주왕복선이 133번의 성공적인 미션을 수행했고, 그중 37번은 궤도상 연구 실험실인 국제우주정거장의 조립과 준비에 기여하는 등 지구 저궤도에서 이룬 눈부신 성취를 강조하는 문서들도 포함될 것이다. 그러면서 재앙으로 끝난 두 번의 우주왕복선 미션으로 각각 일곱 명의 비행사가 사망했던 비극도 다룰 것이다.

1969년 1월 대통령이 되면서 리처드 닉슨은 아폴로 계획 이후 미국의 우주 전략의 필요성을 인식했다. 1968년 12월 아폴로 8호 미션의 성공은 1969년 동안 달 착륙을 위한 첫 시도가 이루어지도록 보장했다. 이것은 곧 1960년대 미국의 우주개발을 이끌었던 존 F. 케네디가 1961년에 세운 목표의 달성을 의미했다. 인류의 첫 달 착륙 이후 우주 프로그램의 목표와 속도에 관한 결정이 필요하며, 이러한 결정을 위한 일부 검토가 첫 번째 단계가 될 것이 분명했다.

닉슨 대통령은 1969년 2월 13일 스피로 애그뉴Spiro Agnew 부통령에게 우주 문제에 대한 관계 기관 간 우주임무그룹의 의장을 맡기며 "미국의 우주 프로그램이 포스트 아폴로 시대에 취해야 할 방향에 대한 최종적인 권고"를 제시해 줄 것을 요청했다. 애그뉴에게 우주 문제에 대해 특별한 배경이 있었던 것은 아니었고, 그가 국가항공우주위원회 의장이었기 때문이었다. 닉슨은 우주임무그룹에 9월 1일까지 보고해 줄 것을 요청했다.

1968년 11월 NASA 청장 대행이 된 토머스 페인은 닉슨 행정부가 출범하면서도 계속 역할을 수행했다. 페인은 우주탐사의 선각자였고 활동가였다. 그는 관리자 역할에 만족하지 않았다. 그리고 그는 민주당원임에도 불구하고 계속해서 같은 위치에 머물기를 희망했다. 1969년 초까지 NASA는 저렴한 물류 시스템(우주왕복선)의 지원을 받아 영구적으로 사용할 수 있는 대형 우주정거장을 포스트 아폴로 시대의 가장 우선적인 목표로 설정했다. 페인은 우주임무그룹의 심의를 건너뛰고 NASA의 장기적 야망을 조기에 승인받기를 바라면서, 이러한 행동에 대해 세심하게 다듬어진 사례를 들고 직접 대통령을 찾아갔다.

문서 01

「대통령님께 드리는 보고」*

이 보고는 우주 프로그램의 주요 영역인 유인 우주비행에서 NASA와 대통령님이 이끄는 행정부가 최고 정책 결정을 위해 가장 긴급하게 고려해야 할 문제, 기회, 주요 요소들을 요약한 것이다.

① 도입 이제 NASA에는 최초의 유인 달 착륙과 현재 승인되어 진행 중인 제한된 아폴로 응용 지구 궤도 프로그램 외에는 유인 우주비행 프로그램에 대해 승인된 계획이나 프로그램이 없다. 지난 3년 동안 포스트 아폴로를 위한 명확한 미래 의식 없이 프로그램을 내버려 두었다. 대폭 줄어든 우주 예산과 이전 정부가 하지 않고 미룬 결정, 미래의 우주 프로그램에 필요한 자원을 제공

---

* 1969년 2월 26일 토머스 페인 청장이 작성했다.

하지 않은 결과는 대통령님의 임기 동안 명백하게 저조해진 성과로 나타날 것이다. 유인 우주비행에 관한 국가적 프로그램이 1972년에 중단되는 것을 막기 위해 대통령님은 지금 긍정적이고 시의적절한 조치를 취해야 한다. 아폴로 계획은 유인 우주비행 능력과 기술의 초기 개발과 시연을 위한 명확한 초점을 제공하며 국가에 도움이 되었다. 그러나 지금 필요한 것은 향후 10년간 단일 이벤트가 아닌 유인 우주비행의 지속적인 개발과 이용에 초점을 맞추는 보다 균형 잡힌 프로그램이다. 다음에서 논의한 것처럼 두 가지 주요 프로그램 기회가 있다. 하나는 유인 달 탐사의 장기 계획 프로그램이고, 다른 하나는 지구 궤도상의 영구 유인 정거장의 점진적인 개발 및 운용과 관련된 광범위한 활동이다. 나의 생각은 다음과 같다. 첫째, 유인 달 탐사는 일련의 유인 미션에서 얻은 지식과 경험에 기초해 국가가 달과 관련해 따라야 할 미래의 진로에 대한 건전한 결정이 이루어질 수 있을 정도로 경제적인 속도로 계속되어야 한다. 둘째, 국가는 어떠한 경우에도 NASA의 유인 우주탐사에 초점을 맞추어야 한다. 지구 궤도상에 있는 국가 연구 센터인 영구 우주정거장의 개발과 운영에 관한 다음 10년 동안의 비행 프로그램은 지구상에서 효과적으로 수행될 수 없는 우주에서의 조사와 운영을 가능하게 한다. 많은 분야의 전문가들에게 합리적인 비용으로 우주정거장을 제공할 수 있을 것이다.

②미국의 프로그램 및 계획 현황　아폴로 비행이 계속 성공한다면 이르면 올여름 첫 유인 달 착륙에 성공할 것이다. 이후 달의 다른 장소에 세 차례 더 착륙하지만, 과학적으로 중요한 달 탐사 계획을 갖고 이를 넘어서는 데 필요한 향상된 장비는 연구 단계에 한정될 것이다. 우리는 아폴로 계획이 남겨놓은 미래의 달 미션을 위해 다수의 새턴 V 부스터와 아폴로 우주선을 보유할 것이다.

* * *

③소련에 대한 전망　최근 소련은 달까지의 유인 활동과 지구 궤도의 우주정거장 모두에서 강력한 유인 우주비행 프로그램을 계속하고 있다는 징후를 보

여준다. 이 밖에도 그들은 미래의 유인 행성 여행에 대해 공개적으로 이야기하고 있다. 미국은 소련인들보다 먼저 우주비행사를 달에 착륙시킬 것으로 예상된다. 하지만 1969~1970년에 있을 우리의 달 비행 기간 동안 소련은 유인 달 프로그램 외에도 대규모 장기적 우주정거장의 운영에서 지배적인 위치를 추구함으로써 소유스 45호의 성공을 이어갈 것이다. 그들은 필요한 대형 발사체 능력을 갖게 될 것이다. 미국보다 앞서 지구 궤도에서 운용할 다인용·다목적 우주정거장은 소련에게 우주 연구와 운용에서 강한 이점을 줄 것이다. 특히 미국이 지구 궤도 우주정거장에 대한 강력한 프로그램을 포함하지 않는다면, 이 분야에서 소련은 분명히 미국을 앞서며 전 세계에 지속적인 영향을 미칠 것이다.

④ 리더십의 기회　이전 정부가 유인 우주비행에서 국가적 목표 설정을 차기 정부로 넘겼다는 점은 문제가 있다. 하지만 이러한 이유로 대통령님은 유인 우주비행에서 다음 10년 동안 국가의 주요 목표를 수립하는 리더십을 보일 기회를 갖게 되었다. 내가 보기에 만약 미국이 다시 한번 우주에서 소련의 선제적 주도권에 수동적으로 반응하는 처지에 놓이게 된다면, 대통령님의 리더십과 긍정적인 이미지는 국가, 의회, 대중의 앞에서 심각하게 격하될 것이다. 이러한 이유로 나는 우주임무그룹의 구성원들이 9월 1일 대통령님께 추천할 계획을 최종 결정하기 전에, 유인 우주비행의 미래 목표를 규정하는 일반적인 지시를 향후 몇 개월 안에 실행하는 것을 고려해야 한다고 믿는다. 우주정거장이 미국의 주요 미래 목표가 되어야 하는 경우 이제는 범위, 속도, 특정 용도에 대한 이해를 바탕으로 적어도 이것이 우리의 목표 중 하나라는 일반적인 설명을 정당화하기에 충분히 강력하다고 생각한다. 우주정거장의 세부 계획은 대통령님이 요청한 계획 연구에 따라 결정된다.

⑤ 국가의 기본 정책　미국 행정부, 의회, 산업계, 과학계, 일반 대중의 책임 있는 지도자들은 미국이 유인 우주비행 활동을 계속해야 한다는 데 거의 만장일치로 동의한다고 생각한다. 몇몇 제기되는 우려와 비판은 유인 우주비행 프로그램의 지속에 대한 의문이 아니다. 그것은 첫째, 프로그램의 비용, 둘째, 특

정 목표의 가치, 셋째, 우주 프로그램 내부에서 또는 우주 프로그램과 다른 과학 분야 또는 기타 국가적 필요 사이에서의 우선순위와 주로 관련된다. 그러나 내가 아는 바에 따르면 책임감 있고 사려 깊은 사람 중에 미국이 유인 우주비행을 포기하고 소련이 자기들 마음대로 우주를 개발하고 이용하는 것을 옹호하거나 받아들일 준비가 되어 있는 이는 없다.

* * *

⑩ 우주정거장　미래의 유인 지구 궤도비행과 관련해 당면한 문제는 다음과 같다. 첫째, 1970년 회계연도에 세부적인 계획과 설계 연구가 진행될 수 있도록 충분한 자금이 확보되어 있는지 확인하고, 둘째, 미래의 유인 우주비행 프로그램에 매우 중요하고 오랜 시간이 소요되는 서브시스템을 개발하는 것이다. 이러한 목적을 위한 예산은 소액의 연구용 자금을 제외하고는 1970년 회계연도 예산에서 명백하게 제외되어 있으며, 우리는 1970년 회계연도 예산에 대한 적절한 수정을 준비하고 있다. 이 예산 개정은 국가의 주요 목표로서 영구 우주정거장에 대한 대통령님의 책임 없이 승인될 수도 있다. 그러나 앞의 ④번 항목에서 언급된 것처럼 우리는 대통령님이 미국의 일반적인 목표로서 이것을 승인하는 것이 국익에 부합한다고 믿는다. 가령 대통령님은 예산 수정안을 승인할 때 NASA와 우주임무그룹에게 미국의 영구 우주정거장의 설립과 활용을 위한 최적의 프로그램에 대한 제안들을 포함시켜야 한다는 구체적인 지시를 내릴 수 있다.

⑪ 우주정거장의 개념　여기서 논의되는 우주정거장은 우주에서의 활동의 중심이 되어야 하며, 효과적이고 경제적인 방법으로 우주 활동을 수행하도록 설계될 것이다. 우주정거장은 우주 환경에서 조사와 운영을 수행하는 데 가장 유리한 위치에 자리할 것이며, 그중 중요한 측면은 지구 기반 환경과 중복되어서는 안 된다는 것이다. 우주를 연구하기에 가장 좋은 장소는 우주다. 우리는 우주정거장의 사용을 바라는 이들과 이들의 장비와 공급품들을 즉시 운송하고 돌

아올 수 있는 저비용 물류 지원 시스템의 개발을 고려하고 있다. 우주정거장은 단일 유닛으로 발사되는 것이 아니라 요구되고 개발되는 새로운 모듈들을 추가하면서 몇 년에 걸쳐 건설될 것이다. 핵심 목표 중 하나는 국방부와 협력해 시스템을 발전시켜 향후 군사 연구뿐 아니라 다양한 비군사적 과학, 공학, 그 밖의 응용 목적에 이용하는 것이다.

이러한 우주정거장의 잠재적 이용 가치는 크며, 많은 분야의 전문가들이 이곳을 방문하고 이용함으로써 새로운 가능성이 생길 것이다. 그러나 우리는 이 주요 프로젝트를 국가적 목표로 삼기 위한 정당성을 천문학이나 고에너지 물리학 같은 특정한 과학 분야, 특히 지구 자원의 조사와 같은 경제·응용 분야나 특정한 안보 필요성 등 오늘날 예견할 수 있는 특정한 기여로 한정하지 말아야 한다고 강하게 믿는다. 오히려 우주정거장에 대한 정당성은 이것이 분명히 인류의 실험, 정복, 우주 이용의 중요한 다음 진화 단계라는 것이다. 인류가 오랜 시간 동안 우주에서 경제적이고 효과적으로 거주하고 일할 수 있는 능력을 개발하는 것은 지구 궤도에서의 운용뿐만 아니라 달에서의 장기 체류, 그리고 먼 미래에 행성으로 유인 여행을 하는 데 필수적인 전제 조건이다. 이러한 이유들 때문에 나는 우주정거장의 개발이 향후 10년 동안 미국 행정부의 주요한 목표 중 하나가 되어야 한다고 믿는다.

⑫ 새턴 V의 생산　1969년 NASA 운영 계획의 축소와 지금 1970년 회계연도 예산에 따라 국내 최대 발사체인 새턴 V의 생산이 중단되었다. 앞에서의 설명대로 유인 우주비행 프로그램의 장기적 미래를 볼 때 새턴 V 발사체가 추가로 필요할 것이 분명하다. 따라서 우리는 '시작' 비용이 과도해지기 전에 매우 낮은 속도로 생산을 재개할 수 있는 1970년 회계연도 예산의 수정을 제안한다. 이 수정안은 내년 가을에 실시될 대형 발사체에 대한 향후 결정을 배제하지는 않겠지만 필요한 발사체를 제공할 수 있는 자금이 확보되도록 할 것이다. 소련이 이 등급 이상의 부스터를 개발하고 공개할 것으로 예상되는 데 반해 미국은 그에 대응되는 우주 부스터의 생산을 중단한다면 우리는 곤란한 상황에 처할

수 있다. 앞의 ④번 항목에서 언급한 이유 때문에 나는 대통령님이 주도권을 가지고 소련이 이 분야에서 그들의 첫 번째 부스터를 발사하기 전에 이러한 결정을 발표하기를 권한다. 그럴 수 있다면 대통령님의 발표가 소련의 성공에 대한 반작용으로 간주되지 않을 것이다.

⑬비용　우주 프로그램을 계획할 때, 특히 새로운 주요 프로그램을 시행할 때 필요한 미래 예산 수준을 신중하게 고려해야 한다. 미국의 국가 예산 체계는 적어도 1년에 한 번씩 진행 중인 프로그램과 새로운 프로그램을 각각 필요에 따라 적절하게 검토한다. 하지만 주요 우주 프로그램과 같은 장기 사업들은 수년에 걸쳐 필요한 자원들을 끝까지 지원하도록 정책적인 보장이 필요하다.

현재 예측에 따르면 권장되는 강력한 유인 우주비행 프로그램을 포함해 균형 잡힌 전체 NASA 프로그램은 향후 5년 동안 45억 달러에서 55억 달러 범위의 예산이 필요하다. 보다 정확한 예측은 미래의 달 탐사와 우주정거장 프로그램의 성격과 유인 우주비행 외의 분야에서 향후 결정될 내용에 따라 달라진다. 우리가 9월에 대통령님께 계획안을 제출할 때쯤에는 우리는 상당한 확신을 가지고 대체 프로그램의 미래 추정 비용을 말씀드릴 수 있을 것이다.

45억 달러에서 55억 달러 수준의 연간 프로그램은 1964~1967년 사이에 기록했던 50억 달러에서 60억 달러 범위의 프로그램 및 지출 수준과 비교된다. 지난 2년간, 그러니까 NASA의 1969년 운영 계획과 현재의 1970년 회계연도 예산은 39억 달러로 축소되었다.

이 보고는 유인 우주비행의 중요하고 긴급한 상황에 대해 대통령님께서 취해야 할 입장에 대한 나의 권고를 담고 있다. NASA의 다른 현안과 기회는 9월에 고려하도록 우주임무그룹을 설계할 때 적절하게 정할 수 있다. 앞에서 언급한 이유와 7월 초의 달 착륙 가능성 때문에 유인 우주비행 문제에 대한 초기 고려를 미루어서는 안 된다고 본다. 그러므로 나는 대통령님이 1969년 2월 13일 비망록에서 확립한 우주임무그룹의 구성원들에게 다음 달 안에 만나도록 요청하고, 이 보고에서 열거된 사항들을 대통령님의 빠른 결정을 필요로 하는 첫 번째 업무로서 고려할 것을 특별히 권고한다. 그다음 3월 말까지 권고문을 제시해야 한다. 이러한 회의를 예상해 NASA는 우주임무그룹이 첫째, 이용 가능한 대안에 대한 상세한 자료와 둘째, 권고된 초기 결정이 9월에 전반적인 우주 계획과 대안 개발을 위한 효과적인 프로세스와 어떻게 관련될 수 있는지에 대한 제안을 준비해 이용할 수 있도록 할 것이다. 나는 이 제안이 대통령님의 승인을 얻기를 바라며 대통령님이 편리한 시간에 이 문제를 더 논의하게 되기를 희망한다.

백악관은 NASA에게 미래 계획과 관련된 결정은 그것이 무엇이든 우주임무그룹의 권고안이 나올 때까지 기다리라고 말하며 페인 청장의 제안을 거절했다. 그러나 1969년 여름 아폴로 11호가 성공하면서 페인과 그의 동료 조지 뮬러와 베르너 폰브라운은 우주임무그룹의 다른 구성원들, 특히 스피로 애그뉴 부통령을 설득해 포스트 아폴로 시대에 NASA의 매우 야심 찬 비전을 제시할 수 있었다. 1969년 9월 15일 보고서에서 우주임무그룹은 1980년대 화성에 대한 미션을 포함해 미래에 대한 몇 가지 야심 찬 선택지를 제시했다. 백악관은 대통령에게 보고서를 제출하기 전에 우주임무그룹을 향해 권고 사항을 완화해 줄 것을 요청했고, 그래서 제출된 보고서는 좀 더 겸손한 약속을 제안했다.

우주임무그룹의 보고서는 아폴로 11호에 이어 몇 주 동안 NASA가 만든 프로그램의 하드웨어 요소, 우주정거장, 재사용이 가능한 운송 시스템의 개발을 승인했다. 수일 안에 애그뉴 부통령과 페인 청장이 대통령에게 1977년까지 우주정거장과 우주왕복선의 개발, 그리고 1986년까지 초기 화성 원정이 포함된 옵션 2를 승인할 것을 촉구했지만, 우주임무그룹 전체 명의로는 어떤 특별한 옵션도 권고하지 않았다.

문서 02

「포스트 아폴로 우주 프로그램: 미래를 위한 길, 결론과 권고」*

우주임무그룹은 우주에서의 미래 방향에 대한 연구에서 아폴로 11호의 성공적인 비행으로 얻은 위대한 업적들은 인간의 장기적 우주탐사와 이용의 시작에 불과하다고 본다. 우리는 미국이 인류의 이익을 위한 개발에서, 그리고 궁극적으로 인간이 접근할 수 있는 새로운 영역을 열어나가는 것에서 선구자로서 주요한 역할을 했다고 본다.

우리는 인류의 직접적인 이익을 위해 지구 자원, 통신, 항해, 국가 안보, 과학기술, 국제적 참여와 같은 분야에서 이미 실증된 우주 전문 기술의 이용에 대한 관심이 증가하고 있음을 발견했다. 우리는 미래를 위한 우주 프로그램이 우주 응용에 대한 강조를 포함해야 한다고 결론지었다.

우리는 이 프로그램에 우주비행사로 참여한 뛰어난 사람들은 물론 유인 비행 프로그램에서 굳건하고 넓게 분포하는 인재들을 발견했다. 우리는 미국의 미래를 위해서 우주 프로그램에 유인 우주비행 활동을 지속해야 한다고 결론지었다. 우주는 한계를 탐구하려는 인간의 타고난 욕구를 충족시키기 위해 계속해서 새로운 도전을 제공할 것이다.

우리는 우주 프로그램의 성공에 엄청나게 기여한 숙련된 프로그램 관리자, 과학자, 엔지니어 등 중요한 국가 자원을 조사했다. 이들 인적자원은 산업체, 정부, 민간 시설과 함께, 그리고 우주 활동에서 증대하고 있는 전문성과 함께 우리가 만들어나갈 기반이다.

우리는 이 넓은 토대가 우리의 미래 방향을 선택하게 해주는 매우 다양하고 새롭고 도전적인 기회를 제공했다는 것을 발견했다. 우리는 국가가 특히 과학과 공학, 국제 관계를 발전시키고 평화에 대한 기대감을 높이기 위해 이러한 새

* 1969년 9월 NASA 우주임무그룹이 작성했다.

로운 기회를 포착해야 한다고 본다.

우리는 '긴급 프로그램'으로 해석될 수 있는 새로운 우주 목표, 유인 비행 운영비에 관한 국가적 우선순위에 주목했다. 이 분야의 주요 관심사는 화성으로의 유인 미션에 대한 결정과 관련이 있다. 우리는 NASA가 아폴로 계획과 그 밖의 다른 성과를 기반으로 15년 안에 화성에 인간을 성공적으로 착륙시키는 프로그램을 수행할 수 있는 조직 역량과 기술 기반을 가지고 있다고 본다. 이러한 사명을 시도하기 전에 필요한 선행 활동들이 있다. 이 선행 활동은 유인 화성 미션을 전제로 하는 개발 없이도 진행될 수 있지만, 최적의 이익을 위해서는 화성 미션을 염두에 두고 수행해야 한다. 우리는 유인 화성 미션이 우주 프로그램의 장기적 목표여야 한다고 본다. 전체 프로그램에 특정 날짜를 고르는 선택지가 포함되어 있기 때문에, 이 목표를 수용한다고 해서 유인 화성 미션이 다른 프로그램들과 비교해 우선순위를 갖는 것은 아니다. NASA가 겪는 비정상적인 예산 제약 기간에도 다른 무인 탐사와 응용을 위한 노력은 연속적으로 지원되어야 한다.

우리는 국가의 미래 우주 프로그램에 다음과 같은 중요한 잠재적 혜택이 따른다고 생각한다.

- 지구상의 삶의 질을 향상시키기 위한 새로운 우주 응용을 추구한다.
- 자극적이지 않은 방식으로 국가 안보를 강화한다.
- 지난 10년 동안의 우주 투자와 우주에 대한 우리의 이해가 확대되는 데서 오는 과학적이고 기술적인 수익을 추구한다.
- 높은 수준의 공통성과 재사용성을 가지는 저비용, 유연성, 긴 수명, 높은 신뢰성을 갖춘 작동 가능한 우주 시스템을 개발한다.
- 광범위한 분야에서 국제적으로 관여하고 참여한다.

그러므로 우리는 다음과 같이 권고한다. 인류의 이익을 위해 균형 잡힌 유인 우주 프로그램과 무인 우주 프로그램의 기본 목표를 받아들인다. 이 목표를 달성하기 위해 미국은 다음과 같은 프로그램 목표를 강조해야 한다.

- 확장된 우주 응용 프로그램으로 우주 역량의 활용을 증대해 인간을 위한 서비스를 향상한다.
- 군사적 임무를 달성하기 위한 우주 기술 프로그램을 통해 미국의 방위 태세를 강화하고 나아가 세계의 평화와 안보라는 보다 광범위한 목표를 지원한다.
- 달과 행성 탐사, 천문학, 물리학, 지구과학, 생명과학의 지속적이고 강력한 프로그램을 수행함으로써 우주에 대한 인간의 지식을 증대한다.
- 첫째, 공통성, 둘째, 재사용 가능성, 셋째, 경제적 이익이라는 중요 요인을 중심으로 우주 활동을 위한 새로운 시스템과 기술을 개발한다. 이러한 새로운 역량을 활용해 새로운 우주 운송체와 우주정거장 모듈을 개발한다.
- 광범위한 국제 참여와 협력의 기회를 제공하는 프로그램을 통해 세계 공동체 의식을 증진시킨다.

새로운 능력의 개발을 초점으로 우리는 미국이 금세기 말이 되기 전에 첫 번째 목표로 유인 화성 탐사 미션을 장기적인 선택지나 목표로 받아들일 것을 권고한다. 이 목표를 향해 나아갈 때 다음의 세 가지 단계별 활동이 필요하다.

- 첫째, 기존 역량의 활용과 새로운 역량의 개발이라는 두 가지 테마에 집중하는 단계다. 이용 가능한 자원 안에서 프로그램의 균형을 유지해야 한다.
- 둘째, 장기간 거주하며 활동하는 그룹과 함께 지구-달 공간에서 새로운 능력과 새로운 시스템을 활용하는 운영의 단계다. 과학 및 응용 분야에 대한 지속적인 탐구가 강조될 것이며, 이러한 운영으로 예상되는 비용이 절감되어 인간 또는 인간이 동반하는 참여가 늘어날 것이다.
- 셋째, 앞의 두 단계에서 쌓은 경험을 토대로 지구-달 공간에서 유인 탐사 미션을 수행한다.

이 세 단계와 관련된 일정과 예산 관련 사항은 일상적인 연간 예산과 프로그램의 검토 과정에서 세부적인 프로그램 요소가 결정될 시점에 대통령이 결정한다. 우주 운송 시스템과 모듈형 우주정거장을 동시에 개발하기로 결정된다면 1976년에 연간 지출이 약 60억 달러로 늘어나야 한다. 만약 우주정거장과 운송 시스템이 병행되지 않고 시차를 두고 개발된다면 대략 40억 달러에서 50억 달러의 낮은 수준으로도 가능할 것이다.

우주임무그룹은 국가 우주 프로그램을 특히 중요한 지점에서 검토할 기회를 누렸다. 우리는 우리가 파악한 새로운 방향들이 미국에 흥미진진하고 보람찬 것이라고 믿는다. 우주 프로그램을 보는 환경은 활기차고 변화무쌍한 환경이며 내일이 가져올 새로운 기회들을 정확하게 예측할 수는 없다. 우리의 미래계획은 우주에서 급변하는 기회의 본질을 인식하는 데서 시작한다.

포스트 아폴로 우주 프로그램: 미래를 위한 방향

1) 서론

아폴로 11호의 성공적 비행으로 인류는 지구 너머의 천체에 첫발을 내디뎠다. 인류가 먼 미래에서 돌아다볼 때 이것은 우주탐사와 이용의 끝이 아닌 시작이 될 것이 분명하다. 아폴로 계획의 성공은 유인·무인 탐사 미션의 광범위한 스펙트럼에서, 그리고 인류의 이익을 위한 우주 기술의 적용에서 미국이 이룬 주요 성과의 핵심이 되었다. 12년이라는 짧은 시간 만에 인류의 활동에서 갑자기 완전히 새로운 차원에 도달했다. 게다가 국가 우주 프로그램은 미국의 국가 안보에 중요하게 기여했고 국제적 가치를 지닌 정치 도구였다. 또한 새로운 과학기술을 생산했고 미국인들에게 성취라는 국가적 자부심을 안겼으며 다른 국가적 노력에 도전과 본보기가 되었다. 이제 미국은 1960년대의 10년 동안 개척한 모든 영역에서 새로운 목표와 성취로 나아갈 수 있는 능력을 입증했다. 우주탐사의 각 분야에서 어제는 불가능해 보였던 것을 오늘은 성취하게 되었다. 우리의 지평과 역량은 태양계의 여러 지역, 즉 지구 궤도, 달 궤도, 달 표면의 유인 기지, 유인 화성 탐사 미션, 이를 위한 화물을 궤도로 운반한 다음 재래식 제트 항공기로 귀환하고 착륙하는 우주 운송 시스템, 우주 활동을 위한 재사용 가능한 원자력 추진 로켓, 달이나 화성에서 원격으로 제어되는 과학 로버, 지구상의 인류를 위한 다양한 서비스에 우주 능력을 적용할 수 있을 정도로 확장되었다. 우리가 가진 기회들은 훌륭하고 선택의 폭은 넓다. 단지 인류를 위한 이 새로운 차원에 발전 속도와 도표를 정하는 일만 남아 있다.

* * *

3) 목표와 목적

* * *

달 착륙 목표의 가치 중 하나는 우리가 기술을 강조하고 계획 수립과 예산 지원의 기초가 되었던 명확한 시간 목표를 가졌다는 것이다. 이것은 많은 다른 나라들의 의구심을 받던 시기에 미국인들의 의지와 결단력, 미국의 기술 역량에 대한 국가적 약속이었다.

국가로서 미국의 힘과 결단을 표현해야 할 필요성은 그때 이후로 상당히 달라졌다. 현재 필요한 것은 사람들에게 우리가 어디로 가고 있는지에 대한 비전을 심어주기 위한 방향의 제시다.

* * *

우주임무그룹은 달 궤도나 달 지표면의 기지, 50명에서 100명가량 수용하는 대규모 지구 궤도상의 우주기지(우주정거장), 유인 행성 탐사 등 합리적인 시간 안에 기술적으로 타당하고 달성 가능한 것으로 판단되는 많은 도전적인 새로운 임무 목표를 심의했다. 우주임무그룹은 이 목표를 향한 다음 단계로서 유인 화성 탐사를 이 시기에 미국이 고려할 만한 여러 장기 목표들 중 가장 도전적이고 포괄적인 과제라고 생각한다. 유인 행성 탐사는 지금 당장 착수하는 것이 아니라 미래의 목표가 될 것이다. 균형 잡힌 우주 프로그램의 맥락 안에서 우리는 금세기 말이 되기 전에 유인 화성 착륙을 향해 국가로서 계획하고 나아갈 것이다. 화성은 지구와 가장 비슷하고 지구와 상당히 가까우며 태양계의 행성들 중 외계 생명체가 존재할 확률이 가장 높기 때문에 선택했다.

가까운 미래에 진행할 우주 프로그램의 성격에 대한 이러한 장기 목표나 선택지를 검토하는 것은 어떤 의미가 있는가?

미국 우주 프로그램의 장기적 선택지로 유인 행성 탐사를 고르는 것은 기술적 의미에서 광범위한 선행 활동을 하나로 집중시키는 기능을 한다. 장기 유인 행성 시스템의 설계에 대한 향후의 잠재적 적용 가능성이 관련된 여러 의사결정에 반영될 것이다. 더 넓은 의미에서 이러한 선택은 우주에서 미국의 장기적이고 지속적인 리더십을 위한 기본적인 약속을 강화하고 재확인하는 것이다.

* * *

4) 프로그램과 예산 옵션

* * *

우주임무그룹이 고려하는 예산 범위는 〈그림 4-1〉과 같다.*

여기에는 다음의 세 가지 상황이 설정된다. 첫째, 자금이 아닌 기술을 기준으로 최대 속도로 수행되는 프로그램의 상한선이다. 둘째, 우주임무그룹의 권장 사항과 일치하지만 자금 지원이 다양한 수준으로 제약되는 상황에서 수행되는 프로그램 옵션 1, 2, 3이다. 셋째, 아폴로 계획과 그 응용 프로그램이 완료된 뒤에는 유인 비행 프로그램이 없기에 예산 수준이 현저히 낮지만, 우주임

* 원서에는 없는 내용이나 원저자로부터 자료를 제공받아 한국어판에서는 수록한다 _ 옮긴이.

그림 4-1 NASA의 예산 요구 범위 비교 (단위: 10억 달러)

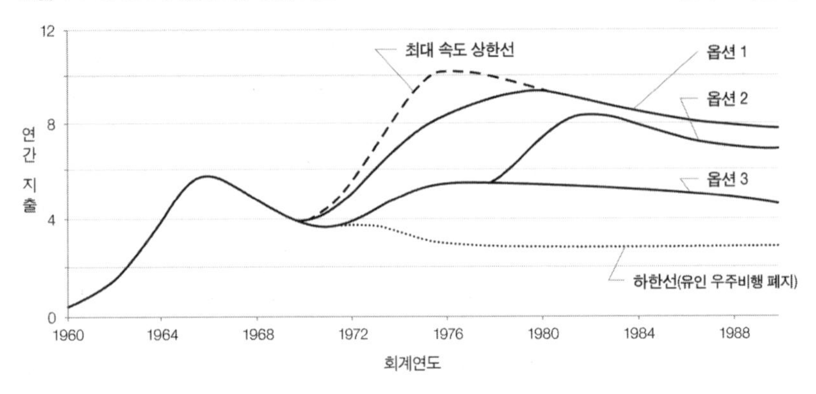

무그룹의 권장 사항과 일치하는 무인 과학과 그 응용 프로그램으로 구성되는 낮은 수준의 프로그램 하한선이다. 다양한 프로그램에 따른 주요 미션의 수행 시기별 비교는 〈표 4-1〉에 나와 있다. 상한선으로 대표되는 프로그램은 기술적으로는 달성이 가능한 것처럼 보이지만 우리의 전반적인 능력을 고려할 때 최대한의 노력이 요구된다. 우주임무그룹의 권장 사항과 완전하게 일치하지만 이러한 예산 요구 사항은 실질적으로 예상되는 예산 능력을 훨씬 초과하며 자금의 초기 증가율은 실현될 수 없는 수준이다. 따라서 우주임무그룹은 이를 거부했고 단지 기술적 성취의 최대치를 보여주기 위해서만 제시했다.

* * *

우주임무그룹이 제시한 하한선은 현저하게 감소한 예산 수준에서 수행되는 프로그램을 보여준다. 이 예산 수준으로는 유인 우주비행을 실현 가능한 최소 수준 이하로 줄여야 한다. 이 하한선 프로그램은 아폴로 응용 프로그램이 완료된 뒤에 유인 비행과 아폴로 후속 계획에서 달 미션의 중단을 가정한 것이다. 따라서 이 기간 중에는 새로운 능력 개발과 관련된 프로그램 목표와 우주임무그룹이 권장하는 다른 프로그램 중 일부의 유인 우주비행은 희생되어야 한다. 그러나 이 수준에서도 인류를 위한 태양계 탐사, 천문학, 우주 응용, 국제 협력

표 4-1 프로그램별 비교 평가 (단위: 년)

일정	최대 속도 상한선	옵션 1	옵션 2·옵션 3	하한선
유인 시스템				
우주정거장(지구 궤도)	1975	1976	1977	-
50명 체류 우주기지(지구 궤도)	1980	1980	1984	-
100명 체류 우주기지(지구 궤도)	1985	1985	1989	-
달 우주정거장(달 궤도)	1976	1978	1981	-
우주기지(달 표면)	1978	1980	1983	-
초기 화성 탐사	1981	1983	옵션 2: 1986 옵션 3: 미정	-
우주 수송 시스템				
지구 궤도	1975	1976	1977	-
원자력 궤도 전이 로켓	1978	1978	1981	-
우주 수송선	1976	1978	1981	-
과학				
대형 궤도 관측 망원경	1979	1979	1980	-
고에너지 우주 입자선 관측 능력	1973	1973	1981	1973
비황도면 관측	1975	1975	1978	1975
화성: 고해상도 지도 제작	1977	1977	1981	1977
금성: 대기 관측 무인 탐사선	1976	1976	1980년대 중반	1976
다수의 외기 행성 '투어'	1977~1979	1977~1979	1977~1979	1977~1979
소행성대 조사	1975	1975	1981	1975
활용				
지구 자원 시스템의 첫 운용	1975	1975	1976	1975
직접 위성방송의 시현	1978	1978	1980년대 중반	1978
항법 교통관제의 시현	1974	1974	1976	1974

의 잠재력을 포함하는 강력하고 확장된 무인 프로그램은 포함하고 있다. 이 프로그램에 대한 자금 지원은 NASA의 시설과 인력 기반을 지원하는 정도에 따라 20억 달러에서 30억 달러 수준으로 점차 감소할 것이다.

우주임무그룹은 고통스럽지만 유인 우주비행 계획을 단계적으로 폐지하는 것이 장기적으로 NASA가 예산을 상당히 절감할 유일한 방법이라고 확신한다. 어떤 수준의 미션 활동에서든 아폴로 계획의 일부로 구입한 발사체와 우주선을 사용하며, 유인 우주비행을 지속하려면 지속적인 하드웨어 생산, 광범위하고 지속적인 시험의 운영, 발사 지원과 임무 제어 시설, 고도로 숙련된 엔지니어, 기술자, 관리자, 지원 인력의 유지가 필요하다. 초기의 연간 총비용을 절감하게끔 미션이나 생산 일정을 늘리면 단위당 비용은 더 많이 발생한다. 더 중요한 것은 매우 낮은 수준의 운영 방침은 이러한 운영을 수행하는 데 필요한 숙련 인력을 낭비하는 결과를 가져오며, 유인 프로그램 전체에 걸쳐 안전과 신뢰성의 저하를 초래할 수도 있다. 일정 수준 이하의 활동은 해당 프로그램의 생존 가능성에도 지장을 준다. 이러한 수준에서 수행되는 유인 우주비행 프로그램은 미국인들의 관심을 만족시키지 못하리라는 것이 우리의 생각이다.

* * *

우주임무센터의 권고안은 아폴로 계획 이후의 우주개발에 대해 리처드 닉슨과 그의 보좌관들이 생각하고 있던 것과 전혀 달랐다. 닉슨은 미국인들이 빠르게 진행되는 우주개발에 투자하는 것을 지지한다고 믿지 않았으며, 새로운 우주 계획에 돈을 쓰는 것보다 정부 예산을 통제하는 데 우선순위를 두었다. 대통령이 1969년 9월 우주임무그룹 보고서에 대한 공식 반응을 발표하는 데 거의 6개월이나 걸렸다. 그사이에 아폴로 11호와 12호가 성공했지만 NASA 예산은 삭감되었다. NASA는 우주정거장과 우주왕복선 등 미래의 프로그램을 연구할 돈을 벌기 위해 대형 새턴 V 발사체의 생산을 중단하기로 했고, 이에 따라 달과 그 너머로 인간을 보낼 미국의 능력은 사라졌다. 1970년 3월 7일 백악관 공보실에서 발표한 다음의 성명을 통해 닉슨은 미래의 우주개발에 대한 결정 원칙에서 자신의 견해를 밝혔다. 그는 가장 중요한 결정으로 우주 프로그램이 이제 더는 우선순위가 높은 사업으로 대우받지 않을 것이라고 했다. 우주 프로그램은 정부가 하는 많은 사업 중 하나이며 다른 정부 프로그램들처럼 우선순위와 예산 확보를 위해서 경쟁해야 한다. 이러한 닉슨의 우주 독트린은 1970년부터 수년간 NASA의 기본 우주 정책이 되었다.

문서 03

“미국 우주 프로그램의 미래를 위한 성명”•

지난 10년 동안 미국의 우주 프로그램의 주된 목표는 달이었다. 그 10년이 끝날 무렵에 인간은 달에 네 차례 갔고 두 차례 그 표면을 걸었다. 이러한 잊을 수 없는 경험으로 우리는 우리 자신과 우리 세계에 대해 새로운 시각을 얻게 되었다.

나는 이러한 성과가 우리의 우주 프로그램에 대한 새로운 관점을 얻는 데 도움이 될 것이라고 믿는다. 지난 10년 동안 우리가 목표했던 미래를 향한 성과에 도달한 우리는 이제 1970년대를 위한 새로운 목표를 정의해야 한다. 우리는 항상 과거의 성공 위에서 새로운 성과를 향해 나아간다. 그러나 또한 우리는 여기 지구상에 있는 다른 많은 중요한 문제들이 우리의 높은 관심과 자원을 필요로 한다는 점을 인식해야 한다. 우리는 결코 우주 프로그램이 정체되는 것을 허용해서는 안 된다. 그럼에도 우리는 모든 것을 한꺼번에 이루려고 해서는 안 된다. 우주에 대한 우리의 접근은 계속 대담해야 한다. 그러나 이것은 또한 균형적이어야 한다.

이 행정부가 들어섰을 때 아폴로의 인류 첫 달 착륙 이후 미국의 우주 프로그램에 대한 명확하고 포괄적인 계획이 없었다. 이러한 상황을 해결하기 위해 나는 1969년 2월 부통령을 의장으로 하는 우주임무그룹을 만들어 프로그램의 미래에 대한 가능성을 연구했다. 이들의 보고서는 9월 나에게 제출되었다. 그 보고서를 검토하고 우리의 국가적 우선순위를 고려한 뒤에 나는 미국의 우주 개발을 위한 미래 속도와 방향에 관한 어떤 결론에 도달했다. 1971년 회계연도에 내가 의회에 보낸 예산 권고안은 이러한 결론에 근거한다.

• 1970년 3월 7일 리처드 닉슨 대통령이 발표했다.

세 가지 일반적인 목적

내 판단으로는 다음의 세 가지 일반적인 목적이 우리가 우주 프로그램을 수립하는 데 기초가 되어야 한다.

첫 번째 목적은 탐험이다. 태곳적부터 인간은 탐사의 가치를 정확히 예측할 수 없을 때도 미지의 세계를 향해 모험해 왔다. 우리는 기꺼이 위험을 감수하고 놀라며 새로운 경험에 쌓아왔다. 인류는 이러한 탐구가 그 자체로 가치가 있다고 느끼게 되었다. 왜냐하면 이것들은 인간의 시야를 넓히고 인간의 정신을 표현하는 하나의 방법이기 때문이다. 위대한 국가로 남으려면 항상 탐험하는 국가가 되어야 한다.

두 번째 목적은 과학적인 지식이다. 이것은 우리 자신과 우주에 대한 보다 체계적인 이해를 의미한다. 우주를 탐사하며 자연에 대한 인간의 정보 총량이 극적으로 늘어났다. 인류는 달과 화성에 대해 수 세기 동안 알게 된 것보다 지난여름 이후 단 몇 시간 동안 더 많은 것을 알아냈다. 이러한 중요한 일을 맡은 이들은 수백만 명이 지켜보는 가운데 우주복을 입고 걸으며 화염 속에서 강력한 로켓을 발사하는 사람들만이 아니다. 우리의 과학적 진보의 많은 부분은 실험실과 사무실에서 나온다. 이곳에서 헌신적이고 탐구적인 이들이 새로운 사실을 해독하고 새로운 진리를 낡은 사실 위에 하나씩 쌓아올리고 있다. 이러한 과학자들의 능력은 우리의 가장 귀중한 국가 자원 중 하나다. 나는 미국의 우주 프로그램이 이들의 일에 도움을 주고 이들의 제안에 주의를 기울여야 한다고 믿는다.

세 번째 목적은 우리가 우주에서 배운 교훈을 지구 생명체에 이익이 되도록 바꾸는 실용적인 적용이다. 이러한 사례는 이미 다양하게 목격된다. 이것들은 새로운 의학적 통찰에서 새로운 통신 방법까지, 더 나은 일기예보에서 새로운 관리 기법까지, 그리고 에너지를 제공하는 새로운 방법에 이르기까지 다양하다. 그러나 이러한 교훈들은 그 자체로는 바로 적용되지 않는다. 우리는 우리가 확보한 우주 연구의 결과가 인류 공동체의 이익에 최대한 이용될 수 있도록 공동의 노력을 기울여야 한다.

지속적인 과정

우리의 우주개발은 오늘의 모험일 뿐만 아니라 내일의 투자로 보아야 한다. 우리는 그저 장난삼아 달에 간 것이 아니다. 달을 향한 우리의 약속은 확실히 모든 인류에게 흥미진진한 모험담을 제공했고, 우리는 이 도전에 성공한 나라가 바로 미국임을 자랑스러워한다. 그러나 인간이 달에 첫발을 내딛는 데 가장 중요한 것은 미래를 위해 무엇을 약속하는지에 관한 것이다.

우리는 우주 활동이 남은 시간 동안 인간 삶의 일부가 될 것임을 깨달아야 한다. 우리는 이것들을 연속적인 과정의 일부로 생각해야 한다. 이 과정은 일련의 개별적인 도약이 아니라 매일매일, 매년, 매년 진행될 것이다. 각각에는 엄청난 에너지와 의지의 집중이 필요하고 살인적인 시간표에 따라 성취될 것이다. 우리는 우주 프로그램을 10년 단위로 경직된 방식으로 계획할 것이 아니라 변화하는 필요성과 확장된 지식을 고려하며 지속적이고 유연하게 계획해야 한다.

또한 우리는 국가적 우선순위의 엄격한 시스템 안에서 우주 예산이 적절한 위치를 차지해야 한다는 것을 깨달아야 한다. 이제부터 우주에서 하는 일은 우리 국민 생활의 정상적이고 규칙적인 부분이 되어야 한다. 따라서 우주 예산도 우리에게 중요한 다른 사항들과 함께 고려되고 계획되어야 한다.

* * *

새로운 10년에 접어들면서 인류도 새로운 역사적 시대로 접어들고 있음을 의식하게 된다. 처음으로 인류는 지구 너머에 도달했다. 먼 미래에 인류는 스스로를 지구에서 온 사람으로 생각할 것이다. 우리가 우주 프로그램을 진행하면서 우리가 온 행성과 그 너머를 여행하는 능력을 자랑스럽게 만드는 방법으로 계획하고 일할 수 있기를 바란다.

대통령과 예산관리국의 경고로 낙담한 토머스 페인 청장은 1970년 9월에 NASA를 떠났고 조지 로가 청장 대행을 맡았다. NASA가 포스트 아폴로 계획으로 개발이 승인되기를 바랐던 첫 번째 프로그램은 아폴로호를 위해 개발했던 대형 로켓 새턴 V로 발사될 12인용 우주정거장이었다. 또한 NASA는 우주왕복선을 우주정거장에 승무원과 물자를 운반하고 그 밖의 우주 활동을 수행하는 완전히 재사용 가능한 지구-궤도 간 왕복 발사체로서 개발할 것을 제안했다. 닉슨 행정부가 NASA의 예산을 삭감하기 위해 새턴 V의 생산을 종료하고 우주정거장의 승인을 거부하자, 1970년 가을 NASA는 그 계획을 재검토했다. 그런 뒤에 NASA는 후속 프로그램으로서 우주왕복선에 대한 백악관의 승인을 얻는 데 관심을 돌렸다. 이를 위해 NASA에게는 미국의 민간용 탑재물은 물론 국가 안보용 탑재물을 실어 나르고 우주 활동을 위한 여러 기능을 제공하는 우주왕복선을 위한 비용 효율적인 새 근거가 필요했다. 우주왕복선 없이 우주정거장을 건설한다는 것은 말이 되지 않았지만 우주정거장에 의존하지 않고도 우주왕복선을 건설할 수 있는 근거는 만들 수 있었다.

로 청장 대행이 조지 슐츠 예산관리국 국장에게 보내는 앞의 편지에는 아폴로 계획 이후의 프로그램에 대한 근본적 개편이 반영되어 있다. 또한 NASA는 닉슨 대통령이 미국의 유인 우주비행을 계속하기를 원한다는 것을 알고 있었다. 로가 캐스퍼 와인버거 예산관리국 부국장에게 보내는 그다음의 편지에서는 우주선 개발을 승인함으로써 미국이 새로운 주요 우주 목표를 설정하지 않고도 지속적인 유인 우주비행 프로그램을 보유할 수 있다고 지적하고 있다. 이것은 NASA를 위해 설득력이 있는 주장으로 판명되었다.

문서 04

"조지 슐츠 예산관리국 국장에게 보내는 편지"*

친애하는 슐츠에게

이 편지의 목적은 NASA에 대한 1972년 회계연도 예산 권고안을 전달하고, 그 개발에 영향을 미친 주요 고려 사항을 제시하기 위해서다.

* * *

⑤ 현재와 미래의 장기적 재정 제약을 인정하면서 우리는 1972년과 미래 연도에 과도한 예산 요구를 피하기 위해 기존의 1971년 회계연도 프로그램을 축소하고 미래 프로그램의 집행 일정을 조정했다. 두 차례의 아폴로 비행을 취소하기로 한 우리의 최근 결정으로 1974년 회계연도에는 이미 계획된 것보다 훨씬 낮은 비용이 요구된다. 우주정거장과 우주왕복선의 동시 개발을 진행하지 않으며 1970년대 후반까지 스카이랩 이후의 우주정거장 개발을 연기했다. 이로써 지나친 금액으로 비판받았던 NASA 예산의 주요 원인 중 하나를 제거했다. 이러한 조치의 결과 우리는 현재 NASA의 연간 예산이 40억 달러를 초과하지 않도록 하는 대통령의 성명에서 각 목표를 향해 나아갈 수 있는 1972년 회계연도의 프로그램을 제시하고 권고할 수 있다.

⑥ 1970년대 NASA 프로그램의 핵심은 우주왕복선이다. 이것은 대통령의 여섯 목표 중 마지막 네 가지에 부합한다. 국가의 미래 우주 프로그램을 위한 토대를 마련하고 훗날 중요한 경제적 이익을 창출하기 위해 우주왕복선 개발이 필요하다. 이것은 앞서 논의한 재정적 한도 안에서 가능하다.

* * *

---

* 1970년 9월 30일 조지 로 NASA 청장 대행이 작성했다.

• 우주 예산을 대폭 절감한다　우주왕복선은 유인 실험에 사용될 것이다. 또한 무인 과학, 기상, 지구 자원, 그 밖의 용도의 위성을 지구 궤도에 올려놓고, 수리와 재사용을 위해 지구로 가져오는 데도 쓰일 것이다. 미래에는 우주왕복선이 우주정거장까지 사람, 물자, 과학 장비를 운송할 것이다. 재사용이 가능하기에 우주왕복선 시스템은 현재의 시스템보다 미션당 반복 운영비가 상당히 낮아질 것이다. 비용 측면에서 훨씬 중요한 것은 크기와 무게 제약이 완화되고 페이로드의 회수, 수리, 재사용 능력 덕분에 과학 및 응용 프로그램에 들어가는 비용이 크게 줄어든다는 것이다.
우리는 1975년 최초의 수평 시험비행을 목표로 현재 상세한 설계와 초기 개발을 시도하고 있다. 아울러 1972년 회계연도에 현실적인 일정으로 진행할 준비가 되어 있다. 최초의 수직 비행은 1977년에 실시할 것이며, 그해 말까지 유인 궤도비행 시험을 통해 1978/1979년 기간 동안 초기 운용 능력을 갖출 것이다.
우리는 이 프로그램을 신속히 진행하는 것을 가장 중시한다. 1972~1973년 스카이랩에 이어 미국은 유인 우주비행에서 격차를 최소화하려는 노력이 필요하다. 비용 효율적 측면에서 경제 분석을 진행한 결과 프로그램이 1년가량 지연되면 미국의 우주 프로그램의 총비용이 20억 달러나 증가하는 것으로 나타났다. 이는 우주왕복선의 개발을 강력하게 지지하는 증거다.
• 우주에서 거주하고 활동할 수 있도록 인간의 능력을 확장한다　우리의 비행 프로그램 중에서 현재 개발이 진전되고 있는 스카이랩 프로젝트가 이 목표를 지향하는 유일한 것이다. 스카이랩은 인간의 우주 환경 노출을 56일까지 연장하고, 중요한 유인 태양·천문 실험을 수행하며, 우리의 지구 자원 실험을 지구자원기술위성ERTS: Earth Resources Technology Satellite에서 수행한 것 이상으로 확대할 것이다. 1972년 말에 발사한 뒤에 1973년 상반기까지 세 차례 재방문하고 아폴로 하드웨어를 이용한 유인 미션은 더는 계획하지 않는다. 우리는 우주정거장이나 스카이랩 2의 개발을 뒤로 미룰 것이며, 1972년 회계

연도에 우리가 이어갈 우주정거장 연구를 우주왕복선으로 발사되고 서비스되는 모듈식 시스템으로 하고자 결정했다.

* * *

문서 05

"캐스퍼 와인버거 백악관 예산관리국 부국장에게 보내는 편지"•

친애하는 와인버거에게

NASA가 지난 몇 주 동안 예산관리국과 논의한 내용은 1972년 회계연도 예산과 관련해 우리가 우려했던 대부분의 문제를 다루었다고 생각한다. 그러나 아래에 간략한 개요 형태로 기술된 몇 가지 사항이 있는데, 이는 특히 NASA의 1972년 회계연도 예산에 대한 최종 결정 과정에서 예산관리국의 명확한 이해와 세심한 검토를 요청하는 것들이다.

* * *

2. 우주왕복선

① 우리 기술진과 경영진의 판단으로는 우주왕복선의 설계와 기술 개발을 지원하는 업무는 일정에 따라 잘 진행되고 있다. 1972년 회계연도에는 해당 연도의 권장 사항에서 제안한 상세 설계와 초기 개발을 진행할 것이다.

② 이 일정이 순리대로 진행되기 위해서는 1972년 회계연도에 우주왕복선에 대한 추정치 전액(1억 9000만 달러)이 필요하다.

③ 우주왕복선은 미래의 효과적이고 경제적인 우주 활용의 열쇠다.

• 우주왕복선은 미래의 무인·유인 미션에 대해 개선되고 보다 경제적인 단

• 1970년 10월 28일 조지 로 NASA 청장 대행이 작성했다.

일 시스템을 제공할 것이다.

• 유인 미션을 수행하거나 지원하는 역할과는 완전히 별개로 무인 민·군 위성을 궤도에 배치하기 위한 다용도·경제적 시스템으로서 이 개발을 정당화할 수 있다.

④ 다음의 이유로 우주왕복선 시스템에 대해 지금 명확한 승인이 필요하다.

• 미국은 스카이랩 이후 유인 우주비행 분야를 소련의 영역으로 방치하는 자세를 가져서는 안 된다.

• 미국은 1973년 이후 아폴로-스카이랩 운영에 필요한 고가의 우주기지를 유지하지 않고 새로운 주요 유인 비행 목표에 대한 약속 없이도 이 우주왕복선을 통해 유인 우주비행 프로그램을 이어나갈 수 있다.

• 미국의 유인 우주 활동은 1972년 예산 삭감의 영향을 이미 상당히 받고 있다. 어떤 지연이든 발생할수록 소련과의 격차가 더 벌어질 것이다.

• 지금 우주왕복선의 개발을 진행해야 미국이 가진 항공·우주 능력의 후퇴를 줄일 수 있다. 미국의 우주 능력과 국방력의 감축이 항공 산업에 미치는 악영향을 상쇄할 수 있다.

• 미국이 우주왕복선 개발을 진행 중이라는 분명한 징후는 다른 나라들을 향해 실질적인 국제적 참가를 유도하기 위해서도 필요하다. 유럽의 참가 전망은 지금은 매우 좋지만, 만약 우주왕복선이 없다면 곧 증발하고 말 것이다.

* * *

앞서 보낸 9월 30일 자 나의 편지에서 밝혔던 사항들과 함께 지금까지의 내용에 대해 주의 깊은 고려를 요청한다. 물론 NASA는 예산관리국이 필요로 하는 정보라면 그것이 무엇이든 기꺼이 제공할 것이다.

그럼에도 NASA는 1970년을 지나 1971년에야 우주왕복선의 승인을 받았다. NASA는 우주왕복선의 승인이 없으면 1973년 아폴로 계획에서 파생된 스카이랩 우주정거장이 발사된 뒤에는 미국의 유인 우주비행 프로그램이 사라진다고 주장했다. 제임스 플레처 신임 NASA 청장은 1971년 5월에 취임했다. 1971년 여름 NASA와 백악관은 NASA의 향후 계획과 예산을 둘러싸고 치열한 싸움에 휘말렸다. NASA는 아폴로 16호와 17호 미션을 통해 아폴로 계획을 계속해서 진행하고 우주왕복선의 개발도 승인받으려고 했다. 플레처가 청장으로 취임한 뒤 부청장으로 재직하던 로는 너무 비싸고 기술적으로도 어려운 완전한 재사용이 가능한 우주왕복선 디자인을 포기하기로 했다. 그 뒤에 이 질문은 NASA가 어떤 우주왕복선 디자인을 제안할지로 바뀌었다.

1971년 하반기에 NASA는 원래 계획했던 우주왕복선의 성능을 유지하면서도 상당히 낮은 예산으로 개발될 수 있는 디자인을 찾고자 허둥댔다. 백악관 예산관리국 사람들은 우주왕복선을 진행하는 NASA의 실력에 회의적이었다. 그러나 와인버거 부국장은 부하들의 의견에 동의하지 않았다. 그는 예산 삭감이 너무 지나치다고 보았다. 그는 1971년 8월 12일 리처드 닉슨 대통령에게 우주왕복선의 승인을 거부하고 남은 아폴로호의 미션을 취소하는 것은 실수라는 다음의 보고서를 제출했다. 닉슨은 메모지에 "와인버거의 의견에 동의한다"라고 썼다. 와인버거와 대통령의 이러한 의사 교환은 예산관리국 직원들에게 알려지지 않았다. 이 직원들은 1971년의 나머지 기간 동안 우주왕복선 제안에 반대하고 NASA 예산을 추가적으로 감축하기 위한 일을 계속했다.

문서 06

「NASA의 미래」*

현재의 잠정적인 예산안은 마지막 남은 두 번의 아폴로 비행(16호와 17호)을

* 1971년 8월 12일 조지 슐츠 백악관 예산관리국 국장과 캐스퍼 와인버거 부국장이 작성해 대통령에게 제출했다.

취소하고, 유인 우주 프로그램(스카이랩과 우주왕복선)과 그 밖에 많은 NASA 프로그램 간의 차이를 없애거나 대폭 줄임으로써 NASA에게 대폭적인 예산 감축과 변화를 요구하는 것이다.

우리는 이것이 실수라고 믿는다.

①NASA 예산이 대폭 삭감된 진짜 이유는 이들의 예산이 조정 가능한 예산 28퍼센트에 전적으로 포함되어 있기 때문이다. 요컨대 우리는 이 예산을 삭감할 수 있어 삭감한 것이지, NASA가 잘못된 일을 하고 있거나 불필요한 일을 하고 있어서가 아니다.

②우리도 어찌할 수 없는 항목들 탓에 미래에 진정한 희망을 제공하지 않는 프로그램에 점점 더 많은 돈을 쓰고 있다. 모델 시티, 고용기회사무소OEO: Office of Employment Opportunity, 복지, 국채 이자, 실업 보상, 메디케어Medicare 등이 그렇다. 물론 이것들 중 일부는 어떤 형태로든 계속되어야 한다. 하지만 이것들은 본질적으로 우리가 선택한 것이 아니며 과거의 실수를 고치려고 고안된 프로그램일 뿐 우리가 만든 것이 아니다.

③예산을 줄여야 한다면 개별 프로그램의 가치를 판단해 결정해야 하며 단지 그것을 줄일 수 있다고 해서 감축하는 결정을 내려서는 안 된다.

④NASA의 미래와 이들이 제안한 프로그램에는 진정한 가치가 있다. 특히 우주왕복선과 시험용 원자력 추진 로켓엔진NERVA: Nuclear Engine for Rocket Vehicle Application(이하 NERVA)이 그렇다. 이 프로젝트로 우주에 대한 우리의 지식과 개발 능력을 향상시키는 많은 수의 귀중한 (그리고 고용하기 어려운) 과학자와 기술자들에게 일자리를 제공할 수 있다. 동시에 민간 경제에게 실질적인 과학적 낙진 효과를 주는 기회가 되며, NERVA를 통해 기존 로켓이 가진 추진 효율의 두 배에 달하는 저렴한 비용으로 우주탐사와 여행을 할 수 있다. NASA의 일부 장기 프로그램은 일단 중단되면 나중에 재개하더라도 원래의 팀을 다시 만들기가 매우 어렵다.

⑤모든 측면에서 최근의 아폴로 비행은 성공적이었다. 가장 중요한 것은 이

들이 미국인의 사기를 크게 높여주었다는 점이다(또한 전 세계인들에게 미국의 우월성을 보여주었다). 지금 또는 곧 있게 될, 더구나 아폴로 15호 성공의 열기가 식기도 전에 아폴로 16호와 17호를 취소한다는 발표는 매우 나쁜 영향을 줄 것이다. 어떤 면에서는 우리가 가진 생각이 다른 나라들에서도 주목받게 될까 두렵다. 즉, 미국의 전성기가 이미 지났다는 것, 미국이 내부로 관심을 돌리며 국방비 지출을 줄이고 스스로 초강대국의 지위와 세계에서의 우월성을 유지하려는 열망을 포기하기 시작했다는 의심이 말이다.

미국은 늘어나는 복지비 외에도 도시 복구, 애팔래치아 구호 등과 같은 내부적 현안 이상의 것을 감당할 수 있어야 한다.

⑥ 우리가 NASA의 모든 프로그램에 자금을 지원하자고 제안하는 것은 아니다. 단지 우리가 우주왕복선, NERVA, 그 밖에 다른 중요한 NASA의 미래 활동에 예산을 지원하겠다는 믿음을 주는 발표면 충분하다.

1971년 가을 내내 우주왕복선 디자인에 대한 여러 대안이 제시되었다. 여기에는 NASA, 협력 업체, 에드워드 데이비드Edward David 대통령 과학 고문이 설치한 자문 위원회, 심지어는 예산관리국의 요청으로 NASA가 우주왕복선의 경제 분석을 하도록 계약한 매스매티카Mathematica 등이 참여했다. 11월까지 예산관리국은 항공·우주 산업 협력 업체들의 도움으로 우주왕복선의 재사용 가능성과 기능의 다양한 측면을 시험할 수 있는 제한된 능력을 가진 소형 우주왕복선을 제시했다. NASA는 우주왕복선을 발사대에서 쏘아 올리는 초기 추진력을 제공할 수 있는 대형 일회용 외부 연료 탱크와 부스터를 갖는 더 크고 완전한 능력full capability의 우주왕복선을 결정했다. 11월 22일에 우주왕복선에 대한 최종 결정 회의에서 제임스 플레처 NASA 청장은 백악관에 NASA의 디자인을 '최고의 대안'으로 제시했다.

문서 07

「우주왕복선」•

이 보고서는 우주왕복선 사업을 진행시키려는 NASA의 상황을 개략적으로 설명한다. 주요 포인트는 다음과 같다.

① 미국은 유인 우주비행을 포기할 수 없다.

② 우주왕복선 개발은 적은 예산으로 달성할 수 있는 유일한 새로운 유인 우주 프로그램이다.

③ 우주왕복선은 실제적인 우주 이용을 위해 필요한 다음 단계다. 이것은 다음과 같은 분야에 도움이 될 것이다.

- 우주과학.
- 민간 목적의 우주 활용.
- 군사적 목적의 우주 활용.
- 국제 경쟁과 협력에서 미국의 지도적 위치 확인.

④ 현재 우주왕복선의 비용과 복잡성은 6개월 전의 절반이다.

⑤ 지금부터 우주왕복선 개발을 시작하면 항공·우주 산업의 고용률에 상당히 긍정적인 영향을 미칠 것이다. 반면에 그렇지 않는다면 항공·우주 산업 종사자들의 사기와 고용 유지에 모두 심각한 타격을 될 것이다.

미국은 결코 유인 우주비행을 포기할 수 없다

인류는 육지에서 이동하는 자유, 바다에서 항해하는 자유, 공중에서 비행하는 자유를 얻기 위해 열심히 노력했고 실제로 성취했다.

그리고 지난 10여 년간 인류는 우주에서의 자유도 가질 수 있음을 알게 되

• 1971년 11월 22일 제임스 플레처 청장이 작성했다.

었다. 소련인들과 미국인들은 거의 동시에 지구 대기권 너머로 올라가 빠른 시간 안에 우주에서의 운행, 조종, 랑데부, 가까운 지구 공간에 정박하는 법을 습득했다. 미국인들은 달에 발을 내디뎠고 소련인들은 지구와 가까운 우주 공간에서 그들의 능력을 계속 확장해 왔다. 인류는 우주를 나는 법을 배웠으며 앞으로 계속해서 우주를 날 것이다. 이것은 사실이다. 그리고 이러한 사실을 감안할 때 미국은 우리 자신과 자유세계를 위해 유인 우주비행에 참여할 의무를 방기할 수 없다. 우주가 그저 먼 것만은 아니다. 지구와 가까운 궤도에 떠 있는 비행사들은 미국에서 쿠바보다 더 가까운 고도 100마일 이하에 있는 경우도 있다. 미국인이 우주에 있지 않는데 다른 나라 사람들이 우주에 있다는 것은 생각할 수 없다. 미국은 이러한 상황을 받아들일 수 없다.

왜 우주왕복선인가?

우주왕복선이 유인 우주비행과 미국 우주 프로그램의 다음 단계인 이유는 다음의 세 가지 때문이다.

첫째, 우주왕복선은 적은 예산으로 달성할 수 있는 유일한 새로운 유인 우주 프로그램이다. 다소 덜 비싼 '우주비행' 프로그램들도 상상할 수 있지만, 그것들은 거의 성취하지 못하고 막다른 골목에 놓이게 될 것이다. 아폴로 계획이나 스카이랩의 추가 비행은 곧 아폴로 계획이 남긴 재고 부품이 소진되기 시작하면 비용이 늘고 수익률은 낮아질 것이다. 우주 실험실이나 반영구적 우주기지 건설을 위한 달 재탐사 등 의미 있는 대안은 매우 비싸다. 화성 탐사는 흥미롭지만 현재 우리의 분수를 완전히 넘어선다.

둘째, 우주왕복선은 우주 활동이 덜 복잡하고 비용도 적게 들도록 하기 위해 필요하다. 현재 우리는 유인우주선은 물론 대형 무인우주선을 발사할 때도 엄청난 비용을 들이고 있다. 재사용 가능한 우주왕복선으로 이러한 막대한 비용 지출을 피할 수 있다. 이 비행기처럼 생긴 우주선은 현재 우주 운영비의 10분의 1 정도로 궤도 진입을 거의 일상적인 일로 만들 것이다. 이러한 일이 어떻게 가능할까? 이것은 워싱턴 D.C.에서 로스앤젤레스로 비행한 뒤에 비행기를 버리지 않는 것처럼 우리가 우주선을 단지 한 번 발사한 뒤에 버리지 않고 다시 씀으로써 가능하다.

우주왕복선은 언뜻 비행기처럼 보이지만 제트엔진 대신 로켓엔진을 가지고 있다. 그것은 수직으로 발사되고 자신의 힘으로 궤도로 날아가 필요한 시간 동안 머물다가 다시 대기권으로 미끄러져 들어와 다음에 사용할 준비가 되어 있는 활주로에 착륙한다. 우주왕복선은 필요하다면 매주 우주 왕복 교통수단을 제공할 수 있을 만큼 경제적이다. 연간 운영비는 현재 NASA 총예산의 15퍼센트에 불과하다. 이 비용은 현재 아폴로 1회 비행에 드는 총비용 정도에 불과하다. 우주비행은 실제로 일상적인 일이 될 것이다.

셋째, 우주왕복선은 여러 유용한 일을 하기 위해 필요하다. 장기적인 필요성은 분명하다. 1980년대 이후 우리가 상상하는 모든 드라마틱하고 실용적인 미래 프로그램을 실현하려면 우주왕복선을 통한 비용 절감이 필수적이다. 한 예로 우주정거장이 있다. 우주정거장 시스템은 우주왕복선을 통해 많은 사람들이 저렴하고 빈번하게, 가령 수리를 위해 방문할 수 있다. 이 영속적인 우주 속의 정거장에서 과학·군사·상업 활동에 종사하는 여러 사람들이 긴 시간을 보낼 것이다. 다른 예로 달에 기지를 건설하기 위한 재방문을 들 수 있다. 우주왕복선은 지구 궤도에서 조립하기 위해 필요한 시스템을 운반할 수 있을 것이다.

하지만 그 전에 우주왕복선은 무엇을 할 것인가? 일상적인 운행이 왜 그렇게 중요할까? 과학·민간·군사 분야 등 지금도 우주왕복선이 필요한 곳은 많기에 이러한 질문에 대한 하나의 답은 없다. 일상적인 우주왕복선 서비스가 실제로 이용 가능해지는 때에는 지금보다 더 많을 것이다.

우주과학을 예로 들어보자. 오늘날 우주비행을 위한 새로운 실험을 준비하려면 2년에서 5년은 걸린다. 우주를 오가는 비용이 너무 많이 들어 모든 것을 완벽하게 준비해기 위해 극도의 주의를 기울이기 때문이다. 그리고 태양, 별,

우주, 그리고 지구상의 우리 자신에 대한 근본적인 지식을 얻기 위해 수행해야 할 조사들이 너무 많고 오래 걸리기 때문이다. 동시에 우리는 이미 우주과학에 종사하는 과학자들과 그들의 장비를 콘베어Convair 990 비행기에 실어 훨씬 적은 시간과 비용으로, 그리고 새로운 발견에 대한 반응도 신속하고 훨씬 간단한 방법으로 이룰 수 있음을 증명했다. 비행기 운항은 일상적이기 때문에 쉽게 가능했다. 이것이 앞으로 우주과학 분야에서 우주왕복선이 할 일이다.

민간 우주 응용 프로그램을 예로 들어보자. 현재 우주통신이나 지구 자원에 대한 새로운 실험 준비는 앞의 우주과학 실험 준비와 같은 이유로 어렵고 비용이 많이 든다. 그러나 우주왕복선이라는 일상적인 우주 운송 수단을 사용하면 주어진 애플리케이션에 대한 최적 조합을 찾을 때까지 신속하게 조정할 수 있다. 그러지 않으면 여러 개의 위성, 수년의 시간, 막대한 비용이 들어간다.

또한 사람들은 우주왕복선의 일상적인 운용만으로 실현 가능한 새로운 응용 프로그램을 상상할 수 있다. 가령 (우주왕복선과 같은 경제적인 우주 교통 시스템으로) 거대한 태양전지를 지구 궤도에 배치한 뒤에 모인 에너지를 지구로 송전하는 것이 가능할 수도 있다. 이것은 지구의 에너지원을 필요로 하지 않는 진정한 무공해 동력원이 될 것이다. 어떤 이들은 전 세계적 차원에서 우리 인간이 지구 환경을 엉망진창으로 만드는 것을 통제하기 위한 환경 감시 시스템을 개발할 수도 있다. 이것들은 일상적인 우주왕복선 운행으로 무엇을 할 수 있는지에 대한 두 가지 예일 뿐이다.

군사 우주 응용 프로그램은 어떨까? 우리의 군사 계획이 아직 인간이 군사 목적으로 우주 공간에서 구체적으로 필요한 것을 정의하지 못한 것은 사실이다. 하지만 미래에도 그럴까? 그리고 소련도 우리 같은 결정을 내렸을까? 만약 그렇지 않다면 우주왕복선은 우주에서의 군사작전을 신속하고 일상적으로 제공할 것이다. 우주왕복선은 우리에게 빠른 반응 시간과 필요할 때마다 특별한 군사적 임무를 수행할 수 있는 능력을 줄 것이다. 새로운 군사적 요구가 없더라도 우주왕복선은 현재 로켓으로 발사되는 군용 우주선에 들어가는 운송비를 상당 부분 절감해 줄 것이다.

마지막으로 우주왕복선은 미국이 국제적 리더십을 놓고 벌이는 소련과의 경쟁이나 다른 나라들과의 협력 사업에 도움이 된다.

현재 진행 중인 유인 우주 프로그램이 1973년에 끝나면 우주왕복선 없이는 미국은 우주의 중심 무대를 그것을 점령할 결의와 능력을 가진 유일한 다른 나라에게 넘겨줄 것이다. 미국과 자유세계 전체가 10년 또는 그 이상 우주에서 소련의 패권주의와 직면하게 될 것이다. 하지만 우주왕복선이 있다면 궤도로 올라가는 비용이 저렴해지고 재사용이 가능한 시스템상의 유연성과 빠른 대응 능력 덕분에 미국은 다른 나라보다 확실히 우주에서 우위를 차지할 수 있다. 세계의 다른 나라들은, 최소한 자유세계 나라들은 탑재물을 발사하기 위해 대부분 미국에 의존할 것이다.

협력 측면에서 우주왕복선은 우주비행에서 훨씬 더 많은 국제적 참여를 장려할 것이다. 우주왕복선 운행은 일상적이기에 다른 나라의 과학자들뿐만 아니라 우주비행사들도 우리와 그들 자신의 실험을 함께할 것이다. 우리는 이미 소련과 호환 가능한 도킹 시스템에 대해 논의하고 있다. 그들의 우주선과 우리의 우주선이 우주에서 합류할 수 있도록 말이다. 아마도 궁극적으로 모든 국가의 사람들이 우주 공간에서 공동 환경 감시나 국제 군축 조사를 수행할 것이다. 민간 상업 기업들도 공동으로 참여할 것이며, 이러한 활동들은 인류가 지구상에서 더 잘 협력하도록 도울 것이다. 이보다 더 희망적인 길이 있겠는가?

왕복선의 비용이 절반으로 줄어든다

6개월 전 NASA의 우주왕복선 계획은 첫 유인 궤도비행 전에 100억 달러라는 막대한 투자가 필요한 것이었다. 이는 비행당 500만 달러 미만의 매우 낮은 후속 비용을 달성하기 위한 것이었다. 그러나 그 뒤로 설계를 개선해 투자비와 비행당 운영비 간에 절충이 이루어졌다. 그 결과 6년 동안 45억 달러에서 50억 달러를 투자해 개발할 우주왕복선은 비행당 1000만 달러 또는 그 이하로 운영할 수 있을 것이다(이는 현재 NASA 총예산의 10퍼센트에 해당하는 연간 우주 운송비로 연간 30편의 비행을, 15퍼센트로 늘린다면 주 1회 비행할 수 있음을 뜻한다). 이러한 투자비의 감소는 부분적으로는 방금 언급한 절충의 결과이며 또 일련의 기술적 변화 덕분이다. 궤도선의 크기가 길이 206피트에서 110피트로 대폭 축소되었다. 그럼에도 페이로드는 줄지 않았는데 15×60피트 크기의 적재물 칸으로 여전히 극궤도 4만 파운드, 동쪽 궤도 6만 5000파운드를 운송할 수 있다.

투자비의 감소는 매우 중요하다. 이는 매우 제한된 NASA 예산에서 1년 동안의 최대 자금 요구 수준을 우주과학과 그 응용 분야는 물론 항공학 분야의 주요 발전을 허용하는 수준까지 낮출 수 있음을 의미한다.

우주왕복선과 항공·우주 산업

우주왕복선 개발은 오늘날 항공·우주 산업이 보유한 능력을 완전히 요구하는 기술적 도전 과제다. 우주왕복선의 개발이 빨라지면 1972년 말에는 8800명이, 1973년 말에는 2만 4000명이 직접 고용될 것이다. 이는 아폴로 계획이 정점을 찍은 뒤에 NASA 예산의 감축으로 이미 27만 명이 해고된 것을 보상할 수는 없지만, 스카이랩과 아폴로 계획의 나머지 부문에서의 해고는 방지할 수 있을 것이다.

결론

유인 우주비행은 우리 삶의 일부다. 미국은 여기에 꼭 참여해야 하기에 유인 우주비행의 복잡성과 비용을 대폭 줄이려는 노력이 필수적이다. 우주왕복선만이 이 일을 할 수 있다. 이것은 우주과학과 민간·군사 응용을 위한 일상적이고 신속한 우주 활동을 가능하게 할 것이다. 우주왕복선은 NASA의 예산이 매우 감축된 현 상황에 적합하다. 운영비가 저렴해 현재 NASA 예산의 10~15퍼센트에 해당하는 운송비로 매년 30~50회의 우주비행을 할 수 있을 것이다.

이틀 뒤에 리처드 닉슨 대통령은 존 에를리히먼 국내 정책 고문과 조지 슐츠 예산관리국 국장과 함께 우주왕복선 문제를 논의했다. 대통령이 가장 중요하게 고려한 것은 우주왕복선 승인으로 고용이 얼마나 늘지에 대한 것이었다. 1972년 11월 대통령 재선에서 닉슨에게 중요한 표밭이 될 캘리포니아주 때문에 특히 그러했다. 슐츠는 닉슨에게 NASA가 제안한 완전한 능력을 갖춘 우주왕복선보다 비용과 성능을 낮춘 선택지가 있다고 지적했고, 닉슨은 완화된 선택지를 선호한다고 했다.

문서 08

"대통령 집무실 대화록"*

존 에를리히먼　캘리포니아주 남부 사람들은 우주왕복선 제작 공장이 캘리포니아 남부에 위치해야 한다고 강력히 요구하고 있습니다. 연두교서에서 발표하거나 또는 언젠가 우주왕복선을 진행하겠다고 발표한다면 이는 매우 눈에 띄게 될 것입니다.

리처드 닉슨　이것은 연두교서에서 발표할 사안이 아닙니다. 당신이 지적한 캘리포니아주에서 우주왕복선 승인 발표를 해야겠어요. 고용, 그렇죠. 존? 고용의 관점에서 그렇게 합시다. 캘리포니아주에 있어야 합니다.

조지 슐츠　NASA는 완전한 추진 (우주왕복선) 프로그램을 밀고 있지만, 조금 비용이 완화된 선택지도 있습니다.

닉슨　더 완화된 선택지를 고릅시다. 나중에 (그것이 옳은 선택인지) 살펴보도

* 1971년 11월 24일 리처드 닉슨, 존 에를리히먼, 조지 슐츠의 대화록이다.

록 하겠습니다. 이것은 우리가 앞으로 나아가는 것을 보여주는 상징입니다. 우리는 우주탐사에 긍정적일 것입니다. 우리가 우주로 나아간다면 아무도 우리를 반대하지 않을 테고, 우리가 그렇게 하기에 몇몇은 우리를 지지할 겁니다.

에를리히먼 항공·우주 산업계에 우리가 우주왕복선 사업을 진행할 것이라고 알려주면 지금 당장 도움이 됩니다.

슐츠 우주왕복선과 스카이랩은 인간을 어느 정도 우주에 머물게 해주는 도구입니다. 하지만 우주 프로그램의 방향은 인간을 우주에 상주시키려는 데서 벗어나 대부분의 것을 무인화하는 쪽으로 바꾸어야 합니다.

닉슨 동의해요. 유인 우주비행은 시간이 지나면 영화 속 스턴트가 되겠지요.

닉슨이 보다 축소된 버전의 우주왕복선을 선호하자 12월에 백악관 예산관리국과 NASA 간에 어떤 우주왕복선 디자인을 승인할지를 놓고 격론이 벌어졌다. 1971년 12월 말 NASA는 우주왕복선 개발비를 낮추라는 예산관리국의 지속적인 압력에 따라 마지못해 우주왕복선을 더 작은 탑재 용량을 가진 구성으로 변경했다. 다음의 편지에서 제임스 플레처 청장은 우주왕복선 승인을 위한 NASA의 최종적인 주장을 펼쳤다.

문서 09

"캐스퍼 와인버거 백악관 예산관리국 부국장에게 보내는 편지"•

친애하는 와인버거에게

이 편지의 목적은 여러 우주왕복선 선택지에 대한 최근의 연구 결과를 보고하고 1973년 회계연도의 예산에서 취해야 할 조치에 대해 권고하는 데 있다.

• 1971년 12월 29일 제임스 플레처 청장이 작성했다.

요약

우리는 '완전한 능력'을 갖는 15×60피트 크기의 6만 5000파운드 페이로드의 우주왕복선이 여전히 '최고의 구매'이고, 평상시라면 이것을 개발해야 한다는 결론을 내렸다. 그러나 단기적인 예산 문제가 매우 심각한다는 것을 고려할 때 우리는 전체 비용을 다소 절감한 14×45피트 크기의 4만 5000파운드 페이로드를 갖춘 다소 작은 우주왕복선을 권장한다.

이 우주왕복선은 무인 탑재뿐만 아니라 유인 비행에도 여전히 유용한 수준에서 가능한 가장 작은 것이다. 그러나 국방부가 요청하는 상당수 페이로드와 일부 행성 페이로드는 수용하지 못할 것이다. 또한 이것은 페이로드 운송과 동시에 우주 궤도 간 운송기를 수용하지 못한다. 따라서 대부분의 응용 탑재 위성이 배치되는 높은 '동기' 궤도로의 페이로드나 추진단을 귀환시키는 데는 효과적으로 운용하지 못할 것이다.

* * *

진행 결정

다양한 우주왕복선 연구는 이제 완전한 우주왕복선 개발을 진행하겠다는 결정을 내려야 할 정도로 진전되었다. 더 이상의 지연은 새로운 결과를 낳지 않을 것이다. 궤도선은 완전히 정의되었다. 부스터를 고체로 할지 액체로 할지의 문제는 아직 미정이지만 부스터 결정에 관련된 변수의 범위는 크지 않으며 이른 시일 안에 결정을 내릴 수 있다. 추가 연구를 한다고 해도 상당한 비용 절감 효과를 기대할 수는 없다(특정 페이로드 크기에 대한 최근의 모든 비용 개선 효과는 대규모 연구·개발 프로젝트에 내재된 전반적인 비용 불확실성보다 작았다).

반면에 추가적인 지연은 많은 불안감을 안겨줄 것이다. 항공·우주 산업에 대한 정부의 전폭적인 자금 지원이 없다면 기존의 우주왕복선 팀은 곧 소멸될

표 4-2 **연구 결과**

사례	1	2	2A	3	4
탑재부 구역(피트)	10×30	12×40	14×45	14×50	15×60
탑재체 무게(파운드)	30,000	30,000	45,000	65,000	65,000
개발비(100만 달러)	4,700	4,900	5,000	5,200	5,500
회당 운영비(100만 달러)	6.6	7.0	7.5	7.6	7.7
탑재체 비용(달러/파운드)	220	223	167	115	118

것이다. 만약 행정부가 똑같이 강력하게 지지하지 않는다면 작년에 의회에서 보여주었던 우주왕복선에 대한 강력한 지지는 올해에는 없어질지도 모른다. 그러면 NASA 안의 수많은 최고의 인재들이 사라지게 되고 결과적으로 전반적으로 사기를 잃게 될 것이다. 즉, 지금 진행하기로 결정함으로써 얻을 것은 많고 잃을 것은 없다는 뜻이다.

* * *

어떤 우주왕복선을 승인할지에 대한 논쟁이 새해 주말 동안 계속되었다. 1972년 1월 3일 NASA는 플레처 청장이 12월 29일 편지에 권고한 소형 시스템이 아닌 15×60피트 페이로드의 적재 능력을 가진 완전한 능력의 우주왕복선을 개발하기 위한 예산관리국의 승인이 나왔다는 사실에 놀랐다.

1월 5일 플레처와 조지 로는 우주왕복선의 승인 발표 전에 대통령과 만나기 위해 캘리포니아주 샌클레멘테에 있는 리처드 닉슨의 개인 별장으로 날아갔다. 다음의 회의록에는 로가 대통령과 대화를 나눈 내용이 기록되어 있다. 회담 뒤에 백악관은 언론에 우주왕복선 승인을 발표했고, 플레처와 로는 프로젝트에 대한 질문에 답했다. 우주왕복선의 승인으로 아폴로 계획 이후의 가시적인 미래 우주비행 프로그램은 지구 저궤도 미션으로 제한될 것이다.

문서 10

"1972년 1월 5일 대통령과의 회의록"•

제임스 플레처와 저는 우주왕복선에 대해 논의하기 위해 약 40분 동안 대통령과 존 에를리히먼을 만났다. 토론 과정에서 대통령은 다음의 사항을 언급하거나 이에 동의했다.

① 우주왕복선　대통령은 우리가 민간 활용을 강조해야 하지만 군사적인 활용도 배제해서는 안 된다고 말했다. 우리는 군사적 활용에 대해 언급하는 것을 망설이지 말아야 한다. 대통령은 일상적인 운영 가능성과 신속성에 관심이 있었는데, 특히 이러한 특징은 지진이나 홍수 같은 자연재해 때 적용될 수 있기 때문이다. 플레처 박사는 미래에 태양에너지를 궤도에서 모아 지구로 보내는 가능성에 대해 언급했다. 대통령은 이러한 종류의 일들은 우리의 예상보다 훨씬 빨리 일어나는 경향이 있으며 우리는 지금 이러한 것들에 대해 말하는 것을 주저하지 말아야 한다고 지적했다. 그는 또한 핵폐기물 처리 가능성에 관심을 보였다. 대통령은 일반인들이 우주왕복선을 타고 우주를 비행할 수 있다는 점과 우주비행에 필요한 유일한 요건은 수행해야 할 미션뿐이라는 점을 좋아했다. 그는 또한 고용 유지를 통해 항공·우주 산업에 종사하는 사람들의 기술을 보존하는 것이 자신의 관심사라고 강조했다.

요약하자면 대통령은 우리가 현재 우주왕복선이 할 수 있는 많은 일들을 알고 있지만 실제 우주왕복선이 그러한 일을 할 수 있는 능력을 갖게 되면 완전히 새로운 분야가 개척될 것이라는 점을 깨달아야 한다고 했다. 대통령은 우리가 우주왕복선이 좋은 투자처라고 보는지 알고 싶어 했다. 우리에게서 긍정적인 답변을 받자마자 우리에게 우주왕복선은 '70억 달러짜리 장난감'이 아니라

• 1972년 1월 12일 조지 로 NASA 부청장이 작성했다.

는 점을 강조하고 그것이 실제로 유용하며 우주 활동비를 10배 절감하게 해준다는 점에서 좋은 투자임을 언론에 강조해 줄 것을 요청했다. 동시에 대통령은 우주왕복선이 좋은 투자가 아니라고 해도 어쨌든 우리는 그것을 개발해야 한다고 지적했다. 인간은 지금 우주를 날고 있고, 앞으로도 계속 우주를 날 것이며, 미국이 그 일부가 되는 것이 가장 좋은 선택이기 때문이다.

②국제 협력 대통령은 우주 프로그램을 진정으로 국제적인 프로그램으로 만드는 데 관심이 많으며 이전에도 이러한 관심을 표명했다고 했다. 그는 국제 협력과 모든 국가의 참여가 강조되기를 원했다. 그는 우리가 아폴로호에 외국인 우주비행사를 참여시키지 못해 실망했지만, 우리가 그렇게 할 수 없었던 이유를 이해한다고 했다. 그는 모든 국가의 우주비행사들이 우주왕복선을 타고 날 수 있다는 것을 이해했고, 특히 동유럽에서 우주비행 프로그램 참여에 관심을 보이고 있다고 했다. 하지만 국제 협력과 관련해 그는 외국인 우주비행사뿐 아니라 우주 실험과 우주 하드웨어 개발 등 다른 형태의 의미 있는 참여에도 관심을 보였다.

③소련과의 협력 대통령은 현재 화성 궤도에 있는 탐사선과 관련해 소련과의 공동 활동에 관심이 있었다. 우리는 또한 그에게 1975년에 양국이 공동 도킹 실험을 할 수도 있다고 설명했다. 미국인과 소련인이 우주에서 조우할 수도 있는 가능성에 대해 대통령은 큰 호감을 드러냈다. 그는 이것이 소련과의 사전 정책 논의를 위한 항목으로 고려되어야 한다고 지적했다. 대통령은 에를리히먼에게 우주왕복선의 국제적 측면과 소련과의 도킹 가능성에 대해 헨리 키신저Henry Kissinger에게 언급할 것을 요청했다.

NASA는 1970년대 동안 우주왕복선 개발에 주력했다. 하지만 아폴로 계획이 끝난 뒤에 남아 있던 하드웨어를 이용해 두 번의 우주비행 사업을 했다. 하나는 스카이랩으로 새턴 V 부스터의 변환된 상단을 이용한 실험적인 우주정거장이었다. 스카이랩은 1973년 5월 14일 발사되었는데, 1973년 5월 25일부터 1974년 2월 8일까지 세 명의 승무원이 탑승했다. 승무원들은 스카이랩에 28일, 그 뒤 56일, 그 뒤에 84일 동안 머물렀다. 스카이랩은 재공급 시스템이 구비되어 있지 않아 1979년 7월 11일 수명을 다하고 지구 대기권에 재진입해 호주 서부에 타고 남은 조각들로 추락했다.

또 다른 비행 프로젝트는 1972년 1월 5일 대통령, 플레처, 로가 만나 논의한 소련과 미국 우주선 간의 도킹이었다. NASA는 1970년부터 소련과 이러한 프로젝트를 논의해 왔다. 대통령이 관심을 보이며 리처드 닉슨과 소련의 알렉세이 코시긴Alexei Kosygin 총리가 1972년 5월 미소 정상회담에서 서명할 수 있도록 도킹 미션에 대한 합의가 곧 이루어졌다. 이 협정은 '아폴로·소유스 테스트 프로젝트'로 알려지게 되었다. 1975년 7월 17일 우주비행사 톰 스태퍼드Tom Stafford와 우주비행사 알렉세이 레오노프는 우주 궤도에서 도킹된 우주선 안에서 악수를 나누었다.

1977년 5월 11일 아폴로·소유스 테스트 프로젝트가 성공하면서 NASA와 소련과학아카데미는 유인 우주비행에 대한 지속적인 협력을 위한 후속 협정에 서명했다. 그러나 나중에 지미 카터 대통령은 소련의 인권 문제와 아프가니스탄에 대한 소련의 개입을 이유로 이 협정을 이행하지 않았다. 1977년에 마련된 미국 우주왕복선의 소련 우주정거장 도킹과 국제우주정거장 공동 계획안은 소련 붕괴 이후인 1990년대까지 이루어지지 않았다.

제럴드 포드Gerald Ford 대통령의 짧은 임기 동안 유인 우주비행에 대한 주요 이슈는 제기되지 않았다. 1970년대 NASA의 활동은 우주왕복선 개발에 중점을 두었고 포드는 닉슨 행정부가 수립한 계획을 승인했다. 1975년 아폴로·소유스 테스트 프로젝트 미션은 포드가 백악관에 있을 때까지 이루어졌다.

우주왕복선 개발에 관한 기술적 문제가 대두되어 우주왕복선의 첫 비행은 1978년 원래 목표 시기보다 몇 년 늦어졌다. 카터는 우주 활동에 관심이 없었다. 그는 특히 유인 우주비행의 가치에 대해 확신이 없었다. 대통령은 우주왕복선의 취소를 고려했지만 일단 사업이 착수되었고 계획 중인 미국의 유일한 우주 접근 수단으로 국가 안보에 매우 중요하기 때문에 이 사업을 계속해야 한다는 조언을 받았다.

1978년 5월 카터는 정부의 민간 우주 사업에 대한 포괄적인 검토를 지시했다. NASA와 미국의 동맹국들은 우주왕복선 개발이 거의 완료되었음을 인식하고 우주왕복선에 이어 우주정거장의 승인을 검토하기 시작했다. 검토 보고서는 미래의 우주개발이 "단 하나의 거대한 엔지니어링 위업"에 초점을 맞추지는 않을 것이라고 말하며 이러한 가능성에 부정적인 입장을 취했다. 카터 행정부 동안 새로운 유인 우주비행 계획은 없었다.

로널드 레이건Ronald Reagan은 1980년 11월에 대통령으로 선출되었다. 그는 NASA 인수위원회로부터 미국의 우주 프로그램이 '분기점'에 놓여 있다는 말을 들었다. 1970년대 미국 경제의 특징이었던 높은 인플레이션으로 NASA 예산은 구매력 측면에서 상당한 타격을 입었다. 인수위원회가 작성한 다음의 보고서는 차기 행정부를 향해 상세한 권고와 조치 사항을 제시하면서 미국의 우주 리더십을 회복하기 위해 대통령의 참여가 필요함을 시사했다. 인수위원회는 이른 시일 안에 "미국의 우주개발의 목적과 방향을 정의하고 실현 가능한 우주 프로그램에 대한 약속을 대통령이 분명히 밝혀야 한다"라고 권고했다.

문서 11

「NASA 인수위원회 보고서」*

1) 개요

1958년 미국은 우주 분야에서 세계를 선도하기 시작했다. 1970년까지 미국은 목표를 달성했다. 인류는 달 위를 걸었고, 과학위성은 우주에서 새로운 기회를 찾았으며, 통신위성과 신기술은 경제적 이익을 안겨주었다. 동시에 새로

* 1980년 12월 19일 NASA 인수위원회 책임자 조지 로가 작성했다.

운 지식, 아이디어, 자부심, 국격도 생겨났다. 하지만 1980년 들어 미국의 리더십과 우월성은 심각하게 위협받고 있으며 상당히 약화되었다. 소련은 우주에 유인 우주정거장을 설치하고 경제·군사·외교 정책 목표를 달성하는 데 활용하고 있다. 일본은 우주에서 가정과 회사에 직접 방송을 하고 있고, 프랑스는 미국보다 앞서 위성을 통한 자원 관측으로 경제적 이익을 챙길 준비를 하고 있다. 아이러니하게도 미국의 상업 기업들은 위성을 발사하기 위해 프랑스로 눈을 돌리고 있다. 1986년 핼리혜성을 방문할 수 있는 흔치 않은 기회를 미국은 포기하기로 했지만 소련, 유럽연합, 일본 등은 모두 이런 모험을 계획하고 있다. 엄밀히 말해 우주에서 미국의 명성을 되찾는 것은 우리의 의지에 달려 있다. 민간 우주 프로그램과 NASA는 미국의 항공과 우주 활동의 목적과 방향을 수행하기 위한 여러 선택지를 제공한다. 이러한 선택권은 이 보고서에서 가까운 미래에 있을 재정적 한계를 충분히 인식해 검토한다.

* * *

4) 우주 프로그램과 미국의 정책

최근 몇 년 동안 미국은 군사적·상업적·경제적으로 세계에서 경쟁력을 잃어왔고 소련과의 경쟁은 새로운 차원으로 들어섰다. 소련은 과학과 기술이 경쟁의 주요 요소임을 인식하고 있다. 과학기술이 강한 나라는 다른 모든 분야에서 강해질 수 있는 기반이 있고 세계 지도 국가로 인식될 것이다. 항공공학과 우주는 우리의 기술력에 중요한 요소가 될 수 있다. 그들은 공학 분야에서 최고를 요구한다. 왜냐하면 약간의 실수도 항공기 추락이나 우주선의 완전한 실패처럼 커다란 재앙으로 돌아오기 때문이다. 경쟁력 있는 항공 산업과 강력한 우주 프로그램은 미국의 국제 경쟁력에서 중요한 요소다. 이러한 점들을 넘어 미국의 민간 우주 프로그램은 다른 정부 프로그램들과는 달리 국가 정책에 상당히 실제적이고 잠재적인 영향력이 있다. 다행히 이 프로그램의 일부 요소는 그렇게 활용되었지만, 아직 미국의 정책에서 이들의 잠재력은 대부분 인식되거나 실현되지 못하고 있다. 주요 요인은 다음과 같다.

(1) 국가적 자긍심과 명성

국가적 자긍심은 우리가 우리 자신을 어떻게 바라보는지에 달렸다. 국가적인 목적의식과 정체성이 없다면 국가적 자긍심은 그때그때의 개별 사건에 따라 퇴색된다. 이란 인질 사태와 구조 중단은 국가로서 미국이 보유한 능력에도 불구하고 우리의 국가적 자긍심에 해를 끼쳤다. 반면 최근 한 열성 언론이 보도한 보이저Voyager호의 토성 방문은 우리의 자긍심에 크게 기여했다. 우주 프로그램은 목적의식, 탐험, 발견, 모험의 선구자적 정신, 개척자의 도전, 개인의 기여와 팀 노력에 대한 인식, 확고한 혁신과 리더십이라는 특징을 갖고 있다. 국격은 다른 나라 사람들이 미국을 바라보는 시각, 즉 이 나라의 지적·과학적·기술적·조직적 능력에 대한 세계인들의 인식이다. 최근 현대사에서 우주 프로그램은 이러한 점에서 독특한 긍정적인 요소였다. 아폴로호의 달 탐사는 스푸트니크 이후 시대에 미국의 이미지를 회복시켰고, 보이저호의 토성 탐사는 미국의 세계적 인지도가 떨어졌던 우울한 시기에 빛이 되어주었다. 우주 프로그램을 통해 우리는 현재와 미래를 이끄는 국가가 된다. 세계의 눈으로 우리는 우주와 미래를 지향하는 국가가 된다.

(2) 경제 및 우주 기술

미국은 활발한 우주 프로그램을 통해 많은 기술적 도전들과 싸워왔다. 아폴로호, 보이저호, 우주왕복선과 같은 시도는 단기적인 기술적 필요보다 훨씬 중요한 도전과 위험이 수반된다. 이러한 과제를 해결하면서 미국 산업에 대한 기술적 추동technological push이 이루어졌으며 전자, 컴퓨터, 과학, 항공, 통신, 바이오 의학과 같은 광범위한 첨단 기술 분야에서 상당한 혁신이 촉진되었다. 우주 투자에 대한 대가는 세계 시장에서 더 높은 생산성과 더 높은 경쟁력으로 돌아온다. 또한 우주 프로그램은 위성 통신 분야에서와 마찬가지로 직접적인 배당금을 안겨준다. 지구 자원 탐사를 위한 위성 발사에서 얻을 수 있는 잠재적인 경제적 이익은 크다.

(3) 과학적 지식과 청소년들을 위한 영감

미국의 우주과학 탐험 리더십은 지구와 우주에 대한 새로운 지식을 제공했으며 응용 연구와 개발의 기초를 형성했다. 이는 우리 사회와 경제에 중요한 요소다. 우주탐사는 과학·기술·공학자를 꿈꾸는 수많은 젊은이들에게 영감을 준다. 기술적으로 훈련된 인력이 부족한 상황에서 미국 산업계의 활력이 과학적 응용에 달려 있을 때 우주 프로그램은 젊은이들을 이러한 분야로 끌어들이는 데 도움이 될 수 있다.

(4) 미국의 대외정책과의 관계

민간 우주 프로그램의 측면은 미국의 대외 정책 목표를 개발하고 진전시키는 도구 역할을 할 수 있다. 우주 프로그램은 세계가 미국을 어떻게 보는지에 기여할 수 있다. 동시에 우주왕복선에 실려 있는 미국과 소련의 아폴로·소유스 미션과 유럽우주청ESA: European Space Agency의 탑재물 운송 등 우주 협력 활동에도 중요하다. 우주 프로그램과 관련된 기술은 특히 통신과 자원 탐사 분야에서 후진국에 대한 지원은 물론 선진국과의 강력한 경제적·기술적 상호작용을 가져왔다.

5) 관측

1980년 말에 미국의 민간 우주 프로그램은 기로에 서 있다. 미국은 우주탐사와 응용을 위한 위대한 미션에 투자했다. 이것은 국가의 자부심, 위신, 과학기술, 젊은이들의 영감, 외교 정책, 경제적 이익에 대한 혜택을 제공하는 능력이다. 이제 이 기능은 쇠퇴하고 있다. NASA와 미국의 우주 프로그램에 명확한 목적과 방향성이 보이지 않는다.

6. 권장 사항 요약

NASA는 항공공학과 우주에 대한 미국의 핵심 투자를 상징한다. NASA의 프로그램은 과학과 기술, 국가적 자부심과 명성, 외교 정책, 경제적 이익에 관한 혜택을 제공하고 있다. 그러나 최근 몇 년 동안 이 기관은 목적과 방향을 잃었고 예산 부족으로 고통받고 있다. 새 행정부는 NASA가 긴축과 성장의 두 기로에 서 있음을 발견했다. 인수위원회는 10가지 주요 분야와 다양한 대처 방안을 검토했다. 각 이슈에 대해 인수위원회는 다음과 같은 권고안을 제시했다.

① 미국의 민간 우주 프로그램의 목적을 밝히는 대통령 성명이다. 다음의 사항을 권장한다.

- 대통령이 아직 약속한 것은 아니지만 가능한 이른 시일 안에 취임사 등을 통해 미국 우주 프로그램의 중요성을 밝힐 필요가 있다.
- 미국의 우주개발의 목적과 방향을 정의하고 1981년 봄 첫 우주왕복선의 비행과 같이 적시에 실현 가능한 우주 프로그램에 대한 대통령의 약속을 밝힐 필요가 있다(주의: 실행 가능한 우주 프로그램의 규모는 어느 정도가 되든 상관없지만 목적과 방향성은 있어야 한다).

* * *

이 충고는 기각되었다. 로널드 레이건은 연방정부 예산 감축 등 시급한 현안이 최우선 관심사였다. 그가 주요 우주 사업인 우주정거장을 승인하고 민간 부문의 우주 활동에 대한 관심이 크게 높아지도록 하기는 했지만, 백악관에서 지내는 8년 동안 '미국의 우주개발의 목적과 방향'을 명확히 밝히지는 않았다.

우주왕복선은 개발 초기부터 일단 운용에 들어가면 NASA는 물론 미국의 다른 민간 기관과 국가 안보 공동체가 요구하는 모든 정부 탑재물을 발사하는 데 사용될 것으로 전제되었다. 지미 카터는 1978년 대통령 우주정책지침에서 이러한 전제를 공식화했다. 1981년 1월 레이건이 대통령이 되고 그해 4월 우주왕복선의 첫 발사가 예고되면서 다시 한번 우주왕복선에 대한 전제가 검토되었다. 군과 정보 분야 일각에서 우주로의 접근을 단일 발사체에 의존하게 되는 상황을 우려했지만 기존 정책을 바꾸지는 못했다. 1981년 11월 레이건 행정부는 우주왕복선을 미국의 일차적 발사체로 삼는 정책을 지속하기로 약속했다. 우주왕복선 시스템STS: Space Transportation System(이하 STS)은 최종 궤도로 탑재체를 옮기는 데 필요한 전체 우주왕복선 시스템에 붙은 명칭이다.

우주왕복선의 첫 발사는 1981년 4월 12일 이루어졌다. 세 번의 시험 미션이 더 이어졌고 대통령 내외가 참석한 가운데 우주왕복선은 '준비 완료'가 선언되었다. 이제 NASA는 상업 고객이나 외국인 고객들을 대상으로 우주왕복선을 유료로 발사할 수 있게 되었다. 1982년까지 NASA는 우주왕복선을 이용해 이러한 계약을 따내고자 유럽의 일회용 발사체인 아리안Ariane과 경쟁했다. 이 경쟁은 애국주의적인 색깔을 띠었다.

우주왕복선 마케팅에 사용하고자 NASA는 「우리가 운반한다We Deliver」라는 제목의 멋진 홍보용 책자를 출판했다. 이 마케팅 지향적인 제목은 연구·개발 조직으로서 NASA의 전통에 극적인 변화를 나타내는 것이었다.

문서 12

「우리가 운반한다」•

이보다 합리적인 가격은 없다

우주왕복선의 발사 가격은 페이로드 무게와 화물 적재 칸의 길이에 따라 결정된다. 연속곡선의 공식에 따라 가격을 책정하면 요구량에 대해서만 요금이

• 1983년 NASA에서 작성했다.

부과될 뿐 아니라 페이로드를 개발하는 기간 동안 요구 사항이 바뀌는 경우에도 우주왕복선은 상당한 페이로드의 증가 흡수 여력을 갖고 있다. 우주왕복선의 발사 가격과 가격 유연성은 다른 발사 시스템과 비교할 수 없다.

발사와 관련된 총비용을 평가할 때 보험 등 다른 두 가지 중요한 요소를 고려해야 한다. 먼저 NASA의 발사 기록과 경험이 보험료에 미치는 영향이다. 이 발사 기록 덕분에 우주왕복선은 자유세계에서 가장 낮은 보험료를 받는다. 위성과 그 밖의 탑재 프로그램의 보험료가 몇 퍼센트포인트만 차이가 나도 발사를 위해 구입한 보험에서 쉽게 수백만 달러를 절약할 수 있다.

보험에서 다른 고려 사항은 우주왕복선의 발사 연기와 관련된 비용이다. 우리는 모든 고객에게 제시간에 발사할 것을 약속드리며 고객의 현금 흐름 요구의 중요성을 인식하고 있다. 따라서 고객이 합의된 일정에 따라 발사될 페이로드를 위해 모든 합리적 노력을 기울이게 만드는 인센티브로 우리는 상당한 발사 연기 수수료를 책정했다. 반면에 우리는 연기와 관련된 비용 리스크를 인식한다. 여기에서도 보험업계는 낮은 보험료율로 연기 수수료를 부담하는 보험을 제공함으로써 우주왕복선 사업을 지원하기로 했다.

인공위성과 그 밖의 탑재물을 우주로 발사하는 것과 관련된 모든 비용 요소를 고려할 때 고객 여러분은 우리의 우주왕복선보다 좋은 가격 조건을 만날 수 없을 것이다.

로널드 레이건 대통령은 1981년 제임스 베그스James Beggs를 NASA 청장으로 임명했다. 베그스는 임기를 시작하자마자 부청장인 한스 마크Hans Mark와 함께 NASA의 최우선 사업 중 하나였던 승무원이 상주하는 우주정거장 프로젝트에 대한 대통령의 승인을 받는 작업에 들어갔다. 이것은 1970년 우주왕복선과 우주정거장을 동시에 개발하기로 한 결정의 유산이었다. 우주정거장 승인에 국가 안보 커뮤니티와 백악관 예산과학실 등이 반대해서 1983년 말까지 1년간 관계 기관 간 연구를 한 끝에야 대통령에게 건의안을 상정할 수 있었다. 1983년 12월 1일 백악관 내각 회의실에서 베그스는 대통령에게 프레젠테이션을 했다. "오늘날 우주왕복선은 미국을 우주에서 가장 선도적인 국가로 만들어줍니다. 내일 우주에서 미국의 우수성은 지구 궤도 주위를 도는 영구적인 유인 우주정거장을 통해 달성될 수 있습니다. 지금 미국에 필요한 것은 원래 계획했던 우주왕복선이 가야 할 곳입니다." 발표의 마지막에 베그스는 열렬히 탄원했다. "오늘 이 방에서 우리는 다음 25년을 바라보아야 합니다. 우주정거장을 시작해야 하는 시간은 지금입니다. 우주왕복선 개발은 끝났습니다. 우리는 기술을 가지고 있고, 요구 사항도 분석되었으며, 관련 산업계도 준비를 마쳤습니다. 소요 시간은 길지만 그 이익은 막대할 것입니다. 이것은 향후 25년간 미국이 우주에서 누릴 리더십입니다."

베그스가 발표를 마치자 대통령은 방에 있던 다른 사람들의 의견을 물었다. 이것은 레이건이 선호하는 접근법이었다. 대통령은 결정을 내리기 전에 그의 최고 고문들의 의견을 듣고 싶어 했다. 방 안에서 나온 의견들은 대부분 우주정거장 승인에 반대했다. 대통령은 관례대로 회의가 끝날 때 자신의 결정을 발표하지 않았다.

백악관 내각 회의실 회의에 참석한 최고위층 인사 가운데 한 명인 존 맥마흔John McMahon 중앙정보국 부국장이 베그스의 발표에 이어 회의의 내용을 요약했다.

문서 13

「1983년 12월 1일 상업과 무역에 관한 내각 회의 요약」*

① 회의는 맬컴 볼드리지Malcolm Baldrige 상무부 장관이 진행했다. 대통령과 부통령 등이 참석했다. 길 라이Gil Rye가 주제를 소개하며 우주 문제에 대한 고

* 1983년 12월 5일 존 맥마흔 중앙정보국 부국장이 작성했다.

위 기관 간 그룹Senior Interagency Group for Space의 논의 결과를 요약했다. 하지만 그는 이 논의의 투표 결과가 압도적으로 유인 우주정거장에 반대하는 것이었음을 드러내지는 않았다. 그는 이 사업에 다음 7년간 약 80억 달러가 들 것이며 1984년에는 2억 2500만 달러가 필요하다고 추산했다. 또 다른 선택지는 우주왕복선 운용을 7일에서 21일로 연장하는 것으로 1984년에 1억 9000만 달러를 포함해 31억 달러의 비용이 소요된다고 한다.

② 베그스는 NASA의 최우선 과제가 우주왕복선을 완전히 가동시키는 것이라고 확실히 말했다. 그는 어떤 일은 반드시 해야 하며 그들이 분명히 그들의 일에 주의를 기울일 것이라고 했다. 이는 NASA가 현재 보유하고 있는 프로그램을 수정해야 한다는 국방부의 비판을 잠재우기 위한 의도가 분명했다. 이어서 베그스는 NASA의 지출 1달러당 90센트가 민간 부문이나 학계에서 쓰이고 있다고 말했다. 그러고 나서 그는 유인 우주정거장에 대해 우쭐대며 1991년이나 1992년까지 기본 운용 능력IOC: Initial operating capability이 평가되기를 희망한다고 했다. 그다음에 그는 NASA가 앞으로 나아가야 하고 지금까지 NASA가 한 일을 미국이 활용해 우주정거장 사업을 시작해야 하는 이유에 대해 논쟁을 시작했다. 그는 1903년 두 명의 미국인이 처음으로 비행기로 비행했다는 사실을 언급했다. 하지만 그 뒤 11년 동안 아무 일도 일어나지 않았고 제1차 세계대전 때 미국은 유럽의 비행기에 의존해야 했다. 이러한 교훈에 따라 NACA가 설립되어 공기역학 실험 등을 수행했고 제2차 세계대전 때 비로소 미국은 자신의 비행기가 준비되어 있었다. 또한 그는 1926년 로버트 고더드가 매사추세츠주에서 첫 로켓을 발사한 사례를 하나 더 들었다. 당시에도 미국은 이 기술을 이용하는 데 실패했지만 독일은 달랐고, 제2차 세계대전 때 독일인들은 로켓을 날렸지만 우리는 그러지 못했다고 했다.

③ 대통령이 달 기지에 대해 물었다. 베그스는 유인 우주정거장이 달 기지로 가는 중간 기착지라고 답했다. 처음에는 유인 우주정거장이, 다음으로 무인 달 기지가, 마지막으로 유인 달 기지가 따라올 것이라고 했다.

④ 조지 키워스George Keyworth 대통령 과학 고문은 유인 우주정거장은 새로운 것이 아니라고 했다. 그는 미국이 단순히 정거장을 강조할 것이 아니라 달 우주정거장처럼 보다 대담하고 대단한 것을 시도해야 한다고 했다. 다만 그는 우리가 달에서 무엇을 할지 어떻게 갈지 아직 모른다는 것을 인정하며 앞으로 6개월 동안 우리가 그 답을 찾기 위해 연구할 것을 제안했다.

⑤ 볼드리지 장관은 대통령에게 우리가 고려한 선택지들이 너무 좁아 아마도 우리는 우주의 민간·상업 이용에 대해 연구해야 할 것이라고 말했다.

⑥ 폴 세이어Paul Thayer 국방부 부국장은 유인 우주정거장이 전용되는 영향에 대해 말했다. 그는 NASA가 우주왕복선이라는 문제 자체에서 벗어나 이것이 디자인된 목적을 위해 최적화하는 데 주의를 기울여야 한다고 주장했다. 그는 또한 유인 우주정거장이 80억 달러짜리 프로그램이 아니라 200억 달러는 들어가는 프로그램이 될 것이라고 생각했다. 국방부에서는 유인 우주정거장에 대한 요청이 없다고 덧붙였다. 그는 또한 국립과학연구소와 상공회의소가 유인 우주정거장에 반대했다고 언급했다. 만약 우리에게 돈이 많다면 유인 우주정거장과 같은 사업도 할 수 있겠지만 지금은 필수 예산도 부족한 상황이며 유인 우주정거장에 투자한 돈을 회수하는 것은 상상할 수 없다고 했다. 그는 미래의 자금 계획이 불확실하기에 지금 유인 우주정거장을 논의하지 말고 6개월에서 1년 정도 연기해 우리가 필요한 자원에 대해 더 나은 그림을 가질 수 있도록 하자고 했다.

⑦ 데이비드 스토크먼David Stockman 예산관리국 국장은 자원이 부족한 상황에서 유인 우주정거장이 요구하는 비용이 과도하다고 말했다. 그는 유인 우주정거장 사업에 적어도 100억 달러에서 150억 달러가 들어갈 것이라고 보았다. 이 금액은 예산을 파탄 나게 할 것이다. 그는 3조 5000억 달러 규모의 이 프로그램이 우리 재정을 위태롭게 할 것이라고 지적했다. 그는 대통령에게 1983년 회계연도에 2080억 달러의 적자가 났다고 언급했다. 1984년에 의회는 예산을 전혀 삭감하지 않았고 우리는 또 다른 2000억 달러의 적자를 쌓게 될 것이다.

1985년은 선거의 해라 의심할 여지없이 2000억 달러짜리 적자를 볼 것이다. 결국 불과 3년 안에 우리는 6000억 달러를 국가 부채에 추가하게 될 것이다. 그는 대통령이 의회에 연락해 그들이 해야 할 일을 하도록 강요해야 한다고 이야기했다. 그러면 1986년 회계연도의 적자를 1560억 달러 정도로 줄일 수 있고, 1987년까지 1500억 달러로 줄일 수 있다고 한다. 이렇게 해도 1980년대 중반까지 미국의 국가 부채는 1조 달러가 늘어난다는 것이다.

⑧ 대통령은 오늘 결정을 내릴 계획은 아니며 모든 사람의 의견을 듣고 싶다고 말했다. 볼드리지 장관은 민간 부문으로부터 아직 소식을 듣지 못했는데, 몇몇 회사들이 컨소시엄을 구성해 유인 우주정거장을 다시 국가에 임대할 수 있다는 제안이 들어왔다고 언급했다. 그의 말에 회의실에서는 웃음과 미소가 흘러나왔다.

⑨ 빌 브록Bill Brock 미국 무역대표부 대표는 미국이 지난 20년간 우주 활동에 쓴 비용은 실제로는 한 푼도 되지 않는다고 주장했다. 왜냐하면 우주에서 쓴 모든 달러는 경제성장과 국고에 20배나 더 크게 돌아왔기 때문이다. 리처드 맥너마라Richard McNamar 재무부 부장관은 그의 말을 끊으며 재무부는 아직 우주에서 1달러도 받지 못했고 유인 우주정거장과 같은 투자에 수익이 20배나 나온다면 그와 대통령은 정부를 떠나 그런 일을 하는 회사를 설립할 것이라고 했다. 법무부 장관은 스페인의 페르난도 2세Fernando II와 이사벨 1세도 같은 태도를 보였다면 미국은 발견되지 않았을 것이라며 끼어들었다. 대통령은 이사벨 1세에게는 팔아서 돈이 될 만한 보석이 있었지만 그는 보석이 있어도 팔지 않겠다고 말하며 끼어들었다. 그 와중에 세이어 부국장은 "스페인은 지금 어디에 있는가?"라고 평했다. 다시 브록 대표는 복지를 위해 쓰는 돈이 어떻게 낭비되는지에 대해 감정적으로 이야기했다. 우리는 그 돈들이 어떻게 되었는지 본 적이 없다며, 가령 인디언들은 수확량을 10배로 늘려줄 옥수수 씨앗을 파종하지 않고 그냥 먹어치웠다고 언급했다.

⑩ 크레이그 풀러Craig Fuller 비서관은 자신이 관여하고 있는 미국 산업계 이

익을 대변해야 한다고 언급하며, 만약 대통령님이 투자를 약속한다면 미국의 산업계가 그와 함께할 것이고 심지어 유럽의 파트너들도 미국을 응원할 것이라고 말했다.

⑪ 회의가 끝나자마자 우리는 바로 헤어졌다.

로널드 레이건은 1984년 1월 25일 우주정거장의 승인을 발표했다. 실제로는 베그스의 12월 1일 프레젠테이션이 있고 나흘 만에 NASA의 제안을 승인했지만, 대통령의 국정 연설까지 발표를 연기했다. 연설에서 레이건은 미국의 친구들과 동맹국들을 우주정거장 프로젝트에 초대해 이 국가들의 유인 우주비행 야망을 미국의 우주정거장 사업의 운명과 연결시켰다.

문서 14

"국정 연설"•

* * *

이제 미국은 자유의 다음 단계를 위해 다시 앞으로 향할 때다. 1980년대 미국을 자유롭고 안전하며 평화롭게 지키기 위한 네 가지 위대한 목표를 위해 오늘 밤 단결하자.

* * *

우리의 두 번째 큰 목표는 미국의 선구자 정신을 바탕으로 하는 것이다.

우리의 다음 개척지보다 더 중요한 곳은 없다. 그곳은 바로 우주다. 지구상의 삶을 더 좋게 만들기 위해 우리의 기술적 리더십과 능력을 효과적으로 보여줄 수 있는 곳은 우주 외에는 없다. 우주 시대의 개막은 겨우 25년 남짓이 되었

• 1984년 1월 25일 로널드 레이건 대통령의 연설이다.

다. 하지만 이미 미국은 과학과 기술을 발전시켜 문명을 발전시켰다. 우리가 새로운 지식의 문턱을 넘어 미지의 더 깊은 곳에 도달할수록 기회와 일자리도 증대될 것이다.

우주에서 미국의 진보는 (모든 인류를 위해 거대한 발걸음을 내딛는) 미국의 팀워크와 탁월함에 대한 찬사를 불러온다. 정부, 산업, 학계에서 우리의 최고 인재들이 모두 힘을 합쳤다. 우리는 자랑스럽게 말할 수 있다. 우리는 첫 번째이자 최고라고 말이다. 우리는 자유롭기 때문에 더 그렇다.

우리가 감히 위대해지고자 할 때 미국은 항상 가장 위대해졌다. 우리는 다시 위대함을 추구할 수 있다. 우리는 평화롭고 경제적이며 과학적인 이익을 위해 우주에서 거주하고 일하며 우리의 꿈을 좇아 머나먼 별까지 가고자 한다. 오늘 밤에 나는 NASA에게 10년 안에 영구 유인 우주정거장을 개발하도록 지시할 것이다.

우주정거장은 과학, 통신, 금속, 그리고 우주에서만 만들 수 있는 생명을 구하는 의약품에 대한 우리의 연구에 획기적인 도약의 공간이 될 것이다. 우리는 미국의 친구들이 우리가 이러한 문제들을 해결하는 데 동참하고 이익을 공유하기를 바란다. NASA는 평화를 강화하고 번영을 구축하며 우리의 목표를 공유하는 모든 이들의 자유가 확장될 수 있도록 다른 국가에게 참여를 요청할 것이다.

* * *

1986년 1월 28일 우주왕복선의 오른쪽 고체연료로켓 모터의 이음매의 밀폐가 고장 나면서 우주왕복선 챌린저호의 외부 연료 탱크가 뚫려 인화성이 높은 수소와 산소가 빠져나갔다. 액체연료는 발사 72초 뒤에 점화되었다. 그 결과 발생한 대화재로 우주왕복선은 산산조각이 났고 일곱 명의 우주비행사들은 6만 5000피트 상공에서 대서양으로 추락하며 소멸되었다. 그날 저녁 로널드 레이건 대통령은 다음과 같은 대국민 연설을 했다.

문서 15

"우주왕복선 챌린저호 폭발에 관한 대국민 연설"•

국민 여러분, 오늘 밤 국정 연설에서 이야기하려고 했지만 오늘 아침의 사고가 그 계획들을 바꾸도록 만들었다. 오늘은 애도하고 기억하는 날이다. 아내와 나는 우주선 챌린저호의 비극으로 뼈저리게 고통받고 있다. 우리는 미국의 모든 국민들이 이 고통을 공유하고 있다는 것을 알고 있다. 이 비극은 정말로 국가적 손실이다.

19년 전 우리는 지상에서 끔찍한 사고로 세 명의 우주비행사를 잃었다. 하지만 우리는 비행 중에 우주비행사를 잃은 적은 없었다. 우리는 결코 이런 비극을 겪은 적이 없었다. 그리고 아마도 우리는 우주왕복선 비행사들의 용기를 잊었던 것 같다. 그러나 저 챌린저 7인은 위험을 알고 있었지만 이를 극복하고 훌륭하게 임무를 수행했다. 일곱 명의 영웅을 애도한다. 마이클 스미스Michael Smith, 딕 스코비Dick Scobee, 주디스 레스닉Judith Resnik, 로널드 맥네어Ronald McNair, 엘리슨 오니즈카Ellison Onizuka, 그레고리 자비스Gregory Jarvis, 크리스타 매콜리프Christa McAuliffe가 그들이다. 우리 국민은 모두 하나가 되어 이들의 희생을 애도한다.

일곱 명의 가족 여러분, 우리는 당신들처럼 이 비극을 견딜 수가 없다. 당신들이 사랑하는 사람들은 대담하고 용감하며 품위가 있었다. 그들은 "도전할 기회를 준다면 나는 그것을 기쁘게 맞이할 것이다"라는 특별한 정신을 가지고 있었다. 그들은 우주를 탐험하고 우주의 진리를 발견하고 싶은 갈망을 가지고 있었다. 그들은 봉사하기를 원했고 그렇게 했다. 그들은 우리 모두를 위해 봉사했다. 우리는 금세기 들어 여러 경이로운 것에 익숙해져 있어 어지간해서는 현혹되는 않는다. 하지만 25년 동안 미국의 우주 프로그램은 바로 그러한 일을

• 1986년 1월 28일 로널드 레이건 대통령의 연설이다.

해왔다. 우리가 우주에 대한 생각에 익숙해지는 바람에 우리가 이제 막 시작했다는 것을 잊어버렸는지도 모른다. 하지만 우리는 여전히 개척자이고 챌린저호 비행사들은 그 선구자들이다.

나는 우주왕복선 이륙을 생중계로 지켜보던 미국의 학생들에게도 한마디 전하고 싶다. 이해하기 힘들겠지만 가끔은 오늘 같은 고통스러운 일들이 일어나기도 한다. 이것은 모두 탐험과 발견의 과정이다. 기회를 잡고 인간의 시야를 넓어지는 과정의 한 부분들이다. 미래는 심약한 자가 아닌 용감한 자의 것이다. 챌린저호 비행사들은 우리를 미래로 이끌었으며 우리는 그들을 계속해서 따라갈 것이다.

나는 항상 우리의 우주 프로그램을 신뢰하고 존중해 왔다. 오늘 일어난 일이 그 신뢰와 존중을 퇴색시키지 않는다. 우리는 우리의 우주 프로그램을 숨기지 않는다. 우리는 비밀을 만들거나 진실을 은폐하지 않는다. 우리는 모든 것을 공개적으로 한다. 자유란 그런 것이고 우리는 자유를 한시도 바꾸지 않을 것이다. 우주탐사는 계속될 것이다. 우주에는 더 많은 우주왕복선 이륙과 더 많은 우주왕복선 비행사와 더 많은 자원봉사자와 더 많은 민간인들과 더 많은 선생님들이 있을 것이다. 여기서 끝나는 일은 없을 것이다. 우리의 희망과 여행은 계속될 것이다. 나는 NASA에서 일하고 이 미션을 수행했던 모든 사람들에게 말하고 싶다. "여러분의 헌신과 전문성은 수십 년 동안 우리를 감동시키고 감명을 주었다. 오늘 우리는 당신들의 비통함을 알고 있다. 우리는 이 고통을 공유할 것이다."

어떤 우연의 일치로 390년 전 오늘은 위대한 탐험가 프랜시스 드레이크Francis Drake 경이 파나마 해안의 배 안에서 죽은 날이다. 그에게 바다는 위대한 국경선이었다. 한 역사가는 훗날 "그는 바다 옆에서 살다가 그 위에서 죽었고, 그 속에 묻혔다"라고 말했다. 오늘 우리는 챌린저호 비행사들에 대해 그렇게 말하려고 한다. 드레이크 경처럼 그들의 헌신은 완벽했다. 우주왕복선 챌린저호의 비행사들은 명예롭게 그들의 삶을 살았다.

오늘 아침 그들이 여행을 준비하고 손을 흔들며 "하나님의 얼굴을 만지기 위해 지구에 묶인 끈을 놓는" 마지막 모습을 결코 잊지 못할 것이다.

NASA는 1967년 1월 아폴로 1호 화재에 따른 사고 조사를 관리할 수 있도록 백악관을 설득한 바 있다. 1986년 1월 백악관은 챌린저호 사고를 조사하기 위해 NASA와는 독립적인 위원회를 임명하기로 결정했다. 위원회 구성은 2월 3일 발표되었다. 이 그룹은 윌리엄 로저스William Rogers 전 국무부 장관이 의장을 맡았고, 곧 '로저스 위원회'로 알려지게 되었다. 위원회는 1986년 6월 6일 261쪽 분량의 최종 보고서를 제출했다.

문서 16

「우주왕복선 챌린저호 사고에 대한 대통령 보고」•

서문

* * *

이 사고로 크게 괴로워했던 대통령은 우주왕복선 미션과 무관한 사람들로 구성된 독립적인 조사 위원회 위원을 임명했다. 위원회의 권한은 다음과 같다.

① 사고 상황을 토대로 사고가 발생 가능한 직간접적인 원인을 검토한다.

② 위원회가 발견한 조사 결과와 결정 사항에 따라 시정 또는 기타 조치에 대한 권고안을 작성한다.

* * *

그러나 위원회는 우주왕복선 프로그램의 모든 측면에 대한 상세한 조사를

• 1986년 6월 6일 로저스 위원회에서 제출했다.

요구하거나 예산 문제를 검토하거나 직무를 수행하는 데 있어 어떤 방식으로든 의회에 간섭하거나 이를 대체하는 권한을 부여받지는 못했다. 오히려 위원회는 조사를 통해 얻은 교훈을 바탕으로 향후 비행의 안전 측면에 주의를 집중시켰으며 이는 안전한 비행으로의 복귀를 목표로 한다.

* * *

4. 사고 원인

* * *

발견

① 점화와 함께 또는 점화 직후에 시작된 오른쪽 고체연료로켓 모터 후방 필드 이음매(파손된 이음매)를 통해 연소 가스가 누출되었다. 이는 외부 탱크를 약화시키거나 관통해 챌린저호STS-51-L의 미션 동안 우주왕복선의 구조 파손과 손실을 발생시켰다.

② 우주왕복선의 일부 또는 페이로드가 오른쪽 고체연료로켓 모터의 후방 필드 이음매의 연소 가스 누출의 원인이 아님을 입증한다. 고의적인 행위는 요인이 아니었다.

* * *

⑤ 발사 현장 기록에 따르면 오른쪽 고체연료로켓 모터 부분은 승인된 절차에 따라 조립된 것으로 나타났다. 그러나 오른쪽 고체연료로켓 모터 후방 필드 이음매에 결합한 두 세그먼트 사이에 상당히 찌그러진 상태가 존재했다.

- 조립 조건이 O-링O-ring 밀폐sealing 고장을 유발할 수 있는 이물질 또는 손상을 발생시킬 수 있는 가능성을 가지고 있었다. 하지만 이러한 상황은 이 사고의 요인으로 간주되지 않는다.
- 두 개의 고체연료로켓 모터 세그먼트의 지름은 이전에 사용한 결과로 증

가되어 있었다.

• 이 증가로 발사 당시 O-링 이음매 부위의 탕-클레비스tang-clevis 연결의 최대 간격은 0.008인치 이하이며 평균 간격은 0.004인치였다.

• 0.004인치의 탕-클레비스 간격으로 이음매의 O-링은 O-링 리테이닝 채널의 세 개 벽에 모두 압착될 정도로 압축된다.

• 이 부분의 라운드 모양 부족은 120도 및 후방 필드 이음매 둘레 300도의 위치에서 조립 작업을 시작할 때 최소 탕-클레비스 간격이 발생하도록 했다. 이 지점에서 이 엄격한 조건과 이로 인한 O-링의 더 큰 압축이 발사 시점까지 지속되었는지는 불확실하다.

⑥ 발사 당시 주변 온도는 화씨 36도였다.* 이는 그 뒤에 있었던 가장 추운 발사 때보다 15도 낮은 것이다.

• 오른쪽 후방 필드 이음매 원주에 있는 300도 위치에서 온도가 화씨 28도 ±5도로 추정되었다. 여기가 이음매에서 가장 차가운 지점이었다.

* * *

⑨ O-링의 복원력은 온도와 직결된다.

• 압축된 따뜻한 O-링은 압축이 풀릴 때 차가운 O-링보다 훨씬 빨리 원래의 모양으로 돌아간다. 따라서 따뜻한 O-링은 탕-클레비스 간격이 열려 있어도 문제가 없다. 그러나 차가운 O-링은 그렇지 않을 수 있다.

• 화씨 75도의 압축된 O-링은 화씨 30도의 차가운 O-링보다 압축되지 않은 모양으로 되돌아오는 데 다섯 배나 빠르게 반응한다.

• 결과적으로 오른쪽 고체연료 부스터 후방 필드 이음매의 O-링이 점화 시점에 탕-클레비스 간격의 개방을 따르지 않았을 가능성이 있다.

* * *

---

* 섭씨 2도에 해당한다 _ 옮긴이.

⑫ 주위 온도가 화씨 61도 이상인 21번의 발사 중 오직 네 번만 O-링의 침식 또는 누출과 그을음과 같은 열 피로 징후를 보였다. 각각의 발사는 화씨 61도 이하에서 하나 이상의 O-링이 열 피로 징후를 보이는 결과를 낳았다.

- 이러한 부적절한 이음매 밀폐 작용 중에 2분의 1은 후방 필드 이음매에서, 20퍼센트는 중앙 필드 이음매에서, 30퍼센트는 상부 필드 이음매에서 발생했다. 좌우 고체연료로켓 부스터의 비중은 대략 같았다. 각각의 O-링 열 피로의 경우에는 절연 접합제의 누출 경로가 발견된다. 누출 경로는 탕-클레비스의 O-링 부위와 로켓 연소실을 연결한다. 사고 없이 작동한 이음매에도 이러한 누출 경로가 있을 수 있다.

* * *

⑭ 우주왕복선의 고체연료로켓 모터가 발화한 뒤에 0.678초에서 2.500초 사이에 오른쪽 고체연료로켓 부스터의 후방 필드 이음매 부근에서 연기 분출이 관측되었다.

* * *

⑮ 우주왕복선이 이륙할 때 후방 필드 이음매에서 나온 이 연기는 고체연료로켓 부스터의 O-링이 기밀에 실패한 첫 번째 신호였다.

⑯ 누출은 비행이 시작하고 약 58초 만에 불꽃으로 다시 선명하게 드러났다.

* * *

결론

위원회는 사고의 원인이 오른쪽 고체연료로켓 모터의 후방 필드 이음매에 있는 압력 밀폐의 고장이라고 결론을 내렸다. 이 실패는 민감한 여러 요소에 허용할 수 없는 설계 결함 탓이다. 이 요소들은 온도, 물리적 치수, 재료 특성, 재사용 가능성의 영향, 처리와 동적 하중에 대한 이음매의 반작용의 영향이었다.

우주왕복선의 운영과 우주정거장의 개발 승인에 따라 NASA는 앞으로 몇 년간 많은 사업을 수행하게 되었다. 그러나 우주왕복선처럼 우주정거장도 목적을 위한 수단이었다. 로널드 레이건 대통령은 우주정거장이 맡게 될 장기 목표를 설명하지 않았다. 이것은 리처드 닉슨이 포스트 아폴로의 목표를 설정하지 않고 우주왕복선 개발을 승인했던 1972년의 상황과 유사했다. 이는 우주정거장 토론회에서 대통령이 이러한 장기 목표를 세워야 한다는 백악관, 의회, 외부 우주 커뮤니티의 주장에서 여실히 드러났다.

이 토론 중에 조지 키워스 대통령 과학 고문은 미래를 논의하기 위한 백악관 심포지엄을 요구했다. 1984년 미국 의회는 레이건 대통령이 국가우주위원회를 설립해 장기적 비전을 세울 것을 요구하는 법안을 통과시켰다. 15명으로 구성된 이 위원회는 20년 앞을 내다보기 위해 만들어졌다. 하지만 위원회 의장을 맡은 토머스 페인 전 NASA 청장은 이 그룹이 20년 앞이 아닌 50년 앞을 내다보도록 했다.

위원회의 보고서는 1986년 중반에야 대통령에게 제출되었다. 그때까지 미국은 우주왕복선 챌린저호 사고에서 어떻게 벗어날지 고심하고 있었고, 우주 프로그램에 대한 광범위하고 장기적인 비전에 대한 열망은 거의 없었다.

문서 17

「우주 국경 개척: 우주에서 다음 50년의 흥미로운 비전」*

21세기 미국을 위한 선구적인 미션

우주 개척을 이끌고, 과학, 기술, 기업을 발전시키며, 지구 궤도를 넘어 달의 고지에서 화성의 평원까지 인간의 정착을 지원하고, 거대한 새로운 자원에 접

* 1986년 국가우주위원회에서 작성해 대통령에게 제출했다.

근하는 제도와 시스템을 구축한다.

태양계의 탐색과 정착을 위한 근거

우리의 비전: 인류의 보금자리로서의 태양계

태양계는 우리의 확장된 집이다. 콜럼버스가 '신대륙'으로 향한 길을 열고 나서 5세기 뒤에 우리는 우리가 태어난 행성 너머의 세계에 정착을 시작하려고 한다. 처녀지에 대한 약속과 자유 속에서 살 수 있는 기회가 우리 조상을 북아메리카의 해변으로 데려왔다. 이제 우주 기술은 인류가 지구 바깥으로 나갈 수 있도록 돕고 있다.

우리의 목적: 새로운 세계에서 만드는 자유 사회

북아메리카와 다른 대륙에의 정착은 인류가 겪을 더 큰 도전의 전주곡이었다. 바로 우주 개척이다. 우리가 우리 자신과 우리의 후손을 위해 새로운 기회의 땅을 개발할 때 우리는 우리의 권리장전에 표현된 보장들, 즉 생각하고 소통하고 자유롭게 사는 것을 함께 가지고 가야 한다. 우리는 우주에서 개인의 자주성과 자유로운 사업을 활성화해야 한다.

우리의 야망: 인류에게 혜택을 주기 위한 새로운 자원의 탐사

역사적으로 인류의 부는 인간의 지능, 풍부한 에너지, 풍부한 물질적 자원이 결합할 때 생겨났다. 이제 미국은 태양계가 형성되는 동안 우주에 남아 있는 물질과 태양의 에너지를 결합함으로써 인류 공동체에 혜택을 줄 새로운 부를 창출하려고 한다.

우리의 방법: 효율성과 체계적 진전

이 위대한 모험을 감행하기 위해 우리는 논리적으로 계획을 세우고 현명하게 건설해야 한다. 각각의 새로운 단계는 그 자체의 장점에 따라 정당화되어야 하며 그러한 뒤에 추가적인 단계를 수행할 수 있다. 미국의 우주 개척 투자는 국가 예산의 범위 안에서 작지만 안정되게 지속되어야 한다.

우리의 희망: 세계 협력의 증대

토머스 페인Thomas Paine은 1776년 1월 출판한 『상식Common Sense』에서 미국 독립에 대해 말했다. "그것은 한 도시, 카운티, 주 또는 왕국의 일이 아니라 대륙의 일이다. (……) 그것은 하루, 1년, 한 시대의 문제가 아니다. 후세는 사실상 이번 경쟁과 관련되어 있으며 지금 추진함에 따라 이것이 끝나는 시점까지 많든 적든 영향을 받을 것이다"라고 말했다. 우주를 탐험하는 것은 한 나라의 문제가 아니며 우리 시대에만 관련되는 것도 아니다. 미국은 우리 헌법, 국가안보, 국제 협약과 일치하는 방식으로 다른 나라들과 협력해야 한다.

우리의 열망: 우주 개척에 관한 미국의 리더십

미국의 선구자적 전통, 기술적 우수성, 경제력을 감안할 때 우리는 이 행성의 사람들을 우주로 인도해야 한다. 미국은 지도적 역할을 맡아 모든 인류가 비전, 재능, 열정에 도전하도록 하고, 다른 나라들이 인류의 미래를 확장하기 위해 그들이 가진 최고의 재능을 기여하도록 고무해야 한다.

우리의 요구: 균형과 상식

북아메리카에 정착하기 위해 노동자와 농부, 상인과 성직자, 장인과 모험가, 과학자와 선원의 지속적인 노력이 필요했다. 마찬가지로 우리의 우주 프로그램도 정열과 지속성을 가지고 과학 연구, 기술 발전, 새로운 우주 자원의 발견과 개발, 과학, 산업, 우주 정착에 미국이 접근하는 데 필요한 제도와 체계 마련 등이 필요하다.

우리의 접근 방식: 정부의 결정적인 선도적 역할

과거 서부 개척 때도 그랬듯이 미래의 우주 개척에서도 정부는 탐험과 과학을 지원하고, 중요한 기술을 발전시키며, 새로운 땅에 대한 광범위한 접근을 여는 데 필요한 운송 시스템과 행정을 제공해야 한다. 이러한 투자는 들어간 비용의 몇 배나 되는 가치로 우리에게 돌아올 것이다.

우리의 결의: '인류를 위한 평화'를 향해 나아가기 위하여

아폴로 우주비행사들이 달에 첫발을 내디뎠을 때 그들은 "우리는 모든 인류를 위해 평화롭게 왔다"라는 문구가 새겨진 명패를 내걸었다. 태양계 밖으로 나갈 때 우리는 미국인으로서의 가치에 충실해야 한다. 평화롭게 앞으로 나아가면서 지구인과 외계 생명체 모두에게 기회의 평등과 존중을 보장해야 한다.

챌린저호 사고의 여파로 레이건 행정부 내부에서 격론이 벌어지면서 미국의 주력 발사체로서 우주왕복선의 중심적 역할이 크게 달라졌다. 우주왕복선은 더는 상업용 위성을 발사하거나 민간 발사 계약을 놓고 해외와 경쟁하지 않을 것이다. 또한 국가 안보 공동체에게 우주왕복선에 대한 의존에서 벗어나도록 소모성 발사체를 조달할 권한이 주어졌다. 1988년 9월 29일 다시 비행을 시작한 우주왕복선은 거의 독점적으로 NASA의 과학 탑재체와 1984년 대통령이 승인했던 우주정거장 부품들을 발사하게 된다.

1988년 비행에 복귀해 2011년 7월 퇴역할 때까지 우주왕복선은 109번 발사되었다. 1998년부터 시작된 미션들 중에 37번은 우주정거장의 조립과 장비 운송에 투입되었다. 2003년의 미션은 일곱 명의 비행사가 사망하는 또 다른 재앙으로 끝났다. 1990년 4월의 미션에서는 허블 우주망원경이 포함된 여러 주요한 우주과학 탑재체가 발사되었다. 발사 직후에 망원경의 주거울이 잘못되어 영상이 흐릿하게 찍혔다. 거의 3년간의 계획과 준비 끝에 1993년 12월 유명한 허블 서비스 미션Hubble servicing mission이 시작되었다. 임무는 망원경에

일종의 '콘택트렌즈'를 적용하는 것이었는데, 그 결과 영상이 명료해지면서 허블이 천문학 역사에서 가장 중요한 망원경이 되는 데 기여했다. 1997년에서 2009년 사이에 허블 서비스 미션이 네 번 더 있었다.

다음의 일일 현황 보고서 두 건은 허블의 첫 번째 서비스 미션 당시 수리 미션의 복잡성을 보여준다.

문서 18

「STS-61 현황 보고서 #10」*

미션 전문가 제프 호프먼Jeff Hoffman과 스토리 머스그로브Story Musgrove는 오늘 밤 9시 47분경 우주 작업복을 두 번째로 입고 네 시간 동안 광시야 행성 카메라WF/PC: Wide Field and Planetary Camera를 교체하고 두 시간 동안 새로운 자력계를 설치할 예정이다.

우주왕복선 인데버Endeavour호의 승무원 일곱 명은 월요일 오후 6시 2분 비행 관제사들이 연주하는 잭슨 브라운Jackson Browne의 「닥터 마이 아이스Doctor My Eyes」 소리에 잠에서 깼다.

호프먼은 광시야 행성 카메라의 교환을 위해 인데버호의 로봇 팔의 발 받침대에 올라설 것이다. 머스그로브는 허블 우주망원경의 광시야 행성 카메라 개구부 근처에 고정된 휴대용 발 받침대에 오를 것이다. 두 우주비행사 모두 자력계를 설치하기 위해 로봇 팔의 끝에 몸을 고정했다.

우주망원경 운영 컨트롤 센터STOCC: Space Telescope Operations Control Center(이하 STOCC) 관제사들은 오후 11시 15분에 광시야 행성 카메라 1의 전원을 끄고 새로운 광시야 행성 카메라 2를 지원하도록 장비를 재구성하기 시작할 것이다.

후방 비행갑판에서는 클로드 니콜리어Claude Nicollier가 로봇 팔을 조종해 호

* 1993년 12월 6일 NASA 미션 컨트롤 센터에서 작성했다.

프먼을 광시야 행성 카메라 1을 잡을 수 있는 위치로 이동시킨다. 머스그로브는 호프먼이 가이드 레일을 따라 광시야 행성 카메라 1을 천천히 빼내 니콜리어가 로봇 팔 위치를 조정하기 위해 잠시 멈춘 상태에서 계측기를 안정시키는 것을 도와준다. 광시야 행성 카메라 1이 완전히 제거되기 전에 광시야 행성 카메라 2의 설치를 준비하기 위한 연습 세션을 진행할 예정이다. 호프먼이 구형 카메라를 페이로드 칸 안의 임시 고정 장치에 거치할 것이며, 머스그로브는 광시야 행성 카메라의 구멍을 검사하고 운반 용기에서 새 카메라를 꺼내려고 준비할 것이다. 그다음에 새 카메라에 이송 핸들을 부착하고 용기에서 꺼낸다. 호프먼이 망원경의 몸체에 새 카메라를 설치하기 전에 머스그로브가 보호용 거울 커버를 제거한다. 그러고 나서 우주비행사들은 새 카메라를 가이드 레일에 조심스럽게 정렬하고 망원경에 삽입할 것이다.

STOCC 관제사들은 오전 1시 20분에 새 카메라에 대한 '생존성' 테스트를 실시할 예정이다. 화요일 오전 4시 40분쯤에는 기능 테스트를 시작한다. 과학 데이터를 버리고, 이르면 오전 7시 35분경부터 광시야 행성 카메라 기기 개발 팀이 프로세싱하기 위해 기능 테스트에서 이미지를 복구할 예정이다. 이러한 테스트 결과는 30분 안에 얻을 수 있을 것이다.

망원경은 로봇 팔이 자력계가 있는 망원경의 꼭대기에 닿을 수 있도록 작업 플랫폼에서 앞으로 기울어질 것이다. STOCC 관제사들은 오전 1시 40분쯤 첫 번째 자력계를 교체하기 위해 환경을 설정할 것이다. 우주비행사들이 첫 번째 새로운 장치를 설치한 뒤에 STOCC는 오전 3시에 기능 테스트를 할 것이다. 이 테스트가 완료되면 우주비행사들은 두 번째 장치를 설치할 것이고 STOCC는 오전 3시 20분경에 기능 테스트를 할 것이다.

인데버호의 모든 시스템은 우주왕복선이 320×313해리 궤도에서 95분마다 지구를 돌며 계속해서 좋은 성능을 발휘하고 있다.

문서 19

「STS-61 현황 보고서 #11」•

화요일 아침 일찍 광시야 행성 카메라의 완벽한 설치는 허블 우주망원경을 수리하는 세 번째 우주유영의 하이라이트다.

제프 호프먼은 오후 11시 24분경 광시야 행성 카메라 2의 대체품을 보관함에서 꺼내며 "이 아기를 보세요. 아주 훌륭한 새 카메라예요"라고 말했다.

분석을 위해 지구로 돌아오게 될 기존의 광시야 행성 카메라의 저장과 제거를 마치고, STS-61 미션의 우주유영 우주인 스토리 머스그로브와 호프먼은 화요일 12시 5분(미국 중앙 표준시)에 우주왕복선 인데버호의 페이로드 칸에 싣고 왔던 620파운드의 카메라를 설치했다. 이 카메라는 망원경의 중간 지점 바로 아래에 있다. 설치가 완료되고 약 35분 뒤에 지상 관제사들이 최초의 전기적 생존성 테스트를 통과했다고 보고해 왔다.

"저는 이 아름다운 것을 사용하기를 열망하는 과학자들이 많기를 바랍니다"라고 호프먼이 카메라를 설치한 뒤에 말했다. 두 우주비행사는 기록적으로 긴 시간 동안 우주에서 유영하며 카메라를 설치했다. 비행 전 예측으로는 세부적 설치에 네 시간이 소요될 것으로 보였다.

기존의 카메라는 1990년 4월 망원경이 전개된 직후부터 초점을 맞추는 데 문제가 있었다. 이 문제는 망원경에서 94인치 폭을 가진 주경primary mirrors의 제조상의 결함 탓이었다. 그 결과 사진들이 흐릿하게 찍혔다. 새롭게 교체된 카메라는 망원경의 주반사경에 반사된 뒤 흩어진 빛을 초점을 맺게 해 흐릿한 부분을 제거하는 네 개의 작고 정밀하게 연마된 거울ground mirrors을 갖고 있다.

이와 함께 호프먼과 머스그로브는 6시간 47분간의 우주유영 동안 두 개의 새 자력계도 설치했다. 우주비행사들은 월요일 오전 9시 35분에 사전 계획보

• 1993년 12월 7일 NASA 미션 컨트롤 센터에서 작성했다.

다 한 시간 이상 빨리 세 번째 우주유영을 시작했다. 망원경 상단에 위치한 자력계는 자기장을 세 방향으로 감지해 허블의 모멘텀 휠을 최적의 효율로 작동시키기 위해 필요하다.

오늘의 세 번째 우주유영이 끝날 무렵 머스그로브는 총 19시간 동안 우주유영을 했고 호프먼은 총 17시간 51분 동안 우주유영을 했다. 두 비행사는 개별 우주유영을 세 차례 했는데 그중 두 번을 STS-61 미션에서 했다. 머스그로브는 STS-6 미션에서 우주유영을 처음 경험했고, 호프먼은 STS-51D 미션에서 처음 경험했다.

승무원들은 오늘 오전 9시 57분에 잠자리에 들고 비행 관제사들이 오후 5시 57분에 그들을 깨울 것이다. 머스그로브는 오늘 오후 8시 27분 텔레비전 인터뷰를 가지며 우주에서 맞는 일곱 번째 날을 시작할 것이다. 그는 ABC의 뉴스 프로그램 〈나이트라인Nightline〉 진행자인 테드 코펠Ted Koppel과 이야기할 것이다. 인터뷰는 약 15분간 진행될 것으로 예상된다.

인터뷰를 마친 뒤에 승무원들은 이 미션을 위해 예정된 네 번째 우주유영에 집중하겠다고 말했다. 오늘 밤에 우주유영을 하는 동안 우주비행사 캐시 손턴Kathy Thornton과 톰 애커스Tom Akers는 망원경의 고속 광도계를 우주망원경 교정 광학 장치COSTAR: Corrective Optics Space Telescope Axial Replacement로 대체할 것이다. 이 장치에는 허블 카메라의 주반사경에서 반사된 빛이 초점을 적절히 맞추게 하는 10개의 작은 거울들이 있다. 손턴과 애커스는 오늘 밤 10시 52분 우주유영을 시작할 예정이다. 인데버호의 모든 시스템은 우주왕복선이 320×313해리 궤도에서 95분마다 지구를 돌며 계속 좋은 성능을 발휘하고 있다.

우주왕복선이 비행에 복귀할 준비를 하고 있을 때 우주정거장 사업은 나름대로 어려움을 겪고 있었다. 1987년까지 추정 비용이 75퍼센트 이상 증가했고 이 프로젝트에 대한 의회의 지지도 흔들렸다. 잠재적인 국제 파트너들과의 협상은 거의 파국에 가까웠다. 그러나 신중한 검토 끝에 로널드 레이건 대통령은 이 프로젝트를 진행하기로 결정했다.

첫 번째 조치로 대통령은 우주정거장의 이름을 '프리덤Freedom'(자유라는 뜻)으로 붙여야 한다는 NASA의 제안을 승인했다. 1988년 콜린 파월Colin Powell은 레이건 행정부의 국가안보자문관이었다.

문서 20

「우주정거장의 명명」*

목적

우주정거장의 이름을 선택하고 발표하는 것에 NASA의 권고안을 승인해야 하는지를 다룬다.

토론

서유럽, 일본, 캐나다 등 우리의 가까운 동맹국이자 우방국들과 미국 우주정거장의 능력을 실질적으로 증대시킬 협력 관계를 맺기로 합의했다.

우리는 1988년 9월 중에 지금까지 수행된 가장 큰 과학기술 협력 프로젝트이자 장기적인 파트너십을 맺기 위한 정부간협정이 준비될 것으로 예상한다. 이것은 대통령님이 1984년 국정 연설에서 발표한 비전을 달성하기 위한 중요한 단계다. 이것은 영구적인 민간 우주정거장을 개발하고 운영하는 것이다.

아시다시피 우주정거장 프로젝트는 의회에서 지금까지 NASA가 필요한 자금을 적절하게 할당하지 않은 결과 자금 조달에 어려움을 겪고 있다. 우주정거장에 대한 대통령님의 지속적인 관심은 1990년대 중반에 운영 시작을 목표로

* 1988년 7월 6일 콜린 파월 국가안보보좌관이 작성해 대통령에게 제출했다.

하는 이 중요한 프로그램의 지속에 들어갈 자금을 확보하는 데 필요하다.

이 어려운 시기에 NASA는 대통령님이 우주정거장의 이름을 선정하면 이 프로그램에 대한 미국인들의 인식과 공감대가 높아질 것이라고 권고했으며, 우리도 이에 동의하고 있다. 또한 이 프로그램에 대한 대통령님의 지속적인 지원 의사를 재확인하고 미국의 미래에 이 사업이 가지는 중요성을 설명할 수 있는 추가적인 기회를 얻게 될 것이다.

제임스 플레처 청장은 대통령님께 우주정거장 이름을 프리덤으로 할 것을 제안했다. 프리덤은 NASA와 우리의 국제 파트너들의 대표들로 구성된 협력 팀이 내린 최고의 선택이다. 이 이름은 서구의 우주정거장에 대한 적절한 이미지를 형성하는 동시에 '평화'라는 의미의 소련 우주정거장인 미르Mir와도 훌륭하게 보완될 수 있다.

1988년 2월 발표된 레이건 행정부의 마지막 우주 정책은 '지구 궤도를 넘어 태양계로 인간의 존재와 활동을 확대한다는 장기 목표'로 설정했다. 로널드 레이건의 후임으로 조지 H. W. 부시 대통령이 1989년 1월 취임했다. 그는 미국의 유인 우주비행 프로그램을 잘 알고 있었다. 부시 대통령은 취임하고 첫 몇 달 동안 미국 우주 프로그램의 장기 목표를 설정하라는 광범위한 요구에 직면했다.

부시 대통령은 댄 퀘일Dan Quayle 부통령에게 이러한 목표를 달성하기 위한 계획을 만들도록 요청했다. 부시 행정부 초기에 백악관에서는 1973년 리처드 닉슨이 폐지했던 국가항공우주위원회가 국가우주위원회라는 이름으로 다시 생겨났고, 퀘일이 의장을 맡았다. 대통령이 퀘일에게 의장을 맡긴 이유는 그에게 신속히 우주 프로그램을 검토하는 역할을 부여하기 위해서였다. 이 검토는 미국의 우주비행 활동의 목표로 지구 궤도를 넘어서는 우주탐사를 재개하자는 대담한 제안으로 이어졌다.

부시 대통령은 이 제안을 받아들여 1989년 7월 20일 아폴로 11호의 우주비행사들을 옆에 두고 국립항공우주박물관에서 열린 달 착륙 20주년 기념식에서 우주탐사 계획Space Explorer Initiative을 발표했다.

문서 21

"아폴로 11호 달 착륙 20주년 기념 연설"*

* * *

우주는 지구상의 모든 선진국들에게 피할 수 없는 도전이다. 21세기에 인류가 발견과 탐험의 항해를 위해 다시금 우리의 행성인 지구를 떠날 것이라는 데 의문의 여지가 없다. 한때는 가능하지 않았던 일이 이제는 불가피해졌다. 짧은 만남을 넘어서야 할 때가 왔다. 우리는 태양계의 유인 탐사와 영구적인 우주 정착을 위한 지속적인 프로그램에 우리 자신을 새롭게 헌신해야 한다. 우리는 미국을 비롯한 모든 나라의 시민들이 우주에서 거주하고 일할 미래를 위해 헌신해야 한다.

오늘날 미국은 지구상에서 가장 부유한 나라다. 세계에서 가장 강력한 경제력을 가지고 있다. 우리의 목표는 미국을 세계 최고의 우주개발 국가로 만드는 것이다.

크리스토퍼 콜럼버스의 항해에서 시작해 오리건 통로Oregon Trail를 지나 달 탐사까지 탐험의 역사는 우리가 우리의 한계에 도전해 결코 지지 않았음을 증명해 준다. 실제로 이달 초 어느 뉴스 매체는 인간이 달을 정복한 것을 "두 배의 이익을 남긴 거래"로 선언하며 아폴로 계획이 실질적인 배당금을 지불했다고 보도했다. 이들은 아폴로 계획이 "레오나르도 다빈치Leonardo da Vinci가 스케치북을 산 이후 최고의 투자 수익률"을 올렸다고 분석했다.

1961년 우주 경쟁에는 위기가 따랐고 이로 인해 가속화되었다. 오늘날 우리

---

* 1989년 7월 20일 조지 H. W. 부시 대통령의 연설이다.

에게는 위기가 없는 대신 기회가 있다. 다만 이 기회를 잡기 위해 내가 아폴로 계획과 비슷한 10년 계획을 제안하지는 않겠다. 나는 장기적이고 지속적인 약속을 제안한다. 그 시작이 다음 10년인 1990년대에 진행할, 미국의 우주개발의 중요한 다음 단계인 프리덤 우주정거장의 건설이다. 그리고 새로운 세기를 위한 그다음 단계는 달로 돌아가는 것, 즉 미래로 돌아가는 것이다. 그때는 달을 떠나지 않고 거기서 머무를 것이다. 다시 그다음은 내일로 가는 여행, 즉 다른 행성으로 가는 여행이다. 그것은 화성으로 가는 유인 미션이 될 것이다.

* * *

앞으로 닥칠 도전을 회피하거나 우리의 성공 가능성을 의심하는 분들에게는 이렇게 말하겠다. 지금까지 달에 있는 유일한 발자국은 미국인이 남긴 발자국이라는 점을 말이다. 그리고 달에 있는 유일한 국기는 미국의 성조기다. 이러한 업적을 이룬 노하우는 미국의 노하우다. 미국인들이 꿈꾸는 것은 미국인들이 할 수 있는 것이다. 앞으로 10년 뒤에, 이 놀랍고 경이로웠던 비행의 30주년이 되는 때에 아폴로 우주비행사들을 기리는 방법은 그들을 워싱턴 D.C.로 다시 불러 헌사를 바치는 것이 아니다. 그것은 세계와 미국의 성장과 번영, 그리고 기술적 우위를 위한 투자와 연결되는 새로운 다리인 프리덤 우주정거장을 건설하고 운영하는 것이다.

그들처럼 그리고 콜럼버스처럼 우리는 아직 보지 못한 먼 바다를 꿈꾼다. 왜 달인가? 왜 화성인가? 왜냐하면 그것은 노력하고 구하고 찾는 것이 인류의 운명이기 때문이다. 그리고 그것을 이끄는 것이 미국의 운명이기 때문이다.

* * *

로널드 레이건은 1984년 1월 우주정거장의 승인을 발표하며 NASA에게 우주정거장을 "이번 10년 안에" 궤도에 올려놓으라고 지시했다. 하지만 1992년 11월 빌 클린턴Bill Clinton이 당선되었을 때에도 우주정거장의 하드웨어는 거의 만들어지지 않았다. 프리덤 우주정거장은 분명히 2년 안에 만들어질 준비가 되어 있지 않았다. 클린턴이 1993년 1월 대통령으로서 첫 임기를 시작했을 때 그의 예산관리국 국장은 의회의 지지를 받지 못하는 우주정거장 프로그램을 포기하라고 권고했다. 클린턴은 이 권고를 받아들이기보다 우주정거장을 대대적으로 재설계하기로 결정했다. 이러한 노력이 진행되고 있을 때 예상하지 못한 메시지가 NASA에 도착했다. 러시아 우주 프로그램의 최고 원로인 유리 코프테프Yuri Koptev 신임 러시아 우주청장과 러시아의 주요 우주 제조업체인 에네르기아Energia의 유리 세메니요프Yuri Semenyov 사장으로부터였다.

1991년 소련이 붕괴한 뒤에 러시아는 옛 소련의 우주 능력과 인프라의 대부분을 장악했다. 하지만 국가 붕괴에 따른 열악한 경제 상황에서 새로운 우주 사업에 투자할 여력은 거의 없었다. 코프테프와 세메니요프는 대니얼 골딘Daniel Goldin NASA 청장에게 미국의 프리덤 우주정거장 프로그램과 소련의 미르 우주정거장 후속 사업인 '미르 2'의 합병을 제안했다.

문서 22

"대니얼 골딘 청장에게 보내는 편지"*

친애하는 골딘에게

우리는 우주 분야, 특히 유인 우주비행 분야에서 양국의 광범위한 협력을 이끌어낸 귀하와의 만남을 매우 만족스럽게 기억한다. 유인 우주비행 분야는 러시아와 미국이 논란의 여지없이 우선순위를 갖는 영역이다.

러시아는 살류트Salyut, 미르 등 유인 다목적 궤도 정거장의 개발과 탐사에 대한 광범위한 자료를 확보했다. 그간 러시아는 차세대 궤도 정거장인 미르 2의

* 1993년 3월 16일 유리 코프테프 러시아 우주청장과 유리 세메니요프 에네르기아 사장이 작성했다.

개념 설계를 진행했으며 1997년에 배치를 시작할 것이다. 우리는 미국과 다른 국제 파트너들이 프리덤 우주정거장을 만들기 위해 노력하는 것을 알고 있다. 이렇게 돈이 드는 프로젝트를 실현하기 위해서는 정교한 과학기술 외에도 상당한 예산이 필요하다. 하지만 궤도 유인 구조물의 목적과 복잡성이 증가하는 상황에서 연구·개발 비용을 절감하기란 쉽지 않다. 그렇다면 기존의 과학기술과 정거장 건설 노하우를 이용해 러시아와 미국이 공동으로 첨단 궤도 정거장의 건설에 협력한다면 명백한 이점이 있을 것이다.

우리의 제안에는 우주정거장 미르와 프리덤의 핵심 프로젝트 요소를 포함한다. 참여하는 모든 국가들이 프로그램과 경제적 이익을 얻어갈 수 있는 국제 우주정거장 프로그램을 제안하고자 한다.

제안하는 개념은 부속 문서에서 있으며 다음의 원칙에 기초한다.

- 고도화를 위한 기본 요소로 궤도 정거장 미르 2의 주요 핵심 모듈을 포함한다.
- 핵심 모듈의 다음 단계로 미국의 유인 실험실, 유럽우주청의 실험실 콜럼버스Columbus, 일본의 실험 모듈을 추가해 국제 궤도 시험대가 될 수 있도록 한다.
- 관측소는 50도 이상의 기울기로 궤도상에서 작동하며 지표면 관찰에 필수적인 기능을 제공한다.
- 정거장 건설은 미국의 우주왕복선, 러시아의 소유스, 유럽의 아리안 4와 5를 포함하는 다양한 국가의 발사체의 지원을 받는다.
- 궤도 정거장에는 1997년부터 세 명의 우주비행사가 영구적으로 상주할 수 있으며 2000년 안에 그 수를 아홉 명까지 늘릴 수 있다.

예비 평가에 따르면 우주정거장의 개발에서 이 제안처럼 기술 능력과 자원을 통합하면 현재의 국가별 개발 프로그램과 비교할 때 수십억 달러의 비용을 절감하는 이점을 얻을 수 있다.

우리는 이 제안에 미국과 국제 파트너들의 이익에 미칠 방대한 잠재력이 있다고 생각한다. 우리는 귀하에게 편한 가장 가까운 시기에 이 문제에 대해 논의하고 싶다.

부시 행정부에서 임명되었다가 정권 교체 뒤에도 유임된 골딘 청장은 러시아에서 보내온 제안서를 백악관으로 가져갔다. 빌 클린턴 대통령은 집권 초에 국가우주위원회를 폐지했지만 앨 고어Al Gore 부통령이 여전히 우주 문제에서 주도적인 역할을 맡고 있었다. 대통령과 참모진은 지정학적 측면에서 러시아의 이 매력적인 제안을 진지하게 고려하기로 했다. 여기에는 부가적인 이점으로 보다 민주적인 보리스 옐친Boris Yeltsin 러시아 대통령에 대한 미국의 지지를 알리는 요소도 있었다. 여기에 이란, 북한, 그 밖에 미국에 적대적인 국가들에서 일자리를 구할지도 모르는 러시아 출신 항공·우주 기술자들에게 안정적인 고용을 제공하는 효과도 있었다.

1993년 4월 옐친과의 회담에서 클린턴 대통령은 미국이 러시아의 제안을 받아들일 생각이 있음을 시사했다. 어려운 협상 끝에 1993년 9월 1일 고어와 러시아의 빅토르 체르노미르딘Viktor Chernomyrdin 총리가 우주정거장을 공동으로 개발하는 방안을 모색하는 협정에 서명했다.

이미 재설계 중인 우주정거장에 러시아산 하드웨어를 추가하는 작업이 빠르게 시작되었다. 또한 미국은 유럽연합, 일본, 캐나다 등 프리덤 우주정거장의 파트너들에게도 러시아를 우주정거장 파트너십에 초청할 것을 촉구했다. 그 초대장은 1993년 12월에 제공되었다. 4년간의 어려운 협상 끝에 러시아와 원래 우주정거장의 파트너들은 1997년에 국제우주정거장으로 불리는 사업에 협력하기로 합의했다. 국제우주정거장의 첫 번째 구성 요소인 러시아 모듈이 1998년에 발사되었다.

우주정거장 프로그램의 이러한 중대한 변화 외에는 클린턴 대통령 재임 기간 동안 유인 우주비행에 대한 혁신은 거의 없었다. NASA의 예산은 실제 구매력 기준으로 감소했다. 1988년 2월 발표된 레이건 행정부 시절의 국가 우주 정책의 최종 성명에는 "지구 궤도를 넘어 태양계까지 인간의 존재와 활동을 확대"한다는 장기 목표가 있었다. 1996년 발표된 이 정책의 클린턴 버전에서는 이 내용이 삭제되고 "국제우주정거장은 추가적인 유인 우주탐사 활동의 타당성과 바람직함에 관한 향후 결정을 지지할 것"이라고만 언급되었다. 클린턴이 백악관을 떠날 무렵에 미국은 국제우주정거장의 조립을 끝내는 것 외에 유인 우주비행에 대한 목표가 없었다.

2001년 1월 조지 W. 부시George W. Bush가 대통령이 되었지만 이 상황은 달라지지 않았다. NASA는 2004년까지 우주왕복선을 이용해 국제우주정거장의 미국 모듈들의 조립을 완료한 뒤에 2020년까지 또는 그 후에도 우주정거장으로의 보급 임무를 위해 우주왕복선을 계속 비행하기를 희망했다. 인간이 우주정거장을 넘어 더 먼 목적지까지 여행하기 위한 승인된 계획은 없었다.

그리고 2003년 2월 1일 우주왕복선 컬럼비아호가 16일간의 과학 미션을 마치고 재진입하는 과정에서 공중분해되었다. 챌린저호처럼 컬럼비아호에도 일곱 명의 승무원이 타고 있었으며 궤도선이 산산조각 나며 전원 사망했다. 컬럼비아호 사고조사위원회CAIB: Columbia Accident Investigation Board가 사고 원인과 우주왕복선 비행을 안전하게 보장하는 데 필요한 조치들을 파악하기 위해 즉시 설치되었다.•

챌린저호 사고 당시 로저스 위원회가 사고의 물리적 원인 조사와 우주왕복선의 비행 복귀에 필요한 수준으로 활동 영역이 제한되었던 것과 달리 컬럼비아호 사고조사위원회는 이러한 비극을 야기한 NASA 내부의 근본적인 요인까지 조사 대상에 포함되었다. 이사회는 보고서에 사고의 물리적 원인뿐만 아니라 조직적 원인까지 열거했다.

• 이 책의 저자는 13명의 조사 위원 중 한 명이었다.

문서 23

「컬럼비아호 사고조사위원회의 보고서」(요약 버전)*

2003년 2월 1일 우주왕복선 컬럼비아호와 일곱 명의 비행사들을 잃은 데 대한 컬럼비아호 사고조사위원회의 독립적 조사가 거의 7개월 동안 지속되었다. 120여 명의 조사 인력과 400여 명의 NASA 엔지니어가 13명의 이사회 위원을 지원했다. 위원회는 3만 건이 넘는 문서를 조사했고, 200여 건의 공식 인터뷰를 진행했으며, 수십 명의 전문가 증인의 증언을 청취하고, 일반 대중으로부터 3000건이 넘는 의견을 검토했다. 여기에 2만 5000여 명의 수색 인원이 우주선의 파편을 회수하기 위해 미국 서부의 광활한 지역을 샅샅이 뒤졌다. 이 과정에서 미국 산림청 소속의 대원 두 명이 헬기 사고로 사망하기도 했다.

위원회는 초기부터 이번 사고가 이례적이고 뜻밖의 사건이 아니라 NASA의 역사와 유인 우주비행 프로그램의 문화에 어느 정도 뿌리를 두고 있을 가능성이 높다고 인식했다. 따라서 위원회는 처음부터 정치적·예산적 고려 사항, 타협, 우주왕복선 프로그램의 수명 동안의 우선순위 변경을 포함한 광범위한 역사적·조직적 문제까지 조사하도록 권한을 확대했다. 이러한 요인의 중요성에 대한 위원회의 확신은 조사가 진행되면서 강화되었다. 이 보고서는 조사 결과, 결론, 권고 사항에서 사고의 물리적 원인을 보다 쉽고 정확하게 이해할 수 있도록 이러한 인과적 요인에 많은 비중을 두었다.

컬럼비아호와 비행사들을 잃은 물리적 원인은 왼쪽 날개 앞쪽 가장자리에 있는 열 보호 계통의 파손이다. 이륙 후 81.7초 만에 외부 탱크의 왼쪽 양각대bipod ramp 램프 부분에서 분리된 절연 폼 조각이 강화 카본-카본 복합재reinforced carbon-carbon로 만든 8번 패널의 하단부 부근에 있는 날개와 충돌해 생긴 왼쪽 날개 앞부분의 열 보호 시스템의 균열 때문이었다.

---

* 2003년 8월 23일 컬럼비아호 사고조사위원회에서 제출했다.

이륙할 때 열 보호 시스템에서 생긴 이 균열은 미션을 마치고 지구로 재진입하는 동안 과열된 공기가 앞쪽 가장자리의 단열재를 통해 침투하고 왼쪽 날개의 알루미늄 구조를 점진적으로 녹여 공기역학적 힘을 증가시켰다. 이로써 궤도선의 구조가 약화되어 제어력 상실, 날개 기능 상실, 궤도 이탈을 일으키는 결과를 초래했다. 현재 궤도선의 설계로 볼 때 이러한 분해로부터 비행사들이 생존할 가능성은 없었다.

이 사고를 불러온 NASA 내부의 조직적 원인으로는 우주왕복선 프로그램의 역사와 문화를 들 수 있다. 여기에는 우주왕복선 개발 자체가 목적이 되지 못하고 사업 승인을 얻기 위해 초기부터 이어지는 타협, 이후 수년간 지속되는 자원의 제약, 우선순위의 변동, 일정에 대한 압력과 같은 운영상의 잘못된 특성, 그리고 유인 우주비행에 대해 합의된 국가 비전의 결여 등이 포함된다. 또한 건전한 엔지니어링 관행(요건에 따라 시스템이 작동하지 않는 이유를 이해하기 위한 테스트 등)을 대체하는 과거의 성공에 대한 의존, 안전 정보와 전문적 견해를 논의하기 위한 효과적인 커뮤니케이션을 방해하는 조직 장벽 , 프로그램 요소 간의 통합 관리 부족, 조직의 규칙 밖에서 진행되는 비공식적 명령과 의사결정 프로세스의 존재 등을 포함해 안전에 해로운 문화적 특성과 조직 관행이 자리 잡고 있다.

* * *

부시 백악관은 "지난 30년 동안 NASA가 인간을 우주로 보내는 미션을 수행하는 데 있어 국가적 통제가 부족"했다고 지적한 컬럼비아호 사고조사위원회 보고서 제9장 '미래를 내다보며A Look Ahead'에 주목하며, 이 대목에서 "국가 리더십의 실패"가 있었음을 제시했다. 또 위원회는 "미국의 미래 우주 계획에는 지구 궤도와 그 너머에까지 인간을 보내는 것을 포함해야 한다는 데 위원회의 모든 구성원이 동의한다"라고 했다. 2003년 9월에서 12월까지 NASA의 사람들과 함께 조사하면서 백악관은 미국 유인 우주비행의 미래를 위한 새로운 계획을 세웠다. 조지 W. 부시 대통령은 2004년 1월 14일 NASA 워싱턴 본부에서 가진 다음의 연설에서 "우주탐사를 위한 비전"을 발표했다.

문서 24

"NASA에서의 연설"•

* * *

과거의 모든 것에서 영감을 받고 명확한 목표가 인도하는 오늘날 우리는 미국의 우주 프로그램을 위한 새로운 과정을 설정했다. 우리는 NASA에 미래 탐사를 위한 새로운 초점과 비전을 제시할 것이다. 우리는 인간을 우주로 데려가고, 달에 새로운 발판을 마련하고, 우리 자신의 세계를 넘어 새로운 세계로의 여행을 준비하기 위해 새로운 우주선을 만들 것이다.

* * *

2세기 전에 미국이 루이지애나 매입으로 얻은 새로운 땅을 탐험하기 위해 메리웨더 루이스와 윌리엄 클라크는 세인트루이스를 출발했다. 이들은 새로운 거대한 영토의 잠재력을 깨닫고 다른 사람들도 따라올 수 있는 길을 만들고자 발견의 정신으로 그 여정을 떠났다. 미국도 같은 이유로 우주를 향해 모험을 떠나고 있다. 우리에게 탐험하고 이해하려는 욕구는 우리 본성의 일부이기 때문이다.

우리에게는 탐구해야 할 것과 배워야 할 것이 많이 남아 있다. 지난 30년 동안 워싱턴 D.C.에서 매사추세츠주 보스턴까지의 거리인 386마일보다 더 먼 다른 세계로 발을 내딛거나 더 높은 우주로 모험을 떠난 인간은 나오지 않았다. 미국은 거의 사반세기 동안 유인 우주탐사를 진전시킬 새로운 우주선을 개발

• 2004년 1월 14일의 조지 W. 부시 대통령의 연설이다.

하지 못했다. 지금은 미국이 다음 조치를 취해야 할 때다.

오늘 나는 우주를 탐사하고 태양계에서 인간의 존재를 확장하기 위한 새로운 계획을 발표한다. 기존의 프로그램과 인력을 활용해 신속하게 작업을 시작하겠다. 우리는 한 번에 하나의 임무, 하나의 항해, 하나의 착륙 등으로 꾸준히 발전을 이룰 것이다.

우리의 첫 번째 목표는 2010년까지 국제우주정거장을 완성하는 것이다. 우리는 우리가 시작한 것을 끝낼 것이다. 우리는 이 프로젝트에서 15개의 국제 파트너에 대한 우리의 의무를 이행할 것이다.

이 목표를 달성하기 위해 우리는 우주왕복선을 가능한 한 빨리 비행시킬 것이다. 이는 안전 문제와 컬럼비아호 사고조사위원회의 권고 사항과 일치한다. 향후 몇 년 동안 우주왕복선의 주된 목적은 국제우주정거장의 조립을 끝내는 데 도움을 주는 것이다. 2010년이 되면 우주왕복선은 거의 30년 동안 임무를 수행하고 퇴역할 것이다.

우리의 두 번째 목표는 2008년까지 새로운 유인 우주탐사선을 개발·시험하고 늦어도 2014년까지는 새 탐사선을 이용한 첫 유인 미션을 마치는 것이다. 우주왕복선이 퇴역한 뒤에는 이 탐사선으로 우주비행사와 과학자들을 우주정거장으로 운송할 것이다. 하지만 이 탐사선의 주목적은 우주비행사를 지구 궤도를 넘어 다른 세계로 실어 나르는 것이다. 이 탐사선은 아폴로 조종 모듈 이후 최초로 그와 유사한 우주선이 될 것이다.

우리의 세 번째 목표는 2020년까지 미래 미션의 시작점이 될 달로 인간을 다시 보내는 것이다. 늦어도 2008년부터 달 표면에서 로봇이 수행하는 미션을 통해 미래의 유인 탐사를 준비할 것이다. 2015년이면 유인 탐사 차량을 이용해 달에서 인간이 수행하는 미션의 범위를 확대할 것이며, 그곳에서 인간은 점점 더 오랜 시간 거주하며 일하게 될 것이다. 지금도 우리와 함께하고 있고 지금까지 마지막으로 달 표면에 밟은 인간으로 남아 있는 유진 서넌은 달을 떠나며 “우리는 처음 왔을 때처럼 이제 떠납니다. 그리고 신의 뜻대로 인류의 평화와 희망을 갖고 다시 돌아올 것입니다"라는 말을 남겼다. 미국은 그의 말을 실현시킬 것이다.

인간을 달로 다시 보내는 것은 우리의 우주 프로그램을 위해 중요한 단계다. 달에서 인간의 존재를 확대하는 것은 우주탐사 비용을 크게 줄여 더 많은 야심찬 임무를 가능하게 한다. 지구 중력을 이기고 무거운 우주선과 연료를 끌어올리는 데는 비용이 많이 든다. 우주선을 달에서 조립해 보급한다면 달의 낮은 중력을 벗어나는 데는 훨씬 적은 에너지만으로도 가능해 결과적으로 비용이 크게 낮아질 것이다. 또한 달에는 자원이 풍부하다. 달의 토양은 로켓 연료나 인간이 숨 쉴 수 있는 공기로 사용 가능한 원소를 포함하고 있다. 인간은 달에서 거주하는 시간을 이용해 더 어려운 다른 환경에서 기능할 수 있는 새로운 접근방식, 기술, 시스템을 개발하고 테스트할 수 있다. 달 탐사는 더 많은 진보와 성취를 위해 반드시 거쳐야 하는 수순이다.

달에서 얻은 경험과 지식을 토대로 우리는 우주탐사의 다음 단계, 즉 화성과 그 너머의 세계에 대한 인간의 임무를 수행할 준비를 갖출 것이다. 인간의 지식에 대한 갈망은 궁극적으로 가장 생생한 그림이나 가장 세밀한 측정으로도 충족될 수 없다. 인간은 궁금한 것을 직접 보고 검사하고 만져야 한다. 그리고 오직 인간만이 우주여행이 야기할 피할 수 없는 불확실성에 적응할 수 있다. 우리는 이 여정이 어디서 끝날지 모르지만 다음과 같은 사실을 알고 있다. 인간은 우주 속으로 나아가고 있다.

* * *

NASA가 우주탐사를 위한 비전을 구현하는 프로그램을 마련하는 데 1년 이상이 걸렸다. 2005년 4월 마이클 그리핀Michael Griffin이 NASA 청장이 되었고 그해 말에 컨스텔레이션 계획Constellation Program이 승인되었다. 이 계획의 초기 요소로 오리온Orion이라는 이름의 유인우주선과 오리온의 발사를 위한 아레스Ares 1, 달 미션을 위한 새턴 V급 아레스 5 등 두 개의 새로운 발사체가 포함되었다.

그리핀 청장은 오리온을 "스테로이드를 맞은 아폴로호Apollo on steroids"라고 불렀다. 오리온은 아폴로 우주선보다 훨씬 크겠지만 아폴로호의 명령 모듈과 서비스 모듈처럼 (우주왕복선과는 달리) 적어도 처음에는 승무원을 구조할 수 있도록 바다로 착륙하는 캡슐이 될 것이다. 컨스텔레이션 계획의 네 번째 부분은 알타이르Altair라는 이름의 달 착륙선이었다.

NASA는 오리온과 아레스 1에 대한 작업에 신속하게 착수했으나 부시 행정부는 약속한 추가 자금을 제공하지 않았고 두 시스템에는 다양한 기술적 문제가 있었다. 2008년 선거가 끝나고 부시 행정부가 물러갈 준비를 하고 있을 무렵 컨스텔레이션 계획의 실행 가능성에 대해 여러 의문이 제기되고 있었다.

2008년 11월 버락 오바마Barack Obama 대통령 당선자는 NASA 인수 팀을 만들었다. 이들은 현재 진행 중인 컨스텔레이션 계획에 대해 비판적으로 경고했다. 오바마의 인수 팀은 차기 행정부가 유인 우주비행을 받아들이기 전에 먼저 컨스텔레이션 계획에 대한 자체 평가를 내릴 것을 제안했다. 오바마 대통령은 이 조언을 받아들였고 2009년 5월 백악관은 미국의 유인 우주비행 계획 검토 위원회를 만들어 평가 작업에 들어갔다. 위원회는 2009년 10월 보고서에서 "미국의 유인 우주비행 프로그램은 지속 불가능한 궤도에 있는 것으로 보인다"라고 결론지었다. 이 위원회의 보고서는 컨스텔레이션 계획에 대해 비판적이었으며 미국의 유인 우주비행 계획을 보다 지속 가능한 길로 이끌기 위해 많은 변화를 권고했다.

백악관은 위원회의 조사 결과에 동의했고 2010년 2월 오바마 대통령은 오리온 우주선과 아레스 발사체를 포함하는 컨스텔레이션 계획의 취소를 발표했다. 국제우주정거장을 오가는 비행사들을 운송하기 위한 오리온의 대안으로 대통령은 NASA가 두 개 이상의 민간 기업과 상업 제휴를 맺어 승무원 운송 시스템을 개발해 운송 수요를 충족할 것을 제안했다. 또한 그는 "게임 체인징game changing 기술"에 대한 정부투자를 크게 늘려 새로운 발사 차량이나 그 밖의 모든 시스템 개발은 진보된 로켓 추진, 인공지능, 최첨단 전자장치와 같은 21세기 기술을 기반으로 할 것을 제안했다.

'평소와는 다른' 중대한 변화를 상정한 오바마의 전략은 거의 모든 측면에서 즉각적인 비난을 불러왔다. 이 중 가장 눈에 띄는 반대는 유인 우주비행에 대한 명시적인 목표나 목적지가 없다는 것이었다. 이러한 비판에 대응하고 그의 전략을 옹호하기 위해 오바마는 2010년 4월 15일 플로리다주의 케네디 우주센터로 향했다. 그곳에서 그는 인간을 화성 궤도로, 그리고 화성 표면으로 보내는 우주 계획에 대한 그의 비전을 개략적으로 설명했다.

문서 25

"케네디 우주센터에서의 연설"•

* * *

나에게 우주 프로그램은 새로운 높이에 도달하는 것, 과거에는 불가능해 보였던 것 너머로 뻗어나가는 것과 같이 미국인에게 본질적인 부분이라고 생각한다. 대통령으로서 나는 우주탐사는 사치스러운 것이 아니며 밝은 미래를 향한 미국의 여정에서 중요한 것이라고 생각한다. 우주탐사는 미국의 여정에 필수적인 한 부분이다.

그래서 오늘 나는 이 이야기의 다음 장에 대해 이야기하고자 한다. 현재 미국의 우주 프로그램이 직면한 도전 과제와 이 프로그램을 위한 우리의 의무는 과거 수십 년 전과는 다르다. 우리는 더는 적과 경주하지 않을 것이다. 우리는 더는 달에 도달하는 것과 같은 단 하나의 목표를 위해 경쟁하지 않을 것이다. 한때는 글로벌 경쟁이었던 것이 글로벌 협업으로 자리 잡은 지 이미 오래다. 그러나 지난 50년간 우리의 업적에 대한 척도는 크게 변했지만, 새로운 선구적 업

• 2010년 4월 15일 버락 오바마 대통령의 연설이다.

적을 추구하는 과정에서 우리가 성공하거나 실패하는 일은 우주와 지구에서의 우리의 미래와 마찬가지로 중요하다.

먼저 아주 분명하게 말하겠다. 나는 NASA의 임무와 NASA의 미래에 100퍼센트 신뢰와 지지를 표한다. 우주에서 우리의 능력을 넓히는 일은 우리가 상상할 수 없는 방식으로 우리 사회에 도움이 되기 때문이다. 우주탐사는 우리의 새로운 세대에게 다시 한번 경이로움을 불러일으키고 열정을 일깨우며 발사 경험을 쌓게 해준다. 만약 우리가 궁극적으로 발견을 추구하는 일을 포기한다면 그것은 우리의 미래를 포기하고 미국적 성격의 본질적 요소를 포기하는 일이 될 것이다.

나는 우리 행정부의 우주탐사 계획에 많은 의문이 제기되었다는 것을 안다. 특히 플로리다주 이곳의 많은 사람들에게 NASA는 그들의 자부심이자 공동체의 원천이자 직장으로서 중요하다. 또한 나에게 쏟아진 여러 의문들은 지금이 우주왕복선이 거의 30년간 임무를 수행한 뒤에 예정된 은퇴가 가까워지는 전환기이기 때문이다. 당연히 이러한 상황은 여러분 각자의 미래뿐만 아니라 여러분이 각자의 삶을 바친 우주 프로그램의 미래에 대한 걱정을 불러온다.

이러한 우려의 밑바탕에는 우리 행정부뿐만 아니라 그에 앞선 행정부 때부터 이어져 온 더 깊은 우려가 깔려 있음도 알고 있다. 이것은 워싱턴의 사람들이 때로 비전보다 정치에 좌우되고, 오랫동안 NASA의 미션을 소홀히 대하고, NASA에서 근무하는 전문가들의 입지를 약화시켜 왔다는 인식이다. 여러분은 NASA의 예산안이 정치적 바람에 따라 오르락내리락하는 것을 보아왔다.

하지만 우리는 그것을 다른 방식으로도 볼 수 있다. 즉, 명확하고 성취할 수 있는 목표를 설정하고, 이러한 목적을 달성하기 위해 자원을 제공하고, 이러한 계획뿐만 아니라 21세기 우주탐사의 더 큰 목적을 정당화하는 것을 꺼리는 사람들에게서 말이다.

* * *

우리는 오리온 승무원 캡슐을 개발할 때 이미 성공한 바 있는 작업을 바탕으로 할 것이다. 나는 찰리 볼든Charlie Bolden NASA 청장에게 이 기술을 사용해 구조용 우주선을 개발하라고 지시했다. 이것이 개발되면 우리는 국제우주정거장의 미국인들을 급히 지구로 귀환시켜야 할 때 외국의 운송 서비스 제공자들에게 의존하지 않아도 된다. 오리온의 활동은 미래 심우주 미션에 사용할 첨단 우주선을 위한 기술적 토대의 일부가 될 것이다. 사실 오리온은 바로 이 방에서 비행을 준비할 것이다.

다음으로 우리는 30억 달러 이상 투자해 첨단 대형 로켓, 유인 캡슐, 추진 시스템, 그리고 심우주에 가는 데 필요한 수많은 보급품을 효율적으로 궤도에 올리는 연구를 실행할 것이다.

이제 우리는 이 새로운 발사체를 개발하면서 구형 모델들을 수정하거나 개조하는 일뿐만 아니라 새로운 디자인, 재료, 기술들을 살펴보려고 한다. 우리가 갈 수 있는 곳뿐만 아니라 우리가 그곳에 도착했을 때 무엇을 할 수 있는지를 알기 위해 말이다. 우리는 늦어도 2015년까지 로켓 설계를 완료하고 그 뒤에는 만들기 시작할 것이다. 나는 이 계획이 이전 프로그램보다 최소 2년 앞당겨진 것임을 여러분이 알았으면 좋겠다. 더구나 이전 프로그램은 보수적이었고 일정도 늦었지만 예산은 초과되고 있었다.

하지만 이제 우리는 지난 수십 년간의 방임을 뒤로하고 우주비행사들이 더 빨리 우주에 도달하고, 더 적은 비용으로 더 멀리 더 빨리 앞으로 나아가고, 더 오랜 시간 더 안전하게 우주에서 거주하고 일할 수 있도록 돕는 다른 획기적인 기술에 대한 투자를 즉시 늘릴 것이다.

요점은 우리가 추구하는 것은 단지 같은 길을 계속 걷는 것이 아니라 미래로 도약하는 것이다. 우리는 NASA의 변화를 위한 어젠다와 획기적인 발전을 원한다.

* * *

2010년대의 초반부에 우주비행사가 탑승하는 일련의 비행을 통해 지구 저궤도를 넘어서는 우주탐사에 필요한 시스템을 시험하고 증명할 것이다. 그리고 2025년까지 우리는 새롭게 고안된 우주선을 기대하고 있다. 이 우주선은 달을 넘어 심우주로 가는 첫 번째 유인 미션을 위한 것이다. 그래서 우리는 역사상 처음으로 우주비행사를 소행성에 보내는 일을 시작할 것이다. 2030년 중반까지 나는 인간을 화성 궤도로 보내고 지구로 안전하게 귀환시킬 수 있다고 믿는다. 그러고 나면 화성 표면에도 착륙할 것이다. 나는 그 광경을 볼 수 있기를 기대한다.

* * *

나는 몇몇 사람들이 우리의 이전 계획대로 먼저 달 표면으로 돌아가는 일부터 시도해야 한다고 주장하는 것을 이해한다. 이런 주장에 나는 단도직입적으로 미국은 이미 거기에 가보았다고 답할 수밖에 없다. 우리가 탐험하고 배울 우주는 더 넓다. 점점 더 까다로운 목표에 도전하고 역량을 강화하는 동시에 한 단계 한 단계 도약할 때마다 기술 역량을 향상시키는 것이 보다 중요하다. 이것이 우리가 지금 시도할 전략이다. 그리고 이것이 우리가 우주에서 미국의 리더십이 지난 세기보다 훨씬 강하다는 것을 증명하는 방법이다.

오바마 행정부가 제안한 새로운 NASA 탐사 전략에 대해 특히 상당한 반대가 있었다. 새 정부의 제안으로 기존의 컨스텔레이션 계획과 관련된 계약이 취소되고 관련 일자리가 사라졌기 때문이다. 의회 의원들, 특히 상원을 중심으로 그들의 지역구 유권자들이 맞닥뜨릴 일자리 걱정과 미국의 우주 산업 기반에 대한 지속적 손실에 대응하고자 NASA가 다목적 유인우주선multi- purpose crew vehicle과 대형 발사체인 우주발사시스템SLS: Space Launch System의 개발에 즉시 착수하도록 요구하는 미래 유인 우주비행에 대한 대안적 접근법이 제시되었다. 우주발사시스템의 기술 특성이 명시되었고 우주선과 발사체 개발 일정이 정해졌다. 의회 의원들과 그 보좌관들이 우주 프로그램 관리의 세부 사항에까지 그렇게 깊이 파고든 것은 드문 일이었다. 이러한 일은 우주왕복선 사업과 컨스텔레이션 계획을 수정해 기존의 일자리를 가능한 한 많이 보존하려는 것이었다. 상원의 접근 방식은 2010년 NASA 예산 승인안에 명시되었다.

오바마 대통령은 우주개발에 대한 그의 새로운 접근을 고집하지 않고 2010년 10월 NASA 예산 승인안에 서명했다. 우주발사시스템과 오리온 다목적 유인 우주선은 NASA가 규정한 '화성으로의 여행'의 첫 단계로 2010년대 NASA의 주요 유인 우주비행 프로그램이 되었다.

또한 2010년 NASA 예산 승인안은 미국의 우주비행 계획에 대한 국립과학기술원National Academies of Sciences and Engineering•의 독립적인 평가를 요구하고 있으며, 이러한 노력에 대한 지속 가능한 근거를 규정하는 데 특별히 주의를 기울이고 있다. 국립과학기술원 산하의 국립연구위원회는 이 평가를 위해 유인우주비행위원회를 설립했다. 위원회의 2014년 보고서인 「탐험의 길: 미국 유인 우주탐사 프로그램의 합리성과 접근 방식」은 미래에 대해 다소 냉정한 전망을 내놓았다.

문서 26

「탐험의 길: 미국 유인 우주탐사 프로그램의 합리성과 접근 방식」••

1.7 요약: 지속 가능한 미국 유인 우주탐사 프로그램

인간의 우주탐사에는 수행하는 국가와 주체의 장기적인 헌신이 필요하다. 따라서 위원회는 다음과 같은 결론을 내렸다.

• 미국의 한림원 격인 기관이다 _ 옮긴이.

•• 2014년 국립연구위원회 산하 유인우주비행위원회에서 작성했다.

국가 리더십과 비전과 목표에 대한 지속적인 합의는 지구 저궤도를 넘어서는 유인 우주탐사 프로그램의 성공에 필수적이다. 미국의 우주탐사 목표가 빈번하게 변경되면서 자원이 낭비되고 진행도 방해받았다. 지구 저궤도를 넘어서는 미국의 유인 우주비행 프로그램 목표의 불안정성은 국제 파트너로서 미국의 매력과 적합성을 위협한다.

역설적으로 미국은 우주탐사에 대중의 지지가 미온적이었을 때도 반세기 이상 유인 우주비행에 대한 프로그램을 지속해 왔다. 아폴로 계획 당시 많은 우주 전문가들이 예견했던 극적인 추진력을 유지할 수 있을 만큼 크고 영향력 있으며 헌신적이고 열정적인 소수자는 없었다. 이것은 아폴로 계획이 완료된 이후에 빈번한 계획 변경, 임무와 자원의 불일치, 정치적·미시적 관리 등 미국의 유인 우주비행 프로그램을 괴롭혔던 수많은 어려움들을 가중시켰다. 위원회는 다음과 같이 결론을 내렸다.

단순하게 정책 목표를 설정하는 것 정도로는 지속 가능한 유인 우주비행 프로그램에 충분하지 않다. 정책 목표가 프로그램, 기술, 예산 현실을 바꾸지 않기 때문이다. 정책 목표를 수립하는 사람들은 다음과 같은 요인을 염두에 둘 필요가 있다.

- 기술 파급, 과학 분야의 인재 유치, 과학적 지식 등과 같은 유형적이고 수량화 가능한 방어적인 편익 계산은 유인 우주비행에 필요한 대규모 투자에 결코 긍정적인 요인이 되지 않을 것이다.
- 아폴로 계획에 대한 투자를 촉발했던 국방과 국격 고양 등의 명분은 냉전이 끝난 뒤에 미국에서 대중의 지지를 얻어내는 데 적합하지 않았다.
- 미국 대중은 NASA와 우주비행 프로그램에 대해 대체로 긍정적이다. 하지만 우주탐사 예산을 늘리는 문제는 대부분의 미국인에게 우선순위가 아니다. 대부분의 미국인들은 이 문제를 면밀히 보지 않으며, 다만 우주탐사에 관심이 많은 이들이 보다 많은 지지를 보낸다.

국민과 지도자들 모두 국가 부채의 지속 불가능성, 재정지출의 극적인 증가, 그에 따라 NASA의 예산을 포함하는 재량 지출에 대한 삭감 압력에 초점을 맞추는 시대에 유인 탐사의 옹호자들이 이러한 분위기를 무시하기란 어려운 일이다. 앞으로 수십 년간 국가 부채가 늘 것으로 대부분 예측한다면 적어도 '인간의 우주비행 예산'이 최근의 추세선보다 훨씬 낮아질 가능성이 크다. 그럼에도 위원회는 다음과 같이 결론을 내렸다.

만일 미국이 유인 우주비행이 가져다주는 무형의 이익이 유인 우주비행에 대한 새롭고 지속적인 공공투자를 정당화한다고 결정한다면, 기술·재정 문제에 맞설 견실하고 장기적인 전략을 짜야 할 것이다.

* * *

그럼에도 앞의 조치들 중 그 어느 것도 지금까지 미국을 통치해 온 사람들이 우주탐사에 보여준 지속적인 헌신을 대체할 수는 없다. 이들의 헌신이 없었다면 아폴로 계획과 그 후속 프로그램은 존재하지도 않았을 것이다.

물론 인간을 우주로 보내자는 결정이 드물게는 나왔을지도 모른다. 하지만 전통적인 정치적 의사결정자들의 눈에 인간의 우주비행은 전통적인 단기적 의사결정 과정이나 예산 과정보다는 훨씬 더 어렵고 낯선 것이다.

미래의 대통령에게 과거 정부가 선택한 결정을 따지지 말고 이어가 달라고 요청하거나 미래의 의회에게 수십 년간의 물가 상승률보다 높은 증가 폭의 예산안을 들이밀며 유인 우주비행을 지지해 달라고 요청하는 일은 비현실적일 수 있다. 그것은 애초 우주탐사에 대해 아무 생각이 없었던 대중의 요구에 불을 붙이고 지탱하는 마법을 상상하는 것과 같다. 미국은 대중이 우주탐사를 강력히 원해서 우주비행을 지속해 온 것이 아니다. 그렇지만 지난 반세기 동안 우주에서 미국이 선두 자리를 지켜왔는데 이제 와서 다른 나라의 우주선과 우주비행사들이 우주탐사를 주도하는 것은 미국인들로서는 상상하기 어려운 일이기도 하다. 미국의 유인 탐사 프로그램을 되살리는 것은 우리의 작고 푸른 행성을 넘어 인류의 운명에 대한 끊임없는 질문에 답하는 일이다. 우리는 이 일의 선구자로서 작지만 결정적인 기본 원칙들을 지키며 오늘날 국가의 재정적 현실과 씨름할 필요가 있다.

도널드 트럼프가 2016년 11월 대통령에 당선되면서 미국의 유인 우주비행 계획은 다시 한번 목표가 바뀌었다. 트럼프 대통령은 마이크 펜스Mike Pence 부통령을 의장으로 하는 국가우주위원회를 재가동했다. 펜스 부통령은 2017년 10월 5일 국가우주위원회 첫 회의에서 "우리는 발자국과 깃발을 남기기 위해서만이 아니라 화성과 그 너머로 미국인을 보내는 데 필요한 기반을 구축하기 위해 미국 우주비행사를 다시 달에 보낼 것"이라고 선언했다. 두 달 뒤에 트럼프 대통령은 화성으로 가는 길에서 달을 건너뛰려고 했던 오바마의 정책을 수정하며 NASA에 "혁신적이고 지속 가능한 탐사 프로그램을 이끌도록" 지시하는 행정명령에 서명했다.

2004년 이후 세 명의 대통령 아래서 미국은 다시 한번 미국인을 고향을 떠나 우주로 올려 보낼 우주 프로그램을 추구하는 일에 착수했다. 이 노력이 성공해서 미국이 21세기 우주탐사에서도 주도적인 위치를 차지할지는 두고 볼 일이다.

문서 27

「대통령 우주정책지침 1」*

제목: 미국의 유인 우주탐사 프로그램 재개

1) 대통령 우주정책지침 4의 개정

2010년 6월 28일 대통령 우주정책지침 4(국가 우주 정책)는 다음과 같이 개정된다. '원거리 탐사 이정표의 설정'으로 시작하는 단락은 삭제되고 다음과 같이 대체된다.

"태양계 전반에서 인간의 영역을 확장하고 새로운 지식과 기회를 지구로 가

* 2007년 12월 도널드 트럼프 대통령의 지시로 개정되었다.

져오기 위해 미국은 산업계 및 국제 파트너와 함께 혁신적이고 지속 가능한 우주탐사 프로그램을 주도한다. 미국은 지구 저궤도를 넘어서는 미션을 시작으로 장기 탐사와 활용을 위해 달에 다시 인간을 보낸다. 이어서 화성과 그 밖의 다른 목적지로 유인 미션을 이어나갈 것이다."

* * *

에필로그
—
꿈은 계속된다

21세기 초 첫 10년 동안 미국 정부가 지원하는 유인 우주비행의 미래는 불투명했다. 최근 대통령과 의회가 지구 궤도를 넘어 유인 우주비행을 재개하겠다며 발언을 내놓았다. 하지만 이들이 설정한 목표에 필요한 예산 확보와 관련해 이들의 행동은 말과 보조를 맞추지 못했다. 지금 필요한 것은 지구 너머로 인간을 보내는 장기 프로그램과 관련해 NASA가 다음 단계를 취할 수 있도록 돕는 지속적인 약속이다.

최근 몇 년 동안 정부 예산으로 운영되는 우주비행의 대안이 미국에서 등장했다. 지극히 부유한 몇몇 사람들이 민간 자본으로 지구 궤도와 그 너머로 유인 우주비행을 하는 회사를 만든 것이다. 2000년 아마존amazon의 제프리 베이조스Jeffrey Bezos가 세운 블루 오리진이 최초다. 블루 오리진에 이어 2002년 인터넷 업계의 억만장자 일론 머스크가 스페이스 X를 설립했다.

블루 오리진의 모토는 'Gradatim Ferociter'라는 라틴어로 '단계적으로 맹렬하게'라는 뜻이다. 이 회사는 홈페이지에서 "아름다운 지구는 우리의 출발지일 뿐이다"라고 선언한다. 최근 몇 년간 베이조스는 블루 오리진의 목표가 "수백만 명의 사람들이 우주에서 거주하고 일하며 태양계 전체를 탐사하는 것"을 가능하게 하는 것이라고 밝혀왔다. 소행성과 혜성에는 천연자원이 풍부하고 우주 궤도에서는 태양광발전이 용이하기 때문에 그는 미래에는 지구상의 대부분의 중공업이 우주로 이전되어 지구 환경이 보존될 것이라고 믿는다.

블루 오리진이 무인정찰기를 우주로 보내는 데 성공했지만 베이조스는 이러한 목표를 위한 장기 전략을 명확히 밝히지 않았다. 그의 회사는 인간을 궤도로 보내거나 그 너머로 보내는 데 스페이스 X보다 몇 년 뒤져 있다.

블루 오리진과 대조적으로 스페이스 X는 설립 첫해부터 공공·민간 부문 모두에서 우주 활동에 참여할 만한 기회를 적극적으로 모색해 왔다. 팰컨 9Falcon 9와 2018년 2월 6일 첫 발사된 대형 발사체 팰컨 헤비Falcon Heavy를 개발해 상당한 성공을 거두었다. 다수의 팰컨 9 부스터의 1단계를 회수, 수리, 재사용을 가능하게 해서 경쟁사보다 발사 가격을 매우 낮게 책정할 수 있었다. 또한 이 회사는 국제우주정거장으로 사람과 보급품을 실어 나르기 위해 드래곤Dragon이라는 우주선을 개발했다. 스페이스 X의 홈페이지는 "우리 회사는 우주 기술에 혁명을 일으키기 위해 2002년 설립했다. 우리의 궁극적인 목표는 다른 행성에 인간이 살 수 있게 하는 것이다"라고 선언한다.

베이조스나 머스크와 같은 이들은 유인 우주비행의 미래에 대한 광범위한 비전을 품고 있으며 이러한 비전을 현실로 바꾸는 능력까지 갖춘 21세기의 베르너 폰브라운이라고 할 수 있다.

물론 이들 간에도 차이는 있다. 폰브라운이 나치 독일을 포함한 각국 정부들을 설득해 그의 비전을 현실화시킨 반면에 베이조스와 머스크는 미래 유인 우주비행을 육성하기 위해 가능한 한 민간 자원을 활용하려는 모습이다.

이 책은 폰브라운이 화성 탐사에 대한 선견지명을 내놓은 1954년의 에세이로 시작되었다. 그런 만큼 머스크가 2016년 9월 작성한 100만 명이 거주하는 화성 도시에 대한 비전으로 마무리하면 좋을 것이다.

지금으로부터 60여 년 전 폰브라운의 예측은 대부분 현실이 되었다. 하지만 화성을 향한 인간의 미션은 아직 실현되지 않았다. 다음번 우주로의 '대도약'의 주체가 스페이스 X가 될지, 블루 오리진이 될지, 각국 정부가 운영하는 우주 기관이 될지, 어쩌면 이들의 연합이 될지는 좀 더 지켜보아야 한다.

머스크 스페이스 X 대표는 멕시코 과달라하라에서 열린 2016년 9월 국제우주대회International Astronautical Congress에서 화성 표면에 100만 명이 거주하는 도시를 건설하는 등 지구를 넘어 미래 인류의 팽창을 다룬 대담한 비전을 제시했다. 1년 뒤에 호주 애들레이드에서 열린 같은 대회에서 그는 2016년의 비전을 약간 겸손하게 수정했다. 이 에세이는 머스크의 2016년 대화 녹취록을 편집한 것이다. 이 글은 원래 2017년 6월 호 ≪뉴 스페이스New Space≫에 게재된 것이며, 해당 잡지와 스페이스 X의 허가를 받아 이 책에 싣는다.

문서 01

"인간을 다행성 종으로 만들기"*

스페이스 X의 화성 아키텍처를 오늘 주제로 삼음으로써 나는 인간이 화성에서 거주가 가능한 것으로, 어쩌면 우리의 생애 안에 이 꿈이 실현 가능한 것으로 이야기하고 싶다. 가고 싶어 하는 사람에게 길은 반드시 있으니까 말이다.

왜 인류는 다른 행성으로 향해야 하는가?

나는 인류의 미래에 두 가지 근본적으로 다른 길이 있다고 생각한다. 역사는 두 방향으로 갈라질 것이다. 먼저 우리가 지구에 영원히 머무르는 길이다. 그 길의 끝에는 언젠가 궁극적인 멸종이 기다릴 것이다. 이 글에서 나는 어떤 즉각적인 운명을 예언하지는 않겠지만 결국 운명의 날이 있을 것이라고 역사는 암시하고 있다. 그러한 운명을 바라지 않는다면 대안은 인류가 우주여행 문명을 이루고 다행성 종족이 되는 것이다. 나는 여러분이 이 두 번째 길이 올바른 길이라는 데 동의해 주기를 바란다.

어떻게 하면 화성에 여러분을 데리고 가서 자급자족하는 도시를 만들 수 있을까? 화성 도시는 그저 전초기지에 그치지 않고 그 자체로 하나의 세상이 될 수 있다. 이것은 인류를 진정한 다행성 종족이 되게 해주는 또 다른 세상이다.

왜 화성인가?

가끔 사람들은 "글쎄, 태양계의 다른 곳들은 어때? 왜 굳이 화성이지?"라고 의문을 제기한다. 인류가 다행성 종이 되고자 할 때 태양계 안에서 우리의 선

---

* 2016년 9월 일론 머스크 스페이스 X 대표가 ≪뉴 스페이스≫에 실은 기고문이다.

표 5-1 지구와 화성의 특성 비교

	지구	화성
지름	1만 2756킬로미터	6792킬로미터
태양으로부터의 평균 거리	1억 5000만 킬로미터	2억 2900만 킬로미터
기온 범위	섭씨 영하 88도에서 영상 58도까지	섭씨 영하 140도에서 영상 30도까지
대기 조성	질소 78%, 산소 21%, 기타 1%	이산화탄소 96%, 아르곤 2%, 질소 2%, 기타 1%
중력(무게)	1	0.38(지구 중력의 38%)
하루 길이	24시간	24시간 40분
대지 면적	1억 4890만 제곱킬로미터	1억 4480만 제곱킬로미터 (지구 대지의 97%)
인구	70억 명	0명

택지는 제한되어 있다. 먼저 지구에서 가까운 곳으로 금성이 있다. 하지만 금성의 대기는 엄청난 고압이고 물은 산성비가 내리는 고온의 산성 물이다. 참 난감한 노릇이다. 비너스(금성)는 전혀 비너스(여신) 같지 않다. 금성에서 거주하기란 쉽지 않을 것이다. 수성도 있지만 여기는 태양에서 너무 가깝다. 반대로 외행성계로 눈을 돌려 목성이나 토성의 위성들도 생각할 수 있지만, 그곳은 태양에서 너무 멀고 인류가 도달하기도 훨씬 어렵다.

만약 인류가 다행성 문명이 되고자 한다면 정말 하나의 선택만 남아 있다. 바로 화성이다. 어떤 이들은 달을 선택지로 생각하는데 나도 달에 가는 것 자체는 반대하지 않는다. 하지만 달은 인류가 거주할 만한 행성이라기에는 많이 작기에 달에서 다행성 문명을 이루는 것은 어렵다고 생각한다.

달은 대기가 존재하지 않고 화성만큼 자원이 풍부하지도 않다. 화성의 하루가 24.5시간인 반면에 달의 하루는 28일이다. 화성이 궁극적으로 자생적인 문명으로 확장하기에 훨씬 적합하다.

지구와 화성은 여러 면에서 눈에 띄게 비슷하다. 〈표 5-1〉을 보자. 초기 화성의 모습은 지구와 많이 닮았다고 알려져 있다. 우리가 만약 화성을 다시 따뜻하게 할 수 있다면 이 행성은 다시 한번 두꺼운 대기와 액체 상태의 바다를 갖게 될 것이다. 화성과 태양의 거리는 지구보다 50퍼센트가량 더 멀지만 여전히 적당한 햇빛이 내리쬐인다. 조금 춥기는 하지만 따뜻해질 수 있다. 화성의 대기는 인간에게 매우 적합한 편으로 주로 이산화탄소, 질소, 아르곤, 그 밖에 미량의 원소로 구성되어 있다. 이는 화성의 대기를 압축하는 것만으로 이 행성에서 식물을 기를 수 있다는 의미다.

화성에서 사는 것은 꽤나 재미있을 것이다. 화성의 중력은 지구의 38퍼센트 정도여서 무거운 것을 들고 껑충껑충 뛰어다닐 수도 있다. 화성의 하루는 지구의 하루와 시간이 거의 같다. 우리는 단지 이 행성으로 사람들만 옮겨 담으면 된다. 현재 지구에는 70억 명의 인구가 북적대지만 화성에는 아무도 없기 때문이다.

화성 초기 탐사에서 자급자족하는 도시까지

NASA 등 여러 우주 기관들은 화성 초기 탐사에 대한 검토와 함께 화성이 어떤 곳인지 이해하고자 많이 노력해 왔다. 착륙 가능한 곳은 어디인가? 대기 구성은 어떠한가? 물이나 얼음은 어디에 있는가? 우리는 화성 초기 탐사 미션에서 시작해 실제 도시를 건설하는 데까지 나아가야 한다.

지금 우리가 안고 있는 문제는 화성에 가고 싶어 하는 사람들 집단과 화성에 갈 여유가 있는 사람들 집단이 전혀 다르다는 것이다. 사실 지금 당장은 돈이 무한정 있다고 해도 화성에 갈 수 없다.

인간을 화성에 보내는 데 전통적 방법인 아폴로식 접근법을 취한다면 1인당 100억 달러가량 들 것이다. 아폴로 계획의 추정 비용은 현재 물가로 1000억 달러에서 2000억 달러 정도다. 이렇게 우리는 12명의 인간을 달 표면으로 보냈다. 이것은 놀라운 일이었고 인류가 이룩한 가장 위대한 업적 중 하나일 것이다. 하지만 지금 우리가 검토하는 일은 티켓 한 장 값을 산정하는 것이다. 티켓 가격이 1인당 100억 달러라면 자생적인 문명을 만들 수 없다.

우리가 해야 할 일은 화성에 가고 싶은 사람들과 갈 여유가 있는 사람들 사이의 차이를 없애는 것이다. 만약에 우리가 화성 이주비를 미국의 평균 집값인 20만 달러 정도까지 낮출 수 있다면 나는 화성에 자생적인 문명이 들어설 확률이 매우 높다고 생각한다. 나는 이 일이 거의 틀림없이 일어날 것이라고 생각한다.

모두가 화성에 가고 싶어 하지는 않을 것이다. 짐작컨대 상대적으로 적은 수의 사람들만이 가고 싶어 할 것이다. 하지만 충분히 그럴 여유가 있는 사람들이 가고 싶어 할 것이다. 어쩌면 화성 이주 희망자들은 후원을 받을 수도 있다. 만약 이주 희망자들이 어느 정도 저축을 했다면 이 정도 금액은 직접 표를 사서 이주할 수 있을 수준이다. 화성에 오랫동안 노동력이 부족할 것이라는 점을 감안하면 일자리는 부족하지 않을 것이다.

화성까지 톤당 운송비를 500만 퍼센트까지 개선해야

이 금액까지 도달한다는 것은 결국 화성 여행비를 500만 퍼센트까지 개선해야 한다는 이야기다. 이것은 대략 $10^{4.5}$ 수준의 개선을 의미하는데 절대 쉽지 않다. 사실상 불가능하게 들리지만 할 수 있는 방법들은 있다.

$10^{4.5}$ 수준의 개선을 달성하기 위해 필요한 네 가지 핵심 요소가 있다. 대부분의 개선 사항은 완전한 재사용을 통한 것으로, 여기서 10^2에서 $10^{2.5}$ 수준의 개선을 얻는다. 나머지 10^2는 궤도에서의 연료 공급, 화성에서 추진제 생산, 적절한 추진제의 선택으로 얻을 것이다.

완전한 재사용

충분히 큰 규모로 화성을 여행하고 그곳에 자생 가능한 도시를 만들려면 완전한 재사용이 필수적이다. 완전한 재사용은 정말로 어려운 일이다. 궤도 시스템에서조차 재사용을 달성하기란 매우 어렵다. 이 도전이 다른 행성으로 가야 하는 시스템에서라면 난이도는 더 커진다.

어떤 형태의 운송 수단이든 재사용이 가능한 것과 그냥 소모되는 것 사이의 차이는 크다. 만약 자동차, 자전거, 말이 일회용으로 쓰인다면 아무도 그것을 사용하지 못할 것이다. 운송비는 너무 비쌀 것이다. 하지만 완전한 재사용과 충분히 많은 수의 티켓이 발행되기에 여러분은 9000만 달러짜리 항공기를 탈 수 있는 것이다. 예컨대 로스앤젤레스에서 라스베이거스로 가는 사우스웨스트 항공Southwest Airlines의 티켓은 세금을 포함해 43달러에 살 수 있다. 일회용이라면 비행당 50만 달러가 들 것이다. 바로 여기서 여러분은 10^4 수준의 비용이 절감된 것을 볼 수 있다.

물론 화성 여행에 이러한 재사용 원칙을 적용하기는 지구에서보다 어려울 것이다. 지구와 화성 사이에 발사 가능 시간대가 26개월마다 한 번씩 발생하기 때문이다. 따라서 당신은 우주선을 대략 2년에 한 번씩 사용할 수 있다.

궤도에서의 연료 공급

부스터나 탱커의 부품은 더 자주 사용할 수 있다. 즉, 탱크를 비운 채로 우주선을 궤도로 올려 보내는 것은 합리적인 방법이다. 우주선이 정말로 큰 탱크를 갖고 있고 궤도상에서 부스터와 탱커에 연료와 산소를 채울 수 있다면 우주선의 페이로드를 극대화할 수 있다. 이러면 화성에 갈 때 여러분은 매우 큰 탑재 능력을 갖게 된다.

궤도에서의 연료 공급은 이 계획의 필수 요소 중 하나다. 궤도에서 연료를 주입하는 것이 전체 비용에 미치는 영향은 $10^{0.5}$ 정도 된다. 지금처럼 궤도에서 연료를 주입하지 않는다면 티켓당 500퍼센트 정도 가격이 올라간다.

또한 궤도에서의 연료 공급은 우리가 더 작은 우주선을 만들고 (물론 그럼에도 우주선은 여전히 꽤 클 것이다) 개발비도 낮출 수 있게 해준다. 화성에 가려면 큰 우주선이 필요하지만 그렇다고 5~10배 크기의 우주선을 만드는 것은 매우 어려운 일이다. 또한 부스터 로켓과 탱커의 성능 특성의 민감도를 감소시킨다.

만약 어떤 요소들의 성능이 부족하다면 여러분은 우주선에 한두 번 더 연료를 주입해 성능을 보충할 수 있다. 이는 성능 저하에 대한 시스템의 취약성을 줄이는 데 매우 중요하다.

화성에서 추진제 생산

화성에서 추진제를 생산하는 것도 분명히 매우 중요한 일이다. 다시 말씀드리지만 만약 우리가 이 일을 하지 않는다면 적어도 $10^{0.5}$ 정도의 티켓 값 상승을 가져올 것이다. 만약 여러분의 우주선이 화성에 머물며 지구로 돌아가지 않는다면 화성에 도시를 건설하려는 시도는 그저 터무니없는 일이 될 것이다. 화성에 거대한 우주선의 묘지가 생길 것이고, 사람들은 우주선들을 이용해 뭔가를 해야 할 것이다.

우주선을 화성에 남겨두는 것은 말이 안 되는 일이다. 사람들은 화성에 추진제 공장을 짓고 우주선을 지구로 돌려보내려고 할 것이다. 화성의 대기에는 이산화탄소가 있고 토양에는 얼음이 있다. 이산화탄소와 물로 추진제의 원료인 메탄과 산소를 만들 수 있다. 화성에서 추진제의 생산은 수월할 것이다.

적절한 추진제의 선택

적절한 추진제를 고르는 일 또한 중요하다. 크게 세 가지 선택이 있는데 이들은 각각 장점을 가지고 있다. 첫째, 기본적으로 매우 정제된 형태의 제트 연료인 등유, 즉 로켓 추진제 등급의 등유가 있다. 이것은 우주선의 크기를 작게 유지하는 데 도움을 주지만 매우 특별한 형태의 제트 연료이기에 꽤 비싸다. 재사용 가능성은 더 낮다. 화성에는 석유가 없기 때문에 이러한 등유를 만들기란 매우 어려울 것이다. 추진제 이송은 꽤 좋지만 대단한 정도는 아니다.

수소는 높은 비추력을 갖고 있는 반면에 매우 비싸다. 액체수소는 절대 0도에 가까운 액체로 끓어오르는 것을 막기가 엄청나게 어렵다. 따라서 필요한 시설의 설치비가 엄청나며, 수소를 생산하고 저장하느라고 화성에서 소모되는 에너지 비용도 매우 높을 것이다.

전체적인 시스템 최적화를 놓고 볼 때 승자는 메탄이 확실하다. 메탄은 추진제 저장소를 사용해 추진제를 보충하는 데 화성에 있는 에너지의 50~60퍼센트가 필요하며 기술적인 난이도는 훨씬 쉽다. 우리는 메탄이 거의 모든 면에서 가장 낫다고 생각한다. 처음에는 수소가 좋다고 보았지만 궁극적으로 단위 질량당 비용을 화성에 최적화하는 가장 좋은 방법은 올 메탄all methane 시스템이나 기술적으로는 디프-크라이오 메타록스deep-cryo methalox(메탄/액체산소)를 쓰는 것이라는 결론에 도달했다.

스페이스 X가 설계한 시스템이든 다른 누군가가 설계한 시스템이든 화성에서 톤당 비용을 낮추기 위해 해결해야 할 기능은 다음 네 가지다.

시스템 아키텍처

〈그림 5-1〉은 전체 시스템을 보여준다. 로켓 부스터는 우주선을 이륙시켜 궤도로 올려놓는다. 그러고 나서 로켓 부스터는 약 20분 안에 매우 빠르게 복귀한다. 따라서 이것은 우주선과 본질적으로 동일하지만 추진제 탱크로 채워진 압축되거나 압축되지 않은 화물 구역과 함께 우주선의 탱커 버전을 실제로 발사할 수 있다. 이는 또한 개발비를 낮추는 데 상당한 도움이 된다.

그러고 나서 추진체 탱커는 궤도에 있는 우주선의 탱크를 채우기 위해 세 번에서 다섯 번 정도 올라간다. 탱크가 가득 차면 화물이 옮겨지고 약 26개월에 한 번꼴로 화성 랑데부 타이밍이 올 때 우주선은 출발하게 된다.

시간이 지나면서 우주선도 많아질 것이다. 궁극적으로 1000개 이상의 우주선이 궤도에서 대기하게 될 것이다. 이렇게 구성된 화성 식민 함대가 집단을 이루며 출발할 것이다.

궤도에 떠 있는 우주선에 연료를 넣는 일은 어려울 것이 없다. 왜냐하면 작업 시간이 2년이나 되기 때문이다. 그다음에 부스터와 탱커를 자주 쓰며 많이

그림 5-1 **시스템 아키텍처**

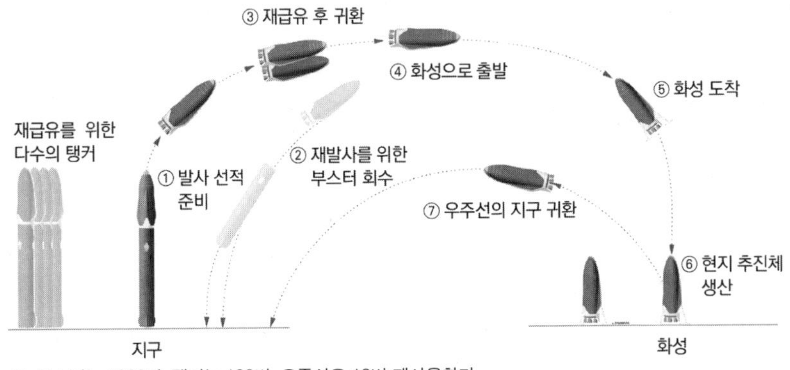

주: 부스터는 1000번, 탱커는 100번, 우주선은 12번 재사용한다.

재사용할 것이다. 반면에 우주선은 얼마나 오래 지속될지가(아마도 30년, 많으면 우주선의 12~15회 비행) 관건이기 때문에 재사용은 많지 않을 것이다.

따라서 우주선에 싣는 화물은 최대화하고 부스터와 탱커를 최대한 재사용하는 편이 좋을 것이다. 우주선은 화성으로 가서 보충한 다음 지구로 돌아온다. 이 우주선은 미래에 등장할 화성행 행성 간 우주선에 비해 상대적으로 작을 것이다. 하지만 100명가량의 인원을 가압 구역에 수용해야 하고, 추진제 공장을 건설하는 데 필요한 짐과 비압축 화물을 운반해야 하며, 철 주조 공장에서부터 피자집에 이르기까지 모든 것을 건설하기 위해 많은 화물을 운반해야 한다.

화성에서 자생하는 도시와 문명의 최대치는 약 100만 명이 될 것이다. 만약 우주선이 2년마다 출발하고 우주선 한 척당 100명씩 탄다면, 1만 번의 화성행 출발이 필요하다. 그러니 한 척당 최소한 100명 이상은 보내야 하며, 1인당 비용을 획기적으로 줄이려면 승무원 구역을 넓혀 한 척당 200명 이상은 데려가야 할 수도 있다. 하지만 그럼에도 1만 번이라는 비행 편수는 엄청나기 때문에 궁극적으로 우주선이 1000척은 필요할 것이다. 최대 1000척의 우주선을 건조하는 데 들어가는 시간도 만만치 않을 것이다. 따라서 첫 화성행 우주선의 출발 시점부터 화성 인구 100만 명을 채우는 데 걸리는 시간은 26개월마다 한 번씩 찾아오는 화성 랑데부가 20~50번은 지난 다음일 것이다. 결국 화성에서 완전히 자생력을 갖춘 문명이 생기는 데 40~100년은 걸릴 것이다.

우주선의 설계와 성능

우주선 디자인은 어떤 면에서는 그리 복잡하지 않다. 우주선은 주로 첨단 탄소섬유로 만들어졌다. 탄소섬유 부품은 극저온 물질에 견디고 액체와 가스가 통과하지 않아야 하기 때문에 다루기가 까다롭다. 또한 탄소섬유의 누출을 유발하는 균열이나 가압으로도 틈이 생기지 않아야 한다. 따라서 탄소섬유로 극저온 탱크를 만드는 것은 상당히 중요한 기술적 도전이다. 탄소섬유 기술이 탱크 안에 무게와 복잡성을 증대시키는 라이너를 만들지 않고도 이 일을 할 수 있는 경지에 도달한 것은 최근의 일이다.

탄소섬유는 뜨거운 가스의 가압에 특히 까다롭다. 자동 가압될 가능성이 높기 때문에 엔진 내 열교환을 통해 연료와 산소를 기화시켜 탱크를 가압하는 데 사용한다. 그래서 우리는 메탄을 기화시켜 연료탱크를 가압하고, 산소를 기화시켜 산소 탱크를 가압하는 데 사용한다.

이것은 가압을 위해 헬륨을 쓰고 가스 추진기를 위해 질소를 쓰는 팰컨보다 훨씬 간단한 시스템이다. 이 경우 우리는 가스 메탄과 산소를 자동으로 가압해 제어 추진기에 사용한다. 따라서 이것을 위해서는 두 가지 성분만 필요하다. 팰컨 9의 경우에는 네 가지 성분이, 만약 액체 발화제를 고려한다면 다섯 가지 성분이 필요하다. 이 경우에는 스파크 점화 장치를 사용한다.

우리가 제안하는 우주선은 소모성 모드에서는 약 550톤을 저궤도로 올려 보낼 것이고, 재사용이 가능한 모드에서는 약 300톤을 올려 보낼 것이다. 이는 새턴 V의 최대 능력인 135톤을 뛰어넘는다. 현재 우리 로켓을 포함해 대부분의 로켓의 화물 운송 공간은 실제 로켓 크기의 극히 일부에 불과하다. 그러나 첫 화성행에 쓸 행성 간 우주선은 설계 성능을 크게 향상시켰다고 생각한다. 로켓

리프트 기능이 실제로 로켓의 물리적 크기를 초과하는 것은 이번이 처음이다. 화성 발사체의 추진력은 어마어마하다. 이륙 추력이 1만 3000톤이 될 것이다. 발사체가 이륙할 때 대지에 꽤 크게 충격을 줄 것이다. 하지만 NASA가 친절하게 우리에게 사용을 허락해 준 케네디 우주센터의 발사대 39A에서 이륙하면 문제가 없다. NASA는 아폴로 계획 동안 이 새턴 V의 발사대 크기를 매우 크게 만들었다. 그 결과 우리는 같은 발사대에 훨씬 더 큰 차량을 동원할 수 있다. 향후 텍사스주 남부 해안에 발사 장소가 추가될 것으로 예상한다.

새턴 V와 화성 발사체는 목적이 매우 다르다. 새턴 V는 우주비행사를 한 번의 발사로 달에 보낼 수 있을 만큼 충분히 강력하도록 설계되었다. 화성 탐사선은 아주 많은 사람들과 수백만 톤의 화물을 화성으로 운반하기 위한 것이다. 그렇게 하기 위해서는 정말로 꽤 큰 무언가가 필요하다.

랩터 엔진

우리는 행성 간 우주선 설계에서 아마도 가장 어려운 핵심 요소 두 가지인 엔진과 로켓 부스터의 개발부터 시작했다. 랩터Raptor 엔진은 지금까지 만들어진 어떤 종류의 엔진보다 가장 높은 체임버 압력 엔진이 될 것이며 아마도 가장 높은 추력 대 중량 엔진이 될 것이다.

랩터 엔진은 전추진제 다단 연소 엔진full flow staged combustion engine으로 주어진 연료와 산화제에서 나오는 이론적 모멘텀을 극대화한다. 우리는 산소와 메탄을 농축하기 위해 과냉각한다. 대부분의 로켓에서는 연료와 산화제를 비등점에 가깝게 사용한다. 우리는 추진제를 동결점에 가깝게 적재한다. 이것으로 약 10~12퍼센트의 밀도 개선을 얻을 수 있으며, 이는 로켓의 실제 성능에 엄청난 차이를 가져온다. 매우 차가운 추진제를 쓸 경우 터보 펌프에 기포가 생기는 캐비테이션cavitation(공동 현상) 위험을 없애 펌프의 작동을 쉽게 할 수 있다.

하지만 여기서 중요한 것 중 하나는 382초의 높은 비추력을 가진 랩터의 진공 버전이다. 이것은 화성 탐사 전체 미션에 매우 중요하며 우리는 적어도 이 숫자에 근접하게 도달할 수 있다고 확신한다. 궁극적으로 이 숫자를 약간 초과할 수도 있다고 본다.

로켓 부스터

여러 면에서 로켓 부스터는 팰컨 9 부스터의 확대 버전이다. 격자형 날개와 기체 하부의 다중 엔진 군집화처럼 비슷한 점이 많다. 가장 큰 차이점은 주구조물이 알루미늄 리튬이 아닌 탄소섬유의 발전된 형태라는 것이다. 우리는 탱크 등의 가압에서 자생적인 가압을 사용해 헬륨과 질소를 제거할 수 있었다.

각각의 로켓 부스터는 42개의 랩터 엔진을 쓴다. 팰컨 헤비는 27개의 엔진을 쓴다. 이렇게 많은 수의 엔진이 쓰이는 만큼 상당한 경험을 쌓을 수 있다. 또한 엔진이 많은 만큼 여유분이 있어 일부 엔진이 고장 나도 미션을 계속할 수 있다. 부스터의 주요 역할은 약 시속 8500킬로미터로 우주선을 가속시키는 것이다. 궤도 역학은 고도가 아니라 전적으로 속도에 관한 것이다.

태양계의 다른 행성들, 가령 화성, 목성의 위성, 언젠가 가능할 금성(금성은 좀 까다로울 것으로 생각되지만)처럼 크지 않은 중력을 가진 행성의 경우 착륙하고 이륙하는 데 우주선이면 충분하다. 중력이 낮은 환경에서는 로켓 부스터가 필요하지 않다. 달, 화성, 목성과 토성의 몇몇 위성, 명왕성에는 부스터가 필요하지 않다. 부스터는 중력이 강한 행성에서만 필요하다.

또한 상승과 착륙에 필요한 잔류 추진제를 최적화해 이륙 추진 하중을 약 7퍼센트까지 줄일 수 있었다. 보다 최적화하면 6퍼센트까지 낮출 수 있을 것이다. 착륙이 정확해지면서 일의 진행도 상당히 편안해지고 있다. 만약 여러분이 팰컨 9의 착륙을 지켜본다면 이것들이 점점 더 착륙 목표 지점 중에 가까워지고 있음을 알게 될 것이다. 특히 기동 가능한 추력기가 추가되면 우리는 부스터를 발사대에 다시 올릴 수 있을 것이다. 발사대 바닥의 선들은 사소한 위치 불일치를 없애기 위해 필수적인 중심을 맞추어준다.

우리는 부스터 엔진의 중앙 클러스터를 짐벌하거나 방향을 조종하면 된다고 생각한다. 중앙 클러스터에는 일곱 개의 엔진이 있다. 이것들은 로켓을 조종하기 위해 움직이며 다른 것들은 제자리에 고정될 것이다. 다른 엔진을 짐벌하거나 움직일 공간을 남겨둘 필요가 없기에 엔진의 수를 최대화할 수 있다. 이 엔진들은 이륙할 때든 비행하는 중이든 언제나 작동을 정지시킬 수 있게끔 설계되어 있어 안전하게 미션을 계속할 수 있다.

행성 간 우주선

우주선의 맨 위 공간에 가압된 칸이 있다. 그 아래로 가압되지 않은 화물칸이 있으며 화물은 매우 평평하게 포장되어 있다. 매우 조밀한 형태다. 다시 그 아래로 액체산소 탱크가 있다.

액체산소 탱크는 이 발사체 전체를 통틀어 가장 개발하기 어려운 부분이다. 매우 차가운 상태에서 추진제를 다루어야 하는데다 탱크 자체가 실제로 기체airframe 구조를 형성하기 때문이다. 현대적 로켓은 모두 기체 구조와 탱크 구조가 결합된 형태다. 가령 항공기의 날개는 날개 모양을 한 연료 탱크다. 산소 탱크는 상승 하중과 재진입 하중 같은 추력 하중을 견뎌야 하고, 산소를 통과시키지 않는 불不침투성이어야 한다. 산소에 반응하지 않아야 한다는 것은 까다로운 일이다. 이러한 요구 조건들 탓에 탱크는 우주선에서 가장 만들기 어려운 부분이며 우리가 탱크 부분부터 우주선 개발을 시작한 이유이기도 하다.

액체산소 탱크 아래에 연료 탱크가 있고, 엔진은 가장 아래의 추력 프레임에 직접 장착되어 있다. 이 주변에 여섯 개의 고효율 진공 엔진이 있는데 이 엔진들은 짐벌이 아니다. 지상 엔진에서 사용되는 엔진에는 세 가지 버전이 있고 이것들은 짐벌과 방향 조종을 제공한다. 물론 여러분이 우주에 있을 때는 외부 엔진에 추진 차이를 주어 어느 정도 방향을 조종할 수 있다.

이 결과 탱크를 얼마나 채우는지에 따라 화성에 최대 450톤까지 화물을 보낼 수 있다. 목표는 우주선 한 척당 최소 100명의 승객을 태우는 것이지만 궁극적으로는 200명 이상의 승객이 가능할 것으로 보인다.

지구와 화성 간에 어떤 랑데부를 이용하는지에 따라 초속 6킬로미터의 출발 속도로 여행 시간은 최대 80일까지 단축될 수 있다. 시간이 흐르면 이것들도 개선될 것이다. 먼 미래에는 화성 여행 시간을 30일 정도까지 단축할 수 있으리라고 예상한다. 화성에 가는 데 6개월 이상 걸리는 지금과 비교하면 상당히 용이해지는 것이다.

안전한 착륙을 위해서는 열 차폐 기술도 매우 중요하다. 우리는 드래곤 우주선으로 열 차폐 기술을 개량해 왔다. 페놀 침전 탄소 애블레이터PICA: Phenolic Impregnated Carbon Ablator의 버전 3을 사용하고 있는데, 새로운 버전마다 더 견고해지면서 절제력, 저항력, 재생 필요성이 줄어들고 있다. 방열판은 기본적으로 거대한 브레이크 패드다. 극한의 재진입 조건에 맞서 브레이크 패드를 얼마나 잘 만드는지 여부가 재생 비용을 최소화하고 재생 없이 더 많은 비행이 가능하도록 할 것이다.

나는 여러분에게 우주선에 있는 것이 실제로 어떤 기분인지 알려드리고 싶다. 우주여행을 실제로 하고 싶어 하는 사람의 수를 늘리려면 여행이 정말로 재미있고 흥미로워야 한다. 우주여행은 갑갑하거나 지루하게 느껴질 수 없다. 우주선 안에서 둥둥 떠다니며 무중력 게임을 할 수도 있다. 승무원실과 승객실이 설치되고 영화관, 강연장, 레스토랑 등도 있을 것이다. 떠나면 정말로 재미있을 것이다. 여러분은 즐거운 시간을 보낼 것이다!

추진제 공장

대기가 주로 이산화탄소이고 거의 모든 곳에 수빙이 있는 여건이라 화성에서는 비교적 쉽게 추진제 공장을 만들 수 있다. 사바티에Sabatier 반응을 이용해 메탄과 산소를 만들 수 있는 이산화탄소와 물이 화성에는 충분히 있다. 화성에서 공장을 돌리는 데 가장 까다로운 조건은 에너지원의 확보인데 태양전지판을 넓게 펼쳐 해결할 수 있다.

여행 비용

핵심은 화성 여행을 떠나고 싶어 하는 거의 모든 사람이 부담 없이 갈 수 있도록 하는 것이다. 지금까지 말씀드린 시스템을 기반으로 시간이 지나면서 최적화된다고 가정한다. 1인당 얼마나 많은 중량을 가져가는지에 달려 있겠지만 티켓당 20만 달러 이하, 시간이 더 지나면 10만 달러 정도를 고려하고 있다. 현재 우리는 화성 여행에 톤당 약 14만 달러를 예상한다. 식량 소비와 생명 유지 등의 조건을 고려할 때 모든 화물을 합한 1인당 중량이 1톤보다 적으면 화성행 티켓 값은 궁극적으로 10만 달러 아래로 떨어질 수 있다.

이 모든 일에 예산을 확보하는 것은 분명히 어려운 일이다. 우리는 인공위성을 많이 발사하고 있고, NASA가 고객인 우주정거장에 화물을 운송하는 서비스를 통해 꽤 괜찮은 순현금 흐름을 기대하고 있다. 이미 민간 부문에는 화성 투자에 관심 있는 사람들이 많은데 나중에는 정부 부문에서도 관심을 보일 것 같다. 궁극적으로 이 사업은 거대한 민·관 협력 체제가 될 것이다. 우리는 현재 이용 가능한 자원으로 가능한 한 많은 발전을 이루고자 노력하고 있으며 공을 앞으로 계속 굴려나가고 있다. 화성 여행의 꿈이 가능한 현실임을 보여준다면 시간이 흐를수록 투자가 눈덩이처럼 불어나 그 꿈은 정말로 현실이 될 것이다. 내가 개인적으로 돈을 모으는 주된 이유가 바로 여기에 쓸 자금을 대기 위해서라고 덧붙이고 싶다. 나는 인류를 다행성 생명체로 만드는 데 내가 할 수 있는 기여를 하는 것 외에 다른 관심은 없다.

타임 라인

2002년 스페이스 X는 기본적으로 카펫과 마리아치Mariachi(멕시코 음악) 밴드로 구성되어 있었다. 그게 다였다. 나는 스페이스 X가 로켓을 궤도에 올려놓을 가능성이 10퍼센트 정도라고 보았다. 로켓을 궤도에 올려놓을 가능성이 이 정도였으니 화성행의 가능성은 더 말할 게 없었다. 다만 그때 나는 이데올로기적 동기부여가 강한 우주 무대에 누군가 새로 진입하지 않는다면 인류가 별들 사이에 존재하고 우주 기반의 문명이 될 날이 오지 않으리라는 결론에 도달했다.

1969년에 인류는 달에 갈 수 있었고, 그 뒤에 우주왕복선이 지구 저궤도를 오가기 시작했다. 시간이 지나고 우주왕복선은 퇴역했다. 그 뒤에 인간이 얼마나 멀리 우주로 나갈 수 있는지를 가리키는 추세선은 (적어도 미국의 우주선을 기준으로는) 0으로 내려갔다. 사람들이 잘 인식하지 못하는데 기술은 자동적으로 발전하지 않는다. 정말로 훌륭한 엔지니어링 인재들이 이 문제에 매달려야 조금씩 개선된다. 역사상 수많은 문명이 일정한 기술 수준에 도달하고 나서 그 훨씬 아래로 떨어졌다가 다시 수천 년이 흐른 뒤에야 원래의 수준으로 회복되고는 했다.

스페이스 X는 기본적으로 아무런 기초 없이 2002년부터 시작했다. 우리는 팰컨 1이라는 아주 작지만 유용했던 로켓을 만들었다. 이 로켓은 궤도에 0.5톤을 올릴 수 있었다. 4년 뒤에 우리는 첫 번째 발사체를 개발했다. 우리는 주엔진, 상단 엔진, 동체, 페어링, 발사 시스템을 개발했고, 2006년에 첫 발사를 시도했지만 실패했다. 불행히도 이 비행은 약 60초밖에 지속되지 못했다.

하지만 시작한 지 4년 만인 2006년에 우리는 NASA와의 첫 계약을 따낼 수 있었다. 나는 우리의 로켓이 추락했는데도 불구하고 NASA가 스페이스 X를 지원해 준 데 매우 감사하게 생각한다. 나는 NASA의 가장 열정적인 팬이다. 우리를 그렇게 믿어준 사람들에게 나는 정말로 감사하다.

2008년 팰컨 1이 네 번째 발사 만에 성공했다. 당시 스페이스 X에는 정말 돈이 한 푼도 남지 않았다. 사실 발사를 세 번 할 돈까지는 충분히 된다고 생각했다. 그런데 그 세 번의 발사에 모두 실패했다! 우리는 간신히 네 번째 발사를 할 수 있었고 다행스럽게도 2008년의 이 발사는 성공했다. 그 시간은 정말로 고통의 시간이었다.

2008년 말에 NASA는 우주정거장에 화물을 보급하고 다시 가져오는 첫 운용 계약을 우리에게 주었다. 몇 년 뒤에 우리는 팰컨 9의 버전 1을 첫 발사했는데 약 10톤을 궤도에 올릴 수 있었다. 이것은 팰컨 1의 약 20배에 달하는 성능이었다. 이것으로 드래곤 우주선을 운반하게 되었다.

우리가 우주정거장에 화물을 배달하고 돌아온 것은 2012년이다. 2013년에 스페이스 X는 처음으로 수직 이착륙 테스트를 시작했다. 그 뒤 2014년에 우리는 궤도 부스터를 바다에 연착륙시키는 데 처음으로 성공했다. 착륙은 부드러웠고 넘어졌고 폭발했다. 하지만 7초 동안 착지는 좋았다. 또한 발사체 성능을 저궤도에 10톤에서 약 13톤으로 개선했다. 2015년 12월은 내 생애 최고의 순간 중에 하나였다. 로켓 부스터가 돌아와 케이프커내버럴에 착륙했다. 이것은 매우 빠른 속도로 궤도급 부스터를 발사장까지 다시 가져올 수 있음을 보여주었다. 그리고 다시 비행하는 데 정비가 거의 필요하지 않은 상태로 안전하게 착륙시킬 수 있었다. 일이 잘 풀린다면 우리는 몇 달 안에 착륙한 부스터 중 하나를 다시 발사할 수 있을 것이다.•

2016년 우리는 배 위에 착륙하는 것을 시연했다. 이것은 고속의 지구동기궤도상의 미션과 팰컨 9의 재사용 문제 때문에 중요했다. 우리 미션의 약 4분의 1이 우주정거장에 이용되기 때문에 더 필요했다. 다른 몇 가지 더 낮은 궤도상의 미션도 있지만 우리 미션의 60퍼센트는 아마도 상업적인 지구동기궤도 미션일 것이다. 이 고속 미션들은 발사장으로 돌아갈 만큼 추진체를 충분히 탑재하고 있지 않기 때문에 바다에 떠 있는 배에 착륙할 필요가 있다.

• 첫 번째 재비행은 2017년 3월에 있었다 _ 편저자.

미래

〈그림 5-2〉는 다음 단계의 미래를 보여준다. 우리는 의도적으로 이 일정표를 애매모호하게 작성했다. 하지만 스페이스 X는 행성 간 운송 부스터와 그 밖에 우주선에 필요한 요소들을 매우 제한된 예산으로 가능한 많이 개발하려고 노력할 것이다. 우리는 4년 안에 최초의 우주선을 완성할 수 있기를 바라며, 이것으로 준궤도비행을 시작할 것이다.

우리가 개발하려는 발사체는 화물 무게를 제한한다면 궤도에 올라갈 수 있을 만큼 충분한 능력을 가지고 있다. 만약 탱커 형태라면 되돌아올 수는 없지만 궤도에 오를 수는 있다. 로켓은 매우 시끄러운 물건이기에 만약 우리가 소음이 그리 크지 않은 곳에 착륙할 수 있다면 세계 여러 곳에 물건을 빠르게 운송할 수 있는 화물 항공기 시장이 생길지도 모른다. 우리는 45분 안에 화물을 지구상 어디든 운송할 수 있다. 지구상 대부분의 장소가 20~25분 정도 거리가 될 것이다. 만약 뉴욕 해안에서 20~30마일 떨어진 곳에 떠 있는 플랫폼이 있다면 여러분은 뉴욕에서 도쿄까지 25분 안에 갈 수 있고 대서양을 10분 만에 건널 수 있다. 이동 시간의 대부분은 원래의 출발지에서 화물 항공기까지 가는 데 들어갈 것이고, 그 뒤에는 매우 빠르게 목적지로 날아갈 것이다. 완전히 확신하지는 않지만 여기에 흥미로운 가능성이 있다.

그러고 나서 부스터를 개발할 것이다. 부스터 문제는 팰컨 9 부스터를 비례적으로 적용하면 되기에 비교적 간단하다. 그래서 우리는 이 부분에서 시행착오가 있을 것으로 보지 않는다.

그다음으로 우리는 이 모든 것을 종합해서 화성 미션이 달성되도록 노력할 것이다. 일이 아주 잘 풀린다면 10년 안에 가능할 수도 있지만, 나는 그렇게 될 것이라고 장담하고 싶지는 않다. 우리 앞에는 엄청난 양의 위험이 있을 것이고 비용도 많이 들 것이다. 우리가 성공하지 못할 가능성도 크지만 최선을 다할 것이고 가능한 많이 발전할 수 있도록 노력할 것이다.

그림 5-2 **행성 간 수송 시스템 개발의 다음 단계**

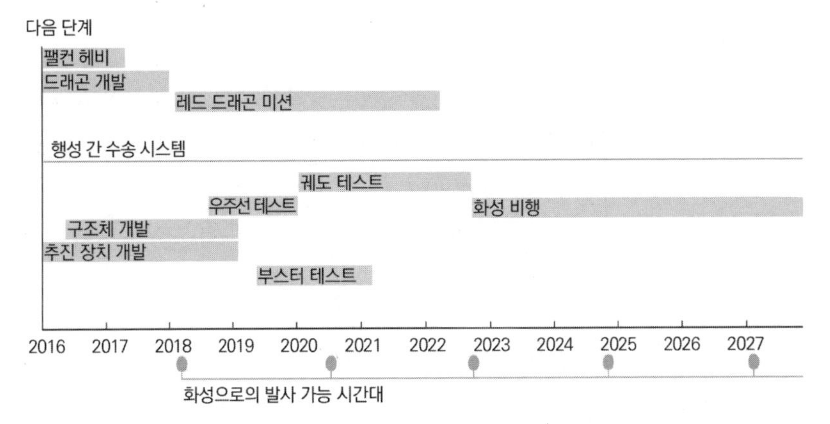

랩터 점화

랩터 엔진이 모두 작동하는 것을 보고 정말 기뻤다. 랩터는 정말 까다로운 엔진이다. 압력이 훨씬 높은 전추진제full flow stage 연소이기에* 멀린Merlin 엔진보다 훨씬 까다롭다. 천만다행으로 첫 점화 때 폭발하지 않아 매우 기뻤다.

랩터가 멀린보다 추력이 세 배지만 실제로는 작동 압력이 세 배 더 크기 때문에 멀린 엔진과 크기는 거의 같다. 엔진을 작게 만들 수 있었던 것은 우리가 멀린 엔진을 통해 갈고 닦은 많은 생산 기술을 적용했기 때문이다.

우리는 현재 매년 거의 300대의 멀린 엔진을 생산하고 있다. 따라서 우리는 로켓엔진을 대량으로 만드는 방법을 알고 있다. 화성 발사체에는 하단에 42개, 상단에 9개 등 51개의 엔진이 들어가지만, 멀린 엔진의 생산 능력 범위 안에서 생산할 수 있다. 이 엔진은 팽창비를 제외하면 멀린과 비슷한 크기다. 따라서 우리는 예산을 초과하지 않는 수준으로 이 엔진을 대량 생산할 수 있다고 자신한다.

* 다단 연소 사이클 엔진의 한 종류다 _ 옮긴이.

탄소섬유 탱크

우리는 또한 주구조와 함께, 특히 산소 탱크에서 진전을 원했다. 탄소섬유는 무게에 비해 강도가 엄청나지만, 탄소섬유로 탱크를 만들기란 정말 어려운 일이다. 극저온의 액체산소와 액체 메탄, 특히 액체산소를 탱크에 넣으려고 하면 탱크에 크랙이 생기기 쉽다. 그래서 탄소섬유를 큰 틀에 정확하게 배치해야 하고 정확한 온도에서 그 틀을 경화시켜야 한다. 이 모든 것을 할 수 있고 엄청난 하중을 견딜 수 있는 거대한 탄소섬유 구조를 만드는 일은 매우 어렵다.

랩터 엔진 외에도 우리가 주목했던 것은 화성 우주선을 위한 최초의 탱크 개발이었다. 이것은 우주선 개발에서 가장 어려운 부분이다. 다른 것들은 우리가 꽤 잘하지만 이것이 가장 까다로운 분야여서 먼저 다루려고 했다. 그렇게 우리는 첫 탱크를 만들 수 있었고 극저온 추진제를 사용한 초기 실험은 사실 꽤 긍정적이었다. 어떠한 누출이나 문제도 없는 엄청난 성과를 올렸다. 이러한 업적을 달성한 해당 팀에게 온전히 축하를 돌리고 싶다.

화성을 넘어

그렇다면 화성 너머로 가는 것은 어떤가? 일반적으로 나는 '시스템'이라고 부르는 것을 좋아하지 않는다. 당신의 강아지를 포함해 모든 것이 시스템이기 때문이다. 하지만 우리가 제안하는 것은 발사체 이상이기에 여기서는 이것을 시스템이라고 부르려고 한다. 이것은 로켓 부스터, 우주선, 탱커와 추진체 공장, 현지 추진체 생산으로 구성된다.

만약 여러분이 이 네 개의 시스템 요소를 모두 가지고 있다면 여러분은 달이나 행성의 중력을 이용해 우주선을 가속하는 플라이바이fly by로 태양계 어디든 갈 수 있다. 소행성대나 목성의 위성 중 한 곳에 추진체 저장소를 만들면 화성에서 목성까지 비행할 수 있다. 사실 화성에 추진제 저장소가 없어도 목성까지 날아갈 수 있다.

엔켈라두스Enceladus와 타이탄Titan(토성의 위성들), 유로파에 추진체 기지를 세우고, 그 밖에 명왕성 등 태양계 곳곳에 추진체 기지를 건설할 수 있다. 그렇게 된다면 인류는 태양계에서 원하는 곳 어디든 갈 자유를 얻을 것이다.

인류는 카이퍼대Kuiper Belt와 오르트의 구름Oort cloud까지도 여행할 수 있다. 나는 이 시스템을 성간 여행에는 추천하지 않지만, 이 기본 시스템은 (우리에게 추진제 저장소가 있는 한) 인류에게 더 크고 더 넓은 태양계 전체에 대한 완전히 접근을 보장할 것이다.

추가 자료

NASA는 출범 초기부터 다양한 출판물을 통해 활발하게 역사를 기록하는 프로그램을 가지고 있다. 이들 대부분은 전자출판의 형태로 온라인에서 볼 수 있다.* 모두 일곱 권으로 구성된 '미지를 향한 탐사: 문서로 보는 미국의 민간 우주 프로그램 역사' 시리즈는 2008년에 미국 정부 인쇄국에서 마지막 7권이 출간되었다.**

나는 최근 몇 년간 미국의 우주 프로그램을 이끌어온 대통령들의 결단을 다룬 저서 세 권을 연이어 출판했다. 모두 폴그레이브 맥밀런Palgrave Macmillan 출판사에서 출간했다.

① 『존 F. 케네디와 달로 가는 경주John F. Kennedy and the Race to the Moon』(2010).
② 『아폴로 이후?: 리처드 닉슨과 미국의 우주계획After Apollo?: Richard Nixon and the American Space Program』(2015).
③ 『로널드 레이건과 우주 프런티어Ronald Reagan and the Space Frontier』(2019).

많은 미국의 우주비행사가 자신의 경험을 책으로 남겼다. 이들 중 최고는 마이클 콜린스의 『달로 가는 길: 한 우주비행사의 이야기Carrying Fire: An Astronaut's Journeys』[2019(2009)]다. 주목할 만한 책으로는 유진 서넌의 『달 위에 선 마지막 인간: 우주비행사 유진 서넌과 미국의 우주 경쟁The Last Man on the Moon: Astronaut Gene Cernan and America's Race in Space』(2000)이다. 가장 논란을 부를 만한 책이라면 마이크 멀레인Mike Mullane의 『우주비행 골드핀을 향한 도전Riding Rockets: The

---

* 완전한 출판물 목록은 https://history.nasa.gov/publications.html에서 볼 수 있다.
** 각 권의 전자출판 사본은 https://history.nasa.gov/seriesg5.html에서 볼 수 있다.

Outrageous Tales of a Space Shuttle Astronaut』[2008(2007)]이다.

미국 우주 프로그램의 역사에 대한 그 밖의 훌륭한 연구는 다음과 같다.

① 찰스 머리Charles Murray와 캐서린 블라이 콕스Catherine Bly Cox의 『아폴로, 달로 가는 경주Apollo, The Race to the Moon』(1989).
② 로저 라니우스와 하워드 맥커디Howard McCurdy의 『우주비행과 대통령 리더십에 관한 신화Spaceflight and the Myth of Presidential Leadership』(1997).
③ 월터 맥두걸Walter McDougall의 『하늘과 땅: 우주 시대의 정치사The Heavens and the Earth: A Political History of the Space Age』(1997).
④ 헨리 램브라이트Henry Lambright의 『아폴로호의 동력: NASA의 제임스 웹Powering Apollo: James E. Webb of NASA』(1998).
⑤ 윌리엄 버로스William Burrows의 『새로운 대양: 첫 우주 시대의 이야기This New Ocean: The Story of the First Space Age』(1999).
⑥ 크리스토퍼 크래프트의 『우주비행: 미션 컨트롤 센터에서의 나의 삶Flight: My Life in Mission Control』(2001).
⑦ 마거릿 와이트캠프Margaret Weitekamp의 『옳고 그른 성: 미국의 첫 여성 우주비행사 프로그램Right Stuff, Wrong Sex: America's First Women in Space Program』(2005).
⑧ 앤드루 체이킨Andrew Chaikin의 『달에 선 인간: 아폴로호의 항해A Man on the Moon: The Voyages of the Apollo Astronauts』(2007).
⑨ 하워드 맥커디의 『우주정거장 건설 결정: 점진적 정치와 기술적 선택The Space Station Decision: Incremental Politics and Technological Choice』(2007), 『우주와 미국의 상상력Space and the American Imagination』(2011).
⑩ 마이클 뉴펠드Michael Neufeld의 『폰브라운: 우주 몽상가이자 전쟁 공학자Von Braun: Dreamer of Space, Engineer of War』(2008).

⑪ 토머스 울프Thomas Wolfe의 『옳은 일The Right Stuff』(2008).

⑫ 유진 크랜츠Eugene Kranz의 『실패라는 선택지는 없다: 미션 컨트롤 센터에서 겪은 머큐리 계획에서 아폴로 13호와 그 너머까지Failure is not an Option: Mission Control from Mercury to Apollo 13 and Beyond』(2009).

⑬ 제임스 핸슨James Hansen의 『퍼스트 맨: 닐 암스트롱의 삶First Man: The Life of Neil A. Armstrong』(2012).

⑭ 야넥 미에츠코프스키Yanek Mieczkowski의 『아이젠하워의 스푸트니크 모멘트: 우주와 세계적 명성을 위한 경쟁Eisenhower's Sputnik Moment: The Race for Space and World Prestige』(2013).

⑮ 린 셔Lynn Sherr의 『샐리 라이드: 미국의 첫 여성 우주비행사Sally Ride: America's First Woman in Space』(2015).

⑯ 마고 리 셰털리Margot Lee Shetterly의 『히든 피겨스: 미국의 우주 경쟁을 승리로 이끈, 천재 흑인 여성 수학자 이야기Hidden Figures: The American Dream and the Untold Story of the Black Women Mathematicians Who Helped Win the Space Race』[2017(2016)].

⑰ 데니스 젱킨스Dennis Jenkins의 『우주왕복선: 아이콘의 개발, 1972~2013The Space Shuttle: Developing an Icon, 1972~2013』(2017).

편집 노트

① 이 책의 들어가는 말은 '미지를 향한 탐사: 문서로 보는 미국의 민간 우주 프로그램 역사'(1995~2008) 시리즈 1권 『우주탐사를 위한 조직』(1995)에서 로저 라니우스가 쓴 머리말 '우주 시대의 서곡Prelude to the Space Age'에서 인용했다. 따옴표로 인용된 문장은 이 머리말에서 나왔다.

② 베르너 폰브라운의 결정적인 전기는 마이클 뉴펠드의 『폰브라운: 우주 몽상가이자 전쟁 공학자』를 참고했다.

③ 이 책의 들어가는 말은 '미지를 향한 탐사' 시리즈 7권 『유인 우주 프로그램: 머큐리, 제미니, 아폴로 계획』(2008)에서 라니우스가 쓴 '우주로의 첫 발걸음: 머큐리 계획과 제미니 계획First Steps into Space: Projects Mercury and Gemini'에서 인용했다.

④ 마고 리 셰털리의 『히든 피겨스: 미국의 우주 경쟁을 승리로 이끈, 천재 흑인 여성 수학자 이야기』[2017(2016)]를 참고했다.

⑤ 이 책의 들어가는 말은 '미지를 향한 탐사' 시리즈 7권 『유인 우주 프로그램』의 '아폴로 계획: 미국인을 달로Project Apollo: Americans to the Moon'에서 가져왔다.

찾아보기

편저자

존 록스돈 John Logsdon

조지 워싱턴 대학교 엘리엇 국제관계대학의 명예교수다. 같은 대학 안에 연구·교육 과정으로 우주정책연구소를 설립해 오랫동안 소장으로 재직했다. 미국의 대표적 우주 정책 전문가로, 미국과 국제 우주 활동의 정책적·역사적 측면에서 많은 업적을 남겼다. 대표 저서로 『존 F. 케네디와 달로 가는 경주(John F. Kennedy and the Race to the Moon)』(2010), 『아폴로 이후?: 리처드 닉슨과 미국의 우주계획(After Apollo?: Richard Nixon and the American Space Program)』(2015), 『로널드 레이건과 우주 프런티어(Ronald Reagan and the Space Frontier)』(2019) 등이 있다. 이 책의 원작이 되는 일곱 권짜리 시리즈 '미지를 향한 탐사: 문서로 보는 미국의 민간 우주 프로그램 역사(Exploring the Unknown: Selected Documents in the History of the U.S. Civil Space Program)'(1995~2008)의 편집장이었다. 엑세비어 대학교에서 물리학을 공부하고 뉴욕 대학교에서 박사 학위를 받았다. 현재 행성학회 이사이며, 2003년 컬럼비아호 사고조사위원회 위원, NASA 자문위원회 위원을 지냈다.

옮긴이

황진영

산업연구원(KIET)을 거쳐 1991년 한국항공우주연구원 정책연구실에 입사했다. 30여 년간 항공·우주 정책과 국제 협력 업무에 전념해 왔다. 1996년 대한민국의 첫 국가 우주 계획인 '우주개발중장기기본계획' 기획 사업에 참여했다. 이후 두 차례의 '우주개발중장기기본계획' 수정, 2005년 '우주개발진흥법' 제정, 동법에 따른 '우주개발진흥기본계획' 수립에 참여했다. 우주의 평화적 이용을 위한 유엔 위원회(UNCOPUOS), 한미우주협력회의 등 정부 간 논의에도 대부분 자리를 함께했다. 한국항공대학교에서 항공기계공학으로 학사와 석사 학위를, 영국 서식스(Sussex) 대학교에서 과학기술정책학으로 박사 학위를 받았다. 국가우주위원회 우주개발진흥실무위원회 위원(2009), 국가과학기술자문회의 전문위원(2014), 국가과학기술심의회 위원(2015), 과기부 우주협력전략자문단 단장(2018), 한국항공우주연구원 미래전략본부장(2018), 항공우주시스템공학회 회장(2021)을 지냈다.

한울아카데미 2355

NASA 탄생과 우주탐사의 비밀

편저자 | 존 록스돈
옮긴이 | 황진영
펴낸이 | 김종수
펴낸곳 | 한울엠플러스(주)
편　집 | 조일현

초판 1쇄 인쇄 | 2022년 1월 20일
초판 1쇄 발행 | 2022년 2월 10일

주소 | 10881 경기도 파주시 광인사길 153 한울시소빌딩 3층
전화 | 031-955-0655
팩스 | 031-955-0656
홈페이지 | www.hanulmplus.kr
등록번호 | 제406-2015-000143호

Printed in Korea.
ISBN 978-89-460-7355-5 93440 (양장)
978-89-460-8157-4 93440 (무선)

※ 책값은 겉표지에 표시되어 있습니다.
※ 무선제본 책을 교재로 사용하시려면 본사로 연락해 주시기 바랍니다.